一、中华蜜蜂蜂种与生态环境考察

北方中蜂

北方中蜂（引自中国畜禽遗传资源志——蜜蜂志）

长城内外看杏花（陈海滢 摄）

王屋山远眺（2014年4月摄于河南济源）

春到南太行（2014年4月摄于河南济源）

豫西蜜源

1.地黄　2.野葡萄（黄叶）与野皂荚（野葡萄后）群落
3.黄栌（上部圆叶者）与荆条（左下角）群落　4.酸枣　5.栎（壳斗科、粉源）　6.泡桐

豫西中蜂（北方中蜂）**饲养**（左立者为饲养者王洛英，70岁）

1.活框饲养的中蜂　2.中空树段圆竖桶饲养的中蜂

河南济源市邵黄镇黄背角村郭小双蜂场
（350群，分两个点摆放）

2014年4月参访河南省科技学院蜜蜂研究所
（前排右2：张中印所长，右3：作者）

华中中蜂

华中中蜂的自然生境：金海雪山（菜花与李花，贵州贵定）（天 马 摄）

华中中蜂的自然生境：晨曦中的月亮大山（黔桂边界）（莫章海 摄）

·中华蜜蜂蜂种与生态环境考察·

华中中蜂的自然生境：湖北恩施大峡谷（引自中国旅游新发现2014年第一期）

华中中蜂的自然生境：清水江畔（贵州黔东南）（钟传坤 摄）

华中中蜂

农家旧居中的中蜂（华中中蜂）
自然蜂巢（贵州贵阳）

露天筑巢的华中中蜂（贵州贵阳）
1.在横向生长的松树枝上筑巢的野生中蜂蜂团，蜂巢呈球形
2.在松树主干（左侧）筑巢的野生中蜂蜂团，
蜂巢呈橄榄球形（图片中部黑色处）
3.科研人员正在收捕在树枝上筑巢的野生华中中蜂

2005年作者再次到贵州梵净山自然保护区
考察华中中蜂（右：英国生物多样性专家克里斯）

华中中蜂的蜂群群势
上.老乡用十六框卧式箱饲养的13框中蜂
（1999年摄于贵州省天柱县）
下.中蜂继箱饲养，14框足蜂（上6下8）
（1998年摄于贵州省凤冈县）

雾漫峰峦——梵净山（梵净山为横跨贵州、重庆、
湖北三省、直辖市，武陵山脉主峰的所在地）

收捕野生中蜂（贵州梵净山）
左上：清澈的溪流，左下：涉水上山放桶，右上：放桶地点——山崖下
右下：放在山崖下的收蜂桶。2014年上半年，住在梵净山下江口县的龙兴文、龙友平两兄弟就通过放桶收蜂50多群

安徽"黄山柃"
（山茶科柃属植物，
又称野桂花、山桂花），
右上：野桂花蜜，
右下：结晶后的野桂花蜜

指导农户中蜂过箱（贵州梵净山自然保护区）
（上为白天过箱，中为晚上过箱）

巫峡巴山红叶（郑云峰　摄）

华中中蜂的自然生境（重庆市喀斯特地貌）
（谢罡摄）

湖北神农架华中中蜂考察，考察成员合影（左1：河南科技学院张中印副教授，左3：湖北省农牧厅颜志立高级畜牧师，左4：中国农科院赵之俊研究员，左5：作者，石后左1：江西农业大学颜伟玉副教授，前排右2：山西省农科院邵有全研究员）

在重庆市大足县参访重庆市蜂业龙头企业——重庆市蜂业股份有限公司（右1：重庆市畜牧工作站谭宏伟，右2：重庆市蜂业股份有限公司龙训明总经理，右4：重庆市畜牧工作站副站长王永康研究员，左1：贵州省农委樊莹，左2：贵州健和源蜂业公司杨志银）

神农架秋色

神农架华中中蜂
（上为神农架林区林业工人用传统方式饲养的中蜂，下为神农架活框养蜂）（颜志立 摄）

神农架大九湖方形传统蜂箱人造景观

神农架土蜂蜜

中间有木架的老式蜂桶（湖北神农架）

（颜立志 摄）

1. 蜂桶壁上打有探洞，通过探洞可以探知蜜脾所处的位置
2. 揭开桶盖挖取蜂巢上部的封盖蜜
3. 蜜脾高约15厘米
4. 蜂桶中钉有可以固定巢脾的木十字架
5. 取蜜后将蜂桶上下颠倒，蜂群在原来剩余的巢脾上继续往下造脾育子，原来的子脾区则变为贮蜜区

云贵高原中蜂

云贵高原中蜂的自然生境：磅礴乌蒙（朱德贵 摄）

云贵高原中蜂的自然生境：五彩乌蒙（杜鹃花 李贵云 摄）

云贵高原中蜂的自然生境：红色乌蒙（乌蒙山主峰——贵州威宁县韭菜坪上的野韭菜花）（何任叔 摄）

云贵高原中蜂的自然生境：腾冲油菜花（远处是高黎贡山）

（李伟 刘敏摄）

云贵高原中蜂

云贵高原中蜂的群势（左：平箱群15框蜂，右：继箱群16框蜂）（摄于2013年11月贵州纳雍野蒿香场地）

云南山区中蜂场
（引自中国畜禽遗传资源志—蜜蜂志）

考察云贵高原中蜂，考察团成员合影（摄于2014年4月）（左1：作者，左2：广东省昆虫研究所高级畜牧师罗岳雄，左3：吉林省养蜂研究所薛运波所长，左4：福建农林大学教授梁勤，左5：中国农科院蜜蜂研究所研究员石巍，右3：贵州省纳雍县农牧局副局长陈仕甫，右2：贵州省畜禽资源管理站站长杨忠诚）

野藿香（又称野草香、野木姜花）

专家考察贵州省纳雍县中蜂示范蜂场

野藿香蜜（已结晶）

野坝子（引自中国畜禽遗传资源志——蜜蜂志）

野坝子蜜，又称云南硬蜜（张学文　供稿）

华 南 中 蜂

华南中蜂的自然生境：广西峰林（滕　彬　摄）

华南中蜂的自然生境：浙江东南部的楠溪江
（叶新仁　摄）

广东蕉岭的荔枝场地

广东农户散养的中蜂蜂群

·中华蜜蜂蜂种与生态环境考察·

2013年11月，国家蜂产业体系华南、西南片区召开经验交流会，作者随代表团参观广西黄光福蜂场
（右1：黄光福，右2：广西区养蜂管理站站长许政）

2013年11月，在广东蕉岭华南中蜂保种场合影
（右1：蕉岭县畜牧局局长陈昌华，右3：作者，右4：场长张经禄，左2：广东省昆虫研究所高级畜牧师罗岳雄，左3：中国农科院蜜蜂所研究员石巍）

参观广东丰顺县中蜂示范蜂场（右1：场长陈育文，全国科普惠农兴村带头人，75岁；手持相机者为广东省昆虫研究所蜜蜂中心主任、高级畜牧师罗岳雄，因工作业绩突出，2005年获全国科普先进工作者，2008年获全国优秀科技特派员，2012年获讲理想、比贡献全国先进个人称号）

2013年11月，作者在福建省莆田县张用新蜂场参观（右3：张用新，左1：福建农林大学徐新建博士，左2：福建农林大学蜂学院副院长、教授周冰峰）

福建莆田的龙眼、枇杷场地
（杨志银　摄）

中胸盾片呈棕色的
工蜂（福建福州）

正趴在巢房房沿上产卵的蜂王
（华南中蜂）

采枇杷花蜜
（杨志银　摄）

枇杷蜜（已结晶）

荔枝（罗岳雄 摄）　　　　　　九龙藤（广西阳朔）　　　　　　　玄参

龙眼蜜　　　　　　　　　　九龙藤蜜　　　　　　　　　　玄参蜜

楤木（五加科，
又称刺老包）

鸭脚木（又称鹅掌柴、八叶五加）

楤木蜜（已结晶）

鸭脚木蜜（已结晶）

阿坝中蜂

阿坝中蜂的自然生境：四川阿坝州理县317国道（森林雪山）

四川阿坝州理县318国道（王建军 摄）

草甸和藏寨（文 月 摄）

金川梨花（代永清 摄）

中蜂采梨花

阿坝中蜂

阿坝中蜂自然保护区

保种场大门（左2：阿坝州畜牧工作站站长
蹇尚林，左3：马尔康县畜牧局局长李联民，左
4：阿坝州畜牧工作站副站长邹健，右1：四川省
养蜂管站副站长王顺海）

场本部的蜂群

保种场技术员王遂林在观察加浅继箱的蜂群

已贮蜜的浅巢框

保种场办公大楼

实验室的部分仪器

保仲场标本室

马尔康县查北村泽郎特（藏族）蜂场

四川省黑水县中蜂种蜂场，2014年中蜂人工育王
培训班全体成员在县种蜂场本部前的合影

黑水县中蜂种蜂场保种点之一

阿坝中蜂蜜（已结晶）

蔷薇科蜜源

2013年5月考察参观云南省农科院蚕蜂研究所
（后排左4：作者，左5：蚕蜂研究所蜂业中心主任张学文）

悬崖下的大蜜蜂蜂巢

1. 大蜜蜂蜂巢（匡海鸥　摄）

2. 大蜜蜂（匡海鸥　摄）

3. 小蜜蜂蜂巢（匡海鸥　摄）

4. 小蜜蜂（匡海鸥　摄）

5. 造有王台的滇南中蜂巢脾

（2013年5月摄于云南蒙自草坝，云南省农业科学院蚕桑蜜蜂研究所）

6. 西双版纳傣家竹楼上传统饲养的中蜂（和绍禹　摄）

长白山中蜂

长白山中蜂的自然生境：远眺长白山（冬季）
（引自长白山摄影家协会创艺影像艺术有限公司）

秋天的长白山瀑布
（引自长白山摄影家协会创艺影像艺术有限公司）

绿渊潭之夏

长白山中蜂蜂脾
（引自中国畜禽遗传资源志——蜜蜂志）

树洞内野生的长白山中蜂
（引自中国畜禽遗传资源志——蜜蜂志）

2014年7月，时隔13年作者第二次参访吉林省养蜂研究所，在该所大门前的合影（左3：作者，左4：吉林省养蜂研究所所长薛运波，左5：贵州省农科院副研究员何成文）

长白山自然空心树段（白桦树）

吉林省养蜂研究所蜜蜂形态测定实验室

自然空心树段（白桦树）蜂窝

自然空心树段中的中蜂蜂巢

吉林省养蜂研究所中蜂保种场郎氏箱中的巢脾

吉林省养蜂研究所长白山中蜂保种场之一

保种场使用的高窄式中蜂箱

高窄式巢脾（子圈外围全是蜜脾）

参访杨明福（亚洲优秀蜂农）蜂场（右1：杨明福，右2：何成文，右3：作者，右4：吉林省养蜂研究所所长薛运波）（摄于2014年7月）

杨明福的其中一个中蜂场

布置在树林中的中蜂蜂群（许多蜂群已上第二继箱）

椴树花期在第二继箱上的自然巢蜜

杨明福自创蜂箱中的巢脾
（巢框内径高度与郎氏箱一致，宽度比郎氏箱窄15厘米）

海南中蜂

参访文昌中蜂场

海南滨海地区1月份已进入蜂蜜生产期
（右1：作者，右2：中国热带农业科学院研究员高景
林，右3：海南省农业专科学校高级讲师王天斌）

海南栲

飞龙掌雪

红树林

椰子（左侧椰子后面为
正在开放的黄色椰子花）

以上照片摄于2014年1月

西藏中蜂

西藏中蜂的自然生境：西藏林芝

云南迪庆州巴拉格宗夏季牧场（索琅农布　摄）

云南迪庆州千湖山（李东红　摄）

香格里拉大峡谷（李东红　摄）

藏族养蜂（杨冠煌 摄）

秋天的维西县哈达农庄中蜂场（匡海鸥 摄）

云南维西县塔城蜂场〔作者与养蜂员身后的千年铁杉树有一窝树洞野生中蜂，一株数百年树龄的大花杜鹃正依偎着千年铁杉倾情怒放；地上还有用中空树段散养的中蜂〕
（匡海鸥 摄）

香格里拉曾经养过中蜂的树洞

丰收了（匡海鸥 摄）

蜜源三颗针〔小檗科，又称鸡脚黄连〕

二、蜡染

用蜂蜡描图案（王小梅　摄）

蜡染织物（王小梅　摄）

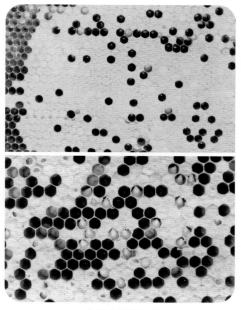

中蜂囊状幼虫病
（上：正常子脾，下：病脾）

大蜡螟（上：正常子脾，下：被大蜡螟幼虫
危害后，子脾上形成的白头蛹）

中囊病病死幼虫，呈囊袋状
（罗岳雄　摄）

蜂群被大蜡螟危害，飞逃后留下的巢脾

大蜡螟成虫（左：雌蛾，右：雄蛾）

大蜡螟雌蛾尾端的伪产卵器

大蜡螟老熟幼虫

大蜡螟雌蛾产的卵块（7×）

破开茧衣后露出的蛹

大蜡螟初孵幼虫　　　　大蜡螟初孵幼虫
（5×）　　　　　　　（12×）

蜡螟天敌—蜡螟绒茧蜂（8.3×）

欧洲幼虫腐臭病症状

斯氏蜜蜂茧蜂——中蜂成蜂的寄生蜂 （陈绍鹄 摄）

箭头所指处为寄生蜂
产在工蜂腹中的卵

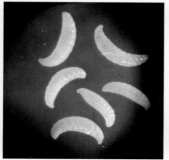
茧蜂幼虫

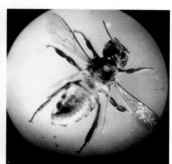
寄生在工蜂腹部的幼虫

茧

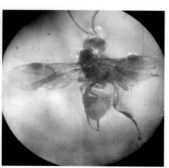
成蜂

四、蜜源与授粉

蜜源

1. 花王（牡丹）与中蜂　2. 碧桃
3. 枸骨冬青　　　　　　4. 红叶石楠

1. 石榴　2. 龟甲冬青
3. 山矾　4. 广玉兰

1. 向日葵 （匡海鸥 摄）　　2. 紫草 （匡海鸥 摄）
3. 月季 （匡海鸥 摄）　　4. 鬼针草 （匡海鸥 摄）

1. 金丝桃 （匡海鸥 摄）　　2. 小叶冬青 （匡海鸥 摄）
3. 头花蓼 （匡海鸥 摄）　　4. 大丽菊 （匡海鸥 摄）

中蜂饲养实战宝典

· 蜜源与授粉 ·

1. 桔梗 （匡海鸥 摄）　　2. 秦艽 （匡海鸥 摄）
3. 蒲公英 （匡海鸥 摄）　　4. 草本海棠 （匡海鸥 摄）

1. 朱樱 （匡海鸥 摄）　　2. 板栗 （匡海鸥 摄）
3. 花椒 （匡海鸥 摄）　　4. 千里光 （匡海鸥 摄）

1. 菊科小草 （匡海鸥 摄）　　2. 马鞭草科小草 （匡海鸥 摄）
3. 乌桕　　　　　　　　　　4. 兰花 （匡海鸥 摄）

1. 川续断 （杨志银 摄）　　2. 米碎花（小杜鹃） （匡海鸥 摄）
3. 野菊花 （杨志银 摄）　　4. 朱砂根（紫金牛科）

葎草

枳椇（拐枣）树

盐肤木

中蜂采拐枣花

乌蔹梅

枸杞（引自中国畜禽遗传资源志——蜜蜂志）

爬山虎

授　粉

蓝莓花（张蜀月　摄）

中蜂为蓝莓授粉（樊　莹　摄）

贵州省农业科学研究院现代所在贵州省麻江县蓝莓基地做授粉试验，院领导到试验基地检查工作进展情况（前排左1：贵州省农业科学研究院现代所所长、研究员孙秋，左2：麻江县养蜂科技特派员、高级畜牧师范文穗，二排右4：贵州省农业科学院院长刘作易，右2：麻江县副县长甘泽波，右1：何成文副研究员，后排右1：韦小平博士，右2：林黎硕士，右3：黄贵修副院长）

中蜂为草果授粉（李林庶　摄）

贵州省农业科学研究院现代所驻点人员（左1、左2）正在演示取蓝莓蜜

中蜂为温室草莓授粉（王凤鹤　摄）

蓝莓蜜

中蜂饲养实战宝典

38-39

·蜜源与授粉·

五、不同时期的作者

作者在体视显微镜下观察大蜡螟成虫，描绘特征图（吴祖清1980年摄于贵州省锦屏县）

1985年9月，全国中蜂协作委员会二届一次会议成员合影（前排左2：四川省畜牧兽医研究所吴永中，左3：中国农业科学院蜜蜂所杨冠煌，左4：中国农业科学院蜜蜂所原所长范正友，二排左3：作者，左4：安徽科技学院李位三，后排右1：湖北省养蜂管理站颜志立）　　（摄于湖北恩施）

1990年中国养蜂学会蜂保专业委员会年会全体成员合影（二排右3：中国农业科学院蜜蜂所蜂保室主任冯峰，右5：中国农业科学院蜜蜂所原所长范正友，三排左5：中国农业科学院蜜蜂所董秉义，左7：作者）（摄于四川成都）

下乡指导少数民族养蜂员养蜂（1992年摄于贵州务川）

1993年作者率贵州省代表团参加在北京召开的第33届国际养蜂大会，图为代表团成员合影（中排左1：作者，左2：贵州省畜牧局副局长李通权，左3：贵州省养蜂学会副理事长、黔南布依族苗族自治州农校校长邓诚云）

1996年，贵州省品改站在锦屏县举办《贵州省中蜂高产稳产配套技术》模式化养蜂培训会（作者在培训班上讲课）

1998年5月，在作者带领下，锦屏县、凤冈县养蜂技术干部在凤冈县何坝乡艾履忠（右1）蜂场，交流中蜂实行继箱饲养的经验

20世纪90年代，作者指导农户实行中蜂浅继箱饲养
（摄于贵州剑河）

2009年6月，作者应邀参加国际合作项目赤水环境
友好型养蜂技术培训班（左1：现任赤水保护区管理局
副局长郭能彬，左2：作者，中：英国驻重庆总领事阿
丽克斯，右2：赤水桫椤自然保护区原管理局局长杜西
德，右1：贵州省环保厅国际合作中心主任郑明杰）

2009年在赤水桫椤自然保护区，作者（前排左2）
与云南农业大学和绍禹教授（前排左3）检查蜂产业技
术体系项目

在赤水桫椤自然保护区五柱峰指导农户实行中蜂活
框饲养

2005年10月，参与举办由英国驻重庆总领事馆资助
的贵州省梵净山中蜂养殖技术培训班，图为培训班成员
合影（前排右4：梵净山自然保护区高级工程师孙敦
渊，右7：作者）

2013年9月，作者在梵净山自然保护区徐家沟片区
指导蜂农及来自黔东南州从江县的学员实行活框养蜂

2012年11月第九届海峡两岸蜜蜂与蜂产品交流会大陆代表团成员与台湾亚太蜂针研究会主要成员合影（前排左2：作者，左5：中国养蜂学会秘书长陈黎红，二排左1：中国农业科学院蜜蜂所副所长彭文君，左3：浙江大学教授胡福良，左6：台湾亚太蜂针研究会会长叶兆云，左7：中国农业科学院蜜蜂所所长吴杰，左8：福建农林大学蜂学学院院长谬晓青，右1：福建农林大学教授苏松坤，后排左2：中国农业科学院蜜蜂所科研处处长刁青云）

作者在交流会上作改良式巢虫阻隔器安装使用报告

（匡海鸥摄于台湾宜兰大学）

　　2004年10月，作者应邀率贵州省养蜂代表团赴法国出席法国第15届养蜂大会，与法国养蜂联合主要负责人合影（左1：中国养蜂学会副理事长颜志立，左2：贵州兴仁县畜牧局局长谢明富，左4：作者，左5：洛泽尔省议会副主席莱斯居尔，右4：法国养蜂者联合会主席克莱芒，右1：贵州省锦屏县品改站站长刘长滔）

作者以《开放、进步、发展的中国和贵州养蜂业》为题，在大会主席台上发言

法国传统树筒蜂巢
（2014年10月摄于法国洛泽尔省）

法国第15届养蜂大会展厅内展出的草编蜂窝

2005年2月法国洛泽尔省议会代表团访问贵州，作者与代表团成员在黄果树瀑布前合影（左2：法国养蜂联合会主席克莱芒，最前排穿白衣者为议会副主席莱斯居尔，其身后为议会主席普基耶）

2005年3月，在贵州省政府、贵州省养蜂学会的促成下，中国养蜂学会与法国养蜂者联合会在北京签署了技术交流合作协议（后排右1：贵州省外事办副主任姚守伦，右2：作者；桌前签署协议者，右1：中国养蜂学会理事长张复兴，右2：法国养蜂联合会主席克莱芒）

2011年3月，作者领衔成功承办了2011年全国蜂产品市场交流会暨中国（贵阳）蜂业博览会（前排左1：中国农业科学院蜜蜂所所长吴杰，左4：中国蜂产品协会会长高茂林，右4：中国养蜂学会理事长张复兴，后排左3：作者）

2011年在贵阳召开全国蜂产品信息交流会期间，举行了《徐祖荫养蜂论文集》赠书仪式。作者向大专院校、科研院所、专家学者及个人赠送书籍300余册，图为福建农林大学蜂学学院院长谬晓青代表受赠单位及代表发言

2014年8月，贵州省蜂产品协会成立，贵州省供销合作社主任、首任贵州省蜂产品协会会长张达伟向作者颁发顾问聘书

2011年作者（主席台右4）出席贵州省正安县养蜂协会成立大会，并作有关培训。

作者于2005年自贵州省农业厅退休以来，仍时刻关注着贵州和全国中蜂产业的发展，多年来，一直帮助基层县及多个自然保护区（赤水桫椤自然保护区、梵净山国家级自然保护区、麻阳河自然保护区）开展中蜂科学饲养。在他的指导下，贵州正安县建立了贵州省中蜂（华中型）良种繁育基地，并先后带领贵州省农业科学院现代所、长顺县、纳雍县、望谟县、麻江县的干部、养蜂员到正安参观学习；亲赴紫云县宗地乡、开阳县、大方县、遵义县、贵阳市白云区指导、培训，促进了贵州中蜂产业的发展。图为2013年9月，纳雍县养蜂代表在赴正安学习时的合影（第二排右3：纳雍县农业局副局长陈仕甫，右4：作者，右5：正安县畜产办副主任周华明，右2：正安县养蜂协会会长贾明洪，左2：正安县品改站站长叶远飞）

贵州纳雍县中蜂活框饲养推广

1. 2013年6月20日该县举办中蜂第一期活框饲养培训班前，全县1.01万群中蜂，99.5%以上均传统饲养
2. 2014年7月纳雍县举办第三期中蜂科学养殖（人工育王）培训班，主席台前右3为作者
3. 现场操作演示人工育王
4. 经过一年的工作推动，全县共过箱1 420群，成功率80%，取得了较好的经济效益，其中最大的蜂场规模达72群

六、专家、学者

与恩师、贵州省农业厅高级畜牧师刘继宗一起研究养蜂工作（1985年摄于贵州贵阳）

与中国农业科学院蜜蜂所原所长马德风合影（1989年11月摄于湖北武汉）

1998年8月在江西南昌召开的全国中蜂协作委员会学术年会期间，与福建农林大学龚一飞教授（中）、湖南省怀化市畜牧局高级畜牧师段晋宁（左）合影

2003年9月，作者陪同云南农业大学匡郁教授（前排右2）、四川省成都市畜牧局高级畜牧师刘集生（前排左1），考察贵州养蜂业及贵州蜡染

与原中央军委副主席刘华清上将（右）合影（1993年摄于北京）

与原贵州省省长石秀诗（右）合影（摄于2005年）

与外交学院院长、中国国际关系研究会会长吴建民（左）合影（2005年摄于北京）

2009年春节合影（左1：作者，左2：原贵州省省长王朝文，右2：104岁老寿星张葆琛，右1：原贵州省省委常委、秘书长、省人大常委会主任步智信）

七、著作与获奖

《蜂海求索——徐祖荫养蜂论文集》于2010年6月由贵州科技出版社出版，16开本，420页，收录作者论文108篇，91.53万字。内容涵盖贵州省蜂业概况，贵州省中蜂资源调查，模式化养蜂研究及贵州省中蜂、意蜂高产管理模式，蜜蜂病敌害防治，贵州蜜粉源植物及蜜蜂授粉，蜂产品加工，蜂业经济，蜜蜂文化，贵州蜂学界人物小传等。书中有大量中蜂的研究论文，夯实了本书写作的基础

作者独著或参编的部分著作

2010年3月，中国养蜂学会对学会成立30年来为中国养蜂科技发展作出重要贡献的28位专家颁发了"中国蜂业科技突出贡献奖"，图为部分获奖专家（左1：原吉林省养蜂研究所所长、研究员、吉林省特等劳模、全国"五一"劳动奖章获得者葛凤晨，左2：福建农林大学教授、原全国人大代表龚一飞，中：作者，右2：中国农业科学院蜜蜂所研究员、省部级专家杨冠煌，右1：福建农林大学蜂学院院长、教授、福建省优秀专家谬晓青）（2013年3月10日摄于湖北武汉）

作者的部分奖状，其中省级二等奖两项（贵州省中蜂高产稳产配套技术研究、模式化养蜂及贵州省意蜂高产管理模式的研究）

中蜂饲养实战宝典

徐祖荫 著

中国农业出版社

天道酬勤，蜂海墨香

——《中蜂饲养实战宝典》序

徐祖荫先生是我国当代知名的养蜂专家，30多年前我们就已经相识了。徐先生十分敬业，长期从事养蜂研究和行业管理工作，尤其在中华蜜蜂（中蜂）研究方面造诣更深，取得了显著成就。

"天道酬勤"，以我对徐先生的了解，他之所以今天能在学术上取得如此成就，取得这么多的荣誉，除了天份禀赋之外，还在于他对养蜂事业的无限热爱，以及他甘于寂寞、勤奋钻研、锲而不舍、勇于进取的精神。我曾拜读过先生所作的《蜂海求索——徐祖荫养蜂论文集》一书，翻开书卷，不难看出，他是带着养蜂生产中的实际问题，逐个课题去深入系统地研究、探索的。正是这样，他几十年如一日，沉下心来，一步一个脚印，认真踏实地去做学问，范围之广，功夫之深，深令同行敬佩和叹服。

"老骥伏枥，壮心不已"，近些年来，为了推动中蜂生产的发展，他又在古稀之年，不辞辛劳，亲自深入到中蜂各产区，呕心沥血搜集资料，调研学习，汇集经验，为此书的写作打下了十分深厚的基础。当我看到这次先生寄来的书稿时，不但感到内容丰富，而且发现其中有许多新的东西，且立论新颖，读后有令人耳目一新之感，受益匪浅，觉得非常值得同行关注和学习，故此欣然命笔，为此书作序。

我读此书，感觉有如下几个显著特点：

一、该书具有很强的针对性、实用性

作者长期身处养蜂科研、生产第一线，服务"三农"的意识自然十分强烈。从立题研究，到成果应用，都具有非常明确的针对性，如蜂农最头痛和容易困惑的问题，诸如中蜂飞逃、盗蜂、控制分蜂热、培育强群、中蜂箱型的选择、配套、病敌害防治等问题，都是作者过去研究工作的重点。

作者在自己多年研究成果及众多养蜂工作者经验集成的基础上，提出了一整套完整的中蜂高产管理技术措施，另外根据外出考察参观的结果，补充、完

1

善了不同地区、不同气候和蜜源条件下的特殊管理措施，分别提出了中蜂高产管理和简单化管理（半改良式饲养）两种模式，以适应不同地区、不同文化层次、不同饲养管理水平读者的需求。作者根据多年来对中蜂主要病敌害（如中蜂囊状幼虫病、欧腐病、大蜡螟、斯氏蜜蜂茧蜂）深入系统的研究，提出了许多行之有效的防治方法，对指导中蜂病敌害防治，具有重要的参考和实用价值。更为难能可贵的是，作者不仅仅停留在理论研究、经验总结的层面上，而是身体力行，在生产实践中作了大量的成果转化和试点工作，这就大大提高了这些技术的可推广性和可复制性。

二、具有突出的创新性

作者把自己长期研究中蜂的成果和国内专家、学者、养蜂工作者研究中蜂的新成就，提出的新思维、新见解、新发现，加以梳理归纳，收入书中，彰显出了内容上的新颖性和技术上的先进性。

近些年来，在国家蜂产业技术体系的支持下，国内中蜂科研水平有了快速发展，在分子遗传、生物学特性、营养研究、病敌害检测技术等方面，涌现出了许多新的成果。这些研究成果，在该书中都得到了很好的体现和介绍。

作者不但是集大成者，同时也是富有进取精神的创新者。书中除了汇集同行专家们的成果外，由于作者在学术上的深厚造诣，还有许多内容出自其亲历亲为的试验研究成果，并提出了许多卓有见地的新观点（如中蜂高产管理技术的集成配套、我国近现代中蜂从传统养殖到现代科学饲养三个阶段的划分、传统蜂窝和现有中蜂蜂箱的分型归类、蜂箱的系列化、蜂箱优化设计理念及两款新型中蜂箱的推出、中蜂资源的有效利用保护、蜜粉源植物的保护种植等）。在该书的编排、涵盖的内容及配图上，也与过去同类书籍有较大的差别，不落他人窠臼，具有突出的创新性和带有鲜明的个人风格。

三、具有鲜明的传承性

该书在着重介绍中蜂科学饲养技术的同时，也给了传统饲养的蜂桶（窝）、技术予一定的笔墨。在如何评价中蜂传统饲养的问题上，我和作者有着相向而行的观点和见解。要承认和面对中蜂的现实，即部分群众仍接受和采用旧法桶养，给予适当介绍确有必要，这不是"恋旧"或提倡"复古"。传统饲养在我国农村历史久远，面广量大，由于社会、经济、文化等诸多因素，推广科学饲养是一个渐进的过程，不可能一蹴而就。从桶养到箱养的转变和发展过程，两者之间具有连续性和传承性，即使今后全国中蜂饲养实现现代化，鉴于传统饲养特殊的经济、文化价值，尤其是后者，也可能仍有部分传统饲养模式存在，这也是我国中蜂发展历史演变活的见证。

四、具有很强的可读性

该书的可读性不仅在于它的实用性、针对性、创新性和传承性，而且它是一部既有理论又有实践、普及和提高相结合的专著。

该书内容全面、资料翔实，凡有关中蜂及其饲养管理的内容都有涉及。书中提到的每一项技术措施，每一个生物学现象，都有其出处，并有大量的试验数据、理论资料支撑，因此具有十分严谨的科学性，这对指导生产实践、帮助农民致富、取得实效是非常重要的。

该书除文字资料外，还配有近 600 幅图、表，有些图片、资料弥足珍贵，可以说是图文并茂，这就使读者更易于理解书中的相关内容。

该书从中蜂饲养历史，到现代养蜂，古今兼备。内容深入浅出，既有与中蜂相关的基础知识、基本管理技术，又有先进的现代养蜂管理理念；既反映了当代中蜂研究的理论成果和最高生产水平，有公认的饲养管理措施，又有个人创新和独到的见解。基于此，它既可以面对广大养蜂生产者，又能面向养蜂教学和科研人员。在当前中蜂生产迎来良好发展机遇之际，该书的出版，不只是锦上添花，更可以说是雪中送炭，并定将成为我国养蜂图书宝库中的一本重要学术著作。

由于篇幅所限，我只能点到为止，至于书中更多的精彩、可贵、实用之处，只好留待读者自己仔细去阅读和品味了。是为序。

李位三[*]

2015 年 2 月 15 日于安徽淮南

　* 序作者系毕生从事养蜂教学、科研、生产的老专家，原安徽科技学院生物学系主任、副教授、外聘教授级特约研究员。先后发表论文 109 篇，出版著作 9 部，获国家农业部三等奖 2 项，省级成果奖 7 项，国家教委科技进步二等奖 1 项。享受国务院专家特殊津贴。2010 年被中国养蜂学会授予"中国蜂业科技突出贡献奖"。曾先后担任中国养蜂学会理事，中国养蜂学会蜜蜂生物学专业委员会、全国中蜂协作委员会委员，安徽省蜂业学会副会长，安徽省蜂产业商会名誉会长等职务。

前言

中华蜜蜂（简称中蜂）是我国土生土长的蜂种，对我国各地的气候、蜜源具有很强的适应性。几千年来，中蜂一直伴随着中华民族文明的历史进程，为人们提供珍贵的食品和药品——蜂蜜、花粉、蜂蛹、蜂毒、蜂蜡等产品；中蜂长期以来又是我国大多数植物和农作物的授粉昆虫，因此中蜂在丰富人们的食谱、保障人体健康、促进作物增产、维持生态平衡等方面，发挥了重要的作用。

近些年来，随着国民经济的发展和人民生活水平的提高，人们对无污染、全天然食品的追求，中蜂蜂蜜受到市场的青睐和追捧；加之中蜂能充分利用山区零星蜜源、节约饲料、病虫害较少、适于定地饲养、花费劳力不多，中蜂生产因此成为我国广大农村地区一项投资少、见效快、脱贫致富的好抓手，成为许多地区、自然保护区在限伐、禁伐当地林木后的一项替代性产业，精准扶贫的好项目，受到各级地方政府和有关部门的重视。为了进一步发展和振兴我国的中蜂产业，国家蜂产业技术体系明确提出了中蜂饲养管理科学化、规范化、规模化的要求。近几年来，我经常受到邀请，到各地中蜂培训班讲课，对养蜂户、养蜂基地进行咨询、指导。针对国家蜂产业技术体系的要求，我在培训中发现，仅仅讲解过箱和过箱后的一般管理技术，已经远远满足不了当前中蜂生产的实际需求，因此产生了撰写全面介绍中蜂及中蜂饲养管理一书的想法。

本人曾长期在省级科研单位和养蜂主管部门工作，跟中蜂打了30多年交道，对中蜂资源调查、中蜂生物学特性观察、中蜂高产稳产管理技术、中蜂主要病敌害防治（如中蜂囊状幼虫病、大蜡螟等）、中蜂技术推广的方式方法（模式化养蜂）等都做过系统研究。近几十年来，在广大养蜂科技工作者和养蜂工作者的共同努力下，中蜂研究成果层出不穷，在实际生产中积累了不少宝贵经验，因此有必要将它们整理、汇编成册，写一本既能反映当代中蜂科学研究水平，又能深入浅出让普通养蜂员读懂、理解的参考书，供有关部门和广大中蜂饲养者参考。为此，本人在大量收集、参阅有关资料的同时，还分别深入到我国各个中蜂产区、院校、科研单位学习、调研，先后到云南（三次）、甘肃、湖北、四川、广西、广东、福建、重庆、河南、吉林、海南、台湾等省（自治区）考察，并在贵州多地做成果转化的试点工作。在此过程中，受到有关部门和同行的热情接待，不但陪同我深入考察，介绍情况，当面指教，还无私地赠送书籍、实物、图片和资料给我，使本书的质量有了很大提高。对此，我衷心感谢那些成书过程中曾经帮助过我的单位和个人。其中，龚一飞、邵瑞宜（福建农林大学）、匡邦郁（云南农业大学）、杨冠煌（中国农业科学院蜜蜂研究所）、葛凤晨（吉林省养蜂研究所）等学术前辈曾有专著赠送；云南省农业科学院蚕蜂研究所、甘肃省养蜂研究所、广西壮族自治区养蜂管理站、广东省昆虫研究所、福建农林大学蜂学学院、云南农业大学东方蜜蜂研究所、河南省科技学院、吉林省养蜂研究所、四川省养蜂管理站、湖北神农架林区农业局、四川省阿坝州畜牧工作站、马尔康县畜牧局、黑水县畜牧局、茂县畜牧局、重庆市畜牧工作总站、重庆市蜂业公司、武汉市小蜜蜂蜂业公司、云南大姚百草岭蜂业公司、云南姚安菖河蜜蜂生态园、云南省维西县工商联、云南省武定县畜牧局、广东省蕉岭县畜牧局、广东省龙门县养蜂研究所，以及颜志立、匡海鸥、张学文、许政、张世文、塞尚林、谬正瀛、胡军军、罗岳雄、周冰峰、张中印、薛运波、王建文、王顺海、王永康、谭宏伟、龙训明、高景林、邓群青、王天斌、赖秋萍、王穗生、陈俊英、赵学昭、和绍辉等先生在考察工作中给予热情接待并指导；杨冠煌、胥保华、王凤鹤、郭永立、杨明显、周冰峰、朱翔杰、王彪、祁文忠、徐新建、张学文、吴小根、宋艳华、和绍禹、高景林、何成文、贾明洪、陈仕甫、刘长滔、杨明福、颜志立、王顺海、匡海鸥、谭勇、罗岳雄、李淑琼、席景平、梁勤、李林庶、吉挺、龚凫羌等先生赠送有关资料及图片；石磊等帮助鉴定蜜源植物；云南农业大学和绍禹教授及国家蜂产业技术体系、贵州省畜禽资源管理站、贵州省环保厅、遵义市农委、正安县畜产办、正安县养蜂协会、纳雍县农牧局、望谟县发改委、长顺县畜牧局、贵州省农科院现代所、梵净山自然保护区管理局、赤水桫椤自然保护区管理局、香港"社区伙伴"、贵州省电视台等单位以及杨志银、丁映、樊莹等在贵州省试点工作给予支持与帮助；贵州新闻图片社艺术摄影中心帮助收集图片资料；贵州健和源蜂业公司对考察、试点工作给予经费资助，李位三先生为本书作序，特在此表示衷心的感谢！从某种意义上说，本书不仅是我个人的著作，也是我国广大养蜂工作者集体智慧和多年心血的结晶。

希望本书的出版，能对我国中蜂科研、生产、教学有所助益，并希望我国的中蜂产业，通过现代科学技术的推广、传播能够迈上一个新的台阶。

徐祖荫

2015 年 1 月于贵州贵阳

目录

天道酬勤，蜂海墨香

中蜂饲养实战宝典

第一章 中华蜜蜂饲养现状及饲养技术发展简史

一、中华蜜蜂的饲养现状

中华蜜蜂又称为中蜂，是我国当家蜂种之一。东从东海之滨及台湾，西到青藏高原，北起黑龙江，南至海南岛，除新疆、内蒙古北部外，全国各地均有分布。云南、贵州、四川、重庆、广东、广西、福建、海南、湖南、湖北、河北、江西、陕西、甘肃、宁夏、青海、江西、安徽、浙江、辽宁、吉林、西藏等省、自治区、直辖市均是其主要分布区。其中，以长江流域及其以南的山区、半山区，中蜂资源最为丰富。

尽管中蜂群势、产量不如意大利蜂（简称意蜂）等西方蜜蜂（简称西蜂），产品较单一，但由于中蜂是我国土生土长的蜂种，对我国不同地区的气候、蜜源有很强的适应性。中蜂繁殖快，蜂种来源广（家养和野生），耐低温，不但善于采集山区零星蜜源，还能采集西方蜜蜂难以利用的秋冬季蜜源（如枇杷、野桂花、鸭脚木、野藿香等），节约饲料，既适合专业饲养（100～500 群），也适合业余饲养（3～5 群至几十群）；不但中青年可以养，妇女、七八十岁的老人也可以养（刘守礼等，2013）；不仅健康的人可以养，残疾人也可以养（祁文忠，2009；周光旭，2013）；不但农村地区可以养，在城市中也可以养（福州市陈意柯，2006；湖南永兴黄世富等，2008；罗岳雄等，2012；徐祖荫、吴小根，2014）。

中蜂飞行速度快，躲避胡蜂能力强，病敌害较少（中蜂抗蜂螨、美洲幼虫腐臭病、白垩病，较少感染西蜂易感的成蜂麻痹病），产品中农药残留和抗生素残留量少，所生产蜂蜜受消费者欢迎，市场价格高，一般是意蜂蜂蜜的一至数倍，所以饲养中蜂具有较高的经济价值，在我国广大农村地区，现仍以饲养中蜂为主。到目前为止，我国的中蜂饲养量有近 300 万群，其中传统饲养和活框饲养约各占一半。

二、我国古代养蜂技术成就

我国利用、饲养中蜂有非常悠久的历史，我国古代养蜂史就是一部中蜂的发展史。

据古生物学家洪友崇先生对 1984 年在我国山东莱阳北泊子发现的 1.3 亿年前早白垩纪古蜜蜂（*Palaeapis beiboziensis* Hong）化石（图 1-1），以及 1983 年在山东临朐县山旺村发现距今 2 500 万年、其特征类似于我国中华蜜蜂的中新世蜜蜂（*Apis miocenica* Hong）化石（图 1-2，图 1-3）标本的研究，认为我国华北古陆是东方蜜蜂（包括中蜂）的起源地。

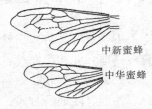

中新蜜蜂

中华蜜蜂

图 1-1　北泊子古蜜蜂背面观　　图 1-2　山旺中新蜜蜂　　图 1-3　中新蜜蜂脉序特征
　　（引自洪友崇，1984）　　　　　（引自洪友崇，1985）　　　　（引自洪友崇，1985）

远古时期，我国古人类在渔猎活动中发现了野生中蜂和蜂蜜，作为珍贵的甜食资源，中蜂巢蜜就成为了采捕的目标，后来进一步发展成标记、看护野外树洞、石窟内的蜂群，以获取蜂蜜。农耕文明出现后，古代先民将带有蜂巢的

图 1-4　江苏邳州大墩子出土、我国古代曾经使用过的陶蜂桶
蜂桶缸形，上尖下圆，高约 60 厘米，下口直径约 50 厘米（容积约 60 000 厘米³）。
巢门孔分三层开设在缸壁上，以适应蜂群大、中、小三种群势状态下生存
（引自王林绪、宋艳华等）

空心树砍成段，移置在家院中，或野生中蜂飞入家中器具内筑巢，开始出现了原始养蜂的雏形（图1-4）。

有关"蜜"的文字记载，最早见于从殷墟出土的甲骨文中。《诗经·周颂·小毖》（公元前11—6世纪），其中有"莫予荓蜂，自求辛螫"之句。此后《尔雅》（公元前6—5世纪）中又进一步将蜜蜂分为两种："土蜂，木蜂"（居住在土洞及树洞中的蜜蜂）。周朝尹喜所著《关尹子·三极》中有"圣人师蜂立君臣"，表明2 500年前，古人对蜂群生物学就有所了解。距今2 300多年的《山海经——中次六经》（公元前3世纪）中，出现了"蜂蜜之庐"一词，说明当时有原洞养蜂的可能性。

至东汉时期，我国养蜂业已很发达，出现了我国第一位养蜂家——养蜂鼻祖姜岐。皇甫谧（215—283年）在《高士传》中介绍说："姜岐，字子平，汉阳上邽（今甘肃天水市）人也……以畜蜂、豕为事，教授者满天下，营业者三百余人，辟州从事不诣。民从而后居之数千家"。姜岐生活在东汉桓、灵时代（147—188年），由于汉代推行重农政策，养蜂业也逐渐发达，进入了规模人工饲养阶段。

魏晋南北朝时期（220—589年），张华《博物志》和郑缉之《永嘉地记》分别记录了山区和平原地区（浙江温州），以蜜蜡涂桶诱捕野生蜂家养的方法。"七八月中常有蜜蜂经过，有一蜂先飞，觅止泊处。家中人知，辄纳木桶中，以蜜涂桶，飞者闻蜜气或停，不过三四来，便举群悉至。"当时人们已观察到有侦察蜂，其桶已非原空心木桶，而是由木材加工而成，更便于观察蜜蜂的生物学特性。西晋大诗人郭璞（276—324年）写的《蜜蜂赋》，不仅文辞优美，而且比较完整、生动地描述了蜜蜂的生物学特性和蜂产品的医药养颜价值。首次记述了蜜蜂是社会性昆虫，有"总群民"的"大君"（蜂王），有巢门的守卫蜂（"阍卫"）。蜂群有"应青阳而启户"、喜暖向阳的习性，喜在"青松冠谷、赤萝绣岭"的森林中筑造黄白色的巢房（"繁布金房，叠构玉室"）；采集花蜜（"无花不缠"）、酿制蜂蜜（"咀嚼华滋，酿以为蜜"）。并描述蜂蜜有液体（"散似甘露"）和固体之分（"凝如割肪"），有较高的药用和美容价值（"扁鹊得之而术良，灵娥御之以艳颜"）。

唐末韩鄂的《四时纂要》把"六月开蜜"列成了农家事宜。其中应特别提到的是，在伊世珍《琅环记》中记载，唐朝天宝年间（742—755年），湖南有位小脚女人叫吴寸趾，因养蜂致富："……女取养之，自后恒引蜜蜂至女家甚众，其家竟以作蜜富甲里中……"可见其养蜂已具相当规模。

宋元时（960—1366年），养蜂技术发展很快，是中蜂人工饲养发展的重要阶段，相关文献较多。宋王禹偁《小畜集·记蜂》（1000）描述了蜂群生物

学、控制自然分蜂、分蜂情况及取蜜原则，并出现"王台"一词。蜂王"其色青苍，大于常蜂，无毒"，"失其王则溃烂不可响迹"。分蜂时"必造一台，其大如栗，俗谓之王台，王居其上，且生子其中，或三或五，不常其数，王之子尽复为王矣，岁分其族而去。"如不想分蜂，则"以棘刺王台，则王之子尽死而蜂不拆"。取蜜应适度，"凡取其蜜不可多，多则蜂饥而不蕃；又不可少，少则蜂堕（惰）而不作"。

元代家庭养蜂较为普遍，且蜜价昂贵，"春夏合蜂及蜡，每窠可得大绢一疋，有收养分息数百窠者，不必他求而可致富也"（王祯《农书》，1313），从而促进了养蜂业的发展。当时除木制蜂箱外，还出现了土窝、砖砌、荆编蜂箱，并认识到喂水的重要性，掌握了人工分蜂的方法。"春三月，扫除如前，常于春三月置水一器，不致渴损。""春日蜂盛，有数个蜂王（台），当审多少，壮与不壮，若可分为两窠，止留蜂王（台）两个，其余摘去。如不分，除旧蜂王外，其余蜂王（台）尽行摘去。"这些内容，在元·司农司（王磐序）《农桑辑要》（1273）、王祯《农书》、鲁明善的《农桑衣食撮要》（1314）中都有记载。元末明初刘基所著《郁离子·灵邱丈人》（12世纪）是中蜂管理的重要科学文献，其基本原则至今仍有参考价值。该文将善于养蜂和不善养蜂的父子两代作了对比，仅用147字，即扼要概括了建场、饲养、分蜂、防病虫、取蜜等整套管理原则，比国外齐从（J. Dzierzon，1845）发表的13条养蜂原则要早500多年。

明清之际（1368—1911年）在总结前人的经验和研究成果的基础上，完善了一套"分蜂—招收—留蜂—镇蜂—防护—割蜜—藏蜜—炼蜜"技术。明代李时珍（《本草纲目》，1578）、宋应星（《天工开物》，1637）、郝懿行（《蜂衙小记》，1819）等均有著述。其中《蜂衙小记》可视作我国第一部养蜂专著。在养蜂技术上，也比过去有所进步。如认识到收养蜜蜂以芒种前为佳，晚秋收养蜜蜂，越冬期易死亡。发现"见其门户清净，来往不繁，经营不勤"，是蜂群飞逃的征兆，用"香炷焠"蜂王的双翅，控制中蜂飞逃（蒲松龄《农桑经》）。此期对蜂箱也有改革，明清之际出版的《致富全书》记载："先照蜂巢样式，再做方匣一二层……令蜂作蜜脾子于下"。其中"方匣一二层"具有继箱的作用，取蜜时只取上层蜂蜜（图1-5），而不

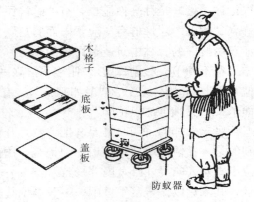

图1-5　明朝方格蜂桶取蜜图
（引自纪天祥）

4

损伤下层子脾。这种继箱意识要比欧洲约早 200 年。

随着人们对中蜂习性的不断观察研究，养蜂技术不断提高，养蜂业也不断发展，至清末全国中蜂饲养量约达 20 万群。

在甘蔗引入我国之前，蜂蜜是唯一的甜食来源，蜂蜡可作照明、祭祀之用。文献记载，早在我国东周时期（公元前 770—256 年），蜂蜜就是皇室的珍贵食品。因此，蜜蜡除民间使用、互市贸易外，还是历朝历代地方政府、属国向中央王朝进贡的重要物品，并作为国际友好交往的馈赠礼品，受到政府的重视。元代设有采蜜提举司。清政权确立后，除地方进贡外，还在吉林设打牲乌拉机构，专门采捕中蜂贡蜜。

尽管我国古代饲养中蜂取得了许多成就，但清末以前，我国中蜂饲养技术仍处于原始饲养的阶段。

三、我国近、现代中蜂饲养技术的发展

我国近现代中蜂饲养技术，从其发展历程和取得的技术成就来看，大致可以划分为三个阶段，即从 20 世纪初叶清末到民国时期，为中蜂活框饲养技术的启蒙、探索阶段；自 1949 年中华人民共和国成立至 1974 年，为中蜂活框饲养技术普及推广阶段；1974 年后至今，为中蜂科学饲养技术发展、成熟阶段。

（一）中蜂活框饲养技术启蒙、探索阶段（清末至民国时期，前后经历约 50 年）

19 世纪中叶以后，西方活框蜂箱、人工巢础、摇蜜机、隔王板等养蜂工具的发明，使古老的养蜂业摆脱了小生产状态，向专业化、大型化的方向发展。现代养蜂科学知识传遍了世界，也传到了中国。19 世纪末至 20 世纪初，科学养蜂知识通过多种报刊、译著传入中国，向国人宣传蜜蜂生物学基础知识和养蜂技术。其中，以《农学报》1898 年连载的《蜜蜂养蜂法》（日本花房柳条著，藤田丰人译）、广州的《农工商报》、《广东劝业报》连载的《蜜箱的制造》、《春季蜜蜂之处理法》（1908—1909）等影响较大。1903 年，清政府还将养蜂列为高等农工商实业学堂的教学内容之一。

20 世纪初，一些有先进思想的实业家、教育家从国外引进意大利蜂与现代养蜂技术的同时，也开始摸索、探讨用饲养意蜂的方法，活框饲养中蜂。早期从事这项试验的有福建的张品南、江苏的华译之等人，他们试办中蜂场，研究中蜂活框饲养。张品南还与刘仰文、福建协和大学教授美国人凯洛格（C. R. Kellogg）研究福建中蜂的形态特征，并编撰杂志、著述等进行宣传、

教学，对福建乃至我国华东地区的养蜂业发展都做出了贡献。

当时对中蜂饲养技术进行研究的还有吉林的成多录（著有《养蜂说》，1911—1912）、张玉之（著有《中蜂简易育王法》，1931）、河北尹福清（著有《中蜂刍议》，1940）等人。因中蜂体型、群势小，有人还专门设计了较意蜂箱小的中蜂箱，其中成绩显著的有：

张进修，20世纪30年代在广东省建设厅工作期间从事中蜂活框试验，曾设计一种中蜂蜂箱，并著《中蜂改良箱说明》（1933），广东采用的从化式蜂箱和中笼式蜂箱，就是根据他的设计演变而来的。

王博亚，1928年开始养蜂，中蜂、意蜂兼养，以后专养中蜂。他设计了高窄式中蜂箱，并制定了一套适合高窄式蜂箱特点的饲养技术，先后在山东西南部、河南东北部和河北北部一带推广。新中国成立后他曾先后在农业部举办的多期养蜂培训班上讲课。

解景戎，从20世纪30年代开始在安徽研究活框养中蜂，曾先后发表中蜂研究报告、景戎式中蜂箱、中蜂特性、中蜂群势等论文。

黄子固，1930年成功研究制成中蜂巢础机。

马俊超，对中蜂进行了分类研究，由此确立了中华蜜蜂西藏亚种的分类地位。

民国期间政府重视发展养蜂，并把养蜂列入农产奖励条例，发经营执照给养蜂场，对设场改良饲养中蜂者给予保护。1934年，广东省建设厅农业局建立了广东中蜂研究所，专门从事中蜂饲养技术研究。期间也曾出现过规模较大的中蜂场，如江苏金山县肇享养殖公司（1933年养殖中蜂6 000余桶，分放全省各地）、江苏松江兴业养蜂公司（蜂群分放江、浙两地）。1914年，吉林省通化县以长白山中蜂蜜蜡产品参加巴拿马万国博览会展出。1915年以前在江浙一带还出现了箱养、桶养中蜂小转地生产技术，使中蜂生产效率提高。但是，由于民国期间内外战乱频仍，经济实力贫弱，无法大面积推广活框养蜂技术。因此，直到新中国成立前，全国20万群中蜂，95%以上仍处于原始的桶养状态，未得到很好改良。

（二）中蜂活框饲养技术普及推广阶段（1949—1974，前后经历约25年）

新中国成立后，各级地方政府大力鼓励养蜂，"家庭养蜂，其收入不论多少，一律免征负担"（《贵州省农业生产奖励办法》，1950），使养蜂生产得到迅速恢复和发展。20世纪50年代中期，全国中蜂蜂群总数达50万群，其中中蜂40万群，意蜂10万群。为了提高蜂蜜产量，广东、福建、四川、江西等省，开始推广中蜂活框饲养，成效显著。中央农业部、农垦部于1957年联合召开了首届全国养蜂生产座谈会，根据当时我国中蜂多于意蜂的特点，会议特别总结了中蜂的优点，肯定了中蜂的地位，并提出了中蜂和外来蜂并重的发展方针。1958 年，八一电影制片厂还摄制了《养蜂》科教片，宣传中蜂活框饲养技术。1959—1960 年，农业部又分别在广东省从化县、四川省崇庆县（现已改为市）召开了中蜂新法饲养座谈会，先后有 22 个省、自治区、直辖市的 114 名代表参加。通过现场观摩学习中蜂过箱饲养管理技术，有力地推动了我国中蜂活框饲养技术的推广。如广东省从化县，1956 年全县饲养中蜂 2 000 多群，年产蜜量 1 吨，群均年产蜜不到 5 千克。1957 年推广活框饲养技术后，至 1962 年，全县中蜂发展到 6 000 群，年产蜜 30 吨，群均年产蜜 50 千克，蜂群数和单群产蜜量分别为原来的 3 倍和 10 倍。广东省河源县 1951—1960 年，传统饲养中蜂 1 万群，十年间交国家收购部门的蜂蜜 255.8 吨，平均每群蜂每年仅提供商品蜜 2.6 千克；从 1960 年改为活框饲养，到 1977 年全县中蜂饲养量达 35 614 群，交售商品蜜 641.8 吨，平均每群年产蜜 15.2 千克。贵州省 20 世纪 60 年代至 70 年代初，推广中蜂活框饲养，至 1973 年全省中蜂活框饲养量达 2.8 万群；收购商品蜜 392.5 吨，较推广活框饲养初期的 1963 年增加了 1.24 倍（图 1-6）。

1   2

图 1-6   20 世纪六七十年代，贵州省农业厅在贵州遵义地区
（现遵义市）大力推广中蜂活框饲养

1. 贵州省农业厅高级技师刘继宗（左）在正安县指导蜂农进行活框饲养   2. 正安县中蜂过箱后，大大提高了产蜜量，蜂农正在排队涌跃向土产部门交售蜂蜜（当时蜂农装蜜用的是油纸糊的篾篓）
（引自正安县志，贾明洪供稿）

1956—1966 年，大、小蜂螨在国内意大利蜂上暴发成灾，损失惨重，而中蜂却不受其害，于是一些南方蜂场，特别是福建、广东蜂场，纷纷弃养意蜂，改养中蜂，进一步推高了中蜂的饲养量，1957 年全国中蜂发展到 100 多

万群，到 20 世纪 70 年代初期，国内中蜂饲养量已达 200 万群，其中活框饲养量超过 100 万群。

这一时期中蜂饲养的技术特点，是在前人研究的基础上进一步完善了中蜂过箱技术，并根据中蜂习性，参照西方蜜蜂的管理方式，对过箱后的中蜂进行管理，使活框饲养技术在国内中蜂产区得到广泛普及。其中，也有一些学者开始关注我国中蜂的资源状况，对福建、云南、贵州、西藏和北京等地的中蜂初步进行了形态指标的测定（马骏超，1953；黄文诚，1963；刘继宗，1965；张正松，1966），并成功对中蜂进行了浅继箱取蜜（张中强，1957）。

（三）中蜂科学饲养技术发展、成熟阶段（1974 年以后至 2014 年，前后经历约 40 年）

1971 年春，广东惠阳地区发生中蜂囊状幼虫病（简称中囊病），次年在广东全省暴发，此后短短二三年间，即迅速蔓延至全国绝大多数中蜂饲养地区，导致全国中蜂损失不下 100 万群。为了控制该病的发展，1974 年 9 月，农林部在广东省惠州市召开了南方地区防治中蜂囊状幼虫病经验交流会。在这次会议上，由福建、云南、广东、广西、贵州等 5 省、自治区及江西省养蜂研究所发起，成立了全国南方中蜂主产区科技协作组，对中蜂囊状幼虫病的防治进行攻关，查找病因，筛选药物，选种育种，采取相应的管理措施，取得了一定成效。1976 年 3 月在广东省河源县召开第一次协作会后，协作组成员单位扩大到全国 10 多个省份。1980 年 5 月，在贵州省遵义市召开的第四次协作会上，进而成立了全国中蜂协作委员会，1981 年直属农业部领导（图 1-7）。该组织每两年召开一次技术交流会，组织研究中蜂有关课题，交流经验成果。此后一二十年间，该组织一直是活跃在我国养蜂界一支相当重要的学术力量，有力地促进和推动了我国中蜂科研工作的发展。2003 年，该组织并入中国养蜂学会，成为中国养蜂学会下属的中蜂协作委员会。

自 1974 年后，在全国中蜂协作委员会及其前身全国南方中蜂主产区协作委员会的组织下，我国养蜂科技工作者及相关单位，就全国中蜂资源调查、中蜂病敌害防治、中蜂标准箱的设计、中蜂良种选育、中蜂蜂王人工授精技术、中蜂科学饲养、中蜂授粉等方面协作攻关，做了大量的工作，涌现出了众多在生产上、理论上非常有价值的研究成果。

这一时期有关中蜂研究的特点是广泛、全面，工作系统、完整，基本涵盖了中蜂生产的方方面面。例如，在全国中蜂资源调查及分类上，由中国农业科学院蜜蜂研究所牵头（图 1-8），组织动员了全国 10 多个省、自治区、直辖市上百人参加，前后工作时间达 5 年之久，基本摸清了我国中蜂的分布、数量

图1-7　全国中蜂协作委员会第一次科技交流会参会代表合影（1981年9月15日摄）
　　　该会于1981年9月在广西阳朔召开，照片中第4排右起第9人为作者，前排右起第12人
　　为《蜜蜂杂志》第一任主编甘家铭，第二排左起第7人为匡邦郁，第11人为龚一飞，第15人
　　为马德风，第17人为刘继宗，倒数第二排左起第7人为杨冠煌，第8人为王建鼎

及亚种、生态类型，鉴定、划分中华蜜蜂等5个亚种、5个生态类型，奠定了
我国中蜂分类的基础。在此框架下，《中国畜禽遗传资源志·蜜蜂志》（2011）
又将其归纳为9个生态类型。

图1-8　20世纪70年代末，中国农业科学院蜜蜂研究所研究员杨冠煌
（前者）在四川省阿坝州进行中华蜜蜂资源调查

在对中蜂主要病敌害防治方面，如对中蜂囊状幼虫病的病毒分离、发病流行规律、检测手段、防治方法（杨冠煌，1975；广东昆虫研究所，1975；黄志辉，1981；董秉义等，1986；黄绛珠等，1987；徐祖荫等，1987；马鸣潇等，2010；葛凤晨等，2011；宋文菲等，2013）；大蜡螟（大巢虫）的生物学特性、发生危害规律、防治方法、巢虫阻隔器的发明与改进（徐祖荫等，1982，1983，2013；黄恋花，1983；周永富、罗岳雄等，1989；刘长滔等，1998，2000），危害蜜蜂的胡蜂种类、发生规律及其防治等（王建鼎，1985；徐祖荫等，1987），都有完整系统的研究与应用成果。此外，还研究报道了中蜂微孢子病（梁正之，1980；乃育昕等，2012）、马氏管变形虫病（王建鼎，1976）的检测与防治，并在国内首次发现报道了中蜂寄生蜂——斯氏蜜蜂茧蜂（陈绍鹄、范毓政，1983；徐祖荫等，1990）。一些学者还对中蜂的抗螨机制进行了多方面的探讨和研究。

在中蜂良种选育方面，选育出了抗中蜂囊状幼虫病蜂种（龚一飞、林水根等，1984）、经农业部验收认定的"北一号"（杨冠煌，1985）以及新黔南中蜂（邓诚云等，1988），开展了中蜂蜂王人工授精（福建农林大学，1982；广东省昆虫研究所，1982）和中意蜂营养杂交研究（李淼森，1982；关文光，1985；刘炽松，1990；葛凤晨，2011）。

在中蜂蜂箱的研究、创制方面，杨冠煌、段晋宁、肖洪良（1977—1979）、葛凤晨（1998）、颜志立（2004）、李位三（2012）等曾对野生和桶养中蜂蜂巢进行了测量、调查；对多种蜂箱的生产性能进行了比较试验（黄文诚等，1962；杨冠煌、段晋宁等，1977—1979；徐祖荫等，1998—1999；刘长滔等，1999）。

此期在原来使用蜂箱的基础上，又增加了中一式（主创者杨冠煌）、沉凌式（段晋宁）、FWF式（方文富）、GN式（龚凫羌、宁守荣）、GK式（广东省昆虫研究所罗岳雄等）、云式多功能系列中蜂箱（罗卫庭、张学文等）、豫式中蜂箱（张中印等）、竖框式中蜂箱、短框式十二框中蜂箱（徐祖荫）、高框式十二框中蜂箱（徐祖荫、吴小根）、十框中蜂标准箱（杨冠煌等）等10多种中蜂箱。其中十框中蜂标准箱被定为国家标准《中华蜜蜂十框标准箱》（GB 3007—1983）。

在中蜂生物学特性观察以及生理生化方面，这一时期也做了大量工作（如杨冠煌、林桂莲、王瑞武、龚一飞、缪晓青、周冰峰、赖友胜、刘炽松、匡邦郁、匡海鸥、和绍禹、徐祖荫、陈盛禄、樊少华、吴珍红、张其康、苏松坤、曾志将、胥保华、谭垦、杨明显、朱翔杰、颜伟玉、吴小波、赵红霞、卢宜娟、樊莹、董坤、任勤、郭艳红、戴荣国等）。在中蜂的饲养管理方法方面，进行了大量的报道和讨论，对中蜂实行双王同箱饲养（苏建文，1983；陈梦草，1983；张学锋等，1991；罗岳雄等，2001；胡军军等，2013）、继箱和浅继箱饲养（杨冠煌，1983；龚凫羌等，1997；徐祖荫等，1998、1999；刘长滔等，1999；胡军军等，2013）；生产中蜂巢蜜（江杜规，1984）、脾蜜；对中蜂为荔枝、水稻、油茶、草果、草莓、蓝莓、冬瓜授粉进行了试验观察；并制定发布了行业标准《中华蜜蜂活框饲养技术规范》（ZB B47 001—1988）（杨冠煌，1988），以及多个地方标准如《贵州省中蜂无公害饲养管理技术规范》（DB52/T419—2008）、湖北省神农架林区《神农架中华蜜蜂传统饲养技术规程》（DB429021/10—2012）。

随着现代分子生物学的兴起，进入 21 世纪后，DNA 等检测手段进入了中蜂研究领域（图 1-9，图 1-10），开始大量运用于中蜂遗传、分类（蒋滢等，1997；王瑞武等，1998；董霞等，2001；谭垦等，2002；姜玉锁等，2007；石巍等，2004；陈盛禄等，2004；苏松坤等，2004；吉挺等，2008、2009；陈晶等，2008；刘之光等，2008；沈飞英等，2008；丁桂玲等，2008；朱翔杰、周冰峰，2011；周姝婧，2012；徐新建等，2012；于增源等，2012；樊莹、匡海鸥等，2012）和蜂病检测方面（黄欣妮等，2010；马鸣潇等，2010；曹兰等，2012；乃育昕等，2012；宋文菲等，2013；吴孟洁、周丹银等，2014）。

图 1-9　福建农林大学研究人员利用　　图 1-10　云南省农业科学院蚕蜂研究所科研
　　　　微卫星 DNA 标记进行中蜂　　　　　　　人员正在对中蜂囊状幼虫病病毒
　　　　遗传多样性研究（徐新建摄）　　　　　　RNA 进行反转录并扩增（张学文摄）

为了进一步加强对我国中蜂资源的保护和利用，1985 年云南农业大学专门建立了东方蜜蜂研究所（图 1-11）。20 世纪 90 年代，国家将中蜂列入了畜禽资源保护规划。进入 21 世纪后，在国家自然科技资源平台建设技术标准的基础框架下，中国农业科学院蜜蜂研究所与多所大学、研究所、国家级保种场、省级种蜂场等单位合作，先后收集、整理和保存了全国 21 个省、3 个自治区和 1 个直辖市的 900 多群东方蜜蜂（中蜂）标本。应用资源平台编码体系，共性描述标准，个性描述规范和数据标准、数据质量控制规范，通过形态遗传和分子遗传标记测定等手段，近些年来对我国华东地区、甘肃、山东、江西、吉林、云南、福建、海南、贵州等地的中蜂，分析其遗传结构和遗传多样性，对我国中蜂种质资源进一步深入研究、标准化整理和数字化表达，已逐步建立起我国中蜂的种质基因库（活体、精液）及种质数据库（形态特征库、线粒体 DNA 基因库）（图 1-12）。其中，吉林省养蜂研究所开展了中蜂雄蜂精液超低温贮存技术、中蜂保种技术的研究，建立了国家级中蜂雄蜂精液保存库（图 1-13 至图 1-15）和长白山中蜂资源场，发布了吉林省地方标准《中华蜜蜂》（DB22/887—1997）。2005 年，北京市建立了蒲洼中蜂（市级）自然保护区（京政函〔2005〕17 号）。2008 年，四川省马尔康县建立了（县级）阿坝中蜂自然保护区；同年，陕西省榆林市种蜂场成为首批国家级中蜂（北方型）保种场（农业部〔第 1058 号〕公告）。2011 年 7 月，湖北神农架国家级中蜂自然保护区正式宣告成立（农业部〔第 1587 号〕公告）。2014 年 5 月，贵州省纳雍县建立了县级（纳府通〔2014〕7 号文）云贵高原型中蜂自然保护区。2014 年 7 月，四川省马尔康县国家级阿坝中蜂保种场通过国家畜禽资源委员会专家组审验。

图 1-11　外国专家参观云南农业大学东方蜜蜂研究所（和绍禹摄）

图 1-12　设在吉林省养蜂研究所的中国蜜蜂遗传资源信息网站及数据库

图 1-13　吉林省养蜂研究所所长、研究员薛运波（前排右 2）率队在我国中蜂主要产区采集雄蜂精液（陈仕甫摄）

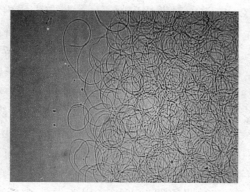

图 1-14　吉林省养蜂研究所的　　　　图 1-15　显微镜下雄蜂（中蜂）精子运动
　　　　　蜜蜂冷冻精液库　　　　　　　　　　　轨迹图（中等浓度的精液）

　　2007 年，国家蜂产业技术体系建立后，许多省、自治区、直辖市相继组建了试验站，中蜂研究、中蜂饲养成套技术的配套组装、推广运用，也是其重要的工作内容之一。在技术体系的指导和支持下，建立了一大批中蜂标准化养殖示范蜂场（图 1-16），大大推动了中蜂活框饲养的规模化、规范化、科学化饲养，显著提高了中蜂养殖的经济效益。全国中蜂饲养量也由 200 多万群增加到近 300 万群。

　　为了推动中蜂科学饲养，截至 2014 年，中国养蜂学会对中蜂蜂群数量多、中蜂科学饲养成效显著的重庆市南川、彭水、城口，江西上饶，广东东源、从化，陕西黄龙，广西浦北，安徽黄山徽州 9 县（市、区）授予了"中华蜜蜂之乡"的称号。

1　　　　　　　　　　　　　　　　2

图 1-16　国家蜂产业技术体系华南、西南片区在云南省召开中蜂
　　　　　规模化饲养现场培训会（2014 年 10 月）
1. 培训会会场（大姚县）　2. 参观大姚县中蜂示范基地部分代表（四川省）合影

这一时期还出版了一大批与中蜂内容有关的学术著作，例如《中国蜂业》（陈耀春主编，1993）、《中国农业百科全书——养蜂卷》（马德风等，1993）、《蜜蜂保护学》（王建鼎、梁勤等，1997）、《蜜蜂分类与进化》（龚一飞、张其康，2002）、《中国蜜蜂学》（陈盛禄，2001）、《中华蜜蜂》（杨冠煌，2001）、《蜜蜂饲养管理学》（周冰峰，2002）、《蜜蜂生物学》（匡邦郁、匡海鸥主编，2003）、《中国实用养蜂学》（张中印、陈崇羔主编，2003）、《养蜂学》（安奎、何铠光等，2004）、《蜂海求索——徐祖荫养蜂研究论文集》（徐祖荫，2010）、《中国畜禽遗传资源志·蜜蜂志》（国家畜禽遗传资源委员会组编，2011）、《养蜂探索》（葛凤晨，2012）、《蜜蜂学》（吴杰主编，2012）等。据不完全统计，这个时期各省、市正式出版关于中蜂养殖的科普书籍不下 10 余种（图 1-17），科教影视题材 5 种以上（如《新法养中蜂》等）。

图 1-17　有关中蜂养殖的部分出版物

由此可见，这一时期中蜂研究、应用的成果，已经远远超过以往任何一个时期，使人们对中蜂的分类、遗传特性及生物学特性、主要病敌害发生规律及防治、配套的饲养管理技术及产品生产，有了更为清楚、完善和深刻的认识，许多成果和成熟技术的运用，大大丰富了中蜂科学饲养的内涵，突破了历来中蜂饲养管理仅仅局限于活框饲养的模式，为中蜂从活框饲养阶段提高到中蜂科学饲养阶段，做出了巨大贡献。

第二章 中蜂的品种资源

一、中蜂的分类地位及品种资源

中蜂又称为中华蜜蜂（*Apis cerana* Fabricius），在分类上属膜翅目（Hymenoptera）蜜蜂总科（Apoidea）、蜜蜂亚科（Apidae）、蜜蜂属（*Apis*）昆虫。

经国内外学者研究，截至 20 世纪，在世界上共发现蜜蜂属的蜜蜂 9 个蜂种（匡邦郁《蜜蜂生物学》，2003），即东方蜜蜂（*Apis cerana* Fabricius）、西方蜜蜂（*Apis mellifera* L.）、小蜜蜂（*Apis florea* Fabricius）、黑小蜜蜂（*Apis andreniformis* Smith）、大蜜蜂（*Apis dorsata* Fabricius）、黑大蜜蜂（*Apis laboriosa* Smith）、沙巴蜂（*Apis koschevnikovi* Buttel-Reepen）、绿努蜂（*Apis nulunsis* Tingek，Koeniger and Koeniger）、苏拉威西蜂（*Apis nigrocincta* Smith）。中蜂就属于其中的东方蜜蜂蜂种。

东方蜜蜂与西方蜜蜂一样，是一个广布型蜂种。东方蜜蜂现广泛分布于亚洲各国，是当地主要饲养的土著蜂种。其分布区域包括中国、日本、俄罗斯远东地区、越南、老挝、柬埔寨、缅甸、泰国、马来西亚、印度尼西亚、东帝汶、印度、孟加拉国、巴基斯坦、尼泊尔、阿富汗、斯里兰卡、伊朗等国。

分布在我国境内的东方蜜蜂，统称为中华蜜蜂，简称中蜂。中蜂在我国的分布：北线，由黑龙江以南小兴安岭，向南接燕山山脉至张家口一带，沿长城西去，到宁夏的沿边、海原一带，至甘肃的屈吴山。西线，从甘肃的乌鞘岭，跨过祁连山至西宁，向南沿阿尔玛卿山北麓，接大渡河上游至四川的康定一带，向西南越雅砻江、金沙江、怒江、雅鲁藏布江中下游。东线，主要范围是东南沿海和台湾省。南线，包括云南的西双版纳和海南省。除新疆和内蒙古北部没有发现外，全国各地均有中蜂分布，从东南沿海到海拔 4 000 米的青藏高原，中蜂都能生息发展。但是，随着山林破坏和生态条件的改变，西方蜂种的引进、发展，中蜂栖息地较原来大幅缩小，向交通不便的山区退缩，分布极不均匀，70% 的蜂群分布在长江以南各省份。黄河水系以及东北地区只在秦岭山

脉、大巴山脉、太行山脉较多。

我国疆域辽阔，由于地域差异和生态环境不同，中蜂在不同的地区，其形态、遗传结构和生物学特性也产生了变异，因而形成了不同的地理亚种和生态类型。

关于我国境内东方蜜蜂的分布及种下分类，20世纪70年代前虽有报道，但一直没有进行过深入系统的研究。为充分开发利用我国的中蜂资源，1975—1981年，由中国农业科学院蜜蜂研究所牵头，中国科学院动物研究所、广东、广西、云南、贵州、陕西、四川、湖南、广西、吉林、湖北、甘肃等省参加，组成了我国中蜂资源调查协作组，对全国中蜂资源状况进行了深入考察，先后调查了1 000多个点，测量了222个点的样品，获10万多个数据，考察成果经杨冠煌等综合整理，发表在《云南农业大学学报》创刊号上（1986年第1期），将分布在我国境内的东方蜜蜂（即中蜂）分为5个亚种，主要有9个类型，即①中华蜜蜂（指名亚种）（*A. C. Cerana*），其下又分为5个生态类型：两广型、湖南型、云南型、北方型、长白山型；②西藏亚种（*A. C. Shorihovi*）；③印度亚种（*A. C. indica*）；④阿坝亚种（*A. C. abansis*）（新亚种）；⑤海南亚种（*A. C. hainana*）（新亚种）。因生物学特性不同，海南亚种中又可分为椰林型和山地型两个生态类型（表2-1）。

表2-1　我国东方蜜蜂各亚种特征的比较

项目	海南亚种	中华蜜蜂（指名亚种）	印度亚种（滇南中蜂）	阿坝亚种	西藏亚种
吻总长（毫米）	4.69±0.13	5.16±0.09	4.69±0.09	5.45±0.08	5.11±0.05
前翅长（毫米）	7.79±0.80	8.50±0.14	8.05±0.23	9.04±0.13	8.63±0.12
前翅宽（毫米）	2.95±0.06	3.04±0.07	2.86±0.21	3.15±0.05	3.07±0.07
面积（毫米^2）	11.49	12.90	11.51	14.23	13.24
3＋4背板长（毫米）	3.84±0.07	4.01±0.12	3.83±0.06	4.21±0.10	4.16±0.76
第4背板突间距（毫米）	4.04±0.13	4.37±0.10	3.89±0.13	4.46±0.14	4.22±0.76
第3腹板后缘宽（毫米）	＞4.38	＞4.38	＜4.00	＞4.38	＜4.38 ＞4.00
肘脉指数	4.53±0.96	3.99±0.49	3.78±0.67	4.06±0.57	4.61±0.7
小盾片颜色	黄色	黄色	黄色	棕黄或黑色	黄色
3、4背板体色（夏季）	黄色棕黄色	黄色	棕黄色	黑色	黄黑相兼

项目	海南亚种	中华蜜蜂 （指名亚种）	印度亚种 （滇南中蜂）	阿坝亚种	西藏亚种
巢房内径（毫米）	4.6±0.1	4.75±0.1	4.40±0.1	5.06±0.11	/
体长（毫米）	10.5~11.5	11.0~12.0	11.0~13.0	12.5~13.5	11.0~12.5
群势（千克）	1.0~1.5	1.5~2.5	1.0~1.5	2.0~3.0	1.5~2.0
蜂王产卵量（粒）	600	800	500	800~1 000	
分蜂性	强	中等	强	弱	强
采集力	差	中等	差	强	差
耐寒性	差	中等	差	强	强
主要分布区	海南岛	长江流域、华南、黄河中下游流域	云南北纬24°以南地区，如西双版纳、德宏州	四川西北部	雅鲁藏布江中下游流域河谷地区
生态型	椰林型山地型	两广型、湖南型、云南型、北方型、长白山型	/	/	/
大约数量（群，1980）	10 万	200 万	15 万	15 万	2 万

（引自杨冠煌等，1986）

2003 年，匡邦郁等在其对东方蜜蜂 20 多年研究的基础上，并考察了尼泊尔、泰国、马亚西亚、缅甸、越南、菲律宾、日本及中国台湾地区，采集了标本，从中国农业科学院蜜蜂研究所取得引自巴基斯坦的东方蜜蜂标本，进行反复比对研究，又将东方蜜蜂分为 6 个亚种，即指名亚种（中华蜜蜂，其中又分为华南、华中、云贵高原、华北、东北 5 个类型）、阿坝亚种、喜马拉雅亚种、海南亚种、印度亚种、日本亚种。除日本亚种外，我国均有分布，共 9 个类型。其中，匡邦郁所指喜马拉雅亚种（Apis cerana himalaya Maa）的分布地区与杨冠煌所指西藏中蜂（Apis skoridovi Maa）的分布地区基本一致（这两个种的定名者也均为马骏超先生，1944），应该指的是同一个种。

2011 年，《中国畜禽遗传资源志·蜜蜂志》根据近年来国内外研究成果，将分布在中国的东方蜜蜂归纳为北方中蜂、华南中蜂（与上述两位学者的两广、华南中蜂分布地域一致）、华中中蜂（与上述两位学者的湖南、华中中蜂分布地域一致）、云贵高原中蜂、长白山中蜂（与上述两位学者的东北中蜂分布地域一致）、海南中蜂、阿坝中蜂、滇南中蜂（与上述两位学者印度亚种在我国的分布地域一致）和西藏中蜂 9 个类型（图 2-1），尽管不同的学者对东

方蜜蜂的分类提法略有不同，但总的来看，我国中蜂共分为9个类型，其基本观点是一致的，并没有实质上的分歧。

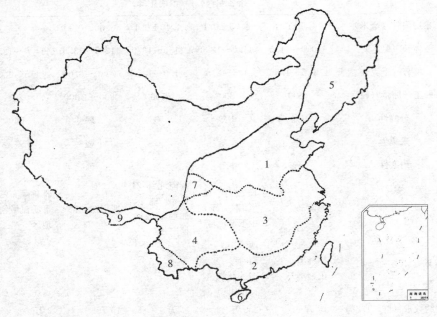

图 2-1　我国中蜂分布图

1. 北方中蜂　2. 华南中蜂　3. 华中中蜂　4. 云贵高原中蜂　5. 长白山中蜂
6. 海南中蜂　7. 阿坝中蜂　8. 滇南中蜂　9. 西藏中蜂

（引自《中国畜禽遗传资源志·蜜蜂志》，2011）

由此可见，第一次全国中蜂资源普查的结果，基本奠定了我国中蜂分类的基础。其分类结果也为后来的许多研究所证实。例如，陈伟文等（2013）对从广东、广西和云南采集的中蜂标本，进行工蜂 38 个形态指标的测定，并通过计算机对所测数据进行聚类分析，证实广东、广西的中蜂为一个地理类群，云南中蜂为另外一个地理类群（图 2-2）。徐新建等（2012）利用微卫星 DNA 分析技术证实，海南中蜂中文昌、屯昌一带的中蜂（即第一次普查时的椰林蜂）在遗传结构上比较特殊，与岛内的其他中蜂（即第一次普查时的山地蜂）发生了中等水平的遗传分化。还有一些学者对长白山中蜂进行研究（王瑞武，1998；谭垦，2004；葛凤晨，2012），该型工蜂前翅外横脉中段常有一小突起；肘脉指数 6.19（表 2-2），远高于国内其他中蜂（3.5～4.17）；对 DNA 的 AFLP 测试，少一个 ECOR1 位点。这些特征与朝鲜半岛、日本的东方蜜蜂接近而与国内其他地方的中蜂不同。

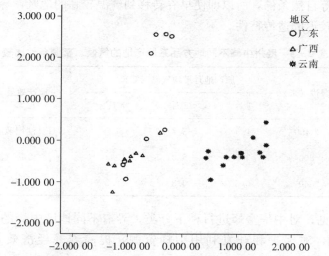

图 2-2 广东、广西、云南中蜂形态指标因素 1~因素 2 聚类分析图
(引自陈伟文等)

表 2-2 不同样点东方蜜蜂前翅特征比较

采样点	中国							韩国	朝鲜	日本
	北京	神农架	黄山	广东	云南	台湾	长白山			
横脉突出段工蜂比例（%）	3.3	0	0	0	0	0	73.3	63.3	48.3	53.3
肘脉指数（$\bar{x} \pm S$）	3.50± 0.37	3.68± 0.68	4.10± 0.40	3.75± 0.73	4.17± 0.68	3.93± 0.51	6.19± 0.64	5.34± 0.57	5.58± 0.93	6.10± 0.95

(引自葛凤晨)

　　还有一些学者从生物学角度对不同类型的中蜂进行观察，发现它们不仅在形态上有区别，在生物学特性上也不尽一致。例如，贵州省畜牧兽医研究所曾于 1985 年 1 月，组织该省的威宁中蜂（属云贵高原中蜂）、湄潭和锦屏中蜂（属华中中蜂）到第三地——罗甸县春繁。罗甸为贵州南部低热地区，1 月平均气温 8.7℃。因原产地开花流蜜期早迟及气温变化节律不同（表 2-3），不同生态类型的蜂王在该地的开产期也不同。原产地早春气温比较暖和的湄潭、锦屏中蜂（属华中中蜂）蜂王 1 月下旬就开始产卵；原产地早春气温较低的威宁（属云贵高原中蜂）中蜂，蜂王开产期较之推迟半个月左右。据 2 月 1 日调查，湄潭、锦屏中蜂有封盖子的蜂群数分别达 100%、80%，而威宁中蜂尚未发现有封盖子。威宁中蜂因长期适应于原产地高海拔、低气温、早春回暖期和

开花期较晚等自然条件，所以即使早春转移到气温较高的地区，蜂王也仍然保留着开产期较迟的遗传特性。

表 2-3　贵州中蜂不同地方品系原产地的气候、蜜源条件比较

| 品系 | 海拔（米） | 原产地月平均气温（℃） | | | 原产地最早开花期 |
		1 月	2 月	3 月	
威宁蜂	2 400	1.9	3.7	8.4	3 月（油用萝卜籽、苕子）
湄潭蜂	800	3.8	5.0	10.3	2 月（油菜）
锦屏蜂	340	5.3	6.3	11.7	1 月（枔）

由此可见，对中华蜜蜂进行种下分类，弄清不同地区中蜂的遗传结构和生物学特性，对保护和开发利用中蜂资源，提高养蜂经济效益是非常必要的。

二、中华蜜蜂各生态型的分布、形态特征及主要生产性能

根据国家畜禽遗传资源委员会组编的《中国畜禽遗传资源志·蜜蜂志》（2011），现将分布在我国境内的东方蜜蜂 9 个生态类型，介绍如下。

（一）北方中蜂（North Chinese bee）

1. 分布及生境条件　北方中蜂中心产区为黄河中下游流域，分布于山东、山西、河北、河南、陕西、宁夏、北京、天津等省、自治区、直辖市的山区；四川省北部地区也有分布。

北方中蜂主要产区位于北纬 32°～42°、东经 110°～120°，区内既有平原，也有高山。贺兰山、太行山、燕山、秦岭等山脉连绵起伏，海拔高度 20～3 700 米。属暖温带季风气候和暖温带、温带大陆性气候，四季分明，气候差异大，自然资源与生态类型丰富。年降水量 800～1 200 毫米。北方中蜂主要分布于海拔 2 000 米以下的山区。蜜粉源植物有 500 余种，主要蜜源有油菜、刺槐、柿树、狼牙刺、草木樨、荆条、枸杞、荞麦、乌桕、漆树、盐肤木、百里香、沙打旺和香薷属植物等 20 余种。

2. 形态特征　北方中蜂蜂王体色大多呈黑色，少数呈棕红色。雄蜂体黑色。工蜂体色以黑为主，个体较大，体长 11.0～12.0 毫米，但吻较短，通常在 5 毫米以下。其他主要形态特征见表 2-4。

表 2-4 北方中蜂主要形态指标

采样地点	样本数量 （只）	吻长 （毫米）	前翅长 （毫米）	前翅宽 （毫米）	肘脉指数	3+4 腹节背板 总长（毫米）
山东	13（3 个取样点）	5.02±0.22	8.72±0.14	3.00±0.07	3.03±1.55	3.73±1.26
河北	20（3 个取样点）	4.71±0.23	8.90±0.16	3.04±0.05	3.95±0.23	3.42±1.16
北京	5	4.92±0.20	9.00±0.06	3.08±0.05	3.71±0.46	3.80±0.22
河南	43（4 个取样点）	4.85±0.45	8.90±0.14	3.05±0.05	3.91±0.35	3.84±1.58
山西	49（4 个取样点）	5.03±0.43	8.78±0.10	3.04±0.04	4.23±0.42	4.01±1.51
四川	42（2 个取样点）	4.79±0.31	8.86±0.35	3.20±0.24	3.30±0.68	4.05±0.21
陕西	81（8 个取样点）	4.86±0.44	8.97±0.53	3.13±0.17	3.01±0.67	3.96±0.18
宁夏	42（3 个取样点）	4.83±0.44	9.06±0.29	3.08±0.16	2.57±0.43	4.01±0.18
青海	16	5.01±0.36	8.60±0.13	3.20±0.40	3.75±0.77	3.85±0.13

注：2010 年 3 月由中国农业科学院蜜蜂研究所测定。

3. 主要生物学特性及生产性能 北方中蜂耐寒性、防盗力强，较温驯，可维持 7～8 框以上群势，最大群势可达 15 框。蜂王一般于 2 月初开产，平均每昼夜产卵 200 粒左右，部分蜂王产卵 300～400 粒。群势恢复后，蜂王平均有效产卵 700 余粒，部分可达 800～900 粒，最高可达 1 030 粒。

产蜜量因蜜源条件和管理水平而异。转地饲养年平均群产蜜 20～35 千克，最高可达 50 千克。定地传统饲养，年平均群产蜜 4～6 千克。

（二）华中中蜂（Central chinese bee）

1. 分布及生境条件 华中中蜂的中心分布区为长江中下游流域，主要分布于湖南、湖北、江西、安徽等省及浙江西部、江苏南部、贵州的大部分地区（除毕节地区及水城外）。此外，广东、广西的北部，重庆东部、四川东北部也有分布。

华中中蜂产区位于北纬 24°～34°、东经 108°～119°，即秦岭、大兴安岭以南、武夷山以西、大巴山以东的长江中下游流域的广大地区。丘陵、山地占总面积 65% 以上。最高峰为西北部神农架的主峰"神农顶"，海拔 3 105 米。

分布地位于亚热带季风气候区，具有气候温和、四季分明、雨量充沛、热量丰富、冬寒期短、无霜期长的南北过渡性气候特征。通常春季阴晴不定，夏季湿热，秋高气爽，冬季干寒，春夏之交有梅雨，冬季常受西伯利亚蒙古高原南下的干冷气团控制，带来雨雪冰霜天气。年平均气温 14～18℃；除高山地区外，夏季炎热，7 月平均气温 27～29℃，极端最高气温 42℃。无霜期北部的安徽和湖北为 200～230 天，其他地区为 230～310 天。年降水量北部的湖北

中蜂饲养实战宝典

和安徽为 800～1 600 毫米，南部的湖南、贵州、江西为 1 200～2 600 毫米。

分布区内蜜源植物十分丰富，有 130 多种。主要蜜源植物有油菜、紫云英、柑橘、刺槐、芝麻、棉花，还有分布在山区的乌桕、荆条、盐肤木、枔和多种唇形花科、菊科野生蜜源植物。

2. 形态特征　华中型中蜂蜂王一般呈黑灰色，鲜有棕红色。雄蜂黑色。工蜂多呈黑色，腹节背板有明显的黄环，湖南、贵州一带的华中中蜂吻较长，在 5.0 毫米以上。部分地区华中中蜂主要形态特征见表 2-5。

表 2-5　部分地区华中中蜂主要形态指标

样本地点	吻长（毫米）	前翅长（毫米）	前翅宽（毫米）	肘脉指数	3+4 腹节背板总长（毫米）
湖北	4.91±0.15	8.64±0.09	3.00±0.04	4.11±0.40	4.32±0.40
江西	4.84±0.16	8.60±0.34	2.98±0.11	4.24±0.76	4.13±0.17
湖南（沅凌）	5.17±0.09	8.57±0.18	2.99±0.26	3.77±0.57	—
贵州遵义等 8 县、市	5.19±0.05	8.73±0.07	3.09±0.03	3.95±0.24	4.18±0.04

注：湖北、江西资料系 2005 年由吉林养蜂所测定；湖南资料系段晋宁（1979）测定；贵州资料系徐祖荫等（1987）测定，样本数 800 只。

3. 主要生物学特性及生产性能　华中中蜂早春蜂王开产早，繁殖快，育虫节律陡。抗寒能力较强，低温阴雨天仍能出巢采集。冬季气温在 0℃ 以上时，工蜂便可飞出巢外在空中排泄。在贵州省贵阳市（海拔 1 050 米，1 月平均温度 4.9℃，极端最低气温 -6℃），还发现有在野外树枝、树干上露天筑巢的中蜂。工蜂性温驯，易管理，盗性中等，防盗力差。

蜂群群势强，活框饲养的华中中蜂，在主要流蜜期到来时群势可达 6～8 框，最大群势可达 13～16 框，可实行继箱及卧式箱饲养。传统饲养蜂群年平均群产蜜 2.5～15 千克，活框饲养年平均群产蜜可达 20～40 千克。封盖蜜最低含水量可达 18%～19%。

（三）云贵高原中蜂（Yun-Gui Plateau Chinese bee）

1. 分布及生境条件　中心产区位于云贵高原，主要分布于贵州西北部、云南东部和四川西南部的高海拔地区。

云贵高原主要指的是属于云南高原的滇中、滇东高原和贵州西北部（云贵高原东部），这里平均海拔 1 000～2 000 米。地势西北高、东南低。由于水系众多，高山耸峙，峡谷深邃，地形地貌十分复杂，多以山地为主，山地、高原台地、坝子（山间盆地）和河谷地带相间分布。

云贵高原低纬度、高海拔的特殊地理环境，加上众多高山阻隔（大娄山、乌蒙山、大凉山等），使云南境内冬季很少受到寒潮袭扰，加之受到生成于印度洋的西南暖气流的控制，气候多晴少雨，温暖干燥。而夏季由于受西南季风的影响，降雨集中，温度偏低。但总降雨量偏少，如楚雄、大理年降水量仅500～700毫米，旱季时间长，干湿季明显，特别易发生春旱。年气温变化较小，四季如春，但昼夜温差大，如云南东部年平均气温 22℃，最低气温1.9℃，7 月气温较高，平均气温 27.6℃。

本区在贵州境内的海拔为 1 200～2 400 米，是贵州省内地势最高的地区（乌蒙山主峰韭菜坪海拔 2 900.6 米），年平均气温 13～14℃，是典型的夏凉地区。年均降水量偏少，如威宁为 971.4 毫米，大大低于本省中东部地区，极易发生春旱。但光照条件较好，年总辐射值可达 489.4 千焦（如威宁）。干旱和夏季凉爽的气候与云南相似，但由于地处云贵高原东部，冬季易受北方冷空气的影响，气温与云南差异显著。

在纬度（低）、海拔（高）、地形（高山深谷）和大气环流（季风）的综合作用下，该区形成了独特而丰富的垂直气候类型，有南亚热带、中亚热带、北亚热带、南温带和高原气候区等多个类型。

该区蜜源植物种类较多，有 200 余种。主要蜜源植物有杜鹃、油菜、兰花子（油用萝卜籽）、葡伏枸子、荞麦、狼牙刺、乌桕、小檗、水锦树、漆树、盐肤木、柃、多种菊科及唇形花科（如野坝子、野藿香、半边香、牙刷草）植物等。

2. 形态特征　云贵高原中蜂蜂王体色多为黑褐色，雄蜂黑色。工蜂体色偏黑，第 3、4 背板黑带达 60%～70%；个体大，体长可达 13 毫米；吻较长，在 5.0 毫米以上。其他形态特征见表 2-6。

表 2-6　云贵高原中蜂主要形态指标

样本地点	吻长（毫米）	前翅长（毫米）	前翅宽（毫米）	肘脉指数	3+4 腹节背板总长（毫米）
云南	/	8.34±0.13	2.96±0.05	3.75±0.82	3.69±0.10
贵州（毕节等 4 县、市）	5.24±0.05	8.76±0.10	3.12±0.04	3.64±0.13	4.15±0.06

注：云南资料系云南农业大学东方蜜蜂研究所（2000）测定；贵州资料系徐祖荫等（1987）测定，样本数 400 只。

3. 主要生物学特性及生产性能　云贵高原中蜂耐寒性较好。蜂王产卵力较强，一般开产期在 2 月，最高日产卵量可达 1 000 粒以上。蜂群群势强，单王流蜜期群势可达 7～8 框，最高群势可达 15～16 框，能使用继箱或卧式箱饲养。年平均群产蜜量 15～30 千克，据匡邦郁报道，云南省最高单群产蜜量曾达 87.5 千克（下关，张志），《中国畜禽遗传资源志·蜜蜂志》将该型中蜂归纳为蜂蜜高产型蜂种。封盖蜜最低含水量低于 20%。相对其他蜂种而言，工

蜂性较凶暴，盗性较强。

（四）华南中蜂（Southern China Chiese bee）

1. 分布及生境条件 华南中蜂中心产区在华南，主要分布于广东、广西、福建、浙江、台湾等省、自治区，以及安徽南部、云南东南部等山区。

华南中蜂产区位于云贵高原以东、大瘐岭和武夷山脉之南，北回归线横贯中心分布区的大部分地区，属于东亚季风区，由北往南分别为北亚热带、中亚热带、南亚热带和热带，气候温暖湿润，雨量充沛，无霜期长，具有明显的山地气候特征。年平均气温 11～24℃，由南向北递减，其中广东为 19～24℃，广西为 16.5～23.1℃，浙江的分布地（丽水等地）为 11.5～18.3℃；7 月平均气温，南部地区（广东、广西）为 28～29℃，北部地区（浙江丽水等地）为 28℃；1 月平均气温，南部地区为 16～19℃，北部地区为 3～8℃。无霜期长，南部地区达 350 天以上，北部地区为 246～296 天，年降水量 1 400 毫米以上。夏秋季节有台风影响。

华南中蜂主要繁衍生息于海拔 800 米以下的丘陵和山区，其繁衍生息区内有蜜源植物 100 多种，主要蜜源植物有荔枝、龙眼、山乌桕、桉树、柃属植物、枇杷、鸭脚木等。由于夏季缺乏蜜源，蜂群进入度夏期即停止繁殖，群势衰退，持续 1～2 个月。

台湾产区属热带与亚热带交界处，气候温暖，雨量充沛，年平均气温 22℃，年降水量 2 500 毫米。主要蜜源植物有油菜、柑橘、鬼针草、荔枝、龙眼、益母草、盐肤木、乌桕及瓜类，主要粉源植物有茶花。花期从 1 月到 12 月连续不断。

2. 形态特征 蜂王基本呈黑灰色，腹节有灰黄色环节；雄蜂呈黑色；工蜂体色以黄为主。其他主要形态特征见表 2-7。

表 2-7　华南中蜂主要形态指标

样本数量 （只）	吻长 （毫米）	前翅长 （毫米）	前翅宽 （毫米）	肘脉指数	3+4 腹节背板 总长（毫米）
300	4.99±0.68	8.34±0.10	2.90±0.06	3.58±0.34	4.04±0.11

注：2006 年 7 月由广东省昆虫研究所测定。

3. 主要生物学特性及生产性能 华南中蜂个体小、群势小，一般群势 3～4 框，个别最大群势可达 8～9 框。分蜂性强，通常一年分蜂 2～3 次，分蜂时群势常为 3～5 框，个别群 2 框也会发生分蜂。春季蜂群增长较快。夏季因气温高、蜜源匮乏，繁殖缓慢，蜂群越夏后，群势削弱率为 40%～45%。

华南中蜂温驯性中等，盗性较强，防卫力中等，易飞逃。相对其他中蜂而言，华南中蜂较抗中蜂囊状幼虫病。华南中蜂大多数蜂群为活框饲养，其中定地占20%左右，年平均群产蜜10～18千克；定地加小转地约占80%，年平均群产蜜15～30千克。

（五）阿坝中蜂（Aba Chinese bee）

1. 分布及生境条件　阿坝中蜂分布在四川西北部的雅砻江流域和大渡河流域的阿坝、甘孜两州，包括大雪山、邛崃山等海拔2 000米以上的高原及山地。原产地为马尔康县，中心分布区在马尔康、金川、小金、壤塘、理县、松潘、九寨沟、茂县、黑水、汶川等县，青海东部和甘肃东南部亦有分布。

阿坝中蜂自然分布区在四川省西北部，地处青藏高原东南缘、横断山脉北端与西北高山峡谷的结合部，是四川盆地向青藏高原隆升的梯级过渡地带，海拔2 000～3 500米。地貌类型以高原和高山峡谷为主。

中心分布区属高原寒温带半湿润季风的高山河谷气候，春秋相连，干湿季分明；冬春季空气干燥，昼夜温差大，夏秋季降水集中。年平均气温11.3℃，1月平均气温−7.9℃，8月平均气温11.7℃；无霜期120～220天；年平均降水量711.7毫米；年平均日照时数2 152小时。

主要蜜粉源植物有川康小檗、唇形科藿香属植物、凤毛菊、密齿柳、球果石宗柳、轮叶马先蒿等野生植物，花期为4～9月；辅助蜜源有桃、梨、苹果、紫苏、冬青以及十字花科和禾本科的农作物，花期为3～9月。大流蜜季节为5～6月，8月蜜粉较少，蜂群一般断子度夏。

2. 形态特征　阿坝中蜂是我国中蜂个体最大的一个生态类型。蜂王呈黑色或棕红色，雄蜂呈黑色。工蜂在体长、吻长、翅长等方面，都明显优于其他中蜂。其吻长（5.45±0.08）毫米；前翅长（9.04±0.13）毫米，宽（3.15±0.05）毫米；第3加第4背板长（4.21±0.10）毫米；第4背板突间距（4.46±0.14）毫米；肘脉指数（4.06±0.57）；第3和第4腹板黄色区很狭，黑色带超过2/3；足及腹部呈黄色，小盾片棕黄色或黑色。

3. 主要生物学特性及生产性能　阿坝中蜂耐寒，分蜂性弱，能维持大群，采集力强，性情温驯，适宜高寒山地饲养。在原产地马尔康县的自然条件下，蜂王一般2月下旬开始产卵，蜂群开始繁殖，秋季外界蜜源终止后，蜂王于9月底10月初停止产卵，繁殖期8个月左右。早春最小群势0.5框蜂，生产期最大群势12框蜂，维持子脾5～8框，子脾密实度50%～65%；越冬群势下降率为50%～70%。春季开始繁殖较迟，但繁殖快。在蜜源较好的情况下，每年可发生1～2次自然分蜂，每次分出1～2群。在马尔康县查北村（海拔

3 200米）定点观察表明，多数蜂群在 5 月 5 日以后发生自然分蜂，出现分蜂王台时，群势为 6～8 框蜂。分蜂期外界最高气温 20～23℃，最低气温 2～3℃。很少发生巢虫危害（主要与当地气候有关），飞逃习性弱，活框饲养的蜂群很温驯。

阿坝中蜂多以定地饲养为主，年平均群产蜜量 10～25 千克，蜂蜜含水量 18％～23％。也可生产花粉 1 千克。据胡箭卫、席景平等（2007）在甘肃南部徽县、两当、成县调查，活框饲养的蜂群多为 5～10 框，流蜜盛期达 15 框，可架继箱取蜜，年平均群产蜜 50～80 千克，最高单产可达 130 千克。

（六）滇南中蜂（Diannan Chinese bee）

1. 分布及生境条件　滇南中蜂主要分布于我国云南南部的德宏傣族景颇族自治州、西双版纳傣族自治州、红河哈尼族彝族自治州、文山壮族苗族自治州和玉溪市等地。

本生态型还广泛分布于印度、巴基斯坦、斯里兰卡、中南半岛、菲律宾、马来西亚、印度尼西亚、东帝汶以及缅甸等国，故有些学者将其归类为印度亚种（杨冠煌、匡邦郁）。

产区位于云南南部的横断山脉南麓，地形复杂，高山、丘陵、河谷、盆地相间，河流众多，水资源丰富。滇南丛林地区属于低纬度、低海拔的热带、亚热带，具有高温、高湿、静风、多雨等气候特点，有利于植物生长。大部分地区海拔 800～1 300 米，属南亚热带湿润气候类型，年平均气温 17.7～20.2℃，年降水量 1 200～2 200 毫米。一般年份无霜，干湿季节分明，气候垂直变化显著；气温的季节变化则不明显。林地广阔，森林植被极其丰富，蜜源植物种类繁多。

2. 形态特征　滇南中蜂蜂王触角基部、额区、足、腹节腹板呈棕色；雄蜂呈黑色。工蜂体色黑黄相间，体长 9.0～11.0 毫米；前翅长 7.5～8.5 毫米，宽约 2.85 毫米；后翅钩数平均 18.5 个；吻长（4.69±0.09）毫米。第 3 背板黄色，第 4 背板偏黑，3＋4 背板长（3.83±0.06）毫米；第 3 腹板后缘宽小于 4.00 毫米。

滇南中蜂中心分布区的蜜源植物主要有油菜、橡胶、荔枝、龙眼、杜鹃、苕子、乌桕、漆树、盐肤木、鸭脚木、野坝子及柃属、香薷属植物等。

3. 主要生物学特性及生产性能　滇南中蜂蜂王产卵力较弱，盛产期日产卵量为 500 粒。分蜂性较强，可维持 4～6 框的群势。前翅较短，采集半径约 900 米。吻通常较短，采集力较差。耐热不耐寒，外界气温在 37～42℃时，仍能正常产卵。

滇南工蜂现大多停留在传统饲养上，年平均群产蜜量 5 千克，活框饲养后可达 10 千克以上。

（七）长白山中蜂（Changbaishan Chinese bee）

1. 分布及生境条件　长白山中蜂中心产区在吉林省长白山区的通化、白山、吉林、延边、长白山保护区 5 个市、州以及辽宁东部部分山区。吉林省的长白山中蜂占该型中蜂总群数的 85%，辽宁占 15%。

俄罗斯远东地区及朝鲜半岛的东方蜜蜂推测也应属于这一生态类型。

长白山中蜂分布于长白山区及长白山余脉区域，东部与俄罗斯接壤，东南部隔图们江、鸭绿江与朝鲜相邻。分布区内山岭起伏，河谷环绕。长白山主峰海拔 2 691 米，山区盆地海拔 80 米。属温带大陆性气候，年平均气温 2.6～6.3℃，极端最高气温 38℃，极端最低气温 -42.6℃；无霜期 110～153 天。年降水量 636～998 毫米，全年相对湿度 70%～72%。

分布区内河流较多，降水充沛，土质肥沃，植被繁茂，森林覆盖率达50% 以上，野生蜜源植物丰富。主要蜜源有椴树、洋槐、山花，辅助蜜源植物有数百种。4 月的侧金盏、柳树，5 月的槭树、稠李、忍冬，6 月的山里红、山猕猴桃、黄柏，7 月的珍珠梅、柳兰、蚊子草，8 月的胡枝子、野豌豆、益母草、月见草，9 月的香薷、兰萼香茶菜等，为长白山中蜂繁殖和生产提供了优越的蜜源条件。

2. 形态特征　长白山中蜂的蜂王个体较大，腹部较长，尾部稍尖，腹节背板呈黑色，有的蜂王腹节背板上有棕红色或深棕色环带。雄蜂呈黑色，毛呈深褐色至黑色；工蜂个体小，体色分两种，一种为黑灰色，一种为黄灰色，各腹节背板前缘均有明显或不明显的黄环，肘脉指数较高，1/3 工蜂的前翅处横脉中段有一分叉突出（又称小突起），这是长白山中蜂的一大特点（图 2-3）。

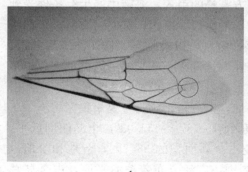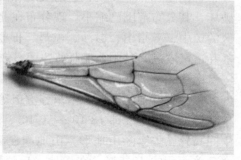

1　　　　　　　　　　　　　　　　2

图 2-3　长白山中蜂前翅横脉上的小突起
1. 长白山中蜂前翅（圆圈内示小突起）　2. 华中中蜂的前翅（横脉上无小突起）

其他主要形态特征见表 2-8。

表 2-8 长白山中蜂主要形态指标

初生重 (毫米)	吻长 (毫米)	前翅长 (毫米)	前翅宽 (毫米)	肘脉指数	3+4 腹节背板 总长 (毫米)
102±4.4	4.84±0.09	8.59±0.12	2.94±0.05	5.76±0.63	4.15±0.09

注：2006 年 9 月由吉林省养蜂科学研究所测定。

3. 主要生物学特性及生产性能 长白山中蜂育虫节律陡，受气候、蜜源条件的影响较大，蜂王有效日产卵量可达 960 粒左右。抗寒，在-40~-20℃的低温环境里不包装或简单包装便能在室外安全越冬。但长白山中蜂不耐热，蜂箱受太阳直晒的蜂群易飞逃。春季繁殖较快，于 5~6 月达到高蜂，开始自然分蜂。一个蜂群每年可繁殖 4~8 个新分群；活框饲养的长白山中蜂，一般每年可分出 1~3 个新分群。早春最小群势 1~3 框蜂，生产期最大群势 12 框以上，维持子脾 5~8 张，子脾密实度 90% 以上；越冬群势下降率 8%~15%。

长白山中蜂以定地饲养（占 95%）和传统饲养（占 85%）为主。大型蜂场饲养量为 100~300 群。传统养殖的蜂群一年取蜜一次，年平均群产蜜 10~20 千克，活框饲养年平均群产蜜 20~40 千克。传统饲养的封盖成熟蜜，水分含量在 18% 以下，蔗糖含量 4% 以下，淀粉酶值 8.3 以上。蜂群越冬期长，为4~6 个月，年需越冬饲料 5~8 千克，多数蜂群为室外越冬，少数为室内越冬。

（八）海南中蜂（Hainan Chinese bee）

1. 分布及生境条件 海南中蜂分布于海南岛。全岛多数地区都曾有大量分布，但随着热带高效农业的发展和西方蜜蜂的引入，海南中蜂生存条件受到破坏，其分布范围已缩小。现分布在北部的海口、澄迈、定安、文昌，中部山区的琼中、五指山、白沙、屯昌、保亭、陵水，以及临高、儋州、琼海等市、县和垦区农场。其中，椰林蜂主要分布在海拔低于 200 米的沿海椰林区，集中于海南岛北部的文昌、琼海、万宁和陵水一带沿海。山地蜂主要分布于中部山区，集中在琼中、琼山、乐东和澄迈等地，以五指山脉为主要聚集区。

海南岛位于北纬 18°10′~20°10′、东经 108°37′~111°03′，全岛四周低平，中间高耸，呈穹隆山地形。山地和丘陵占全岛面积的 38.7%，台地和阶地占全岛总面积的 49.5%。在山地、丘陵周围，广泛分布着滨海平原，占全岛总面积的 11.2%。海岸生态以热带红树林海岸和珊瑚礁海岸为特点。海南岛属热带季风海洋性气候，基本特征是四季不分明，夏无酷暑，冬无严寒，年平均气温高。11月至翌年4～5月为旱季，5～10月是雨季。年平均气温23～25℃，1～2月最冷，平均气温16～24℃，极端低温在5℃以上；7～8月份最热，平均气温25～29℃。年降水量1 600毫米左右，降水主要集中在夏秋季。光照时间长，多热带风暴、台风。

森林覆盖率达50%。由于长夏无冬，植物生长快，种类繁多，是热带雨林、热带季雨林的原生地。蜜源植物150多种，主要蜜源植物有荔枝、龙眼、橡胶、桉树、鬼针草、乌桕等18种，常年花开不断。

2. 形态特征 海南中蜂蜂王体色呈黑色；雄蜂体色呈黑色；工蜂体色呈黄灰色，各腹节背板上有黑色环带。其他主要形态特征见表2－9。

表2－9 海南中蜂主要形态指标

初生重（毫克）	吻长（毫米）	前翅长（毫米）	前翅宽（毫米）	肘脉指数	3＋4腹节背板总长（毫米）
76.9±5.1	4.05±0.11	7.99±0.6	2.54±0.29	4.14±0.13	3.57±0.09

3. 主要生物学特性和生产性能 海南中蜂群势较小，山地蜂为3～4框，椰林蜂为2～3框。山地蜂较温驯，但育王期较凶；椰林蜂较凶暴，但育王期比山地蜂温驯，易飞逃。

山地蜂的栖息地蜜源植物种类丰富，但有明显的流蜜期和缺蜜期，其采集力比椰林蜂强，善于利用山区零星蜜粉源，无需补喂饲料。椰林蜂长期生活在以椰林为主要蜜源的环境中，椰子常年开花，有粉有蜜，无明显缺蜜期，蜜蜂随时可以采集，因此形成了繁殖力强、产卵圈面积大、分蜂性强等特点，可连续分蜂，无明显分蜂期；喜欢采粉，采蜜性能差，贮蜜少，蜜环窄，即使在大流蜜期也如此。

海南中蜂活框饲养量约占65%。活框饲养的山地蜂年平均群产蜜25千克，活框饲养的椰林蜂年平均群产蜜15千克。所产蜂蜜含水量约21%，另可生产少量花粉。

（九）西藏中蜂（Tibetan Chiese bee）

1. 分布及生境条件 西藏中蜂又称藏南中蜂，主要分布在西藏东南部的雅鲁藏布江河谷，以及察隅河、西洛木河、苏班黑河、卡门河等河谷地带海拔2 000～4 000米的地区。其中，林芝地区的墨脱、察隅和山南地区的错那等县蜂群较多，是西藏中蜂的中心分布区。云南西北部的迪庆州、怒江州北部也有分布。据匡邦郁报道，该型蜂在尼泊尔也有分布。

林芝地区属于西藏高原东南部边缘地区，平均海拔3 100米，所有山脉呈

东西走向，北高南低，海拔悬殊。这种地貌形成了林芝地区特有的热带、亚热带、温带、寒带、湿润和半湿润并存的多种气候带。四季较为明显，夏无酷暑，冬无严寒。年平均气温 8.7℃，冬季平均气温 0℃ 以上，夏季平均气温约 20℃；无霜期 180 天。年平均日照时数 2 022 小时，年降水量 650 毫米左右，雨季在 5～9 月。

林芝地区有落差很大的垂直地貌，分布着十分丰富的植被及野生动物资源，区内有多个国家级自然保护区，人为干扰的因素较少，原始自然风貌保存较完好。在墨脱自然保护区内，仅高等植物就有 3 000 多种，有昆虫千余种。察隅为典型的高山峡谷和山地河谷地貌，形成了独特的亚热带气候。境内分布着大面积的原始森林，植被覆盖率达 60% 以上，西藏原始森林主要分布于此，是世界上不多见的动植物资源库。

错那县地势北高南低，相对高差 7 000 米以上。气候大致可分为喜马拉雅山南麓亚热带山地半湿润、湿润气候区和喜马拉雅山北麓温带半干旱高原季风气候区两类。前一类的特点是降水多，气候湿润，日照时间短，旱雨季不分明；后一类的特点是干旱少雨，日照时间长，冬春寒冷多大风。年平均日照时数 2 588 小时，年降水量 384.3 毫米。错那县野生动植物资源也十分丰富，为动植物的天然基因库。四大高等植物门类齐全，种类繁多。

产区内蜜源植物丰富，主要蜜源植物有油菜、荞麦、白刺花、密花香薷、圆穗蓼、芜菁、苹果、栽秧泡、刺玫花、草木樨、紫苜蓿、广布野豌豆、鸭脚木及枸属植物等。有多种热带和亚热带常绿蜜源植物，花期多数集中在 6～9 月。

2. 形态特征　西藏中蜂工蜂体长 11～12 毫米，体色灰黄色或灰黑色，第 3 腹节背板常有黄色区，第 4 腹节背板黑色，第 4、5、6 腹节背板后缘有黄色绒毛带。第 5 腹节背板狭长，第 3 腹节背板超过 4.00 毫米，但小于 4.38 毫米，腹部较细长。其他主要形态特征见表 2-10。

表 2-10　西藏中蜂主要形态指标

吻长（毫米）	前翅长（毫米）	前翅宽（毫米）	肘脉指数	3+4 腹节背板总长（毫米）
5.11±0.05	8.63±0.13	3.07±0.07	4.61±0.76	4.16±0.76

（引自杨冠煌，2001）

3. 主要生物学特性及生产性能　西藏中蜂是一种适应高海拔地区的蜂种。在山南地区错那县的西藏中蜂分蜂性强，迁徙习性强，群势较小，采集力较差，但耐寒性强。与滇南中蜂相比，西藏中蜂的翅、吻均较长，体色较黑，腹较宽，个体较大。

西藏中蜂生产性能较差，蜂蜜产量较低，多采用传统方式饲养。传统饲养年平均群产蜜量5～10千克；活框箱饲养的蜂群，年平均群产蜜量10～15千克。

三、中蜂地方品种资源的保护及利用

据古生物学家（洪友崇，1983，1984）对我国出土的白垩纪和中新世古蜜蜂标本的研究，我国是东方蜜蜂的起源地。几千万年来，东方蜜蜂（包括中蜂）与当地的被子植物一起协同进化，已经形成了适应于我国不同地区气候、蜜源特点的若干地理亚种和不同的生态类型，它们不但在形态上不完全一致，而且在生物学特性以及遗传结构上，也出现了显著差异。

从体色上看，分布在北纬30°以北的中蜂和高海拔地区的中蜂体色偏黑，北纬30°以南和低海拔地区的中蜂，体色黄黑相间或偏黄。

论个体大小，阿坝中蜂、华中中蜂、北方中蜂、云贵高原中蜂个体大，海南中蜂、华南中蜂、滇南中蜂个体小。

就群势大小和分蜂性而言，地处南亚热带、热带的海南、滇南、华南中蜂好分蜂，维持群势较小（4～5框）。其中，海南的椰林型蜂因当地气候温暖，椰子树终年开花，无明显断蜜期，生活条件优越，故脾上蜜环小、贮蜜少，产蜜量差（刘宜钿，1984）；但其蜂群分蜂性强，繁殖速度快，分蜂团只要有碗口大小，就能发展成正常蜂群，故被当地人称之为"碗碗蜂"。而长白山中蜂、华中中蜂、北方中蜂、云贵高原中蜂、阿坝中蜂能维持大群，一般群势可达7～8框，最大群势可达12～16框，贮蜜能力强，生产性能好，有的能上继箱。长白山中蜂在树洞中能筑造1米以上的封盖蜜脾，树洞、坟洞中蜂多年贮蜜，一次可取蜜80～100千克（葛凤晨，2001）。中蜂最高单群年产蜜量可达130千克，并不逊于西方蜜蜂。

中蜂既有抗寒品种，也有耐热性强的蜂种。长白山中蜂、阿坝中蜂、西藏中蜂抗寒力强。长白山野生中蜂在冬季气温达−40℃的条件下，仍能自然越冬。冬末外界冰雪覆盖，自己提早排泄，进入繁殖期，繁殖节律陡，春季繁殖快。活框饲养群早春2～3框蜂，到椴树流蜜期可繁殖到10～12框（葛凤晨，1998）。虽然海南中蜂、华南中蜂、滇南中蜂不耐寒，海南中蜂在北京难以越冬（杨冠煌，2011）。但是，海南中蜂、华南中蜂、滇南中蜂耐热，适应热带和南亚热带的气候、蜜源条件，华南中蜂在广东还成为了当地的优势蜂种，占当地蜂群饲养总数的93%（罗岳雄，2012）。

在抗逆性方面，其他中蜂在遇到不利条件时，如缺蜜、病敌害袭扰，易飞逃，而阿坝中蜂（包括甘肃南部的中蜂）在不利的条件下不飞逃。

31

在抗中蜂囊状幼虫病的特性上，不同地区的中蜂有分化，华南中蜂强于国内其他中蜂。

由此可见，通过长期自然条件的选择，我国不同地区的中蜂，已经形成了多样性十分丰富的蜜蜂遗传资源，它们在各自分布的区域内有很强的适应性，表现出特有的地方生存优势。若一旦离开原产地，引入到一个新的地区饲养，由于气候、蜜源条件等差异，往往会失去自己的优势，这就是中蜂地方品种（品系）的特征。例如，近年来有人因北方中蜂抗寒，而被引到南方采冬蜜，但未表现出明显优势。南方中蜂繁殖快，引到北方，其繁殖速度却低于北方中蜂。有人从其他地区引进中蜂到非疫区（如东北），引发了严重的中蜂囊状幼虫病，造成重大损失。广东省昆虫所曾从贵州引种到广东观察，虽然贵州中蜂群势强，却抵抗不住当地的中蜂囊状幼虫病。说明中蜂地方品种一旦离开了原产地，其地方优良特性不一定能表现出来。因此，在中蜂品种选择上，不应盲目引种，而应首先立足于本地地方品种（特别是区域性地方品种）的提纯复壮和选育提高上。例如，福建省福州市张用新，经过连续12年的不断选育，他的蜂群最大群势可以达到9框足蜂（图2-4），平均群势为7框，比普通华南中蜂群势提高了40%。

图2-4　福建张用新培育的（华南中蜂）蜂种，
群势9框（2013年11月摄于福建莆田）

虽然近些年来由于市场的拉动，我国中蜂总的饲养量有所上升，但在中蜂品种资源数量和种质资源（质量）的保护上，目前仍然面临着诸多的问题。例如，在相同区域内西方蜜蜂的竞争，蜜源条件的破坏和原有生态系统的改变（如现代农、林业作物和品种的单一化），杀虫剂和除草剂的危害（直接杀伤和田间蜜源植物的减少），不良的饲养习惯（不注重选种育种，利用自然王台分蜂，导致群势下降和分蜂性增强），不合理的无序引种导致中蜂囊状幼虫病的蔓延、扩展，造成当地蜂种遗传结构的改变等，使得中蜂的生存环境恶化，一些在当地具有很高适合度的蜂种数量下降。最典型的例子莫过于长白山中蜂和海南中蜂。长白山中蜂因生态资源的变化，引入外地蜂后导致中蜂囊状幼虫病的侵入，对野生中蜂滥采滥捕等，其种群数量一直呈下降趋势，现仅存于长白山区20几个县、市，有的县目前甚至仅存数百群。海南中蜂因当地在蜂种资源的管理、保护和利用方面，缺乏有效措施，使外地中蜂大量引入，与当地中蜂杂交，导致海南中蜂品种混杂，基因流失，从而使长白山中蜂、海南中蜂处于濒危—维持状态。阿坝中蜂也因受西方蜜蜂进入的影响，蜜源植物减少，导致蜂群数下降；其他类型中蜂的进入，与阿坝本地中蜂杂交，导致部分阿坝中蜂血统混杂（《中国畜禽遗传资源志·蜜蜂志》，2011）。因此，必须加强我国中蜂资源、尤其是濒危地方品种的保护工作。

对于中蜂资源的保护，应该采取多种措施（封闭式保护和开发性保护）相结合的方式进行。

首先，在中蜂各地方品种的核心分布区，除建立国家级种质基因库和已批准成立的保护区外，还应逐步建立完善不同地方品种的保护区和良种繁育基地；我国各地不同级别的自然保护区，也应视为中蜂保护区。这些地区应严格防止西方蜜蜂进入，也不允许跨区域引入其他中蜂地方品系。如果未经有关部门允许，随意引种导致疾病流行，干扰地方品种保护、选育等严重后果的，应依法严格追究当事人的法律及经济责任。

其次，中蜂资源应该"在保护的前题下开发利用，在开发利用中促进保护"，采取保护与利用相结合的措施。

西方蜜蜂中的一些蜂种（如意蜂、卡蜂）已经是企业化、商品化的蜂种，国内外育种机构、育王场也相当普及，经过长期的驯化、改良、培育，其生产性能已有相当大的提高，并出现了专门化的蜂种（如浆蜂）。而中蜂目前仍处于野生、半野生、家养的混杂状态，虽然其中不乏良好的育种素材，也进行过一些选育，但缺乏专门的育种机构长时间、有计划地进行系统改良选育，这方面的工作亟待加强。

在一些生态环境发生改变、施用农药、意蜂大量涌入的地区，若仍沿用传统方式饲养中蜂，群势发展缓慢，蜂群密度降低。凡是活框饲养搞得较好的地区，中蜂群势发展和密度保持都比较好，如安徽淮北平原是该省中蜂群体密度最低的地区，每平方千米只有0.04群；而位于这个地区的肖县，活框饲养蜂群占67.5%，群体密度竟达每平方千米1.2群以上，为该地群体密度平均值的30倍（李位三，1986）。因此，在中蜂饲养管理上，要敢于打破旧的落后观念，大胆采用新技术，培育优良蜂王，采用新王以及双王同箱繁殖技术（季节

性或部分蜂群）；依据当地气候、蜜源条件，适期提前奖励繁殖，讲究蜜蜂"福利"，加强蜜蜂营养，组织强群生产，大流蜜期实行继箱、浅继箱或卧式箱饲养；密集蜂数，控制病虫危害；扬长避短，充分挖掘、发挥中蜂不同地方品种的优点及生产性能，促进农村经济发展。这样既能提高人类自身的养蜂效益，又能提高中蜂的生存能力和生产能力，扩大种群密度和分布范围，使中蜂这一珍贵的遗传资源，在数量上、质量上得到更有效的保护，永远续存下去。

第三章 中蜂的生物学特性

　　蜜蜂生物学是指有关蜜蜂的形态构造、生活习性、繁殖发育规律、蜂种特性等方面知识的科学。要想养好中蜂，首先必须熟悉和了解中蜂的生物学特性。半个多世纪以来，尤其是自20世纪七八十年代以后，国内学者在对全国中蜂资源调查的基础上，在中蜂的生物学特性方面，也做了许多深入的研究，基本掌握了各地中蜂的主要生物学特性，这就为制定相应的饲养管理措施，提供了科学依据。

一、中蜂三型蜂的外部形态

　　蜜蜂是营群体生活的昆虫，每只蜂都不能脱离群体而单独生存。

　　与西方蜜蜂一样，中蜂蜂群由工蜂、蜂王（母蜂）、雄蜂3种形态（图3-1）、职能不同的个体组成，每群蜂只有一只蜂王（在自然情况下），几千到数万只工蜂，繁殖季节还会出现数百只雄蜂。

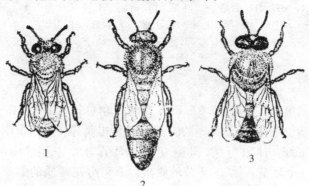

图 3-1　蜂群内的三型蜂
1. 工蜂　2. 蜂王　3. 雄蜂

蜂体表面密生绒毛，身体分为头、胸、腹三个部分。

头是感觉和取食中心，生有3个单眼、1对复眼、1对触角和1组口器。工蜂口器包括1对能咀嚼花粉的上颚和能吮吸花蜜等流质食物的喙（也称吻）。

胸部是运动中心，生有两对翅和3对足。

腹部是消化和生殖（对蜂王和雄蜂而言）中心，由一组环节构成，可以伸缩和弯曲（图3-2）。

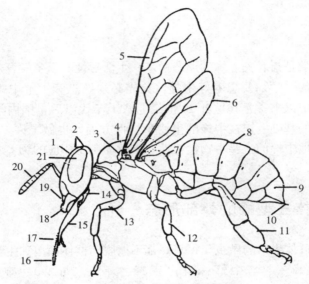

图3-2 工蜂的外部构造

1.头部 2.单眼 3.翅基片 4.胸部 5.前翅 6.后翅 7.胸部 8.腹部
9.气门 10.螫针 11.后足 12.中足 13.前足 14.下唇 15.下颚 16.中唇舌
17.喙 18.上颚 19.上唇 20.触角 21.复眼

（引自 Snodgrass）

（一）工蜂

工蜂头呈三角形，体长10.5～13.5毫米，吻总长4.5～5.45毫米，右前翅长7.79～9.04毫米。初生重80～93.4毫克。徐祖荫等在贵州贵阳，抽测自蜂群中随机取样的工蜂，体重为92.18毫克（30只平均）。三型蜂中，工蜂体最小、吻最长。腹部6个环节，第4～7节的腹板内有可分泌蜡质的蜡腺，端部具散发警戒激素的臭腺（也称纳氏腺）和螫针，螫针与腹内的毒囊相连。3对足特化，适于采集、携带花粉（后足胫节上有特化的花粉篮）。工蜂体色变化较大，触角的柄节均为黄色，中胸小盾片有黄、棕、黑3种颜色，处于高山区的中蜂腹部

36

背、腹板偏黑；低纬度和低山、平原区的偏黄，全身被灰黄色短绒毛。

（二）蜂王

蜂王头呈三角形，体比工蜂及雄蜂大而重。许多学者都曾测定过蜂王的平均初生重（刘仰文、段晋宁，1980；庄德安，1982；许少玉，1985；徐祖荫，1998；樊莹等，2013），变动范围较大，低的为 165.0～168.0 毫克，但大多在171.0～179.8 毫克；其中庄德安称重曾达（186.0±14.6）毫克（8 头平均），其中有一头蜂王初生重达 205 毫克。产卵蜂王体重 250 毫克，体重为工蜂的 2～3倍；体长 18～22 毫米，比工蜂长 40%左右，前翅长约 9.15 毫米。蜂王的螫针兼作产卵器，不具臭腺，蜡腺退化。蜂王体色有黑色和棕红色（也称枣红色）两种，全身覆盖黑色和深黄色短绒毛。这两种体色的蜂王，由于在同一地区出现，其后裔体色混杂。在生产实践中，其生物学特性及经济性状均未见有显著差异，因此只是蜂王在体色上的一种变异而已，不能成为一个独立的品系。

（三）雄蜂

雄蜂头近圆形，复眼发达，体粗大，体长 11～14 毫米。翅特别发达，前翅长 10～12 毫米。吻短，2.31 毫米。腹部 7 个环节，无螫针。体色为黑色或黑棕色，全身被灰色短绒毛，尤以尾端较多。贵州省仁怀县陈绍鹄曾发现当地农户有 9 群蜂，其雄蜂体表为褐色。据测定，其肘脉指数与右前翅宽与其他雄蜂无显著差异（徐祖荫等，1984）。广西省平南县黄金源（2013）也报道，当地发现一群中蜂有 50%的雄蜂个体体色为黄色。与蜂王有两种体色一样，这两种情况可能仅为雄蜂在体色上的一种变异。

二、中蜂三型蜂的内部构造

（一）工蜂

工蜂的头内有 1 对上颚腺、1 对头涎腺和 2 串非常发达的王浆腺。上颚腺所分泌的液体可软化蜡质。头涎腺的分泌物内含转化酶，混入花蜜中，能使花蜜中的蔗糖转化为单糖。王浆腺能产生营养丰富的王浆，用来饲喂蜂王、蜂王幼虫和雄蜂、工蜂的小幼虫。王浆腺长度与蜂种有关，中蜂为 8.99～9.14 毫米，意蜂为 12.26～12.41 毫米，而宽度差异不显著。意蜂王浆腺的小体数（527～541 个）显著多于中蜂（324～340 个）。

蜜蜂有极其复杂的行为，它有发达的神经系统和感觉器官。神经系统包括脑、腹神经索以及密布全身的神经纤维。身体周围的感觉器官通过神经纤维与

脑和腹神经索相连。

　　蜜蜂利用开口于身体两侧的气门和身体内的气管、微气管进行呼吸。气门有10对，3对在胸部，7对在腹部。

　　蜜蜂的血液近于无色，充满整个体腔。背血管前端开口于头部，末端封闭，其前部称为动脉，后部称为心脏。血液在心脏张缩的抽吸作用下进行体内循环。

　　蜜蜂的消化道由咽、食管、蜜囊、前胃、中肠、小肠和直肠构成。食物由口进入咽，通过食管进入蜜囊，经中肠消化吸收后，渣滓进入小肠、直肠，由肛门排出体外（图3-3）。

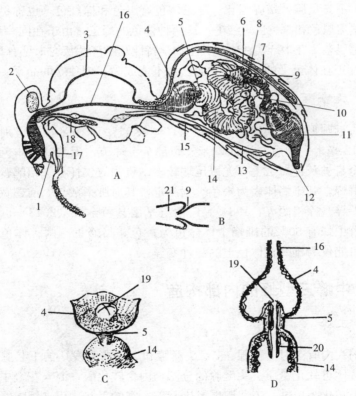

图3-3　工蜂消化道和其他内部器官构造

A. 工蜂的纵切面　B. 心脏纵切面，示心门　C. 蜜囊的剖面　D. 蜜囊、前胃及中肠前端的纵切面

1. 口　2. 脑　3. 动脉　4. 蜜囊　5. 前胃　6. 背隔　7. 心脏　8. 马氏管　9. 心门　10. 小肠

11. 直肠　12. 肛门　13. 腹隔　14. 中肠　15. 神经索　16. 食管　17. 涎管　18. 胸唾腺

19. 前胃的口部　20. 前胃瓣　21. 心室

（引自 Snodgrass）

马氏管也是蜜蜂的排泄器官，它是一组开口在中肠和小肠交界处的细长盲管，从血液中吸收含氮废物，送入小肠，混入粪便，排出体外。

（二）蜂王

蜂王的雌性生殖器官由卵巢、侧输卵管、中输卵管、受精囊及阴道等构成（图3-4）。卵巢一对，由很多根卵小管组成。据测定，意蜂蜂王有300～400根（两侧）。中蜂一般每侧平均只有（107.96±5.11）根卵小管，其中最多的测定值达到131根（许少玉等，1985）；樊莹等测定为双侧（190.6±8.92）根，明显低于意蜂。卵小管数量与蜂王初生重呈显著正相关关系，其相关系数为0.919～0.976（许少玉等，1985；樊莹等，2013）。卵小管内产生卵子。卵小管数量多，蜂王产卵就多。因此，培育体大、卵小管多的蜂王，对提高蜂王的产卵量有重要的意义。

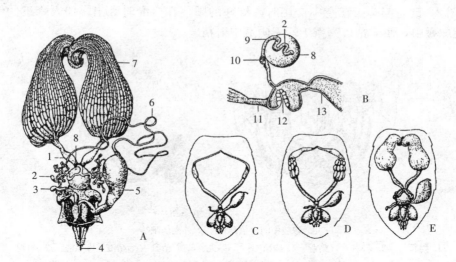

图3-4　雌性蜜蜂生殖系统

A. 产卵蜂王生殖器官　B. 蜂王受精器官　C. 正常工蜂生殖器官

D. 产卵工蜂生殖器官　E. 处女王生殖器官

1. 侧输卵管　2. 受精囊腺　3. 附腺　4. 螫针　5. 毒囊　6. 毒腺　7. 卵巢　8. 受精囊
9. 受精囊管　10. 受精囊管阀瓣　11. 中输卵管　12. 阴道瓣状褶　13. 阴道

（引自 Winston，1987）

蜂王与雄蜂交配时，精液进入蜂王阴道，上百万的精子贮存在受精囊中，保存旺盛的活力可达数年之久。卵在卵小管中成熟后，通过侧输卵管排入阴道，此时如遇来自受精囊的精子，精子会自卵孔钻入卵内，实现受精，即为受

精卵。受精卵产在工蜂房中发育为工蜂，产在王台中发育为蜂王。未经过受精的卵产在雄蜂房中，则发育成雄蜂。蜂王上颚较粗壮发达，边缘密生锐利的小齿，前部宽，中间小，腹面自中间基端部形成一个盆状，蜂王上颚腺就附着在上颚基部。蜂王上颚腺分泌蜂王信息素（也称蜂王物质）。

工蜂的生殖器官与蜂王相似，但仅有几条卵小管，其他附属器官已退化。正常条件下，工蜂失去生殖机能。但当蜂群中失王后，工蜂卵巢没有受到蜂王信息素的抑制，会慢慢发育，部分工蜂的卵小管可发育成熟并产卵。工蜂没有和雄蜂交配，所产的卵均为未受精卵，所以只能发育成雄蜂。这种雄蜂质量差，在生产中不能应用。

（三）雄蜂

雄蜂的生殖系统由睾丸、输精管、贮精囊、黏液腺、射精管和阳茎组成（图3-5）。与蜂王在空中交尾时，雄蜂的阳茎在交配时翻出，伸入蜂王的侧交配囊中，使射精口突露于蜂王阴道中射精。

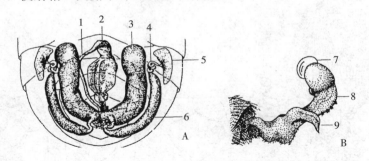

图3-5　雄蜂生殖系统

A. 腹腔中的生殖器官　B. 外翻的阳茎

1. 射精管　2. 阳茎　3. 附腺　4. 输精管　5. 睾丸　6. 贮精囊　7. 精液　8. 阳茎　9. 角囊

（引自 Winston，1987）

三、中蜂三型蜂的个体发育、职能及生物学特性

（一）个体发育史

中蜂为全变态昆虫，其3种类型蜂的生长发育都要经过卵、幼虫、蛹、成虫4种形态不同的阶段，但三型蜂的发育历期各不相同。与意蜂相比，除蜂王外，工蜂和雄蜂的历期都比较短（表3-1）。

表 3-1　中蜂与意蜂各阶段发育所需天数比较

蜂种		发育时间（天）			
		卵期	未封盖幼虫期	封盖期	出房期
中蜂	蜂王	3.0	5.0	8.0	16.0
	工蜂	3.0	6.0	11.0	20.0
	雄蜂	3.0	7.0	13.0	23.0
意蜂	蜂王	3.0	5.0	8.0	16.0
	工蜂	3.0	6.0	12.0	21.0
	雄蜂	3.0	7.0	14.0	24.0

中蜂蜂王幼虫期加封盖期（即从幼虫孵化到出房）为 13 天。雄蜂封盖期 13 天，从卵产下到成蜂出房为 23 天。工蜂封盖期为 11 天，从卵产下到幼蜂出房为 20 天。工蜂各发育阶段见图 3-6。

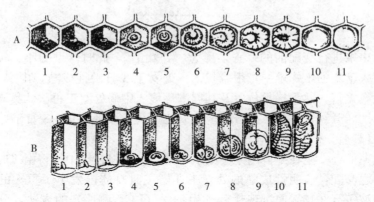

图 3-6　工蜂发育阶段图示（图中的数字表示日期，单位：天）

A. 从巢房正前方观察　　B. 从巢房横断面观察

（二）三型蜂的职能及个体生物学特性

1. 蜂王　蜂王是蜂群内所有个体共同的母亲，由上一代蜂王产在母蜂房（俗称王台或王包）内的受精卵发育而成。由于其幼虫阶段一直被工蜂喂以蜂王浆，营养条件好，所以它是生殖器官发育完全的雌性蜂。蜂王的主要任务是在蜂巢内产卵。如果没有蜂王，蜂群内就没有新的后代（主要是工蜂）产生，随着老蜂逐渐死亡，蜂群最终就会灭亡。

（1）**出房和交尾**　蜂王出房前 2～3 天，工蜂便咬去王台顶端的蜂蜡，露

出茧，便于蜂王出房。此时王台顶端呈红黄色，标志着蜂王即将出房。蜂王出台时，从内咬开顶盖爬出，经4～6小时，便在巢脾上巡行，看见其余王台，则从王台侧面咬开一个缺口，破坏王台，然后由工蜂继续清理，拖出蜂王蛹（图3-7），并剔去王台壳。

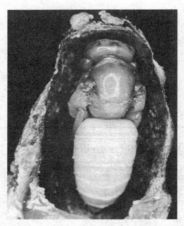

图3-7　王台中的蜂王蛹（在蜂巢中王台和蛹体是下垂的）

刚出房未进行交配前的蜂王，称为"处女王"，此时体型瘦小、轻佻、怕光，常潜入密集的工蜂堆中，很难找出。处女王3日龄性成熟，出房3～5天开始做认巢飞行，熟悉蜂巢位置及其周围环境。中蜂处女王每次认巢飞翔持续时间为1～23分钟，平均7.5分钟。处女王婚飞多发生在6～8日龄，迟的可拖到13日龄后，但交尾越早越好。

性成熟的处女王在蜂群内不会吸引雄蜂交配，但在空中进行婚飞时却能吸引雄蜂与之交配，表明性成熟的处女王在婚飞时身体内发生了重大的生理变化。吴小波等（2013）通过现代分子生物学（DCE测序）的方法，分别对飞行和未飞行中蜂性成熟的处女王进行检测，证实两者有250个基因差异表达，其中有133个基因上调表达，177个基因下调表达。并且飞行的中蜂处女王气味结合蛋白9（OBP9）基因的表达量比未飞行的处女王要高。

婚飞时，性成熟的处女王释放性外激素吸引雄蜂追逐，在空中交尾。蜂王婚飞的区域，大多在蜂场半径2～5千米的范围内，平原地区最大范围为18.5千米，在15～30米的高空中。婚飞时有若干雄蜂追逐，其中只有飞得最快、最强壮的雄蜂才能与处女王接触，抱握交尾，这种选择对加强蜜蜂种群生存的适应性具有重要意义。处女王通常在晴朗无风或微风、气温高于20℃的天气、13～17时外出交尾，而以14～16时最为常见。每次交尾飞行时间为7～50分钟。气候越好，雄蜂越多，越有利于交尾。交配后的蜂王将成百万（115万～

368 万）的精子贮存在受精囊中，供其一生产卵受精之用。

处女王常在第一次婚飞时进行交配，一次婚飞中可连续与 10 只以上的雄蜂交配。如果婚飞时蜂王受精不足，还可以在当天或数天内连续进行重复婚飞。龚一飞等（1987）观察了 52 只蜂王的交配飞行，有 25 只进行 1 次交配飞行，另有 25 只进行 2 次交配飞行，只有 2 只进行了 3 次交配飞行。在不适宜的气候条件下交配，蜂王受精不足，产卵后通常会被提早交替。

交尾回巢的处女王，其尾部常带有白色的线状物，这是雄蜂黏液腺排出物凝固堵塞螯针腔，防止精液外流，称为"交尾志"。看见"交尾志"，就知道处女王已经交尾。

（2）蜂王产卵　交尾后的蜂王腹部渐显膨大，行动变得比较稳重，交尾 2～3 天后产卵。蜂王产卵后，除分蜂外，不再出巢。蜂王交尾期间，若长期受低温阴雨、强风的影响，不能外出交尾，或处女王发育不全；出房半月后还未交尾、产卵的蜂王，这些蜂王称未受精王。未受精王所产的卵均为未受精卵，孵化出来的全部是雄蜂，故应淘汰，另换新王。

产卵王在蜂巢内走动时，走到哪里，那里的工蜂就会围在它周围，饲喂它，并为它清洁身体，这些工蜂被称为"待从蜂"。蜂王产卵时，会探头查看巢房，发现巢房适合产卵后，便掉头将身体趴在巢房附近，将腹部向后伸入经工蜂打扫过的巢房底部，将卵产下。一般每个巢房只产 1 粒卵，在工蜂房和王台基里产的是受精卵，在雄蜂房里产的是未受精卵。

蜂王产卵时，一般情况是从巢脾中央开始，然后以螺旋形的顺序向周围扩大。因产卵范围呈椭圆形，故称为"产卵圈"或"子圈"（图 3-8）。一般中央巢脾的产卵圈面积最大，左右两侧巢脾上的产卵圈逐渐减少。当缺少产卵用的巢房时，蜂王有时会在一个巢房内连产数粒卵。

图 3-8　中蜂封盖子脾（巢脾中央椭圆形的为子圈）

蜂王个体大小、年龄长短、质量优劣、产卵多少对蜂群的发展、群势大小都有直接的影响。据观察，一只质量较好的中蜂蜂王平均日产卵量为600～900粒，最高达1 067粒；意蜂蜂王日平均产卵量可达1 587粒，如以单日计算，可达2 000粒以上。一只处于壮群内优良的意蜂蜂王，年产卵量可达20万粒以上，而一只中蜂蜂王年有效产卵量只有14万粒左右。中蜂蜂王产卵量仅为意蜂的1/2～2/3，这是中蜂群势不如意蜂的原因。因此，中蜂可以采取双王同箱繁殖的措施，利用两只蜂王产卵，以达到强群采蜜的目的。

中蜂蜂王有效产卵量受群势、气候、外界蜜粉源条件、巢内空房数、分蜂状况的影响。蜂群春繁初期，气温低、群势弱，日平均有效产卵量只有200粒左右。群势恢复后，蜂王进入产卵盛期，日平均有效产卵量上升至700～1 000粒（徐祖荫等，1985），当蜂群处于分蜂准备期时，蜂王产卵量又会急剧下降，下降率49%～56%（杨冠煌，2001）。

中蜂蜂王产卵时对环境因素也相当敏感。外界有蜜粉源时，蜂王产卵兴奋，子圈大。长期阴雨、气候干旱、炎夏季节，外界蜜粉资源缺乏，群内缺蜜缺粉；或气温降低，蜂群临近越冬期前，蜂王产卵量会大幅下降，甚至出现弃子不育的现象。中蜂的这种习性虽不利于保持强群，但可节省饲料，有利于蜂群保存实力，度过环境恶劣的时期，这正是中蜂对外界气候、蜜源适应性强的表现。

蜂王产卵量的多少，有时并不取决于蜂王本身的生理状况，还取决于蜂巢内产卵环境是否有利于蜂王产卵。蜂王每产1粒卵，自探房开始，到产卵完毕从巢房中提出尾部，整套动作需20～25秒的时间。蜂王产卵15～20分钟，休息15～20分钟，接受工蜂饲喂（杨冠煌，2001）。据国外学者（佩列佩洛娃，1942；塔兰诺夫等，1946，邱宁，1947）研究，在蜂群内有新造的巢脾或现成的空脾，或蜂群群势不大的情况下，蜂王产卵的环境不复杂，巢脾上有许多空巢房能让蜂王产卵，对蜂王的产卵力没有限制，蜂王可以在3～4天内产满一张脾，脾上能形成大片密集的同龄蜂儿。但是，强群内由于子脾数量多、不集中，脾上的空房少，产卵环境复杂，蜂王要去不同的脾上寻找被工蜂打扫过、适宜产卵的空巢房，为此要多花1～2倍的时间。在这种情况下，蜂王的产卵量就会受到限制。因此，及时调整布置巢脾，将封盖子脾靠边，另外在虫、卵脾旁添加空脾或巢础，或添加继箱扩大蜂巢，可以在不超过蜂王生理极限的范围内，充分发挥蜂王的产卵能力。

中蜂蜂王的产卵盛期一般出现在出房2～3个月后。中蜂蜂王衰老比意蜂蜂王快，产卵盛期也较短，虽然蜂王可存活2～3年，但最佳产卵年龄为8个月至 1 年，从第 2 年起产卵便逐渐减少，所以饲养中蜂要每年换 1~2 次蜂王，以使蜂群内经常保持体格健壮、适龄善产的新王，以维持较强的蜂群群势，获得好的生产效益。

（3）**分泌蜂王信息素**　除产卵外，蜂王的上颚腺还能分泌蜂王信息素（也称蜂王物质）。蜂王信息素能抑制工蜂卵巢发育和筑造王台，控制分蜂，维持蜂群安定，让工蜂行使各项正常的工作职能，并具有性引诱剂的作用。若蜂王衰老或个体小，蜂群群势过大，蜂王信息不足，会导致蜂群产生分蜂热，工蜂卵巢发育，起造王台。

据杨冠煌等（1992—1996）测定，中蜂蜂王信息素是一类脂肪酸类的反式 9-氧化-癸二烯酸（-9-ODA）和反式 9-羟基-癸二烯酸（-9-HAD）、甲基-对烃基-2 癸烯酸（HOB）及 1，3 甲氧基-6 羟基的酚类物质等化学成分的混合物。前三种与意蜂蜂王的信息素组分一致，后一种是中蜂的特有组分。信息素经工蜂传递，蜂群内所有个体都会感知到蜂王存在，整个蜂群就会井然有序地活动。一旦蜂群失王，数小时后，蜂王信息素在群内逐渐消失，蜂群就会躁动不安，产生失王情绪，工蜂采集力明显降低。长期失王会导致一部分工蜂卵巢发育，产下未受精卵，全部发育为雄蜂，最终使蜂群灭亡。王钰冲、陈伟文等（2013）在无蜂王的中蜂群中喷洒-9-ODA（蜂王信息素中一种主要活性成分），结果发现喷洒了-9-ODA 的蜂群，工蜂卵小管基本不发育，而未喷洒-9-ODA 蜂群的工蜂卵小管发育，并随着日龄增加发育显著。匡邦郁、匡海鸥等（1998）用云南大学化学合成研究所制成的"蜂王信息素"制备"假蜂王"，可以使蜂群正常生活，抑制分蜂和工蜂产卵，显示出蜂王信息素对蜂群维持正常活动和群势的重要作用。

（4）**新蜂王的产生**　当蜂群生长到一定程度，有大量的幼蜂积累，就准备进行群体繁殖——"自然分蜂"。此时工蜂会在巢脾的下沿或侧沿建造王台，称为"自然王台"，并胁迫蜂王在其内产受精卵，培育新蜂王。自然王台具有数量多、台内幼虫日龄不同的特点，这种王台多出现在巢脾的下缘。

由于种种事故失去蜂王约 1 天后，工蜂将工蜂房扩大，改造为"急造王台"，培育蜂王。这种王台数量较多，位置多出现在巢脾中央，呈弯曲状。由于急造王台幼虫的虫龄偏大，王台形状不规则，影响蜂王发育，育出的蜂王个体小、产卵力差，应想法及时更换。

蜂群有时会自然更新老龄或伤残蜂王，产生"交替王台"。老王通常在新王出房前死亡或消失；有时也会与新王短时间共处一巢，称为"母女同巢"，然后老蜂王死去。这种"交替王台"较少，一般只有 1~3 个，台内虫龄较一致。

除自然交替外，通常蜂王不能容忍蜂群内有其他蜂王存在，只要两只蜂王相遇，必然相斗，直到其中一只蜂王被杀为止。因此，正常蜂群中最多只有一只蜂王。蜂王斗杀的结果，多是处女王战胜产卵王，年轻体壮者战胜年老体弱者。如果用隔王板或隔堵板将蜂群人为地在同一箱体中隔开，使蜂王不能直接见面相斗，则可以安全地组织成双王群或双群同箱饲养。

2. 雄蜂　雄蜂是由蜂王产在雄蜂房内的未受精卵发育而成的，其染色体为单倍体。如缺乏花粉饲料，雄蜂会发育不良，个体较小。在非正常情况下，工蜂或处女王产的未受精卵，也可以发育为雄蜂，但这种雄蜂个体小、质量低劣，不能用作培育蜂王。

雄蜂吻短小，不采蜜，也不担负巢内其他工作，其职能仅仅只是和处女王交配。

赖友胜等（1984）曾观察，中蜂雄蜂出房后4～5天只有个别开始试飞，8日龄全部试飞，10日龄后性成熟，最佳交配日龄是10～25日龄。雄蜂的交配活动都在下午进行，一只雄蜂在同一下午可飞出3～4次，每次4～5分钟。出巢飞行可持续到17～18时，南方停止晚，北方停止早。每次婚飞前或返巢后由工蜂饲喂，或自到蜜房吸食蜜汁。

气温低于16℃或刮大风天气，雄蜂不出巢飞行。婚飞时大量雄蜂在蜂场上空盘旋飞行，形成"雄蜂聚集区"，以保证处女王婚飞和交尾顺利实现。当处女王出巢婚飞时，大批雄蜂追随处女王，但仅有少数身体强壮的雄蜂能追上处女王，并与之交配。交配射精时，雄蜂阴茎上内陷的成对囊状角翻露出来，挤入蜂王阴道旁的侧交尾囊中，交尾过程只有2～3秒，随后雄蜂瘫痪后翻；其阳茎从颈状部断裂（图3-9），与蜂王分离，堕地而亡。而蜂王则与雄蜂脱离，飞返巢内。

同一蜂场中，雄蜂没有群界，可以飞入任何一个蜂群而不受攻击。雄蜂的寿命一般为3～6个月。雄蜂的食量较大，相当于2～3只工蜂的食量，它是蜂群中的季节性成员。当分蜂季节过后，外界蜜源逐渐匮乏时，工蜂会把雄蜂围困在蜂箱或巢脾的一角，停止饲喂，待其饿软或饿死后，拖出箱外丢弃，这有助于蜂群生存。在养蜂生产上，也常采

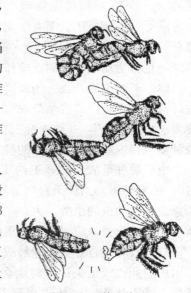

图3-9　蜂王交配
（引自 Wiston，1987）

用勤割雄蜂房和用雄蜂幽杀器淘汰非种用雄蜂，控制雄蜂数量，以节省饲料。

3. 工蜂 工蜂是蜂群中数量最多、个体最小的成员，由蜂王在工蜂房内产的受精卵发育而成，染色体为二倍体。由于孵化后的工蜂幼虫前 3 天由哺育蜂饲喂蜂王浆，而从第 4 天起改喂由蜂蜜和花粉混合而成的饲料，称为"蜂浆"或"乳糜"，营养价值不如蜂王浆，因此工蜂性器官发育不全，是丧失生殖功能的雌性蜂。

工蜂承担着巢内外的一切工作，如采集花蜜、花粉、水、盐分；筑巢，保卫，酿制蜂蜜和蜂粮；饲喂蜂王，哺育蜂儿；清洁蜂巢，调节温度等。如果没有工蜂，蜂王和雄蜂就会因缺乏食物而饿死。

（1）不同日龄工蜂的分工 正常情况下，工蜂所担负的工作是按日龄进行分工的。初出房的幼蜂身体柔软，呈灰白色，行动迟缓。3 日龄以内仍靠其他工蜂喂食，但能从事保温及清理巢房的工作。4～5 日龄的工蜂，开始调制蜂粮饲喂大幼虫。6～12 日龄工蜂王浆腺发达，分泌蜂王浆饲喂小幼虫和蜂王。13 日龄以后的工蜂，蜡腺发达，开始泌蜡造脾。13～18 日龄的工蜂，主要从事清理巢箱、夯实花粉、酿蜜、造脾、巢门守卫等大部分巢内工作。由于这一日龄段的工蜂主要承担巢内工作，故称为"内勤蜂"。18 日龄后，工蜂的王浆腺开始退化。

工蜂的飞行活动也与日龄有关，3～5 日龄第一次在蜂箱附近做短暂的认巢试飞，同时进行首次排泄，然后才进行定向飞行。8～9 日龄工蜂做集团飞行，一般在午后出巢，头朝蜂箱稳定飞行 5～10 分钟，飞行完毕仍回巢进行巢内工作。外出采集工作始于 17 日龄，外出采集花蜜、花粉、水和盐等；20 日龄后，其采集力才能充分发挥；也有部分成年工蜂承担防御和侦察蜜源等工作，被称为"外勤蜂"或"采集蜂"，此后直到爬出箱外或在野外采集时老死而终。

在工蜂的生活周期中，内、外勤工作约各占 1/2。但工蜂这种按日龄分工的情况并非是固定不变的。在非常情况下，这种分工顺序会进行调整。如大流蜜期来临，部分 8 日龄以上的内勤蜂也可提前投入采蜜。而如果内勤蜂少，部分外勤蜂也会改变其生理指标（Amdam，2005），可以泌蜡造脾、分泌王浆等，逆转成为哺育蜂。

（2）工蜂的寿命 工蜂寿命是决定蜂群群势和蜂群生产能力的重要因素。工蜂寿命与工蜂所处的季节、蜂群群势、劳动强度、蜂种的遗传性及营养状况等因素有关。杨冠煌通过标记工蜂观察证明，工蜂采蜜期寿命为 30～40 天，而在零星蜜源期、采集和哺育任务都不繁忙的季节，工蜂寿命较长，为 70～

80天。较早龄投入采集活动的工蜂，平均寿命（30.1±1.2）天；老龄投入采集的工蜂，平均寿命（37.1±0.6）天。工蜂在越冬期因未从事采集、哺育等活动，新陈代谢率降低，其寿命可长达120～150天。

发育阶段营养充足，特别是蛋白质食物丰富，发育环境温湿度适宜，工蜂寿命会延长，所以在蜜粉源丰富的季节，以及蜜粉充足、哺育蜂多的强群中培育的工蜂寿命相对较长（平均36天），弱群中培育的工蜂寿命较短（平均26天）。

王浆腺的发育和分泌蜂王浆，会大量消耗工蜂脂肪体中的蛋白质，缩短工蜂寿命。所以在秋季越冬准备阶段，大量培育未参加哺育工作的适龄越冬蜂，对于延长工蜂的寿命，保持其生理上的年轻状态，降低蜂群越冬群势的削弱率，为第二年春季打下良好的基础，在生产上有着非常重要的意义。

工蜂的寿命还与饲料糖的种类、质量有关。实验室条件下，取食蜂蜜组的工蜂寿命为13.7天，取食葡萄糖液组的工蜂寿命为6.4天。

遗传因素对工蜂的寿命也有影响。由于蜜蜂一雌多雄的交配习性，蜂群是由许多"同母异父"的亚家系工蜂组成的。沈飞英、苏松坤（2007）等利用串联重复序列多态性（VNTR）分子标记进行PCR分析鉴定，曾从一个中蜂蜂群中鉴定出了34个不同的亚家系。不同亚家系的成员，其寿命也不相同。

如对工蜂取毒，通过电子取毒器刺激工蜂5分钟，可使9～18日龄工蜂寿命缩短2.7～4.6天，21～27日龄的工蜂缩短4.5～4.7天（周冰峰等，1993）。

（3）**工蜂王浆腺的活性** 工蜂王浆腺的活性反映合成和分泌蜂王浆及哺育幼虫的能力。王浆腺的活性与蜂种、工蜂日龄、蜂群内小幼虫数量、花粉贮存、巢内温度有关。

杨冠煌（1987）通过加入放射性营养标记物对中蜂、意蜂工蜂的王浆腺进行培养，然后对王浆分泌物进行放射性测定，以I-DPM（王浆腺摄取同位素标记物每分钟衰变数）和O-DPM（王浆腺分泌物中同位素标记物每分钟衰变数）值来表示，比较中蜂、意蜂王浆腺的分泌及活性变化规律。早春意蜂和中蜂的O-DPM值分别为5 807和3 170，意蜂王浆腺活性远高于中蜂。中蜂的I-DPM值1日龄时很小，1～4日龄迅速增加，至7日龄时达最高峰，王浆腺活性最强；意蜂高峰值则出现在10日龄，以后均随日龄增加而平缓波动下降。至19日龄时，中蜂、意蜂工蜂王浆腺活性均减退到采集蜂的水平。

越冬期中蜂、意蜂工蜂王浆腺均处于发育状态，活性极低。当早春蜂群出现幼虫时，两者部分采集蜂的王浆腺开始恢复活性。王瑞武、杨冠煌（1992）测定，幼虫对工蜂王浆腺活性影响最大，Ⅰ-DPM值有时高于无幼虫时6.5倍；有花粉组较无花粉组高0.5倍以上。维持工蜂王浆腺活性的最适温度为30～35℃，最高峰值出现在35℃（即正常巢温）。

（4）工蜂的个体采集行为　中蜂的采集范围，据杨冠煌多次观测，中蜂工蜂采集花蜜的半径，多数个体在1千米范围内。耐因（Nainm，1972）等测定印度亚种的采集范围是1～1.5千米，其采集范围大约是意蜂的一半。工蜂飞行范围与日龄有关，随着日龄增长飞行范围逐渐扩大，蜜蜂飞行的高度约1 000米。

蜜蜂个体采蜜量受蜂种、天气状况、蜜源的集散程度、采集的难易（花冠深浅）、花蜜含糖量、泌蜜量、飞行距离等因素的影响，所以，蜜蜂个体采蜜量在不同地区、不同蜜源条件下测定结果差别很大。

在气候良好条件下测定中蜂个体每次平均采蜜量，在闽南鸭脚木花期为39.17～43.69毫克，占自身体重58.00%～67.55%；福州荔枝花期和龙眼花期分别为37.18毫克和29.62毫克（周冰峰等，1991）；北京荆条花期为12.6毫克（杨冠煌，1963）；湖南沅凌紫云英花期为29.02毫克（段晋宁）；贵州贵阳白三叶花期测定，威宁中蜂（云贵高原型）为33.38毫克，湄潭、锦屏中蜂（华中型）分别为36.65毫克和35.31毫克。

为了排除其他因素的干扰，全面了解蜜蜂个体的采集能力，周冰峰等提供充足的蔗糖溶液测定了中蜂、意蜂的采集量：当溶液含糖量为20%时，分别为45.49毫克和41.37毫克；含糖35%～70%范围内，采蜜量随含糖浓度的提高而增加，中蜂和意蜂分别为56.23～65.80毫克和58.67～74.40毫克，均呈正的直线相关。中蜂蜜囊较意蜂小，通常采集力不如意蜂，但在含糖量40%以下时，中蜂采集力发挥更好，尤其在含糖量20%以下时，中蜂个体的采蜜量反而高于意蜂（多9%），这与中蜂采集勤奋，善于利用零星蜜源等采集特性相吻合。

中蜂工蜂除正面用吻吸取花心中的花蜜外（图3-10），还能把筒状花的基部咬开，将吻从侧面伸进花冠内吸取花蜜。但中蜂吻较短，通常从花冠较深的豆科植物如刺槐、苜蓿等中难以吸到花蜜。笔者2011年曾委托贵州省安顺市中蜂、意蜂同场放养的丘发应蜂场，在当地洋槐花期收集蜂蜜样本，意蜂蜜为水白色，是典型的洋槐蜜；而同场放养的中蜂蜜呈紫红色，说明中蜂采集的是与洋槐花同期的其他花种的蜂蜜，而不是、至少不完全是洋槐蜜。

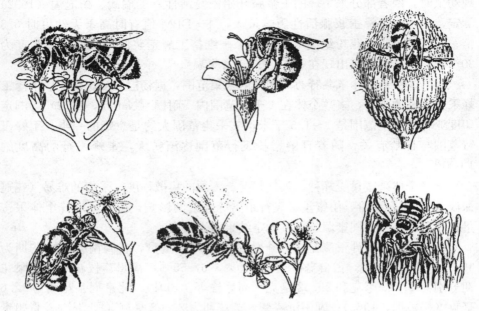

图 3-10 蜜蜂采集花蜜的各种姿态
（仿 Mukhin）

工蜂的采集活动主要受外界蜜粉源、气候条件、巢内需要等因素的影响。外界蜜粉源丰富、巢内粉蜜缺乏能够刺激工蜂积极出巢采集，寒冷、酷热或大风阴雨天气不利于工蜂出巢。工蜂采集飞行的最适温度为 18～30℃，气温低于 9.5℃ 意蜂停止巢外活动，低于 6.5℃ 中蜂才停止出巢。

尽管中蜂个体采集能力低于意蜂，但中蜂耐寒，对于山区各种复杂的地形、地貌适应性强，出工勤奋，嗅觉灵敏，飞行敏捷。据观察，中蜂每天活动的时间要比意蜂多 1～2 小时（董坤等，2009），并能在微雨天、雾天，甚至外界气温下降到 6.5～7℃ 时仍进行正常采集，在 14℃ 时中蜂出巢采集的数量是意蜂的 3 倍，所以中蜂能很好地利用早春栲（野桂花）、枇杷、鸭脚木、千里光等秋冬季蜜源。

埃特沃尔（Atwal，1969）曾测量 50 米内飞翔的 10 个工蜂个体，所消耗的平均时间东方蜜蜂（印度亚种）为 1.92 秒、意蜂为 2.95 秒。高依尔（Goyal，1978）测出东方蜜蜂翅膀每秒扇动 306 次，而西方蜜蜂为 235 次。两位学者测得的结果，均表明东方蜜蜂比意蜂飞翔速度快，善于采集零星分散的蜜源。段晋宁（1976 年）在湖南山区秋季盐肤木花期测定，中蜂取蜜 4 次，平均群产蜜 7.9 千克；意蜂仅取蜜 2 次，平均群产蜜 4.48 千克，仅为中蜂产蜜量的 56.7%。

除花蜜以外，工蜂也会采集植物上的甘露和蜜露，尤其在蜜源缺乏的季节更会如此。甘露是某些植物幼叶表面、叶柄、叶脉等处花外蜜腺上分泌的含糖物质，如棉花、田菁、甘蔗、甜玉米、马尾松、橡胶树、黄栌、南洋楹等。通常情况下甘露蜜对蜜蜂无害。蜜露是蚜虫、介壳虫、叶蝉等昆虫以刺吸式口器从植物的芽、嫩枝、幼叶、花朵等处取食植物的汁液后，从消化道中排出的含糖甜液。通常蜜露中含有较高的灰分和一些多糖类（如糊精、山梨糖等），不利于蜜蜂消化，故甘露蜜不宜作蜂群的越冬饲料。

就通常情况而言，蜜源植物集中、泌蜜量大，花蜜含糖量高、采集容易，蜂场距蜜源近、气候条件适宜，产蜜量就高。

工蜂在花朵上采集时，根据花朵可提供的花蜜和花粉以及巢内的需要，在一次出勤中既可单独采集花蜜或花粉，也可同时采蜜和采粉。

对于花粉的采集，段晋宁在湖南紫云英花期测定，中蜂平均带粉量为12.12毫克，是意蜂 16.6 毫克的 73%；杨冠煌在北京玉米花期测定，中蜂平均带粉量为 14.5 毫克，是意蜂 17.5 毫克的 83%；匡邦郁等在云南小叶桉花期测定，中蜂、意蜂平均带粉量分别为 16.17 毫克和 19.3 毫克，中蜂均少于意蜂。中蜂在一天的采粉活动中可采集多种植物的花粉，但在不同时间段内采粉具有相对的专一性，每次出巢采集具有单一性。

四、中蜂的群体生物学特性

（一）筑巢

中蜂是社会性昆虫，因此，在自然情况下，蜂群会飞到侦察蜂事先选择好的合适地址，如野外树洞、土洞、岩洞，人家户的空房、仓库、木桶中，泌蜡营巢。活框饲养情况下，则将巢脾构筑在可以活动取出的巢框上。

10～20 日龄工蜂蜡腺发育最为旺盛。筑巢时，工蜂用后足把腹部的蜡鳞取下，送到前足和口器，经上颚咬嚼后筑造六角形的孔洞——巢房，巢房与巢房连在一起，形成巢脾。

蜂巢系由若干张垂直于地面、有一定间距、互相平行的巢脾组成。巢脾厚度，杨冠煌等 1980 年在湖南沅陵观测，蜜区平均为 27.28 毫米。海南中蜂，蜜区厚度 25.8～28.5 毫米，繁殖区为 22.6～24.5 毫米（周冰峰，2002）。巢脾与巢脾间的距离叫蜂路，自然巢脾的蜂路为 8～11 毫米。蜂群栖息在巢脾上，繁育蜂儿，贮蜜贮粉（图 3-11）。自然蜂巢的巢脾通常是中间巢脾较大，两侧巢脾依次减小，且子脾（有卵、幼虫和蛹的巢脾）在中间，蜜脾在两侧，

外观组合为球形（图3-12），以便于蜂群结团保温。

3 2 1

图3-11　三环明显的巢脾

1. 蜜环　2. 粉环　3. 子圈

图3-12　圆桶中饲养的自然中蜂巢

（贵州，华中中蜂）

　　巢房因形状、大小、用途不同，可分为工蜂房、雄蜂房和母蜂房（王台）。工蜂房占绝大部分，除培育蜂儿外，还可贮蜜贮粉。中蜂工蜂房的内径为4.81～4.97毫米，深度10.80～11.75毫米。一个标准框（郎氏箱）完整的中蜂巢脾有工蜂房9000个左右。处于繁殖期、群势中等以上、蜂王产卵力较强的蜂群，在巢脾上产卵、育子的面积通常可达70%～80%，折合封盖子6 300～7 200个，按1足框蜂的数量3 000只计算，一框封盖子全部出房后，有2～2.4框蜂。

　　繁殖季节到来时，蜂群会在巢脾的下侧，营造出小面积的雄蜂房。如果巢脾破损，也常被改造为雄蜂房。雄蜂房比工蜂房略大，内径5.25～5.75毫米、深度11.25～12.7毫米。中蜂雄蜂房封盖后，顶部突出（气孔），呈斗笠状，与西方蜜蜂不同。

　　王台是专门培育蜂王的蜂房，只有在准备自然分蜂或蜂王交替时才会产生，常位于巢脾的下缘或两侧。先呈圆杯形，内径6～9毫米，随着蜂王幼虫发育而加长，封盖后呈

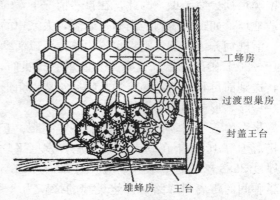

工蜂房

过渡型巢房

封盖王台

雄蜂房　王台

图3-13　巢脾的一角（示三型蜂的蜂房）

52

奶头状（图3-13）。

新造的巢脾呈浅黄色，随着时间推移及育儿代数的增加，巢脾的颜色会逐渐加深，变成褐色或褐黑色。

自然情况下，正常蜂群的蜂巢外围常被工蜂完整严密地包裹住，以保持巢内正常的温度和湿度。

（二）蜂群酿蜜、贮粉及采集其他食料的活动

蜂群的食料是蜂蜜、花粉、水和无机盐。

蜂蜜是蜜蜂一切生命活动的主要能量来源。工蜂飞行1千米，约耗蜜0.5毫克；每次外出采集前，需摄入大约2毫克的蜂蜜，可维持飞行4~5千米的距离，这恰好是工蜂一般的飞行距离；蜜蜂越冬时为维持蜂团温度、度过寒冬也要靠吃蜜生热，因此，外界流蜜期采集酿造和贮存蜂蜜是蜂群最主要的生产活动。

蜂蜜的酿造和贮存，使花蜜转化为蜂蜜，需经两个变化，一是物理变化，即浓缩花蜜，使含糖量较低、水分含量较高的花蜜，浓缩成含糖量较高、水分含量较低的蜂蜜；二是化学变化，在保留花蜜中原有营养成分的情况下，工蜂通过自身分泌的转化酶，将花蜜中的蔗糖转化成为单糖——葡萄糖和果糖。

工蜂采集时，将含有转化酶的唾液混入花蜜，归巢后将蜜囊中的花蜜传递给2~3只内勤蜂，稍事休息后又外出采集。在大流蜜期，内勤蜂不足时，外勤蜂也会寻找合适的巢房，暂时将花蜜贮存在空巢房中，或将蜜分成小滴暂存于卵房或小幼虫巢房壁的上方，蒸发水分。内勤蜂接受花蜜后，张开上颚，从蜜囊中吐出一小滴蜜在口喙上，口喙反复伸展折回，使蜜滴面积增大，促进水分蒸发。在酿蜜过程中，工蜂反复加入唾液，增加转化酶，促使花蜜中蔗糖水解。酿蜜时，另一部分内勤蜂扇风，扇风引起的流通空气会加速蜜中水分蒸发。工蜂将酿造好的蜂蜜，贮存于子脾上部的巢房或边脾的巢房中。当蜂蜜含水量降低到18%~20%时，表示蜂蜜成熟，工蜂即用薄蜡封盖，密闭贮存，以防变质。中蜂蜂蜜成熟的过程一般需经历7~10天，在气温高、花蜜含糖量高、流蜜涌的情况下，蜂蜜成熟的时间会缩短。

由于工蜂具有采集、携带花粉高度特化的形态构造，绒毛、足和口器，所以能高效地采集花粉。蜜蜂采粉时主要依靠体表绒毛黏附花粉粒，也可用口喙在花药表面黏附花粉，然后通过前足、中足的附刷收集身上的花粉粒，通过一系列的复杂动作，将花粉传递和推挤到后足胫节外侧的花粉篮内，成为花粉团，带回蜂巢（图3-14）。采回的花粉团一般下载在靠近子圈上部、蜜房下部中间的空巢房中，形成略呈半圆形的粉环。粉特别多时，也会贮藏在育虫圈

内的空巢房中。工蜂将花粉团放入巢房后，以蜜润湿，用头压紧，经酶和乳酸菌的作用，酿制成蜂粮。蜂粮营养丰富，是成虫和幼虫的蛋白质饲料，并含有丰富的维生素、酶和多种微量元素，能满足幼虫和成虫发育的需要。如蜂粮不足，工蜂易衰老，并停止产浆泌蜡，不哺育幼虫。缺粉时，蜂群会停卵断子。

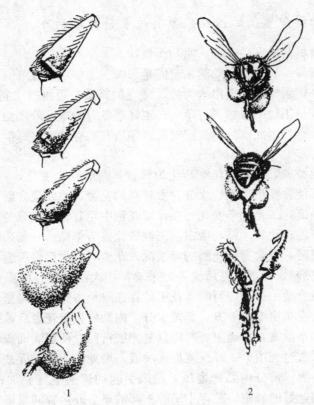

图 3-14　蜜蜂采集花粉
1. 工蜂在后足上装载花粉的渐进过程　2. 携带花粉团的采粉工蜂及后足

　　水是蜜蜂正常生活和调节巢内温度、湿度不可缺少的物质。气温超过30℃，蜜蜂吃不到水，24小时内便会死亡。春季贮蜜浓度大要用水稀释，调制幼虫的食料也需要水。严重缺水时，工蜂会咬开封盖子脾，吃掉蜂房中的蛹和幼虫。因此，及时给蜂群喂水、补充水分极为重要。

　　工蜂在采水时也同时采集无机盐，缺乏无机盐时，一些工蜂会到厕所或被养蜂员身上的汗味所吸引，舔食盐分。若出现这种行为，养蜂员应及时给工蜂饲喂 0.1% 的淡盐水。

（三）蜂群联络的信息、行为和群味

中蜂是过群体生活的社会性昆虫，成员之间的信息交流必不可少。中蜂的信息交流主要以"舞蹈"语言和释放信息素两种方式进行，其个体间的交流方式发展比较完善。

1. 蜜蜂信息素　蜜蜂信息素是蜜蜂自身分泌到体外的化学物质，通过个体间相互接触、食物传递或空气传播，作用于其他个体，能引起特定的行为或生理反应。信息素常由多种化合物组成，是蜂群个体间相互联系、信息传递的重要方式。

蜜蜂信息素的释放可分为主动和被动两种方式。主动释放是无条件的，只要机体产生信息素的器官功能正常，就不间断地释放，如蜂王信息素。被动释放则是有条件的，只有接受某种刺激后才释放，如臭腺信息素（引导信息素）和报警信息素等。

（1）蜂王信息素　蜂王上颚腺分泌的外激素称蜂王信息素或蜂王物质，具有抑制工蜂卵巢发育、控制分蜂、引诱雄蜂交尾、吸引工蜂稳定和聚集、协调和保持蜂群群体行为特征（如使工蜂正常行使采集、哺育、清理活动等）的作用。杨冠煌等（1992—1996）发现只有正在产卵的蜂王上颚腺才能分泌大量的信息素。处女王、停卵蜂王、幽闭1天以上的产卵蜂王上颚腺的分泌物都很少。福建农林大学缪晓青观察，在用气球带飞产卵王和处女王时，雄蜂多围绕在产卵王周围，而不是年轻的处女王周围，也就是这个原因。蜂王信息素对任何蜂群和工蜂、雄蜂都起作用。若蜂王衰老，群势过大，蜂王信息素减弱或不足，会引起蜂群起造王台，产生分蜂热。

除蜂王信息素外，蜂王还能分泌背板腺信息素（其作用与蜂王上颚分泌的信息素相似，但较弱）、蜂王跗节腺信息素（防止工蜂筑造王台）、蜂王直肠信息素等。6月龄蜂王分泌的跗节信息素比2年龄的蜂王多，这与新蜂王比老蜂王控制分蜂能力强的特性是一致的。

（2）工蜂信息素　工蜂和蜂王的职能不同，其信息素的化学成分和功能也不同，信息素的分泌器官有些为工蜂所特有，如臭腺；也有些分泌器官相同，如上颚腺和跗节腺，但其分泌的信息素成分与蜂王不同。

①引导信息素与招呼行为　引导信息素（也称招呼信息素）由位于第七腹节的臭腺（也叫纳氏腺）分泌，对蜜蜂具有强烈的吸引力。在分泌引导信息素时，工蜂腹部上翘露出臭腺。臭腺分泌的外激素以气味信号招引同伴和标记引导。自然分出群到达新的蜂巢时，或新蜂认巢飞翔时，或人为在巢前抖蜂时，在巢门前均会出现大量的工蜂翘腹振翅，发出臭腺气味以招引蜜蜂

归巢；侦察蜂在巢内以舞蹈的形式传递蜜源信息后，在采集地点释放臭腺气味以作为采集地的标记；自然分蜂过程中，蜜蜂在结团地点释放臭腺气味以招引蜜蜂聚集结团；在处女王出巢交尾前，工蜂在巢门前举腹发臭，引导处女王出巢交尾；处女王出巢后，工蜂在巢前继续举腹振翅，以招引交尾后的蜂王顺利返巢。这种行为称为"招呼"行为。"招呼"行为不受日龄（除1～3日龄外）限制，以一组工蜂排列在一起共同操作，通常由20～30只工蜂有序排列。引导信息素具有各个蜂群的特殊信息，一般只对本群工蜂和处女王起作用。

中蜂工蜂的"招呼"行为与向巢门内扇风的方向一致，其区别是：工蜂尾部向上是招呼行为（图3-15），尾部下垂是扇风行为。中蜂的招呼行为较意蜂出现多而且快速。

图3-15　蜜蜂的招呼行为

1. 意蜂　2. 中蜂

引导信息素的化学成分复杂，主要是萜类衍生物，现已分离出来的物质有牻牛儿醇、橙花醇、金合欢醇、橙花酸、柠檬醛、法尼醇、牻牛儿酸等。其中，牻牛儿醇是引导信息素的主要成分。

在配合的蛋白质饲料中添加人工合成的引导信息素，可提高蜜蜂的采食量。如将其加至大豆粉和酵母粉饲料、大豆粉、酵母粉和花粉混合饲料以及脱脂乳粉中，蜜蜂采食量会分别提高19%、35%和23%。此外，人工合成的引导信息素还能提高蜜蜂对水和糖饲料的采集量。

②报警信息素和工蜂的守卫行为　巢门守卫蜂通常由15～25日龄的青年蜂组成，守卫蜂站在巢门口正面、两侧或"巡逻"，对所有进入蜂巢的蜜蜂都用触角检查。不同的蜂群有不同的群味，若检查到某只蜂与本群蜂气味不同，即认定为入侵者，会翘起尾部，立即释放报警信息素，引导其他守卫蜂同时围上。若外来蜂抵抗，即引起厮斗。迷巢工蜂或婚飞回巢的处女王若误入他群，

则会被围杀。但在大流蜜期，蜂群因大量进蜜进粉，不同的蜂群会受同样花蜜、花粉味道的影响，群味趋于一致，此时不同群的工蜂偏集或迷巢不会引起打斗。

当小型胡蜂侵犯时，守卫蜂会增加到10～20个，排成一列，一起摇摆腹部，并同时有规律地一下一下震动翅膀，发出"沙、沙"的声音，以恐吓侵犯者。中蜂与胡蜂对高热的耐受性不同，当大型胡蜂进犯时，工蜂会龟缩到巢门内，胡蜂一旦侵入巢门，众多工蜂会一拥而上，形成蜂球，包裹胡蜂，通过"围球"加热到45℃将其置于死地。西方蜜蜂遇到胡蜂时会倾巢而出与之死缠硬斗，结果死伤惨重。中蜂防御胡蜂的方法远较西方蜜蜂先进。但是，中蜂对西方蜜蜂的防御能力却较差。据杨冠煌观测，意蜂和卡尼鄂拉蜂工蜂翅膀振动的频率与中蜂雄蜂相似，因而常使中蜂的巢门守卫蜂失去警觉，使其窜入中蜂巢内盗蜜，并刺死蜂王，最后造成中蜂蜂群毁灭。

一般正常的蜂群，若未受到攻击和惊动，不会主动发起攻击。不正常的蜂群，如无王群；受胡蜂干扰和受病虫严重危害的蜂群；以及养蜂员操作不当，手脚粗重，压死蜜蜂较多，因而散发出报警信息素；或养蜂员身体有异味时（如酒精、香精、蒜味等），蜂群会变得性情暴躁易怒，容易攻击人。工蜂蜇人时蜇针进入人体后，将蜇针连同毒囊留在人体上，散发出的报警信息素会起到标记作用，其他工蜂会寻味而来，使其成为继续攻击的目标。

工蜂的报警信息素分别来源于口器和蜇针两个器官，来源于蜇针的报警信息素有成熟的香蕉气味，主要成分为乙酸异戊脂以及其他20多种化合物。来源于口器的报警信息素由上颚腺分泌，主要成分为2-庚酮。2-庚酮能引起其他工蜂警觉，而乙酸异戊脂则是攻击的信号。蜇针报警信息素的报警强度是口器报警信息素的20～70倍。

报警信息素在生产上有着广阔的应用前景，如利用人工合成的报警信息素防止盗蜂。试验条件下，报警信息素释放后，采集蜂减少80％，因此有人提出可利用报警信息素控制工蜂出巢，解决蜜蜂农药中毒的问题。

此外，工蜂足端部的跗节腺还会产生示踪信息素，在花朵上留下标记，说明该花朵的蜜粉已采空，避免重复采访；巢门前留此信息素，则可引导其他蜜蜂找到巢门顺利回巢。

2. 蜂舞及其他传递行为 蜂舞（图3-16）是蜜蜂的舞蹈语言，是工蜂以一定的方式跑动并摆动身体来表达某种信息的行为。最典型的蜂舞为圆舞、摆尾舞（也称为8字形舞，以及二者间过渡的新月舞）。此外还有呼呼舞（分蜂时跳）、报警舞、清洁舞、按摩舞等。

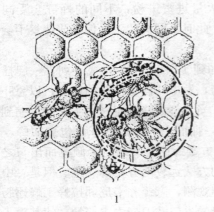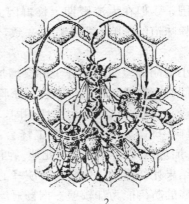

1

2

图 3-16 蜜蜂舞蹈
1. 圆舞 2. 摆尾舞
（引自 Winston，1987）

当侦察蜂在野外找到蜜粉源时，工蜂会在巢脾上跳 8 字形摆尾舞或圆形舞，告诉其他工蜂蜜源的远近、方向及丰富程度。圆形舞不表示方向。摆尾舞及新月舞前进的方向与垂直向上的方向形成的夹角，指示的就是蜜源与太阳方向形成的角度。距离蜜源近，舞蹈时调头跑的次数多，少则表示距离远。侦察蜂在舞蹈的过程中还会停下来将蜜囊中的花蜜吐出，分给跟随其后的蜜蜂。接收采集信息后的工蜂便会自行出巢采集蜜粉。

不同蜂种对蜜粉源距离的表达有所不同；西方蜜蜂 10 米内为圆舞，10～100 米为新月舞，超过 100 米为摆尾舞；东方蜜蜂 2 米内为圆舞，2～5 米为新月舞，超过 5 米为摆尾舞。

在 15 秒内，调头跑 10 次指示的距离，西方蜜蜂为 100 米、东方蜜蜂为 20 米；调头 8 次指示的距离，西方蜜蜂为 200 米、东方蜜蜂为 80 米。

如花蜜浓度高、丰富、适口或花粉易采集，侦察蜂回到蜂巢就会不停地舞蹈，第一批被鼓动采蜜回来的采集蜂也会兴奋地舞蹈。若情况相反，回巢的侦察蜂就会减少舞蹈，甚至完全停止。

工蜂个体在不同的场合下发出不同频率（赫兹）的声波。正常生活的群内，听到的是较低频率分贝的稳缓声；蜂群长期失王后，群内发出的是沙哑的声音。胡蜂侵袭时，工蜂发出的是"沙、沙"的波动声。前翅基部和翅的振动是发出声波的主要部位，触角上存在接受声波的感受器。杨冠煌、肖京测定，当一只工蜂放入封闭、隔音的小空间时，会发出 250～500 赫兹的 88～94 分贝的鸣叫声；放入两只后，声音下降为 70～75 分贝。如将一只大蜂螨放在其中一只工蜂体上，声音立刻上升为 92 分贝。两个工蜂都放蜂螨则升为 98~99 分贝。由此可见，工蜂能发出不同频率和强度的声波，通过声频来传递信息。

蜂群个体间可以互相传递食物。当蜂王或一只饥饿的工蜂需要其他工蜂饲喂时，就会敲打其他工蜂的触角并伸出吻，从而得到食物。杨冠煌曾用 200 克含有亚甲蓝（Methyleneblue）的糖汁在傍晚饲喂蜂群，第二天早上发现几乎全体成员的腹部都变成了蓝色。利用蜂群内这种食物传递的方式，通过饲喂添加药物后的饲料，可为治疗蜜蜂病害提供方便。

（四）蜂群中温度、湿度的调节及耗氧量、二氧化碳浓度的变化

1. 温度 刘炽松、赖友胜（1980）在广东，杨冠煌等（1991—1993）在北京，周冰峰等（2001）在福州，对中蜂蜂群内的温度及其变化都曾进行过测定。

蜂巢里如果没有蜂儿，温度变化在 13~32℃，巢温的变化在很大程度上与外界气温的变动一致。当巢温达到 32.2℃时，蜂王开始产卵。随着蜂王产卵，蜂儿的出现，蜂巢中心的温度升高，并相当稳定地保持在 33~36℃的水平。

气温降低时，巢内工蜂密度增加，以密集群势来维护巢温。气温较高的时候，蜂巢中部的工蜂会向边脾、副盖和蜂箱隔板外侧疏散。当蜂场气温上升到 25℃以上时，中蜂巢门口会出现一批头向巢门内迅速扇动翅膀的扇风工蜂，把风由外向内鼓入，这种扇风降温的方式较西方蜜蜂由内向外扇风（抽气）的方式落后，降温效率低。随着气温升高，扇风个体会逐渐增多。蜜蜂也会用蒸发水分的方式来降低巢温，蜜蜂采水后将水滴点在尚未封盖幼虫房的上部，使水分蒸发以降低子脾的温度。气温上升到 38℃以上时，蜂群用于采水降温的工作多于采集蜜粉。当气温超过 43℃时，蜂群停止采集蜜粉，集中力量全部转入采水降温，当水分被充分蒸发利用 3 小时后，巢温可下降 8~9℃。当温度较高时，为了降低巢温，部分蜜蜂还会从巢内外出爽游，尤其是在傍晚后，部分工蜂会爬出巢门，在巢门板边缘处结团散热，这种结团俗称为"蜂胡子"。

在不同的季节，由于外界气温不同，蜂群内温度有一定的波动。中蜂波动的范围比意蜂大。刘炽松等在昼夜温度为 20~32℃时测定，蜂群子脾间温度为 33~36℃，波动范围为 1℃。杨冠煌在北京夏季，外界昼夜温差达 16℃时测定，中蜂蜂群内温度波动为 3℃，比意蜂高 1 倍。秋季中蜂子脾间最高温度只有 33℃，比意蜂低 1℃以上，日夜波动 2℃。所得结果与威尔玛（L. R. Verma）对印度蜜蜂测量的结果相似。

蜂巢内不同的部位温度波动不一样。一般强群蜂巢中心的温度在34～35℃变动。外侧子脾上的温度不太稳定，通常有2～3℃的变动范围。当外界温度为13～15℃时，在蜂巢中部只有面积不大的巢脾上的温度为34～35℃，但子脾外围却降到了21～22℃，蜂巢下部温度则降低到17～21℃（布德尔，1952）。周冰峰等（2001）在福州地区观察，在夏季气温28～36℃的范围内，随气温升高，巢温也随之升高，且升高幅度逐渐减少。巢内温度相对稳定在30.5～36.1℃。巢脾边缘温度变化大于中央点，且随群势增强，温度变化幅度减少。2～4框足蜂之间的蜂群，边缘点的温度变化在0.9～4.5℃，中央点在0.1～1.5℃。4足框蜂的蜂巢温度变化在0.2～3.8℃。

在环境温度为25～26.5℃时，从中蜂群中（7～9框群势）提取子脾，会使蜂群内温度下降3～5℃，其温度下降幅度大于同等群势的意蜂，10～12分钟后才能恢复到原来的温度水平，恢复到正常温度（35℃）的时间比相等群势的意蜂群推迟3～4分钟，与只有3框的意蜂弱群相当。将卵、幼虫、蛹脾提出巢外，也会降低脾面温度（周冰峰，2001）。蜂蛹对蜂巢里的温度是极端敏感的，试验表明，蜂蛹在20℃时，经过8天死亡；在25℃时，经过11天死亡；在27℃下能羽化成蜜蜂，但都立即死亡；在30℃时，可全部正常羽化成蜜蜂，但却推迟了4天；35℃时，在正常的发育期能全部羽化为健康蜜蜂；在40℃时，蜂蛹全部死亡（穆扎列夫斯基，1931）。温度下降到32℃以下，蜂蛹的发育也会受到抑制。饲养于30℃的蜂蛹与饲养于35℃的蜂蛹比较，前者发育期推迟2.5～3天；已羽化的蜜蜂其吻和翅都比较短，许多蜜蜂的翅发育不全（米哈诺夫，1927）。因此，饲养中蜂，不宜经常将子脾提出巢外，以免影响蜂儿发育。在早春、晚秋，外界昼夜温差变化剧烈时，应注意防寒保暖，密集蜂数，防止外围子脾受冻。

蜂群越冬时，靠吃蜜生热，维持巢内温度。这时蜂群会减少活动，在蜂巢内紧缩成一个蜂团，好似一个球，俗称"冬团"。为了沟通蜂群间的联系，中蜂有时会将巢脾中部咬成空洞，以便进行热量交流。杨冠煌（1992）在1月外界气温为－7～2℃时，测量中蜂冬团中心的温度，波动范围为24～28℃，边缘（冬团外壳）温度波动范围为13～15℃。温度波动受外界气温影响很小，这种温度变化的稳定性，有利于蜂群越冬。这一结果与意蜂蜂群越冬团的中心温度为25～29℃（塔兰诺夫，1953）的结果基本一致。

2. 湿度 在蜂巢里，蜂群能维持适宜的空气湿度。但蜂巢里的空气湿度不如温度那么稳定，会出现一定的波动。子脾间蜂路里的空气湿度多半维持在76%～88%。但是，随着蜜源植物流蜜，为了加速蒸发采集的花蜜中过多的水分，巢内的湿度便降低到40%～65%。有时波动的幅度会很大，但这种波动总是很短暂的，对蜂群影响不大。一般情况下，在外界不流蜜时，巢内湿度几乎没有多大变动。但在流蜜期内，强群蜂巢内的湿度（55%）总比弱群（65%）的低。因为强群除采集大量花蜜之外，还能迅速将花蜜中过多的水分蒸发掉，这也是饲养强群的优越性之一。通过水分蒸发，蜂蜜能很快成熟，提高质量。

中蜂蜂群内湿度较高，常高于环境湿度及同一环境内的意蜂。杨冠煌1992年8月在江西宜春各测定6群中蜂、意蜂，在外界平均相对湿度为68%～71.5%时，中蜂子脾间的相对湿度达90%，边脾及箱壁空间的相对湿度也接近90%（89%）；而意蜂群中相同位置仅分别为80%和71%，足见中蜂习惯在较潮湿的环境中生活。因此，中蜂生产封盖的成熟蜜，也比意蜂需要更长一点的时间。

3. 耗氧量及二氧化碳的排出　与人一样，蜜蜂需要吸入氧气、排出二氧化碳（CO_2），实现新陈代谢。蜜蜂的耗氧量，与其所处状态及温度有关。据测定，在18℃时，一只安静处于器皿底部的蜜蜂，1分钟耗氧量为8毫米³；在同样条件下，一只运动着的蜜蜂，1分钟耗氧量为36毫米³；而一只被激怒、振翅或飞翔的蜜蜂，1分钟耗氧量为520毫米³（阿尔巴托夫等，1930）。在20～25℃条件下，1千克蜜蜂1小时排出二氧化碳729厘米³；在25～30℃时，排出二氧化碳2 083厘米³；在35℃时，排出二氧化碳3 541厘米³。可见，在外界气温较高和转地运蜂时，应加强蜂群通风。

缪晓青曾对中蜂、意蜂工蜂蛹期的呼吸代谢进行过研究。不同日龄中蜂、意蜂工蜂蛹期的耗氧量对比，意蜂工蜂在蛹期的耗氧量明显高于中蜂，表明意蜂比中蜂有较高的代谢速率。经试验数据计算，意蜂工蜂蛹的呼吸商为RQ=0.846±0.039，中蜂的为RQ=0.798±0.052，意蜂工蜂蛹的呼吸商明显高于中蜂。

蜜蜂成蜂新陈代谢的可塑性很大，能以降低新陈代谢适应缺氧的环境。处于静止状态的蜜蜂，仅在空气含氧量不到5%时，才由于缺氧开始死亡。而处于二氧化碳浓度达9%的环境下，也没有受到伤害。但是，如果带有蜂儿的蜂群，为了蜂儿的正常发育，蜜蜂必须加强新陈代谢，将巢温调节并维持在32～35℃，耗氧量就会增加，二氧化碳浓度也会增大，这时蜂群就必须在通风较好的条件下才能生存（缪晓青，2001）。

经用Ggd-07型数字电子二氧化碳浓度仪测定，意蜂和中蜂子脾间二氧化碳的浓度都比周围环境空气中的二氧化碳浓度高出10倍以上。二氧化碳的平均值中蜂群内为640×10^{-6}，意蜂群内为412×10^{-6}，中蜂群内明显高于意蜂。

子脾间的二氧化碳浓度变化反映了工蜂呼吸强度的改变。当工蜂处于平稳状态时，它吐出的二氧化碳比较少，因此子脾间的二氧化碳浓度低。蜂群激动时呼吸强度加大，二氧化碳浓度就会突然升高。杨冠煌发现，当人走近中蜂蜂群1～2米时，会引起群内二氧化碳浓度起伏。当工作人员在所测的中蜂箱前走动，立刻引起群内二氧化碳浓度强烈波动，起伏范围在 $1\,500\times10^{-6}\sim4\,800\times10^{-6}$，与作对照的意蜂群比较，远远超过意蜂。可见，中蜂是一个对外界干扰反映很敏感的生物种群，因此，饲养中蜂，如无必要，不宜经常开箱检查。

（五）中蜂的分蜂习性

分蜂是中蜂群体的主要繁殖活动，通过分蜂扩大其种群数量。长江以南地区，一般每年的春、秋季会发生自然分蜂（在有夏季蜜源的地方，夏季也会发生分蜂），而在长江以北的地区，春夏季蜜源期是主要的分蜂期。

根据杨冠煌、王建鼎等对中蜂分蜂习性的观察，中蜂分蜂可分为 3 个阶段，即分蜂前期、分蜂准备期（又称分蜂热期）、分蜂发生期。

1. 分蜂前期　分蜂前期的特点是蜂群增长迅速，蜂群中出现雄蜂，并开始建造王台基。此期工蜂和蜂王在生理和行为上都开始发生变化。工蜂开始阻碍蜂王产卵，侍从蜂王的行为减少，有些工蜂驱逐蜂王到产卵圈之外，使蜂王难以产卵。在幼虫脾的下部，工蜂会筑造 3～10 个王台。

2. 分蜂准备期　蜂王在台基内产卵，蜂王产卵量急剧下降到 50% 左右（表 3-2）。青年工蜂怠工，边脾、子脾上沿的工蜂卵小管有不同程度的发育（表 3-3），蜂群采集活动减少。随着王台逐渐成熟，蜂王腹部缩小，几乎停止产卵，行动变得敏捷，蜂群准备分蜂。此时如摘除王台，工蜂还会反复造台，分蜂情绪强烈。

蜂群从造雄蜂房到出现王台，因蜂种、季节等因素，所需时间不等。据刘炽松等在广东观察，需 8～13 天。杨冠煌等观察北京中蜂，从造雄蜂房到蜂王在台基中产卵，经 36～50 天。

表 3-2　蜂王在台基上产卵后产卵量的变化

项目	北京中蜂 群号		福州中蜂 群号						
	4	18	B_{23}	B_{16}	B_{15}	B_{22}	A_9	C_1	C_4
台基上产卵前 12 天平均产卵量（粒/天）	900	1 066	745	804	600	729	318	675	666
台基上产卵后 12 天平均产卵量（粒/天）	461	545	315	291	316	355	239	420	340

（续）

项目	北京中蜂		福州中蜂						
	群号		群号						
	4	18	B23	B16	B15	B22	A9	C1	C4
产卵量减少率（%）	49	49	58	74	49	52	75	47	39
平均减少率（%）	$\bar{x}=49$		$\bar{x}=56$						

（引自杨冠煌、王建鼎）

表3-3 不同时期不同部位工蜂卵巢发育级数

测定部位	正常时期				分蜂期			分蜂后1～2天		
	群号				群号			群号		
	15	9	11	平均	9	11	平均	9	11	平均
边脾	1.20	1.40	1.20	1.26	1.80	1.20	1.50	1.10	1.90	1.50
子脾上角	1.10	1.20	1.20	1.16	1.70	1.20	1.40	1.20	2.10	1.65
子脾中央	1.00	1.20	1.30	1.16	1.50	1.30	1.40	1.60	1.60	1.60

（引自杨冠煌）

3. 分蜂发生期 通常发生在新王出台前，多在王台封盖后的2～5天，个别蜂群早的可在王台封盖前2天，迟的可在王台封盖后7天。非正常情况下，分蜂会提前或推迟发生。如在人为长期采取毁台的干扰下，蜂王在王台内产下卵后就可能发生分蜂；因降雨等外界环境不适合分蜂时，工蜂会将成熟王台毁除，以延迟分蜂。

分蜂多发生在晴暖天气7时至16时，以11时至15时发生最多。阴雨天气很少发生分蜂，久雨初晴分蜂发生往往比较集中，闷热天气易促使蜂群分蜂。

分蜂当日早晨，蜜蜂极少出巢采集，相当多的工蜂聚集在蜂箱前壁外侧和巢门踏板下。分蜂前所有参加分蜂的工蜂，蜜囊中都吸满了蜂蜜。由于吸饱蜂蜜的工蜂腹部弯曲不便，不能使用螫针，所以分蜂时工蜂的性情都比较温驯。分蜂开始时，巢外有少数工蜂在巢前低空飞绕，随后飞绕的蜜蜂逐渐增多；巢内部分蜜蜂开始跳呼呼舞，促使整个蜂群在巢内骚动起来。几分钟后，大量蜜蜂从巢门涌出，蜂王也随分蜂的工蜂出巢。参加分蜂的蜜蜂先在蜂场上空飞绕，然后选择附近树干或其他有一定高度的附着物（如房沿下、木桩等）结团（图3-17）。当蜂王进入分蜂团后，飞绕的工蜂快速落到蜂团上。稳定结团后，蜂团下方中央常内陷成空洞以利于通气。如果分蜂团中无王，结团的工蜂

将飞散，重新寻找有蜂王的蜂团集结，或散团飞归原巢。利用这一特性，可在分蜂季节采取给老蜂王剪翅的措施，以防分蜂团飞远，造成蜂群损失。

图3-17　在蜂场附近设置的收蜂台（颜志立摄）

蜂团常稳定于原地2～3小时，养蜂员应抓住这段时机收捕分蜂团。此时蜂团表面会出现侦察回来的工蜂，跳起舞蹈以指示新巢方位，吸引更多的侦察蜂前去察看。当有足够多的工蜂舞蹈指示同一方位后，蜂团散开，新分群飞向新巢。途中蜜蜂打圈呈集团向前飞行，高度3～5米。

自然分出群到达新巢时，侦察蜂先落在新巢前举腹扇风，招引蜜蜂入巢。分出群的蜂数约为原群的50％。经检测，随老蜂王飞出的，绝大部分是卵巢被活化的工蜂。分蜂发生后，分出群的工蜂立刻失去对原群方位的记忆。即使把分出群放在同一蜂场中，自然分出群的工蜂也不会飞回原群。分出群的造脾能力很强，能很快在新居迅速造脾。进入新居后，工蜂出巢进行认巢飞翔和采集蜜粉，守卫蜂也开始在巢门前设岗。哺育蜂开始积极饲喂蜂王，蜂王卵巢重新发育，不久便大量产卵。蜂群的活动很快恢复正常。

分蜂次数与蜜蜂的群势和蜂种有关，多数蜂群只分蜂一次。分蜂发生后不久，原群王台中第一个处女王出台。一般情况下，出台后的处女王积极寻找并破坏王台，蜂群的分蜂即告结束。

但是，如果蜂群的分蜂热仍很强烈，工蜂就会保护王台，不让处女王接近，同时逼迫处女王出巢进行再次分蜂。第二次分蜂常附带很多雄蜂。因处女王体重轻，比老蜂王活跃，所以处女王分蜂团往往结团较高。第二次分蜂的分出群有时会在结团前因处女王返回原巢而暂时终止，参与分蜂的工蜂返巢后再度逼迫处女王分蜂。

　　根据上述分蜂的发展过程，在蜂群的饲养管理中，可对分蜂的日期作出初步判断和预测。蜂群中出现雄蜂房是蜂群发生分蜂的前兆。蜂群中出现具卵王台，一般情况分蜂将在半月内发生；蜂群中出现封盖王台，预示分蜂将在1周内发生；如发现王台端部已呈红黄色，则分蜂会在1～2天内或即将发生。

中蜂分蜂性强，在维持大群方面中蜂不如意蜂。通常意蜂在蜂群达3～5千克以上时才会产生分蜂热，一般只进行一次分蜂；而中蜂发生分蜂时的群势一般只有1.5～2.3千克（杨冠煌、王建鼎，1981）。中蜂分蜂性强还表现在分蜂群数多，年初一个原群，利用蜜源及补助饲喂，一年至少可分出3～15群。有人曾经观察到饲养在一个老式蜂桶中的强群，在春季先后陆续分出8群蜂的情况。初学养蜂者可充分利用中蜂分蜂性强的特性，迅速扩场。

中蜂分蜂性的强弱还与蜂种、蜂王年龄及质量、箱体大小、季节和环境温度等因素有关。

1. 蜂种　不同地区的蜂种分蜂性不同。一般来说，进入大流蜜期后，我国大部分地区的中蜂达到7～8框的蜂量、有子脾5～6张时，蜂群才会产生分蜂热，有的甚至达到16框蜂时，也没有发生分蜂（靳保国，2012）。然而，海南中蜂、华南中蜂群势超过4～5框时就会产生分蜂热。

2. 蜂王　中蜂分蜂性与蜂王年龄、质量也有关系。新蜂王或产卵力强的蜂王能带领强群，分蜂性弱；老蜂王或产卵力弱的蜂王，因蜂王信息素少，控制、稳定蜂群的能力不强，蜂群易分蜂。有人做过试验，当用新产卵王换去蜂群中的老蜂王后，蜂群即解除分蜂热，而再用原来的老蜂王将新王换出，蜂群又会重新产生分蜂热。因此，在生产上应及时更换老、劣蜂王，使用不超过1年龄的蜂王。

3. 箱体容积　除蜂种因素外，中蜂分蜂性的强弱与使用的箱体容积大小也有关。当蜂群群势壮大时，较小的箱型，容易出现巢内拥挤、巢温偏高、空气闷热的现象；巢内脾数少，既限制蜂王产卵，又会导致蜂群内哺育蜂过剩，工蜂卵小管发育，因此易发生分蜂热。据贵州省黔南苗族布依族自治州农业技术学校邓诚云（1984）观察，自本省购置的4群蜂，养在45厘米×32厘米×25厘米的小箱内，表现群小、爱分蜂；第二年发展的12群蜂全部换养在中蜂标准箱内，发展到8～9框蜂量时才产生分蜂热；第三年，饲养在中蜂标准箱中王龄相同的两群蜂，当群势达8框蜂时，将其中一群换养在十六框卧式箱内，至7月底发展成15框，仍无分蜂迹象，另一群仍饲养在中蜂标准箱中的蜂群，群势达9框蜂后即产生分蜂热。

河南省西峡县职业专科学校陈学刚（2004），几十年一直使用郎氏箱饲养中蜂。经过长期摸索，当春季繁殖蜂群达4框后，采用平箱加继箱的办法来扩大箱容，并将蜂巢中部的巢框去掉下框梁，让蜂群继续往下造脾，这样可以得到8张

大巢脾、4 张小巢脾，蜂群群势可达到相当于标准框 15 框的蜂量，蜂量可增加 25％，产蜜量增加 50％。如果不采取上述办法，蜂量最多只能达 12 框。

2014 年 1 月，作者到海南省琼中县调研时发现，当地蜂场同时拥有两种箱型的蜂箱，七框箱和十框箱。蜂农反映，在春繁时群势基本相同（3 框）的情况下，用小箱饲养的蜂群，3 月到采荔枝时，可发展到 5～6 框，采蜜 7.5 千克；而在大箱中的蜂群则可繁殖 7～8 框，采蜜 10 千克。说明箱型大小对群势发展的影响还是很大的（当地蜂种因受大陆引来蜂种的影响，已发生混杂）。因此，当蜂群发展到一定群势，迅速扩巢（如加继箱或换用大箱、卧式箱饲养），改善箱内通风散热状况和蜂王的产卵环境，可在一定程度上预防、延缓甚至解除分蜂热。

4. 季节 中蜂分蜂性的强弱，与季节也有一定关系。分蜂通常发生在气候适宜、蜜粉源较为丰富的季节，适宜的气候、丰富的蜜粉源能为蜂群群势的发展和分蜂后蜂群的生存提供优越的生存条件。一般春季和春末、夏初时分蜂性最强，此时蜂群会普遍发生分蜂热，且蜂群一旦产生分蜂热，较难以控制。如云南昆明分蜂多发生在 2～4 月，河南豫西地区多发生在 5 月上中旬，长白山中蜂多发生在 5 月中旬至 6 月中旬。夏末至秋季或因缺蜜，或因气温渐低，分蜂性相对较弱，经采取适当措施后，较易控制分蜂热。

5. 环境温度 苏联学者（塔兰诺夫，1945）通过对不同环境温度下纱笼中工蜂卵小管发育的观察，发现蜂群中卵小管发育的工蜂数量与温度有很大关系（图 3 - 18）。低温季节工蜂卵小管很少发育，而天气炎热时则大量工蜂出

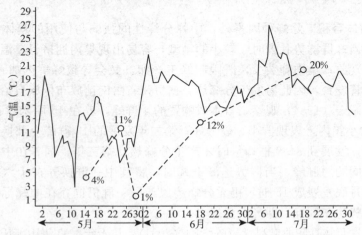

图 3 - 18　蜂群里卵小管发育的工蜂数量（虚线）与气温（实线）之间的关系
（引自塔兰诺夫）

现卵小管发育的现象，这可能是因温度偏高，无需工蜂大量耗能产热、维持巢温而减少营养消耗造成的。工蜂卵小管发育也是形成分蜂热的重要因素。因此，从温度与工蜂卵小管发育的关系，可以很好地解释为什么长期处于环境温度较高地区的蜂种（如处于南亚热带及热带的海南中蜂、华南中蜂、滇南中蜂），分蜂性较强的原因。

（六）迁栖性

中蜂在遇到环境改变、外界断蜜、管理不善致群内缺蜜缺粉、病敌害袭扰、生存受到威胁时，常常会迁飞到合适的环境，另立新居，这是中蜂长期处于野生、半野生状态形成的特性。这种现象，有人称之为飞逃或逃群。

在我国南方地区，当蜜源、气候变化时，中蜂还会出现季节性迁飞的现象，并有相对固定的路径。春季，当低山、平坝地区栽培蜜源开花时，部分高山地区的中蜂会向平坝地区迁栖。而当夏季高山野生蜜源开花流蜜，低山、平坝地区缺蜜时，部分蜂群又会从平坝往高山地区迁飞。云南野生中蜂10月中旬迁居至海拔1 000米以下的河谷地区越冬，4月中旬返迁至海拔1 600米以上的高山。当地老乡常根据中蜂的迁飞习性，在蜂群经常经过和落脚的地方，安置蜂箱，诱捕蜂群。

这种迁居习性不独为中蜂所有，蜜蜂属中的小蜜蜂、西方蜜蜂中的非洲蜜蜂，也有类似的适居现象。据曾经在埃塞俄比亚做过援外工作的王顺海报道，非洲的东非蜜蜂（*Apis mellifera scutellata*）具有逐蜜源迁徙的习性。由于当地气候炎热，终年无冬，旱雨季明显，雨季蜜源丰富，很小的蜂群都可以存活，贮蜜量少，但在蜜源结束后，又可能较长时间没有蜜源，使得东非蜜蜂形成了很强的迁栖性。当地养蜂者主要靠迁飞来的蜂群或分蜂群入驻蜂桶获得蜂群，当地蜜源结束后，多数蜂群又会迁徙到下一个蜜源场地。

我国南方中蜂的迁栖性较强，如海南琼中地区，在9～10月份外界蜜粉源不足的时期，若管理不善，逃群率可达30％～50％；而我国北方的中蜂（如甘肃、宁夏）、阿坝中蜂恋巢性较好，迁飞性不如南方中蜂。西方蜜蜂中的意蜂即便饿死，也不会弃巢逃亡，表现出很强的恋巢性。

蜂群迁飞前会出现如下征兆：巢门冷清，工蜂出勤减少，特别是带粉蜂少，甚至没有带粉蜂。哺育幼虫次数减少，工蜂叼食2日龄以上幼虫，造成巢内无子状况。蜂王依旧产卵，但产卵量减少。一些工蜂腹内吸饱蜜汁后，停留在脾上一动不动。当蜂群内没有幼虫及很少蛹时，一般在上午发生飞逃。迁飞时，全群倾巢而出，直飞空中，迁往新址，多数不在蜂场停留，仅有少数蜂群

会在蜂场周围高处作短暂停留。蜂群飞逃后，巢内一般无蜜，也没有幼虫，仅留有极个别正在出房的幼蜂。

从生物种群生存、繁衍的角度看，中蜂飞逃是适应环境能力较强的表现。但从生产的角度看，蜂群飞逃会给生产者的管理带来不便，甚至会造成严重损失。因此，应加强蜂群的饲养管理，尽可能预防蜂群逃亡。

（七）抗逆性

中蜂的抗寒性明显优于意蜂，表现在中蜂早春繁殖早、蛰伏越冬晚。有些中蜂地方品种特别耐寒，如东北的长白山中蜂，能在−40℃的条件下，在野外树洞中安全过冬；春季平均1～2℃时群内蜂王便开始产卵繁殖后代，比意蜂提早繁殖半个多月。周冰峰等（1991）报道，在气温低于14℃时的鸭脚木花期，中蜂出勤数明显高于意蜂。中蜂蜂群安全外出采集的气温为6.5℃。故中蜂善于采集早春及秋、冬季的蜜源，如我国南方的枇杷、野桂花、千里光、鸭脚木等，中蜂能采到商品蜜而意蜂却不行。

中蜂夏季喜阴凉、怕暴晒。在自然界中，中蜂往往在树洞、土洞、岩洞等隐蔽阴凉的地方营巢。在炎热的气候条件下，中蜂能回避中午高温时期，利用上午10时以前和下午4时以后出勤采集。但是，中蜂调节巢温采取的是在巢门口向里扇风的方式（图3-19），这种扇风的方式较意蜂落后（意大利蜂是向外扇风）（图3-20），调节温度的能力有限。在气温较高的情况下，若太阳直接暴晒箱身，会造成工蜂离脾不护子，蜂王产卵量及群势下降，巢虫危害加剧，甚至造成蜂群飞逃。此外，中蜂对湿度的要求也高于意蜂（箱内相对湿度90%）。因此，越夏期间，应把蜂群安置在阴凉、通风处，注意遮阳防晒，增加巢内湿度，以保证蜂群安全越夏。

据甘肃省天水市养蜂户张荣川多年观察，当地中蜂越冬前，有时几个群势较小的蜂群会自然合群，以便组成一个大群（只剩一个蜂王）顺利越冬。这种自然合群的现象在我国南方地区也有，不过时间出现在每年的8～9月份，这时正是夏末初秋的缺蜜期。在贵州省铜仁市的梵净山地区，有人观察到，8～9月份常有外来的蜂群投居到家养、有蜜的蜂群（老桶）内，自然合并成为一个蜂群（徐祖荫，2014）。贵州省纳雍县也有人观察到在缺蜜期，饲养在老式蜂桶中的弱群，会自动并入同场强群的情况。这种自然合群的现象，是中蜂适应我国不同地区环境、抗逆性强的一种表现。

图 3-19　中蜂工蜂在巢门前扇风散热（尾端向下）

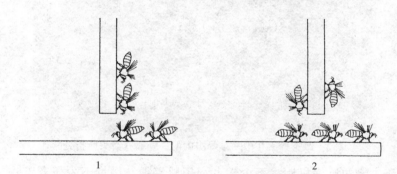

图 3-20　东、西方蜜蜂工蜂扇风的朝向

1. 西方蜜蜂　2. 东方蜜蜂

（引自 Sakgami，1960）

（八）抗病抗敌害能力

1. 中蜂的抗螨特性　　大蜂螨（犹氏瓦螨，*Varroa deatractor*）最早于 1904 年发现于东方蜜蜂中的印度蜜蜂（*Apis indica*）身上。其后于 1951 年又在马来西亚、新加坡等地同样发现于印度蜜蜂蜂群内。我国于 20 世纪 50 年代后期在江、浙地区西方蜜蜂中发生大蜂螨，此后由南向北逐渐蔓延，给西方蜜蜂蜂群造成极大危害。现已蔓延到世界绝大多数地区，成为威胁当今世界养蜂业最大的蜜蜂病敌害之一。

除大蜂螨外，还有小蜂螨。大、小蜂螨以若螨寄生在蜜蜂的封盖子脾内，使蜂蛹发育不良，无法形成健康的蜜蜂。虽然东方蜜蜂（包括中蜂）是其原始寄主，但蜂螨与中蜂在长期协同进化的过程中，产生了相互适应的特性，形成

了独特的寄生与被寄生的关系。工蜂蛹基本不被寄生，仅极少数若螨寄生在封盖的雄蜂蛹上（图3-21），寄生率一般不高于5％，成蜂身上也不易看到寄生螨（周婷等，2007），对中蜂基本不构成危害。

图3-21　寄生在中蜂雄蜂房内的大蜂螨（箭头所指处）

关于中蜂的抗螨机制，不少学者都很感兴趣，做过不少研究工作。刘英昕、方月珍等（1987）认为中蜂工蜂有自行清理和相互清理的行为，对蜂螨有叮咬行为，能清除90％以上的寄生螨。谭垦等（2002）的研究也证实，60％幼虫巢房内的接种螨会在5秒内被清除，37％在5秒至2分钟内被清除，漏网的只有不到3％的蜂螨。杨冠煌等（1999）对中蜂抗螨机制做了进一步观察，当大蜂螨爬出时，会引起周围2～3厘米范围内工蜂的注意。背上有蜂螨的工蜂，腹部急剧摆动，同时发出频率为275～500赫兹、85分贝以上的声波，比正常状态高10分贝以上，以引起附近工蜂的注意。蜂螨不被清除，这种动作会一直持续下去。当被蜂螨寄生的中蜂工蜂发出信息后，立刻会有1～2个工蜂前来梳理，寻找蜂螨。只有当蜂螨在胸背板或腹部第三节背板爬动时，清理的工蜂才容易发现它并将其叮起飞出巢门。蜂螨爬到并胸节或腹板等较隐蔽的部分时，不易被清理。但被寄生的工蜂会一直不安宁，引起更多的工蜂前来梳理，直到清除蜂螨，被寄生工蜂才恢复安静。而意蜂工蜂被蜂螨附着后，既不摆动腹部，也不发出比正常状态高的声波，周围工蜂也不注意。

中蜂能嗅出、清除死的封盖子和有螨的工蜂封盖子。Rath发现东方蜜蜂对幼虫房的蜂螨除了清除以外，还有把巢房中的蜂螨封闭并"埋葬"起来的行为。凭借清理和清除蜂螨行为的明显优势，中蜂能很好地控制蜂螨的寄生率。

关于若螨为什么不能在中蜂工蜂房发育为成螨的问题，有人认为蛹的封盖历期决定了蜜蜂对蜂螨的抵抗能力（刘艳荷等，2001）。小蜂螨只能在封盖的蜜蜂巢房内产卵和交尾；大蜂螨从卵到具有感染力的成螨历期为 $10.5\sim11.5$ 天，西方蜜蜂工蜂和雄蜂的封盖期都大于中蜂的封盖期（中蜂工蜂封盖期为11天，雄蜂为12天，意蜂工蜂和雄蜂封盖期都分别比中蜂长1天），因此有利于寄生螨完成其繁殖周期。蜜蜂的封盖期短，蜂螨繁殖的时间就短，导致后代种群群体下降。研究表明，封盖期每减少1小时，蜂螨种群下降 8.7% （Buchler 和 Dresicher，1990）。杨冠煌等（2002）对中蜂、意蜂工蜂蛹均浆提取后进行测定，发现中蜂工蜂体内铜元素含量不及意蜂的一半（铜元素在动物妊娠过程、繁殖中起重要作用），而保幼激素Ⅲ的剂量，中蜂封盖前蛹期含量则明显高于意蜂，这也可能是引起若螨在两个蜂种间发育不同的原因。B. kraus（1997）发现巢房的高湿度，会对蜂螨的繁殖产生抑制作用。而中蜂蜂巢的湿度常大于西方蜜蜂。

也有人通过形态学测定和分子生物学（RAPD-PCR）方法，研究对比东方蜜蜂和西方蜜蜂上的大蜂螨，发现两者存在差异（Anderson，1998；李志勇等，2009），有可能是蜂螨从原始寄主（东方蜜蜂）转移到新寄主的过程中，基因产生了变异，形成了对西方蜜蜂高适合度、生态位不同的生态类型。

在中蜂的抗螨机制中，蜂王的存在起到了重要的作用。薛运波（2008）等发现，在长白山中蜂无王群中，大蜂螨的寄生率明显高于有王群，无王群大蜂螨寄生率 8% 以上，而有王蜂群中（包括处女王群）未发现蜂螨寄生。将蜂王诱入有螨的无王群中，寄生螨逐渐减少，1个月后蜂群内很难再发现寄生螨。推测由于蜂王及蜂王信息素的存在，能协调和保持蜂群群体行为特征（包括抗螨机制和工蜂监督行为），因此，只有在蜂群有王时，中蜂的抗螨能力才得以表现出来。

2. 中蜂的抗病性 中蜂抗美洲幼虫腐臭病、白垩病。美洲幼虫腐臭病是危害欧洲四大名种蜜蜂的一种顽固的细菌性传染病。蜂群患病后引起 $3\sim4$ 日龄幼虫腐臭死亡。病原为蜜蜂幼虫芽孢杆菌，可产生芽孢，在干枯幼虫尸体上能保持致病力达数年之久，在巢脾上能存活15年，抗药性很强，一般很难根治。但中蜂幼虫却不感染此病。如果将已患美洲幼虫腐臭病的意蜂子脾插入中蜂群中，中蜂工蜂会清理掉其中有病的意蜂幼虫，而中蜂幼虫不会发病。据分析，中蜂抗美洲幼虫腐臭病的原因是幼虫体内的血淋巴蛋白酶不同于西方蜜蜂，具有抗美洲幼虫腐臭病的基因。

但是，中蜂易感中蜂囊状幼虫病和欧洲幼虫腐臭病。相对而言，华南中蜂对中蜂囊状幼虫病的抗性又优于其他中蜂。

3. 中蜂抗胡蜂能力强而抗巢虫能力弱　中蜂抗胡蜂能力强，一方面是因为中蜂飞行速度快、飞行灵活，善于躲避胡蜂的截杀；另一方面是因为当大胡蜂入侵蜂巢时，中蜂工蜂会收缩战线，守卫在巢内，集中御敌。一旦胡蜂进巢，工蜂将其包围，形成"围球"加热将其致死，损失较小。意蜂遭攻击时，工蜂常大批涌出巢外御敌，反而被大胡蜂大批剿杀，死伤大半，群势骤减，这也是意蜂在南方山区难以安全越夏的重要原因。

但是，中蜂清巢力弱，不清除箱底的蜡屑和巢虫，因此易受巢虫危害。

4. 中蜂与西方蜜蜂的种间竞争　中蜂与西方蜜蜂是近缘种，但在系统进化中西方蜜蜂（这里所说的西方蜜蜂是指意蜂等欧洲类型的蜂种）进化快，比中蜂（包括其他东方蜜蜂）更高级、更先进。比如，当蜂群失王后，中蜂工蜂的卵小管很快发育，出现工蜂产卵现象，而西方蜜蜂的这种现象出现缓慢，说明西方蜜蜂的蜂王与工蜂的分化比中蜂更加进化。

西方蜜蜂蜂王产卵力强、群势大、工蜂个体大，在出现盗蜂相互格斗时，中蜂处于劣势。中蜂盗意蜂，盗蜜行为很难成功。意蜂盗中蜂，会出现以下三种情况：①少数蜂群（20%～25%）的守卫蜂与其格斗或驱逐，使盗蜂停止。②多数蜂群（占60%～70%）的守卫蜂在巢门外与盗蜂格斗不很激烈，一些守卫蜂缩入巢门内，常使意蜂的盗蜂乘虚进入巢内盗蜜，迫使中蜂弃巢飞逃。③少数蜂群（占20%～25%）的守卫蜂，让意蜂盗蜂进入，甚至对它进行饲喂。意蜂盗蜂进入中蜂蜂巢后，盗蜜甚至蜇死蜂王。蜂王死后，群内混乱，完全失去守卫能力（余玉生；刘海忱，2003；陈学刚等，2014），而盗蜂回原群，招呼大量工蜂前来夺蜜并毁灭中蜂。西方蜜蜂的这种盗蜂行为，使同一生存区（半径2～3千米）的家养和野生中蜂遭到毁灭或飞逃。当同一生存区西方蜜蜂数量超过原有中蜂后，这种取代过程更加明显。

由于东、西方蜜蜂亲缘关系很近，蜂王性信息素十分相似。因此，处女蜂王在空中婚飞时，都能吸引对方的雄蜂前来交配。由于两个蜂种雄性外生殖器结构的差异，处女王只能与同种雄蜂交尾。但当两种雄蜂同时存在时，就会互相干扰对方雄蜂的自然交配活动（李位三等，1996）。如当意蜂雄蜂占优势时，会在空中婚飞的中蜂处女王周围形成密集的"包围圈"，干扰中蜂雄蜂前来交尾，使中蜂处女王交尾失败，交尾成功率下降到16%以下；而在同样的条件下，中蜂雄蜂干扰意蜂，其处女蜂王仍有80%以上的交尾成功率。在干扰交尾竞争中，意蜂占优势（王启发等，2003）。当一个村、寨饲养的西方蜜蜂多于中蜂时，会使处在3千米范围内的家养和野生中蜂的处女蜂王交配成功率急剧下降，甚至无法繁殖。

另外，中蜂、西蜂在生态位上有许多重叠，特别是在有成片优良蜜源、交通发达的地区，因西方蜜蜂转地饲养而大部被其利用。西方蜜蜂群势强、饲养数量多、采集力强、消耗饲料多、种间盗性强，因此在对蜜粉源和食物的竞争中，中蜂也处于劣势。虽然花期结束后西方蜜蜂撤离，但当地中蜂仍因主要蜜源花期贮蜜不足而面临生存困难（谢鹤等，2014；张大力，2006；刑汉卿，2008）。故凡是引入西方蜜蜂的地区，中蜂的种群数量会急剧减少，甚至消亡（李位三，2000）。我国自 20 世纪 30 年代和 60 年代大量引入西蜂后，大幅度缩小了中蜂的分布区域，中蜂大多从交通便利、有大宗蜜源的平原地区，退缩到了交通不便和仅有零星蜜源分布的山区。中蜂种群在数量上也远远不及意蜂（600 万群）。

中蜂、西蜂二者亲缘关系很近，因此可以组成中蜂与西蜂的混合饲养群（谭垦等，2012）。混合饲养群是将中蜂（或西蜂）的封盖子脾放入西蜂（或中蜂）蜂群中，子脾中的异种工蜂出房后，即成为由两个蜂种工蜂共同组成的混合蜂群。对中蜂、西蜂混合饲养群进行观察，中蜂、西蜂之间存在着生殖竞争与工蜂监督现象，随着混合饲养蜂群的状态不同，其竞争和监督的激烈程度不同。组成混合蜂群后，两者的蜂王对异种工蜂的卵巢发育都有一定的抑制作用，中蜂的抑制作用强于西蜂。由于中蜂、西蜂的卵和幼虫表面化学信息素有差异，因此直接将二者卵、虫脾加入到对方蜂群中，二者都表现出对对方卵、幼虫的清理行为，中蜂清理较西蜂更强烈一些。但组成混合蜂群后，或在无王的混合群中，混合蜂群对新加入的异种蜜蜂卵、虫的清理速度减慢，清理速度减少。分别用中蜂、西蜂的幼虫在混合群内培育蜂王，发现混合群内两种工蜂相互竞争培育同种的幼虫，而将对方的幼虫清理出巢。吴小波等（2012）观察，意蜂蜂群对来自中意合群蜂（中蜂王）的受精卵清理速度比清理中蜂受精卵要慢；意蜂蜂群里的工蜂会接受部分中意合群蜂的雌性幼虫。利用这个习性，可以通过组织中意合群蜂，提高中蜂、意蜂营养杂交的成功率。

（九）盗性与温驯性

中蜂嗅觉灵敏，盗性比意蜂强，缺蜜期或缺蜜时蜂群间易互相作盗，且中蜂定向力差，易迷巢或偏集，所以在定地饲养、当地缺蜜期又较长的情况下，中蜂蜂箱排列不能太近及过于集中。

一般正常生活的中蜂群表现温驯，但在缺蜜期、失王后以及低温、养蜂员管理动作过于粗猛时，蜂群会表现出较强的攻击性。

不同地区的中蜂，温驯性也有差异，一般体色偏黄的蜂种较温驯，体色偏黑的蜂种攻击性较强。徐祖荫（1985）曾对同场饲养的贵州省威宁中蜂（属云贵高原中蜂，体色偏黑）、湄潭、锦屏中蜂（属华中中蜂，体色偏黄）进行抖脾观察，统计抖蜂 20 框次手部被工蜂蜇的次数。其中，威宁中蜂为 34 针，湄潭、锦屏中蜂仅各为 2 针。威宁中蜂性格暴躁还表现在：开箱检查或抖脾时工蜂易受惊，常有工蜂离脾出巢，绕人绕箱飞行，时间较长，不易安静。而湄潭、锦屏中蜂检查后容易安静，即使有少数工蜂上身，只要不压着它，也不易被蜇。

中蜂在夜间防卫能力差，夜间开箱检查时，工蜂易离脾，但不使用螫针，这与西方蜜蜂相反。

（十）中蜂群体的生产能力

中蜂群势比意蜂弱，并大多为定地饲养，不像意蜂可以长途转地，追花夺蜜，利用大宗蜜源，因此，就总体而言，单群蜂的年产蜜量不如意蜂。但是，由于中蜂飞翔速度快、体小灵活、耐寒性强，故对山区零星蜜源及早春、晚秋、冬季蜜源的利用优于意蜂，能生产比较名贵、经济价值高的枇杷、野桂花、鸭脚木、野藿香等蜂蜜。

中蜂的年平均群产蜜量，因饲养方式（传统或活框、定地或转地）、群势强弱、地区、蜜粉源状况及年度间气候状况不同，多少也不一样。综合各地的情况看，以传统饲养方式饲养的中蜂，年平均群产蜜量为 2.5～10 千克。活框饲养的中蜂，年平均群产蜜量一般为 15～30 千克。若蜜源、气候条件好或转地饲养的蜂群，年平均群产蜜量可达 30～60 千克以上，最高可达 75～80 千克（池增军等，2012；逯彦果等，2012）。据胡箭卫、席景平等在甘肃省调查（2005—2008），在甘肃陇南地区，最高单产曾经达到过 130 千克。

如果均以定地饲养方式比较的话，有时中蜂的产蜜量及产值并不弱于西蜂。葛凤晨于 1995—1998 年，曾在东北长白山区对野生、桶养、箱养中蜂进行过调查。长白山区养蜂有大、小年之分，丰歉悬殊，由于意蜂能采集大宗蜜源，中蜂善于利用零星蜜源，所以在大年西蜂产蜜量较高，中蜂仍维持常年产量。而小年西蜂产量较低或无产量，甚至还要补喂较多的饲料糖，中蜂则仍能采到商品蜜。故计算中蜂、西蜂的产蜜量应以多年的产蜜量（2～4 年）来平均计算。另外，从蜂蜜的售价来看，中蜂蜜的价格高于西蜂蜜。从葛凤晨在 20 世纪 90 年代末调查的行情看，购买者认为野生及桶养的中蜂蜜为野生蜂蜜，所以出价高，每千克 9 元；箱养中蜂蜜次之，每千克 7 元；西蜂蜜最低，每千克 6 元。经多年调查统计（表 3 - 4），长白山野生中蜂年平均群产蜜量（无法按原群计算）11 千克，年平均群产值 99 元。桶养中蜂年平均原群产蜜量（包括分出群在内）49千克，比西蜂高 6.5%；年平均群产值 441 元，比西蜂高 26.7%；饲养成本低 43.7%（留蜜不喂糖）。箱养中蜂年平均原群产蜜量 60 千克，折合成熟蜜（波美 42 度）48 千克，比西蜂高 4.4%；年平均群产值 420 元，比西蜂高 20.7%。在中蜂区饲养的西蜂年群产蜜量 58 千克，折合成熟蜜 46 千克，年平均群产值 348 元（当地西蜂一般不产王浆、花粉）。从平均产量和经济效益上看，桶养和箱养中蜂都高于当地定地饲养的西蜂。

表 3-4　长白山区各类蜂群产蜜量及效益调查表

试验类别	产蜜量比较				折合成熟蜜比较		群平均产值比较		
	原群数	总产（千克）	群产（千克）	比较（%）	群产（千克）	比较（%）	单价（元/千克）	合计金额（元）	比较（%）
采捕野生中蜂	498	5 645	11	19.0	11	23.9	9	99	28.4
桶养中蜂	39	1 928	49	84.5	49	106.5	9	441	126.7
箱养中蜂	24	1 434	60	103.5	48（60×80%）	104.4	7	420	120.7
在中蜂区饲养的西蜂	36	2 100	58	100	46（58×80%）	100	6	348	100

（引自葛凤晨）

在其他产品上，中蜂泌乳力差，一般不生产蜂王浆；中蜂不采树胶；所采花粉颜色较杂，故一般也不生产花粉；产品较单一。

中蜂喜新脾、厌旧脾（为抵御巢虫好咬旧脾），造脾力强。可利用中蜂的这一特点，在流蜜期及时淘汰旧脾化蜡（可同时起到防治巢虫的作用），多造脾以增加蜂蜡产量。

（十一）中蜂和西方蜜蜂在遗传及生物学特性上的异同

1985 年，北京大学生物系李绍文、北京市农林科学院李举怀、云南农业大学和绍禹等在著名昆虫学家张宗炳教授的指导下，开展了 6 种蜜蜂及膜翅目有关科属脂酶同工酶的研究。脂酶在各种生物体内广泛存在，酯酶同工酶是由染色体上不同的基因或共显性等位基因控制的，同工酶不同，反应的基因型也不同。研究结果，蜜蜂属中的小蜜蜂、黑小蜜蜂、大蜜蜂、黑大蜜蜂、东方蜜蜂（中蜂）、西方蜜蜂（意蜂）各具特有的酶谱，但它们的主带区域比较接近，说明它们具有亲缘关系，但又是独立的蜂种。其中意蜂、中蜂谱带最为接近，主带由 2～3 条深带组成，位于 pH6 左右，与其他蜜蜂的谱带有明显区别（图 3-22，图 3-23），证明中蜂和意蜂的亲缘关系十分接近。从蜂毒组分中氨基酸种类分析，中蜂与西方蜜蜂、大蜜蜂蜂毒中的氨基酸完全相同，而与小蜜蜂有 5 种差异。中蜂与意蜂王浆的主蛋白基因 cDNAs 序列中的其中 5 个蛋白基

因的相似性为 94％（苏松坤等，2008）。另外，东方蜜蜂和西方蜜蜂的形态、习性及工蜂间信息传递的方式都基本相似，彼此间都受同一类性外激素（主要成分相同）的影响。在人为特定的条件下，它们相互间可以接受哺育对方后代，照料对方，并继续生活合作在同一蜂群内；中蜂、意蜂的舞蹈语言虽有差异（即存在不同的"方言"），但在混合蜂群中，中蜂意蜂之间能够通过舞蹈语言进行通讯交流。这些都足以说明，中蜂和西方蜜蜂的亲缘关系十分密切（匡邦郁等，2003；苏松坤等，2008）；其习性、行为基本相似，因此，饲养西方蜜蜂的技术和蜂具，很多方面在饲养中蜂中可供参考和借鉴。

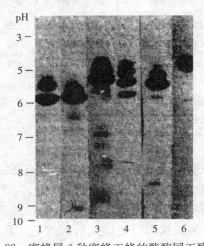

图 3-22 蜜蜂属 6 种蜜蜂工蜂的酯酶同工酶酶谱

1. 东方蜜蜂 2. 西方蜜蜂 3. 大蜜蜂 4. 小蜜蜂 5. 黑大蜜蜂 6. 黑小蜜蜂

（引自李绍文等，1986）

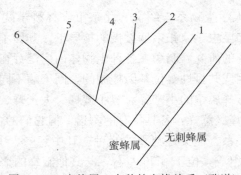

图 3-23 蜜蜂属 6 个种的亲缘关系（酶谱）

1. 黑小蜜蜂 2. 黑大蜜蜂 3. 大蜜蜂 4. 小蜜蜂 5. 东方蜜蜂 6. 西方蜜蜂

（引自 Li S. W 等，1986）

当然，这两个蜂种除了有很多相似之处外，也有一些不同的地方。西方蜜蜂三型蜂的发育历期比中蜂长；扇风方式不一样；在种间斗争中，西方蜜蜂占优势；中蜂工蜂不采树胶，个体采集力、泌浆力弱；失王后易工蜂产卵；蜂王产卵力弱、维持产卵盛期的时间较短，分蜂性强，不善维持大群；群体生产力相对较弱；不抗巢虫和囊状幼虫病。但是，中蜂也有对我国山区、半山区蜜源、气候适应性强、耐寒性好；比较节约饲料，善于采集利用零星蜜源及早春、晚秋蜜源，适于广大农村地区定地或定地加小转地饲养；抗螨、抗胡蜂及美洲幼虫腐臭病等优点。

　　由此可见，中蜂与西蜂相比，既有相近之处，又有不同的特点，互有长短。因此，在中蜂的饲养管理上，既要大胆参考借鉴西蜂的饲养管理技术，又要进一步深入开展中蜂生物学研究，并根据中蜂自身的生物学特性，扬长避短，采取相应的管理措施，充分挖掘和发挥中蜂最大的生产潜能。

中蜂饲养实战宝典

第四章　养蜂的基本工具

一、蜂桶及蜂箱

（一）现存传统饲养方式使用的蜂桶及天然蜂巢

我国饲养中蜂已有数千年的历史，至今广大农村地区仍有传统养殖中蜂的习惯，许多地区传统饲养中蜂的比重仍然很大。据初略估算，我国目前现存约300万群中蜂，传统饲养量约占50%，因此有必要对传统饲养的蜂桶作一些相关的介绍。

1. 天然蜂巢和蜂桶的种类

（1）天然蜂巢　中蜂是我国土生土长的蜂种，在长期进化过程中，对我国各地的气候、蜜源有很强的适应性。目前除了家养中蜂以外，还有相当数量的中蜂处于野生、半野生状态。例如，我国东北的长白山地区，许多蜂群仍然筑巢、生活在大山森林中的树洞、碴子和悬岩、土洞中。因此，人们常把蜜蜂相对集中的一条山、一条沟，称为蜂蜜碴子、蜜蜂岭、蜂蜜山、蜂蜜沟。像这类有蜂蜜的地名，在长白山区多达百余处（葛凤晨，1997）。这种情况，在其他地方也有。还有些中蜂投居筑巢在人们的粮仓、空屋、厨柜、各类人工建筑物的缝隙中，处于野生、半野生状态。将这些蜂群收回后过到蜂桶或蜂箱中饲养，就是家养蜜蜂；家养蜜蜂飞逃，在野外筑巢，就成了野生中蜂。中蜂家养与野生之间没有严格的界限，从古至今，一直如此。

（2）传统方式饲养中蜂的蜂桶种类　我国养蜂历史悠久，收养中蜂蜂桶（蜂窝）的形式也非常多，一脉相传至今，仍为我国各地群众所采用，大致可分为以下4大类、14种类型（图4-1）。

①木蜂桶　用树段或木板制作的蜂桶，其中又可分为横卧式、竖立式、木箱式、方格式等多种。

A. 横卧式蜂桶　又称为横桶，桶的长度通常大于桶的高度。横卧式蜂桶的长短、大小、用材很不一致，形式有多种（图4-2）。

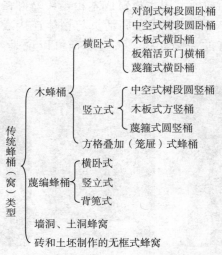

图 4-1　我国现存传统饲养中蜂的蜂桶（窝）类型

a. 对剖式树段圆卧桶　将天然树段一剖为二（横剖），把中间部分掏空，然后上下两半合拢，在树干的一面钻若干让蜂出入的小孔，孔的直径为 7～8 毫米。

这种蜂桶有的直径较大，但有的直径很小。将小树干剖成两半，中间掏空后做成的横卧式蜂桶，四川称之为"棒棒蜂"。由于树干小，中间被掏空的空间有限，用这种木桶养中蜂很难养成大群。

徐祖荫等在贵州梵净山区测量中等大小的此种圆卧桶，直径 23～29 厘米、长度 73～83 厘米，内部容积 35 000～48 000 厘米³。

b. 中空式树段圆卧桶　直接将整个树段中间掏空，两头用木板档上，接缝处用泥浆和牛粪糊严。在云南的香格里拉，作者见到用这种树段做成的大型蜂桶，直径高 70～80 厘米、壁厚 16～18 厘米，保温性能相当好。

c. 木板式横卧桶　这种桶用木板钉成，横截面为四边形和六边形两种，以四边形居多。四边形为左右两端开口，设有桶盖，可以开启。横截面为六边形的多钉成上下可以分合的两个部分，桶的中部鼓一些，以使桶的体积、容蜂量大一些。

这种桶的尺寸大小不一。根据在河南对木板四边形横卧桶的调查，内部容积约 30 000 厘米³。贵州纳雍县沙包村的四边形横卧桶，高、宽均为 38 厘米，长 78 厘米，内部容积约 110 000 厘米³，蜂巢体积占桶内容积 1/2 左右。

d. 板箱式活页门横桶　用木板钉成木箱，让蜂群在箱内营巢，但是蜂箱的前壁是一扇可以打开的门（用金属活页与箱体连接），以方便检查、清扫。通常为横卧式，也有的为竖立式，该型蜂桶可以说是木板式横卧桶的一种变型。

图 4-2　各种横卧式蜂桶

1. 悬吊在屋檐下剖成两半的大直径树段圆卧桶（1984年摄于贵州铜仁梵净山）　2. 中间淘空的大直径树段圆卧桶（2012年摄于云南维西）　3. 用木板钉成的卧式蜂桶，横剖面为六边形（1984年摄于贵州铜仁梵净山）　4. 木板式方形横卧桶（2014年摄于贵州纳雍）　5. 有活页门的木板式横卧桶（引自匡海鸥）　6. 放置在木楼走廊外边的蔑箍式圆卧桶（2013年摄于贵州江口）　7. 放置在石崖边上的蔑箍式圆卧桶（2009年摄于贵州赤水桫椤自然保护区）

e. 蔑箍式横卧桶　系用弧形木板围成的圆桶状蜂桶，外面用竹蔑箍紧，放置在屋檐下、山岩边。形式多样，有的中部略鼓；有的两头一样大小（直径约40厘米，长60厘米，容积75 000厘米³）；有的一头稍大（40厘米左右）、一头稍小（35厘米左右），长60～65厘米，容积66 000～72 000厘米³。此桶通常做工精细，自重较轻。

B. 竖立式蜂桶　又称为站桶、立式桶，桶的高度大于桶的直径或宽度。这种蜂桶也有多种：

a. 中空式树段圆竖桶　在木材丰富的地区，人们将中空的树干立放；或将树段中间掏空后做成圆筒状的竖立式蜂桶，上有顶盖，下有底板（图4-3）。前者多流行于东北长白山地区，后者在我国绝大多数地区都有，特点是壁厚，保温性能好。

作者在吉林省养蜂所中蜂保种场调查一自然中空树段圆竖桶，高80厘米，空洞截面略呈椭圆形，长径30厘米、短径25厘米，据粗略估算，内部容积约44 000厘米³。另据河南科技学院张中印在河南省调查，流行于豫西地区的中空式圆竖桶，直径20～30厘米、高45～70厘米，容积22 000～49 500厘米³。

1　　　　　　　　　　　2　　　　　　　　　　　3

图4-3　制作中空式树段圆竖桶的过程（何成文摄）
1. 用木凿掏空树段中心的部分　2. 用特制的剜刀清光桶内壁　3. 完成后的中空式树段圆竖桶

b. 木板式方竖桶　用木板或厚木板（3～3.5厘米）钉成的方形竖立式蜂桶，大致尺寸为桶高60～65厘米，长约38厘米、宽31厘米左右，长略大于宽，内部容积70 000～76 000厘米³。桶的中下部打有10多个让蜂进出的小圆孔，下部置于石板、木板或水泥基座上。置于室外的立桶上部搭有遮雨物（如杉树皮、石板、水泥瓦等）。此桶多流行于我国长江流域地区。

我国湖北省神农架自然保护区，以及浙南地区（如丽水），这种桶的中部还钉有一个厚木板制成的十字架，开盖割去蜜脾部分后，下半部的子脾依靠此支架固定。割完蜜后，再将蜂桶颠倒过来，上下换位，将未受破坏的子脾朝上。此后，蜂群继续往下造脾育子，原来的老脾部分则变为贮蜜区。这样取蜜的好

处是将取蜜区和育虫区分开，取蜜时不伤子，不影响蜂群繁殖（颜志立，2004）。

c. 蔑箍式圆竖桶　系用圆弧形木板做成的圆形蔑箍竖立式蜂桶。高度大致与方竖桶差不多（60～65厘米），直径一般在35～40厘米，个别大的可达100厘米；上下部直径基本一致或下部略大于上部。桶内容积为58 000～81 000厘米^3，与方桶基本接近。桶的上下部布置与方竖桶差不多。

各种竖立式蜂桶见图4-4。

1

2

3

4

图4-4　各种竖立式蜂桶

1. 中空树段式圆竖桶（湖北神农架，颜志立摄）　2. 木板式方竖桶（湖北神农架，谭勇摄）

3. 两种竖立式蜂桶（左：蔑编式圆竖桶，右：蔑箍式圆竖桶，1992年摄于贵州德江）

4. 浙江双层蔑箍式圆竖桶（两桶间有隔王板，养蜂时上下桶叠加，下面养蜂）

C. 方格叠加式（笼屉式）蜂桶　由多个可活动、叠加的方格木框组成的蜂桶，最早出现于明末。这种方格式蜂桶有继箱作用，取蜜于上方格木框，育虫于下方格木框，取蜜时可以不伤子。取蜜后从底部加格，让蜂群继续往下发展，基本上解决了取蜜与保存蜜蜂虫、蛹的矛盾。这是传统蜂桶中最为先进的一种，主要流行于湖南东部、江浙一带。现市面上已有成品供应，方格长、宽均为33厘米，每格高有10厘米、16厘米、20厘米三种规格，上有纱盖及箱盖。使用10厘米高的多为4层格子搭配（容积约43 000厘米^3），使用20厘米高的多为3层格子搭配（容积约63 000厘米^3）。使用这种蜂桶时，每一层方格的上部都要在相对的箱壁之间，插上若干竹签或拉上铁丝，兜住蜂脾，以免蜂脾堕落（图4-5）。在一些养蜂技术、饲养管理水平不高、蜜源条件不是很好、一年只取一次蜜的地区，这种蜂桶有一定的应用价值。

图4-5 方格叠加式（笼屉式）蜂桶
1. 外观 2. 内面观 3. 从顶格取下的整箱成熟蜜脾

②蔑编蜂桶 凡用竹蔑、藤条或荆条编织成圆筒状或背兜状的蜂桶，统称为蔑编式蜂桶，大致可分为横卧式、竖立式、背篼式三种。

这种蜂桶内外要用牛粪或泥巴糊严（也有只糊里面的）。为防止泥巴开裂，使用前泥巴要先放在水桶中，加入切碎的稻秆或麦秸，用水拌匀，经数月沤烂，增加泥巴中的纤维质及其韧性，待泥色发黑时即可使用（图4-6）。

图4-6 蔑编蜂桶
1. 横卧式（引自匡海鸥） 2. 背篼式，外面未糊泥，内面糊泥
3. 背篼式，内外均糊泥（2013年摄于甘肃天水）

横卧式开口于两端，用木板、蔑编物或编织袋堵上并糊严。竖放的则扣于木板、瓷砖或水泥基座上，上有顶盖。通常放在屋檐下或其他避雨处，放于室

外的上面要搭遮盖物防雨。

据王彪等测量，宁夏蔑编竖立式蜂桶平均直径为 23～46 厘米，高 29～60 厘米，容积为 25 000～48 200 厘米³。

背篓式蜂桶尺寸较复杂，有的上下部较一致，有的是下大上小，高度、开口大小均有较大的差异。王彪测定宁夏背篓式蜂桶内宽 37 厘米，长 39 厘米，高 48 厘米，容积 69 000 厘米³。另据测算，贵州背篓式蜂桶的容积大多在 56 000～88 000 厘米³，小的为 30 000 厘米³ 左右。

③墙洞、土洞蜂窝　这种蜂窝就是在房舍土墙、砖墙上，或在土坡上辟出一块土墙，砌出或挖出一个能让蜜蜂筑巢的方洞。洞口盖一块板，下部钻一些小孔，让蜂出入。这种蜂窝又可进一步细分为墙洞式（挖在房舍的墙壁上）和土洞式（挖在土坡上，又称崖壁窑洞式）两种。还有的地区将木箱镶嵌在墙洞或土洞中，以加固蜂窝或增加蜂窝的容积，可称为复合式墙洞或土洞蜂窝（图 4-7）。

图 4-7　宁夏地区墙洞蜂巢（王彪摄）

这种形式蜂窝的优点是保温条件好、冬暖夏凉，一般在我国气候比较干燥的西北地区、四川西南部、云南等地使用较多。

王彪、苏萍（2013）在宁夏测量，此种蜂窝的内径平均尺寸为宽 28 厘米、长 58 厘米、高 35 厘米，内部容积约 57 000 厘米³。

④用砖和土坯制作的无框式蜂窝　采用砖块和土坯砌筑而成，我国最早于元代就有运用（乔廷昆，1993）。

这种蜂窝大小不尽一致。据葛凤晨在东北调查，这种蜂窝体积较大，呈横椭圆形。蜂巢位于包围物的中间上部。蜂巢以外的空间较大，蜂巢只占整个包围物空间的 15%～20%，巢门留在前部中间。为便于随时打开观看，后部或前部留有活动窗板。

王彪等在宁夏调查，这种蜂窝的内径平均尺寸为宽 27 厘米、长 57 厘米、高 45 厘米，容积约 69 000 厘米^3。

云南楚雄地区小型土坯无框式蜂窝内径尺寸为长 33 厘米、宽 30 厘米、高 33 厘米，容积为 32 670 厘米^3（图 4 - 8）。

1　　　　　　　　　　2　　　　　　　　　　3

图 4 - 8　土坯无框式蜂窝
1. 小型土坯蜂窝外观　2. 小型土坯蜂窝里边的蜂群（2013 年摄于云南武定）
3. 彝族大型土坯蜂窝（杨冠煌摄）

2. 传统饲养与现代活框饲养的比较　中蜂传统饲养虽然是一种比较落后的生产方式，但至今仍在我国广大农村地区存在，这是一个不争的事实。从产量上讲，传统饲养的蜂群年平均产蜜量只有 2.5～10 千克，而活框饲养后，只要饲养得法、管理到位，年平均产蜜量至少可提高到 15～25 千克，如果算上分出群的产量，那就更多了。尽管如此，传统饲养也有其独特的优点，主要表现在以下几个方面：

（1）传统饲养方法是一种简单化的饲养方法（也称做粗放式饲养），管理简单，投资少（蜂桶可就地取材，制作简便，不饲喂或很少饲喂），投工投劳少，饲养成本低。这在文化水平低、经济收入不高、缺乏管理技术的农村地区容易接受。

（2）在气候比较严酷，常年只有零星蜜源而缺乏大宗蜜源的地区，用传统饲养方法饲养的蜂群，也可获得一定的产量，比较稳产，投资风险不大。

（3）一些传统饲养的蜂窝保温性能好，有利于蜂群在恶劣的环境条件下生存。葛凤晨（1998）曾在东北地区调查，长白山区冬季最低温度可达－40℃。在这种情况下，许多当地养蜂者反映，箱养中蜂的分蜂率和飞逃率均高于树筒和砖坯蜂窝中的中蜂，越冬死亡率较高，原因就是相对于蜂窝来说，蜂箱的箱壁较薄，保温隔热性能不好。另外由于部分饲养者管理水平和技术条件的限制，箱养中蜂的群势和贮蜜量（或留蜜量），都达不到有较大蜂窝的野生中蜂或旧式蜂桶中家养中蜂的越冬群势和贮蜜程度。

（4）传统饲养取蜜的次数少（一年一次甚至两年一次），取的都是封盖蜜，浓度高、产品质量好。部分顾客认为只有传统方法饲养的中蜂取的蜜才是真正

的"土蜂蜜""原生态蜜",愿意出高价购买,老法饲养蜂蜜的经济价值高。蜂场适当保留部分老桶,可以招徕顾客。

例如,湖北神农架林区素以传统饲养的中蜂及"野人"闻名于世,传统养(中)蜂已经是神农架一张响当当的名片,蜂蜜售价很高。因此,湖北神农架中蜂目前仍以传统饲养为主。而甘肃徽县榆树乡苟店村则是另外一个例子。该村是位于陇南秦岭山区的一个小山村,与神农架一样,这里林木茂密、蜜源丰富,全村饲养有1 300余群中蜂,早在20世纪六七十年代就实行中蜂过箱,曾是该省中蜂过箱、科学饲养的典型。进入20世纪后有了更大发展,出现了一批百群以上的大户,最多的规模达200多群。由于该村中蜂数量多,产品无污染、质量好、产量高,远销宁夏、深圳,供不应求,带动了榆树乡、徽县中蜂产业的发展。即使在这样的情况下,该村中蜂仍然存在两种养殖方式,在以活框饲养为主(占85%)的情况下,仍有部分老人对"棒棒蜂"情有独钟,活框养殖户也常留下一二群蜂实施老法饲养,做做样子(刘守礼,2013)。

国外(如欧洲)至今也有一些养蜂世家仍专门保留和用照片介绍祖先使用过的传统养蜂设施(包括蜂桶),以招徕顾客,并引以为荣(图4-9、图4-10)。

图4-9　西班牙等地中海沿岸国家传统养蜂使用过的建筑(左)
和房舍上安放蜂箱用的墙洞(右)

| 1 | 2 | 3 | 4 |

图4-10　国外传统养蜂使用的各式蜂桶

1. 中空树段圆竖桶　2. 欧洲木板方竖桶　3. 欧洲草编蜂窝　4. 现仍使用中的木板方卧桶

（5）传统饲养的方法代表了我国几千年来的养蜂文化和养蜂习俗，反映了我国养蜂技术发展的历程，在一些特定的地区和场合（如自然保护区、宣传蜜蜂文化、企业文化），继续保持传统饲养具有特殊意义。

因此，根据农村现实情况及传统饲养独特的经济、文化价值，在对待传统养蜂的问题上，不宜一刀切（晋华贵，2006），应因地区、因人、因情况制宜。

根据各地对传统饲养蜂桶、蜂窝的调查，大致可以得到以下几点启示：

①虽然中蜂在各类形状、大小不同的蜂桶中均可做巢，巢脾形状、大小的可塑性较大，但竖立式蜂桶通常较横卧式蜂桶对蜂群发展更为有利（杨冠煌，2002；王彪等，2013），比较符合中蜂的生物学特性。竖立式蜂桶上部贮蜜空间大，下部子脾较集中，有利于蜂群结团保温，蜂群群势通常比横卧式蜂桶中的大一些。

②据北方蜂农反映，越冬期被冻死而仍有许多饲料的蜂群中，大多发生在横卧式蜂桶内。由于横卧式蜂桶的巢脾短、脾数多，越冬期间，越冬蜂团吃完蜂巢上部的饲料后，由于温度过低，蜂团不能左右移动而吃不上其他巢脾中的存蜜而被冻死。竖立式蜂桶（蜂窝）由于饲料集中在蜂团上部，只要饲料充足，很少发生冻死蜜蜂的现象。

③根据实际调查，蜂桶大小和蜂窝的内部容积大多集中在 56 000～75 000厘米^3，这个空间实际上接近于十框中蜂标准箱或郎氏箱加上浅继箱后的容积，略小于郎氏箱加继箱后的容积。一些小型蜂桶或蜂窝容积在 30 000～40 000 厘米^3，这又与一些小型蜂箱，如 GN 式、FW 式等加继箱后的蜂箱容积接近。

蜂桶空间过小，保温性好、发展快，但易发生分蜂热；如空间过大，蜂群发展又过于缓慢。因此，建议在上述数值范围内，在蜂群群势较大、北方和比较寒冷的地区，应倾向于采用体积较大的蜂桶、蜂窝，以利培养强群。而在温热地区、蜂群群势较小的地区，则可采用体积较小的蜂桶（蜂窝）。

④在习惯传统饲养的地区，可以重点推广方格叠加式（笼屉式）蜂桶或中间有十字框架的竖立式蜂桶，以便把取蜜区和育子区分开，不影响蜂群的发展和增殖。

（二）饲养中蜂的不同蜂箱类型

1. 对自然栖居场所及传统饲养蜂巢内部结构的研究 20 世纪 70—80 年代，国内一些学者（如杨冠煌、肖洪良、段晋宁等）为了设计出适合中蜂饲养的箱型，曾先后在湖南沅凌、甘肃漳县、四川雅江等地对自然栖居场所及传统

饲养的蜂箱（蜂巢）进行过观测。他们把蜂巢归为三类；即无限制性蜂巢（空间大，如仓蜂）、半限制性蜂巢（筑巢空间较大）、限制性蜂巢（筑巢空间窄小）。经对各种自然蜂巢的调查表明，在无限制性蜂巢中，最大群势可达15～18框。在半限制性蜂巢中，最大群势约为10框。

中蜂筑巢方式（巢脾宽狭、高矮）受筑巢场所影响较大。在无限制性蜂巢中，巢脾宽大于高，高宽比约1∶2。在他们观察到的限制性横卧式蜂巢中，由于空间狭小，巢脾面积小，脾数多，巢脾狭长，蜂群聚集于一端，另一端贮蜜或为空脾，易遭受巢虫危害。在半限制性空间较大的卧式或木桶中的蜂巢，巢脾的高宽比在1∶1.5以上。在竖立式蜂巢中（表4-1），巢脾向直立式发展，最大巢脾的高宽比值平均为1∶0.96，范围1∶0.90～1.01，近似于方形。蜜区平均厚度27.28毫米，繁殖区平均厚度23.46毫米，蜜区蜂路平均5.05毫米，繁殖区蜂路平均8.53毫米，巢脾总面积14 105厘米²。平均每群脾数10.4张，最大4张脾平均高297毫米，宽275毫米，面积816.7厘米²，平均每群群势3.03千克。因此，调查者认为，虽然中蜂在自然或半野生状态下，蜂巢的形状和巢脾的高宽比值有较大的可塑性，但竖立式蜂桶对蜂群的发展、巢脾的保护较横卧式优越。

表4-1　沅陵县竖立式木桶中自然蜂巢观测结果

| 巢号 | 蜂重（千克） | 巢脾结构 | | | | | | | | | 房孔深度（毫米） | |
| | | 张数 | 总面积（厘米²） | 最大4张脾平均 | | | 厚度（毫米） | | 蜂路（毫米） | | 工蜂 | 雄蜂 |
				高（毫米）	宽（毫米）	高宽比	蜜区	繁殖区	蜜区	繁殖区		
1	1.50	10	10 296	279	283	1∶1.01	25.80	22.60	7.48	10.68	10.80	／
2	3.25	11	15 327	316	307	1∶0.97	27.00	23.00	4.50	8.50	11.00	／
3	3.65	11	13 681	307	299	1∶0.97	27.10	23.00	3.58	7.68	11.00	12.00
4	3.25	10	15 444	289	280	1∶0.97	28.00	24.20	6.40	10.01	11.60	12.70
5	3.50	10	15 767	293	264	1∶0.90	28.50	24.50	3.30	7.31	11.75	／
平均	3.03	10.4	14 105	297	275	1∶0.93	27.28	23.46	5.05	8.53	11.23	12.35

（引自杨冠煌等，1980）

另据葛凤晨（1998）报道，在长白山区调查了野生和传统方式家养的蜂群，凡栖居场所筑巢空间较大的蜂巢（即蜂巢占栖居场所百分比较小的蜂巢），蜂群群势普遍大于栖居场所筑巢空间较小的蜂巢（即蜂巢占栖居物百分比较大，见表 4 - 2)。

由此可见，对同一蜂种而言，蜂箱箱型大小对蜂群群势有直接的影响。上述研究成果，对研制和选择适合中蜂生物学特性的箱型，以及中蜂的饲养管理，都有很大的参考指导价值。

表 4 - 2　长白山区不同形式、规格、群势的中蜂蜂巢对比

中蜂蜂巢形式	群数	蜂巢包围物规格（厘米）			蜂巢占包围物容积（%）	脾数（框）	最强群势	蜂巢透光程度
		长	宽	高				
空心树野生	14		43～50	150～250	25～50	10～14	6～11	较小
	15		21～32	60～150	35～100	5～8	3～5	较小
石洞野生	3	76～162	59～113	55～122	5～40	10～13	5～10	较小
	2	34～45	23～31	19～26	60～100	6～7	3～5	较小
坟墓野生	4	150～200	40～50	40～60	10～40	9～12	6～12	较小
土墙洞野生	2	24～40	21～35	18～25	70～100	4～6	3～5	较小
树桶家养	27		41～52	120～150	40～70	9～15	5～9	较小
	55		18～34	80～120	50～90	6～9	3～6	较小
砖坯巢家养	8	83～101	40～55	53～80	15～20	11～14	8～15	较小
木箱家养	24	44～46	37～38	26～27	50～100	4～9	3～6	较小

（引自葛凤晨，1998）

2. 不同的蜂箱类型

（1）现代饲养中蜂的蜂箱及分类　用于饲养中蜂的蜂箱类型种类较多，据广东省昆虫研究所在广东省的调查，因巢框高宽比和蜂箱容积大小不同，省内的蜂箱类型有150种之多。从全国范围来看，比较常见的和见诸于报道的主要有郎氏箱（又称十框意蜂标准箱）、中蜂十框标准箱（以下简称中标箱）、中笼式、高窄式、从化式、河源式、中一式、沅凌式、容式、GN式、FWF式、中改式、郎式十六框卧式箱等。近期推出的还有短框式十二框中蜂箱、云式系列多功能中蜂箱、竖框式中蜂箱（甘肃）、GK式、ZW式、豫式中蜂箱、高框式十二框中蜂箱等。其中部分箱型的主要尺寸见表 4 - 3。

表4－3　几种饲养中蜂蜂箱的规格尺寸

箱式	巢箱内径（毫米）			巢框内径（毫米）		巢脾面积（厘米²）	放框数（个）	上梁（毫米）			巢框边条（毫米）			下梁（毫米）			主要设计者（或单位）
	长	宽	高	长	高			长	宽	厚	长	宽	厚	长	宽	厚	
郎式箱***	465	370	260	429	203	870.9	10	482	25	19	222	25	10	429	15	10	郎斯特罗什
短框式12框中蜂箱***	465	370	260	328	203	665.8	12	387	25	19	222	25	10	328	15	10	徐祖荫
中蜂10框标准箱*	440	370	270	400	220	880.0	10	456	25	20	240	25	15	400	15	10	杨冠煌等
沅陵式	441	450	268	405	220	891.0	10	460	25	19	249	25	10	405	15	10	段晋宁
中一式	421	370	270	385	220	847.0	10	437	24	19	239	24	10	385	15	10	杨冠煌
中笼式	425	372	260	385	206	793.1	10	438	25	19	225	25	10	385	15	10	吴承中
GK式*	420	375	295	365	238	868.7	10	440	25	15	258	25	12	365	12	12	广东省昆虫研究所罗岳雄等
标准从化式	386	447	240	350	215	752.5	12	402	25	12	215	25	10	350	15	5	张进修
云南Ⅱ型中蜂箱**	365	310	260	270	200	540.0	10	330	24	20	220	20	10	270	15	10	云南省蚕桑蜜蜂研究所
豫式中蜂箱**	366	280	300	330	210	693.0	10	382	25	20	230	25	10	330	12	10	张中印
FWF式	400	336	235	300	180	540.0	10	354	25	15	190	25	10	300	25	10	方文富
高辛式	466	280	350	244	309	754.0	10	296	25	17	323	20	10	244	20	7	王博亚
高框式12框中蜂箱	465	370	330	328	273	895.4	12	387	25	19	292	25	10	328	15	10	徐祖荫、吴小根
ZW式***	335	332	159	290	133	385.7	10	348	25	12	140	25	10	290	15	10	江西益精蜂业
GN式***	370	330	158	290	133	385.7	10	346	25	10	140	25	10	290	10	7	龚凫羌等

注：1. * 表示可加浅继箱；*** 表示可加继箱。

2. 表中从化式蜂箱的尺寸为原标准型，可放12框，通常用闸板分隔成2~4个小区，可养双王或4个小群。现在广东、海南一带仍有部分地区使用该型蜂箱，但已分化为大同小异的若干个类型，其中最为普通的为七框式。十框箱通常用大闸板隔开，也有部分是十框箱，可用于饲养双王群。

3. 云南Ⅱ型中蜂箱巢脾的布置为暖式蜂巢。

4. 豫式Ⅱ型中蜂箱继箱内围尺寸与巢箱一致，高252毫米。

郎氏箱（容积 44 733 厘米³）

郎氏箱加浅继箱（容积 67 959.8 厘米³）

郎氏箱加继箱（容积 89 466.0 厘米³）

短框式十二框中蜂箱加继箱（容积
89 466.0 厘米³，单箱容积 44 733.0 厘米³）

中蜂十框标准箱（容积 43 956.0 厘米³）

中蜂十框标准箱加浅继箱（容积 65 934.0 厘米³）

GK 式中蜂箱（容积 46 462.5 厘米³）

GK 式中蜂箱加浅继箱（容积 67 725.0 厘米³）

云式Ⅱ型中蜂箱（容积 29 419.0 厘米³）

从化式（非标准型）七框箱（容积 42 500.6 厘米³）

GN 式中蜂箱加继箱（容积 38 583.6 厘米³，
底箱容积 19 291.8 厘米³）

ZW 式加继箱（容积 35 368.0 厘米³，
底箱容积 17 684.0 厘米³）

图 4-11　几种主要箱型直观比较

郎氏箱浅继箱巢框（单面巢脾面积433.3厘米²）　郎式箱巢框（单面巢脾面积870.9厘米²）

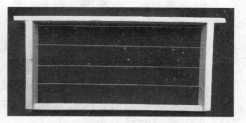

短框式十二框中蜂箱巢框（单面巢脾
面积665.8厘米²）

从化式（非标准型）巢框（单面巢脾
面积781.0厘米²）

十框中蜂标准箱巢框（巢脾面积880厘米²）　　GK式巢框（单面巢脾面积868.7厘米²）

云式Ⅱ型箱巢框（单面巢脾面积540厘米²）　GN式、ZW式巢框（单面巢脾面积385.7厘米²）

图4-12　几种主要箱型巢框直观比较

根据箱型大小、巢脾面积、巢框高度及宽高比，可将上述箱型归为四大类：

第一类，箱型和巢脾面积较大，单箱体容积接近或超过 44 000 厘米^3，单面巢脾面积接近或超过 800 厘米^2；巢框内径较高，超过 215 毫米，宽高比 1：0.5～1：0.6。除使用单箱体饲养外，一般只适宜上浅继箱，其代表箱型为中蜂十框标准箱、GK 式、中一式、沅凌式、中笼式蜂箱。

第二类，单箱体容积在 44 000 厘米^3 以上，但巢框为宽矮类型，巢脾面积较大（800 厘米^2 以上），宽高比为 1：0.5 以下，其代表箱型为郎氏箱。郎氏箱由于巢框较矮，在单箱体饲养的基础上，当蜂群强壮时，既可上浅继箱，也可上高继箱。

第三类为巢框收窄型，箱型一般为中等，单箱体容积接近或超过 30 000 厘米^3，其中一些箱型可达 40 000 厘米^3 以上，甚至超过 50 000 厘米^3。其巢脾面积大多在 500～700 厘米^2，巢框宽度相对较窄，宽高比达 1：0.6 或 1：0.6 以上。此类蜂箱的代表箱型为短框式十二框中蜂箱、FWF 式、云式Ⅱ型中蜂箱、豫式中蜂箱、高窄式蜂箱、高框式十二框蜂箱。这类蜂箱一般为单箱体饲养，尤其是各类高窄式蜂箱。但其中 FWF 式、豫式中蜂箱可上继箱；短框式十二框中蜂箱既可上浅继箱也可上继箱。

第四类为小型箱，单箱体体积通常在 20 000 厘米^3 以下，巢框宽矮，巢脾面积小（400 厘米^3 以下）。使用这种蜂箱时，需要配合继箱使用，代表箱型为 GN 式、ZW 式蜂箱。

现在生产上推广使用的其他中蜂箱，也可将其分别归属为以上大（大箱型）、小（小箱型）、宽（巢框宽矮型）、窄（巢框收窄型）这四种类型。

（2）选择箱型时应考虑的主要因素　上述类型的蜂箱各有其优缺点，建议使用者在选择蜂箱时从 6 个方面考虑：①有利于发挥和提高蜂群的生产性能，适宜大群饲养和有利解除分蜂热。②符合当地蜂种的生物学特性，根据当地中蜂的常有群势及生产方向（如产蜜或分蜂出售蜂群）、生产方式（定地饲养或转地饲养），选择适合的箱型。在蜜源丰富、蜂种能维持大群的地区，应选用箱体容积较大的蜂箱；而群势小的蜂种，以分蜂出售蜂群为主的蜂场，宜选择箱体容积稍小一些的蜂箱；如实行半改良式饲养，最好采用高窄式蜂箱。③饲养管理水平较高、饲料投入较多的蜂场，应采用大一些的蜂箱；如情况相反，则宜采用小一些的蜂箱。④尽可能一箱多用（如能饲养双王群，做多区交尾箱，能上继箱或浅继箱等）。⑤管理方法简单，易于操作，节省工时。⑥配套的蜂机具（如摇蜜机、隔王板等）已经基本实现了市场化、商品化，方便饲养者使用。

3. 四种代表箱型介绍

（1）郎氏箱　郎式箱的发明者是美国人郎斯特罗什（Lorenzo Lorraine

Langstroth，1810—1898），他同时也是活框饲养的发明者。郎式箱又称为意蜂标准箱，至今已有 160 多年的历史，现已广泛运用于国内外西方蜜蜂的饲养（我国西蜂约为 600 万群），是世界上流行最广的一种蜂箱。郎氏十框箱之所以受到如此广泛的运用，除了正确的蜂路和适当的巢框外，主要还有能叠加继箱、浅继箱扩大蜂巢，产卵及贮存蜜粉的空间充足；能利用蜜蜂向上贮蜜的习性生产分离蜜和巢蜜，生产性能全面，有利于蜂群越冬等原因。

由于中蜂活框饲养最初是借鉴于西方蜜蜂活框饲养的蜂具和方法，所以受到郎氏箱的影响最大也最深，许多中蜂饲养试验的数据也大多来自于郎氏箱，所以郎式箱现在我国也是饲养中蜂最为普遍的一种主流箱型。尽管 20 世纪 70 年代我国已经推出了中蜂标准箱（简称中标箱），但由于郎式箱早已广泛流行，目前中标箱仍然难以取代其地位。

①郎氏箱与其他箱型在中蜂生产中的性能比较　一些研究单位和学者曾将郎式箱与其他蜂箱类型进行过饲养试验，如中国农业科学院蜜蜂研究所黄文诚（1962）在北京进行从化式、高窄式、郎氏箱的生产性能对比试验，发现郎氏箱在产蜜量和维持群势方面比其他两种箱型优越。但早春蜂王产卵量不及巢框面积较小的高窄式蜂箱。1977—1981 年该所杨冠煌等在湖南沅凌、广东博罗、北京香山、四川古蔺等地进行过郎氏、沅凌式、中一式、中笼式、高窄式、从化式等箱型的生产试验，郎式及沅凌式、中一式等巢脾面积（单面）在 800 厘米² 以上的三种箱体，都比巢脾面积 800 厘米² 以下的中笼式、从化式、高窄式优越（表 4 - 4、表 4 - 5）。郎式箱与沅凌式、中一式巢脾面积同样都在 800 厘米² 以上的箱型比较，虽然早春繁殖、产蜜量另外两种箱型较郎式箱表现要好一些，但在夏季干热的条件下（北京平均气温在 30℃ 以上时），郎氏箱能保持蜂王较好的繁殖率，群势下降也较小（表 4 - 6、表 4 - 7）。

表 4 - 4　六种蜂箱产蜜量比较*

| 箱式 | 群数 | 试验开始时蜂群状况 | | 14 个月总产蜜量（千克） | 平均每群产蜜量 | |
		蜂量（千克）	日平均蛹数		数量（千克）	比例（%）
郎氏	5	7.4	300	209.6	41.9	100
沅陵式	5	7.2	311	297.4	59.4	142
中一式	5	7.3	305	201.7	40.3	97
中笼式	5	7.3	315	187.2	37.4	89
高窄式	5	7.4	309	162.1	32.4	78
从化式	5	7.1	316	126.3	25.3	61

（引自杨冠煌等）

注：* 试验期为 1978 年 4 月至 1979 年底，共 14 个月。试验地点：湖南长沙、沅凌。

表 4-5　各类蜂箱蜂群产蜜量比较*

箱式	群数	蜂量（框）	荔枝花期*产量（千克）	乌桕花期产量（千克）	鸭脚木花期产量（千克）	全年总产量（千克）	平均群产量（千克）	平均框产量（千克）
郎氏	5	15	10.05	50.00	91.25	151.25	30.35	10.10
中一式	5	14	11.25	49.25	100.70	161.25	32.25	11.50
中笼式	5	16	9.75	45.00	84.50	138.75	27.75	8.67
从化式	5	17	12.75	41.50	65.00	119.25	23.85	7.00
高窄式	5	8	7.5	21.00	22.00	50.50	10.1	6.31

（引自杨冠煌等）

注：*试验期 4～12 月。试验地点：广泛省博落县。由于连续阴天影响荔枝花期采蜜量。

表 4-6　三种箱型蜂王日产卵量比较*

箱式	5月20日	6月2日	6月13日	6月23日	7月4日	7月15日	7月26日	平均产卵量（粒）
郎氏	547	211	121	398	765	329	109	354
沅陵式	509	201	82	566	492	169	119	305
中一式	140	124	12	330	274	150	88	159

（引自杨冠煌等，1981）注：*试验地点：北京。

表 4-7　三种箱型产蜜量和群势消长比较*

箱式	群数	群势消长（千克）			产蜜量（千克）		
		开始5月20日	结束7月26日	下降率（%）	总数	平均产量	比例（%）
郎氏	5	9.70	5.30	45	23.80	0.95	100
沅陵式	5	9.60	5.15	46	29.30	1.20	126
中一式	5	9.50	3.35	63	22.80	1.15	121

（引自杨冠煌，1981）

注：*试验地点：北京。

　　徐祖荫、刘长滔等于 1995—1999 年，曾在贵州锦屏（代表贵州南部）、凤冈（代表贵州北部）等地，于不同季节就郎氏箱、中蜂标准箱进行平箱加浅继箱或继箱，以及产生分蜂热后移入卧式箱中饲养等内容开展生产试验。大多数情况下，在产蜜量及群势增长率等方面，郎氏箱都优于中蜂标准箱（中蜂标准箱是在沅凌式、中一式箱型的基础上研制的，是沅凌式、中一式蜂箱的升级版），以及十六框卧式箱。例如，由表 4-8 中可见，在具备一定基础群势、提前奖饲的情况下，大流蜜期郎氏箱不但可加浅继箱，也可加继箱。在贵州的两试点中，郎氏箱加继箱处理的单群产蜜量高于其他处理 6.2%～22%，居各处理之首。春蜜结束后，其原群加分出群的总蜂量也较加浅继箱的处理高（包括中标箱），这对夺取夏蜜高产或蜂群安全越夏均有益处。只是在加浅继箱时，中标箱的春季产蜜量略优于郎氏箱。另从 1999 年在贵州锦屏的试验结果看（表 4-9），产蜜量最高的仍是郎氏箱加继箱（群均 24.4 千克），分别比中标箱加继箱、产生分蜂热时移入十六框卧式箱的处理高 9.3% 和 17.2%。郎氏箱加继箱后的巢脾要比其余两处理多 0.5～1 张。另从繁殖效果看，中标箱在加继箱前繁殖较郎氏箱快，但加继箱后的繁殖效果不如郎氏箱，试验结束时郎氏箱较中标箱蜂量多 2.57 框。

表 4-8　郎氏箱、中蜂标准箱不同处理蜂群平均产蜜量的比较[*]

不同处理	锦屏县				凤冈县			
	郎式箱加高继箱	郎式箱加浅继箱	中标箱加浅继箱	不加继箱，及时分蜂	郎式箱加高继箱	郎式箱加浅继箱	中标箱加浅继箱	不加继箱，及时分蜂
群均产蜜量（千克）	22.63	18.45	19.50	17.40	27.67	24.90	25.75	25.95
产蜜量比较（以郎式箱加高继箱产量为100%）	100.0	82.6	86.2	77.0	100.0	90.0	93.1	93.8
郎式箱加高继箱较其他处理增产（千克/群）	/	4.17	3.12	5.22	/	2.77	1.92	1.72
郎式箱加高继箱较其他处理增产比例（%）	/	18.4	13.8	22.0	/	10.2	6.9	6.2
奖饲白糖量（千克/群）	1.37±0.23	1.14±0.39	1.06±0.27	1.29±0.27	0.50±0.00	0.50±0.00	0.50±0.00	0.50±0.00

（引自徐祖荫等，1998）

注：[*] 试验季节为春季油菜、紫云英花期。锦屏县位于贵州省东南部，凤冈县位于贵州省东北部。

表 4-9　郎氏箱、中蜂标准箱不同处理蜂群平均产蜜量的比较[*]

处理	参试蜂群	起步群势（足框）1月10日	2月10日加继箱（或移入卧式箱）时群势（足框）	分蜂期		分出蜂群数	4月1日试验结束时群势（足框）	产蜜量	
				分蜂日期	群势（足框）			千克/群	比例（%）
郎氏箱加高继箱	3	4.18±0.10	6.67±0.20	3月16～17日	10.80±0.04	9	10.10±0.52	24.4	100.0

（续）

处理	参试蜂群	起步群势（足框）1月10日	2月10日加继箱（或移入卧式箱）时群势（足框）	分蜂期		分出蜂群数	4月1日试验结束时群势（足框）	产蜜量	
				分蜂日期	群势（足框）			千克/群	比例（%）
中蜂标准箱加高继箱	3	4.23±0.12	7.23±0.04	3月16至4月21日	8.23±0.52	6	8.40±0.22	22.1	90.7
郎氏箱换入十六框卧式箱	3	4.10±0.04	6.57±0.23	3月15～16日	8.80±0.70	7	7.70±0.98	20.2	82.8

（引自刘长滔等，1999）

注：＊试验地点及时间：贵州省锦屏县油菜花期。

尽管郎氏箱最早用于饲养西方蜜蜂，但自从传入中国后，用于中蜂饲养，也有很好的效果。经多地饲养观察及箱型比较，在蜂群的繁殖率、产蜜量方面，均具有明显优势；地区适应性较广，南至福建、广东，北至西北、东北都有使用。郎氏箱巢框的高宽比为1：2.06，属于典型的宽矮式类型，比较适合加浅继箱和继箱，既可以平箱饲养，又有利于实现强群继箱生产，是一种生产性能比较全面的蜂箱类型。且郎氏箱所有配套的蜂具，包括蜂箱、摇蜜机、隔王板、巢础等，都已实现了商品化，市面上买得着，使用起来方便，成本较低。加之经过多年试验研究，生产技术成熟配套。故郎氏箱基本符合前述选择蜂箱类型的标准，这也是郎氏箱之所以在我国广大中蜂产区广泛流行，同时也是我们重点推介这种箱型的重要原因。

②郎氏箱（十框标准箱）的箱型、尺寸及其配套箱型

A. 制作蜂箱的材料　以郎氏箱为例，制作蜂箱的木材材质要求轻巧、坚固、不易变形和无异味（如杉木、松木、泡桐、杨木等），制作前要充分风干，最好用整块板料做成箱壁。做好的蜂箱，宜用熟桐油、清漆或白、黄、蓝、绿等色漆涂刷蜂箱外壁，作防腐处理；或将蜂箱部件在组合之前，先在大铁锅内用熬化的石蜡处理。

B. 郎氏箱的构造及尺寸　各类蜂箱的构造大体一致，由箱底、箱身、巢门档、纱副盖、箱盖及保温隔板、大闸板（或称隔堵板）、若干个巢框等组成。有的蜂箱扩巢时还可向上叠加继箱或浅继箱。现以郎氏箱举例说明，郎氏箱的具体构造如下（图4-13）。

a. 巢框　为长方形，由上梁、下梁和两边的侧条构成。巢框上梁两端突出的部分称框耳，用于悬挂在巢箱前后壁的框槽上。

有一点要说明的是，郎氏箱的巢框原设计宽度为27毫米、厚22毫米。根据有关学者对中蜂自然巢脾的测量，中蜂巢脾子区的厚度均不超25毫米、中

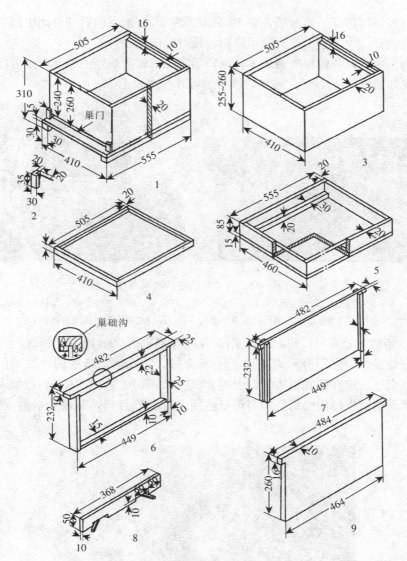

图 4-13 郎氏十框蜂箱（毫米）

1. 底箱　2. 巢门插槽　3. 继箱　4. 纱副盖　5. 箱盖　6. 巢框　7. 隔板　8. 巢门档　9. 大闸板

（仿张中印、陈崇羔）

蜂巢房的深度最多不超过 12 毫米，两面巢房加上巢础的厚度也不会超过 25 毫米。故绝大多数中蜂蜂箱的设计者都将中蜂巢框上梁的宽度定在 25 毫米。因此，作者建议郎氏箱在饲养中蜂时，其上梁宽应改为 25 毫米、厚 19 毫米。

　　b. 箱身　郎氏箱的箱身为长方形，由四块 20 毫米厚的木板接合而成。前

后壁内面顶部各开一道框槽，宽10毫米、深16毫米。前后壁外面中部各挖一个凹槽或钉一块木条，作为搬运蜂箱、蜂群时的扣手。

为了便于蜂群转地时通风，转地蜂场应在蜂箱前后壁上各开一个可以开闭的通气纱窗（图4-14）。通气铁纱窗也可开在底板上。

1   2

图4-14　蜂箱前后壁的通风纱窗

1.方形铁纱推窗，长100毫米，宽75毫米，前后对应　2.圆形铁纱推窗，直径55毫米。
运输时将纱窗前的小木挡板沿滑槽推到一边，保持通风，到目的地后再关上

c. 箱底　箱底可以钉死，定地饲养的蜂群也可以做成活动箱底。活动箱底的好处是可以将箱身移离箱底，便于清扫。做成活动箱底的，除巢门方向外，其余三边应在箱底板边上钉上高20毫米、厚10毫米的木条，以便卡住箱身。活动箱底也可用金属搭绊与箱身连接，既利于打扫，又便于运输（图4-15）。

图4-15　用金属搭绊与箱身连接的活动箱底

　　d. 门挡　门挡是一块长368毫米、高35毫米、厚10毫米的木板，在其

下部左右两侧各开一个长 60 毫米、宽 10 毫米的缺口，作为舌形巢门。在巢门挡上，与舌形巢门相对的另一边，打一排直径 8 毫米的圆孔，以便在胡蜂危害期将巢门挡换面，作圆孔式巢门使用。不用巢门挡的，巢门可直接开在蜂箱前壁下部的左右两侧。

如果蜂箱上没有开通风纱窗，为方便蜂群转地时通风，与上部纱副盖空气对流，可用铝纱窗自做通风门挡（图 4 - 16）。通风门挡的大小、长短与普通门挡一致，只是在其下部开一个长 30 厘米、高 2 厘米的长条形缺口，然后用铝纱窗将门挡从两面包裹（长度应略宽于缺口），用射钉固定。用铝纱窗的好处是容易定型，不会生锈。当蜂群转地时，用其换下普通门挡，然后用小铁钉从其顶部卡在箱壁上即可。该门挡的通风面积为 60 厘米^2，并不比前面所说的箱壁通风窗（单面）逊色。

图 4 - 16　通风门挡（设计人：徐祖荫）
1. 普通门挡　2. 插在插槽中的通风门挡　3. 通风门挡侧面观　4. 撤除门挡后的巢门

e. 副盖　又称内盖、纱盖，盖在蜂箱上面以便通气，其长、宽较箱身缩短 2～3 毫米，厚 10 毫米，在其一面钉上铁纱网即可。

f. 箱盖　又称为大盖。用 20 毫米厚的木板，制成一个高 70 毫米的框架。框架的内围长和宽较箱身外围的长和宽各加 10 毫米，框架上钉一块 12～15 毫米厚的木板，外加防雨材料而成。防雨材料可用油毛毡，也可使用一种上下都覆有铝箔的软泡沫板，或 0.8 毫米厚的薄彩钢板。

g. 隔板　用厚 6～10 毫米的木板制成，其长、宽和巢框相似，放置在每个箱体最后一个巢脾的外侧，将蜂巢与巢外空档处隔离开来，达到保温和避免筑造赘脾的目的。

h. 大闸板（或称隔堵板）　用来将蜂箱分隔成两区或多区、互不相通的木板。闸板的厚度为 7～10 毫米，外周尺寸和巢箱内径的高度和长度（或宽度）相同（如箱壁有插槽的应略长 2～2.5 毫米），便于组成双王群或交尾群。

i. 继箱　在蜜源丰富、蜂群强壮的时期，巢箱上面需另外加上一个箱体，这个箱体叫做继箱。这时可以把巢箱中的部分巢脾连蜂带脾提到继箱中，用平

面隔王板将两个箱体隔开，让蜂王在巢箱中产卵，工蜂在继箱巢脾中贮蜜。

　　继箱的内围尺寸和箱身一样，高度为255毫米，巢箱、继箱的巢脾可以通用。如果使用的是浅继箱，浅继箱的内围尺寸也应与巢箱一样，高度为135毫米。浅继箱使用的是浅巢框，浅巢框的尺寸见表4－10。

表4－10　郎氏箱浅继箱巢框尺寸

上梁（毫米）			侧条（毫米）			下梁（毫米）		
长	宽	厚	长	宽	厚	长	宽	厚
482	25	19	120	25	10	429	15	10

　　（2）短框式十二框中蜂箱尺寸（也称短框式郎氏箱）及其配套箱型（专利号201420369880.5，专利持有人：徐祖荫）　短框式十二框蜂箱系由郎式箱发展而来。蜂箱箱体尺寸和容积与郎氏箱一致，只是排列巢脾时由原来顺着箱长的方向摆放，改为由宽度方向摆放，故将巢框上框梁缩短为387毫米，高度保持不变（图4－17）。改良后，箱内可放脾12框。短框式十二框中蜂箱的巢脾面积665.8厘米²，相当于原来郎氏箱巢脾面积的76.5％。短框式十二框中蜂箱的巢脾总面积为7 989.6厘米²（单面），基本接近于原来十框郎氏箱巢脾的总积（8 701厘米²）。由于其箱体与郎氏箱大小一致，短框式十二框中蜂箱基本保留了原郎氏箱的所有优点。此外，缩短巢框后，还增加了另外一些优点。

　　安徽科技学院李位三（2012）测量了云南、安徽大量的自然蜂巢后认为："自然巢脾的长度（顶部）与高度的比例为1：0.83～1：0.97，接近于1：1"。这与杨冠煌等在湖南沅凌测定的结果基本一致（表4－1）。郎氏箱巢框的长度与高度比仅为1：0.47，将巢脾排列方向改过来后，可以提高到1：0.62。巢脾宽度缩短后，蜂群结团更接近于球形，子脾紧凑，保温效果好，蜂群繁殖快（这个特点在早春尤为突出），经在贵州正安、纳雍初步测定，按巢脾总面积计，同等群势起步繁殖的蜂群，在2.5个月的时间里，短框式十二框中蜂箱的群势增长率较郎氏箱提高19.9％～27％，蜂群数增加25％，产蜜量提高22.2％～32％。

　　短框式十二框中蜂箱由于排列巢脾较多，更有利于组织双王群和组成四区交尾箱（每区放1～2张巢脾），可以一箱多用。由于巢脾面积较小，在组织交尾群时较节约蜂量，既适合蜂群群势较大的地区使用，也适宜蜂群群势较小、蜜源有限的地区使用，适应性较广。

　　短框式十二框中蜂箱还可以上继箱和浅继箱，有利于生产巢蜜和脾蜜，尤其是实行双王同箱后更容易实行继箱和浅继箱饲养（图4－18）。

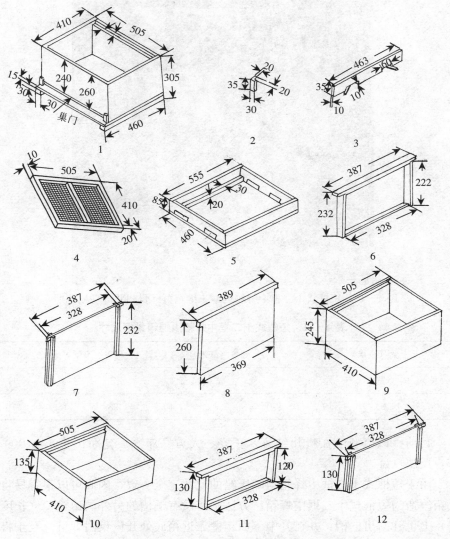

图4-17 短框式十二框中蜂箱结构示意（毫米）

1. 底箱 2. 巢门档插槽 3. 巢门档 4. 纱副盖 5. 箱盖 6. 巢框
7. 隔板 8. 大闸板 9. 继箱 10. 浅继箱 11. 浅巢框 12. 浅继箱隔板

短框十二框中蜂箱、浅继箱的内围尺寸与巢箱相同，继箱高度为245毫米，巢框可以共用。浅继箱高为135毫米，浅继箱巢框的尺寸见表4-11和图4-17。

图 4-18 短框式十二框中蜂箱的双王继箱群（贵州北部乌桕花期）

表 4-11 短框式十二框中蜂箱浅继箱巢框尺寸

上梁（毫米）			侧条（毫米）			下梁（毫米）		
长	宽	厚	长	宽	厚	长	宽	厚
387	25	19	120	25	10	328	15	10

目前，该箱型已在贵州纳雍、正安、大方、赤水、梵净山推广 6 000 余套，反映良好。

由于短框式十二框中蜂箱与郎氏箱的尺寸完全一致，因此可以很容易将郎氏箱改造为短框式十二框中蜂箱。方法是将没有框槽的另外两边箱壁（长度方向）上也开凿出框槽，并在其中一面箱壁靠近箱底处开设巢门即可。至于将巢框逐步改造成短框，可以将上好巢础的短巢框上梁捆上一块与郎氏箱巢框上梁长度一致的竹片，加在蜂群中造脾、贮蜜育子即可。

贵州省正安县高绍唐在短框式十二框中蜂箱的基础上进一步设计出了斜底短框式十二框中蜂箱。此箱的特点是箱底板不是水平的，而是由箱后壁向箱前壁略微倾斜；蜂箱前壁下方的巢门板用金属绞链与箱身连接，清扫时可以向上翻转，敞开箱口，以方便清扫箱底蜡屑。清扫完箱底后又可将巢门板下翻，与箱体合拢（图 4-19）。这种斜底式蜂箱还有利于箱内的冷凝水流出，防止箱内潮湿，是作者见过斜底式箱型中最先进的一种。

1   2

图 4 - 19　斜底短框式 12 框中蜂箱

1. 示斜底；2. 蜂箱前壁下方有可以开启的活动门档，用金属绞链与箱体连结

与短框式十二框中蜂箱相类似的有吉林省杨明福设计的内径 36 厘米×36 厘米正方形中蜂箱，巢框内径 27.2 厘米×19.8 厘米，巢框高度与短框式箱型接近，但宽度较短框式箱型窄 6.2 厘米。该箱在当地饲养效果不错，在椴树流蜜期可以加 1～2 个继箱。

（3）高框式十二框中蜂箱（专利号 201420370297.6，专利持有人：徐祖荫等，图 4-20）　许多研究者认为，在传统饲养方式中，竖立式蜂桶较横卧式蜂桶优越。安徽科技学院李位三（2013）通过对中蜂自然蜂巢结构的研究，提出从仿生角度看，根据中蜂自然蜂巢趋向于半球形的特点，进一步优化中蜂蜂箱结构总的原则应是："缩短长度，增加高度，提高（箱壁）厚度，容积适度，两度（巢框长与高）比值近等"，以适应中蜂喜窄不喜宽的生物学特性。一些活框饲养的养蜂工作者在长期与中蜂打交道的过程中，也发现高窄式蜂箱似乎更符合中蜂的生物学特性，有利于培养强群，提高产蜜量。为此，他们设计了一系列巢框收窄型（即高窄式）中蜂箱（李育贤，2012；秦裕本，2013；吉林省养蜂研究所，2014），还有的用郎氏箱加继箱饲养，将放置在继箱中的部分巢框去掉下框梁，让蜂群往下造脾，扩大蜂巢（陈学刚，2014）。类似做法还有方耀斗（2014），他曾设计了中蜂活框组合箱。据其本人报道，该箱型巢框的宽度与郎氏箱一致，但由于使用组合式巢框（即通过套框连接），脾高可达 34.5 厘米，可养成有 6 框大脾的蜂群。经计算，其巢脾（单面）总面积可达 8 694 厘米^2。通过饲养实践，也取得了较好的效果。

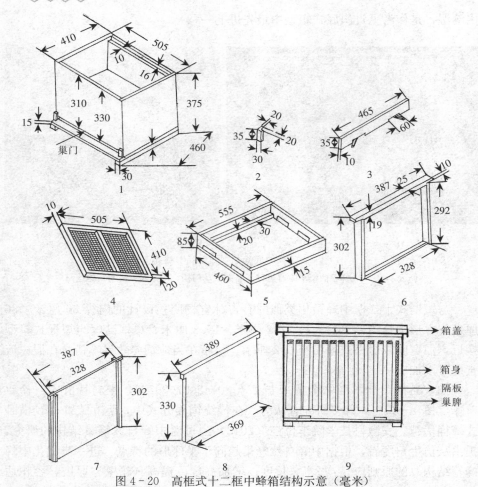

图4-20 高框式十二框中蜂箱结构示意（毫米）

1. 底箱 2. 巢门档插槽 3. 巢门档 4. 纱副盖 5. 箱盖 6. 巢框 7. 隔板 8. 大闸板 9. 正剖面

　　本箱型也由郎氏箱发展而来，可以说是上述箱型的代表性箱型。它是在郎氏箱的基础上，箱身加高7厘米，其巢框的宽高比为1：0.83（郎氏箱巢框宽高比为1：0.47，经典高窄式蜂箱巢框的宽高比为1：1.27，该箱居于二者之间），基本接近于中蜂自然巢脾的宽高比（杨冠煌，1977；李位三，2012）。该箱型高度适中，单箱体饲养蜂巢为球形，既有利于蜂群保温、贮蜜，又有利于转地饲养，且管理方法简单。

　　除高度外，该型箱的外型尺寸与郎氏箱一致。另外，安放巢框（或活梁）的方向应由原来箱长的方向改为箱宽的方向（同短框式十二框中蜂箱），可放12个巢框，箱内总容积56 776.5厘米³。巢脾面积895.4厘米²，与郎氏箱基本一致（该箱型十二框箱巢脾单面总面积 10 744.8 厘米²，十框箱为 8 954 厘米²）。不同的是郎氏箱巢框为宽矮型，而这种箱的巢框较高，接近于方形，三环明显（蜜环、粉环、子圈），有利于蜂群直接在子区上方贮蜜。由于已经加高了巢框的高度，所以不再使用继箱、浅继箱。

这种蜂箱还有一个优点，就是既适于活框饲养，也适于中蜂半改良式饲养。在实行半改良饲养时，除准备巢框外，掌握不好蜂路间距的初学者还要另外准备与巢框数相应数量的蜂路木卡条，卡条宽、厚均为 1 厘米，长度与上框梁一致（38.7 厘米），以便封闭巢框之间的上蜂路。如已会正确调节蜂路，可用覆布直接盖在框梁上，不再使用卡条。

在蜂种群势较小的地区，这种蜂箱也可做成十框箱，只放 10 个巢框，这样蜂箱的内径长为 38.8 厘米，较郎氏箱缩短了 7.7 厘米。在高寒地区使用时，可将蜂箱箱壁的板材加厚至 3.5 厘米，以增强其保温性能。在定地饲养的情况下，宜采用活动箱底，以利打扫箱底蜡屑，清除巢虫。这时可在蜂箱底板左右

图 4-21　高框式十框中蜂箱
1. 外观（容积 47 374.8 厘米³）　2. 内面观（巢框和卡条）
3. 活动箱底　4. 巢框（面积 895.4 厘米²）

两侧，钉一块半斜坡式的矮沿，以安放固定箱身（图4-21）。在发生胡蜂及盗蜂时，可将舌形巢门档换上圆孔式巢门档（圆孔直径8毫米）。实行活框饲养时，如在蜂箱中间加一块大闸板，还可以实行双王同箱饲养。这种蜂箱在贵州、上海、安徽等地推广使用，效果都不错。

由于此箱巢框尺寸改变，取蜜时需向厂家定制相应配套的摇蜜机。在实行半改良式饲养时，也可直接割取巢框上部的封盖蜜脾，不伤子。

与本箱型类似的有河南登封市康龙江设计的改良式中蜂箱（康龙江，2009），其他基本一致，只是箱高较郎氏箱加高8厘米（本箱型加高7厘米）。据该箱设计者报道使用的实际效果，巢脾三环明显（蜜环、粉环、子圈），单王群可达11框蜂，其中子脾7张，蜜粉脾4张，巢脾（单面）总面积9 468.9厘米^2，蜂群在此箱中造脾速度快，中间脾长，两侧脾短，群势向两侧扩展，蜂巢始终保持半球形。

（4）中蜂十框标准箱及其配套箱型（图4-22）　中蜂十框标准箱是由杨冠煌、段晋宁等（1983）根据对中蜂自然蜂巢结构的研究，并在参考沅陵式、中一式蜂箱的基础上，于20世纪80年代设计定型，并于1983年定为国家标准《中华蜜蜂十框标准箱》（GB3007—1983）。其特点是巢框较郎氏箱高，略窄，巢脾面积880毫米^2，与郎氏箱的巢脾面积（870.9毫米^2）接近。但由于巢箱（巢框）的高度较大，不适合加继箱，只适合加浅继箱。

4. 蜂箱的系列化　为适应不同地区、不同时期蜂群饲养管理的要求和生产需要，蜂箱的系列化是设计和使用蜂箱时应该考虑的一个重要内容。

（1）设计和使用大小不同的箱型　蜂箱系列化的一种方式是使用和设计尺寸大小不同的蜂箱类型。

现行饲养中蜂的箱体较多，有的箱体大，有的箱体小；有的巢框宽，有的巢框窄，每种箱型都有其不同的特点。如小型箱保温性好，蜂群发展快，但不耐大群，易产生分蜂热，比较适合饲养群势较弱的蜂种；而大型箱保温性较差，在温度较低的时期（早春、晚秋），繁蜂效果不如小型箱，但夏季散热性能好，且易维持强群，比较适合饲养群势较强的蜂种。因此，不同蜂种及不同气候、蜜源特点的地区，应选择不同的蜂箱类型。例如，在国外，用于饲养不同类型的印度蜜蜂（东方蜜蜂的一个亚种，其中又分为山地型和平原型两个蜂种）就设计了A、B两型蜂箱。

云南省农业科学院蚕蜂研究所根据云南省分布的中蜂，分别推出了两款饲养中蜂的蜂箱，即郎氏箱及云式系列多功能中蜂箱。云南的中蜂主要分为2个生态类型，即云贵高原中蜂和滇南中蜂。前一种类型工蜂体型较大，吻较长，群势强，可达7～12框，年产蜜量15～30千克。但滇南中蜂吻短，体小，维

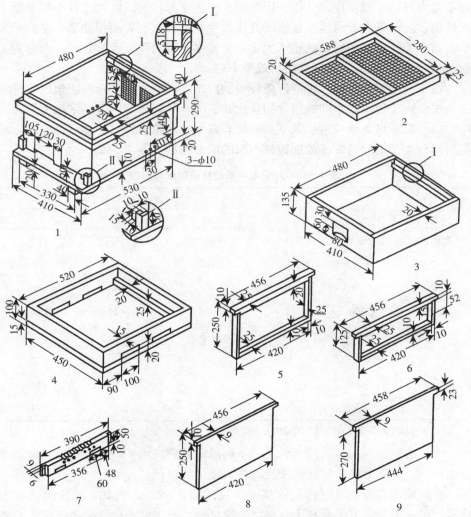

图 4-22 中蜂十框标准蜂箱（毫米）

1. 底箱 2. 纱盖 3. 浅继箱 4. 箱盖 5. 底箱巢框 6. 浅继箱巢框 7. 门档 8. 隔板 9. 大闸板

（引自张中印、陈崇羔）

持群势仅 6 框，年群采蜜量 10 千克以上。因此，在有一个以上高产稳产大蜜源及云贵高原中蜂分布的地区，就宜以推广郎氏箱为主；而在滇南型蜂种分布的地区，就以推广小型的云式多功能中蜂箱为主。另外，云南地处高原地区，早晚和中午温差大，立体气候明显，在高海拔或低海拔、极冷或极热的地区，以及在虽有零星蜜源，但蜜源条件不是很好的地区，就适宜推广云式多功能中蜂箱。云式多功能中蜂箱因箱型较小，保温性好，蜂群繁殖比大箱快，即使蜜

源不是太好，小型箱也能获得一定产量。但在蜜源好的地区，这种小型箱就不太适用。云南省农业科学院蚕蜂研究所曾在罗平县（有大面积油菜）推广云式小型箱，但蜂农试用后反映箱子太小，巢脾多，劳动强度大（管理、取蜜费工费时），增产不明显，推广试用后效果不好。

在华南型中蜂分布、蜂群群势较弱的广东、广西、福建及海南地区，蜂农也大多倾向于使用较小的蜂箱，如从化式、河源式蜂箱等，且多采用七框箱。

（2）配备同类蜂箱不同放框数的配套箱型　蜂箱系列化的另一种方式，就是对同种类型的蜂箱配备放框数量不同的配套箱型（表4-12）。

表4-12　部分不同类型蜂箱的配套箱型

蜂箱名称	箱型	放框数	巢箱内径（毫米）		
			长	宽	高
郎氏箱	七框箱	7	465	266	260
	十二框方形箱	12	465	465	260
	十六框卧式箱	16	630	370	260
从化式	七框箱	7	390	263	240
云式Ⅱ型	十八框卧式箱	18	365	700	260
GN式	继箱	10	370	330	158
FWF式	继箱	10	400	336	210
ZW式	继箱	10	335	332	159

注：所有蜂箱的巢框尺寸均与同类型的原十框箱一致。

为了适应不同地区的流蜜状况、不同的饲养管理水平，以及提高蜂蜜的产量和品质，解除分蜂热，就必须及时扩大箱体的容积。

扩大箱体容积，可以将箱体横向扩展（图4-23）。例如，郎氏箱就有十框标准箱、十二框方形箱和十六框卧式箱之分。中国农业科学院蜜蜂研究所杨冠煌在设计中一式蜂箱时，就曾设计了十框和十七框（卧式箱）2个型号的蜂箱，十七框箱用于双王群饲养及流蜜期组织强群取蜜，曾在重庆市彭水县推广，蜂农反映该箱体耐大群，中蜂不易分蜂，取蜜多。云南省农业科学院蚕蜂研究所重点推出的饲养中蜂的郎式箱就有九框箱（用于转地饲养）、十二框箱（用于定地饲养）两种。云式多功能中蜂箱也有十框箱和十八框卧式箱的区别。9～10框箱轻便，便于搬运及转地饲养。十八框卧式箱则有利于组织双王同箱饲养，有利于解除分蜂热，培育强群采蜜，适宜蜜源条件较好、饲养水平较高的农户定地饲养。

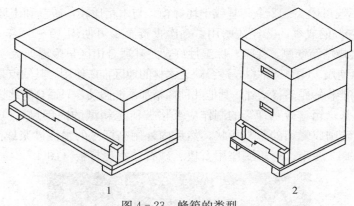

图 4-23　蜂箱的类型

1. 横卧式蜂箱　2. 叠加式蜂箱

（引自张中印、陈崇羔）

扩大箱体容积，也可以在竖直方向上改变（图 4-23）。例如，在蜂箱上叠加继箱（巢框可以共用）、浅继箱（巢框矮，与巢箱不能共用），也是蜂箱系列化的一种表现方式。与卧式箱不同，它并不改变箱体的宽度，而是根据蜂群群势的变化，在巢箱上叠加与巢箱内围尺寸一致的继箱、浅继箱，在蜂箱的竖直方向扩大或缩小箱体容积。卧式箱的管理技术相对比较简单，但加继箱、浅继箱的方式则比较灵活，对定地、转地饲养都能适应。当然，在管理使用时，对使用者的技术水平要求也较高。

（3）对同类型蜂箱，增强其某种特点及功能　根据使用的要求，对同类蜂箱，增强某些功能（如抗寒性、经济性等），使用不同的材料、材质制作，也是蜂箱系列化的一个内容。

①抗寒木制蜂箱　在我国东北和其他高寒地区，为保温可用较厚的板材（25～45 毫米）制作蜂箱。如郎氏箱，可做成十二框方形箱（蜂箱的长和宽一致），并且在蜂箱的四壁都开有框槽，以便在冬天可布置成暖式蜂巢（巢脾放置的方向与巢门进出方向成 90°角），有利于蜂群越冬。其他类型的蜂箱，也都可以采取同样的方式制作。

在东北地区，冬天气温常在－20℃以下，为保证蜂群安全越冬，有人还专门设计了一种多功能式十六框郎氏箱（详见第八章冬季管理）。

②蜂箱的其他衍生类型　蜂箱通常都是用木料制作的。为节约资金，增强防寒保暖的功能，蜂箱也可以按照木制蜂箱的尺寸用其他材料制作，如土坯、砖基、土窑、水泥蜂箱。

上述蜂箱用于中蜂活框饲养，至今已有五六十年的历史。用这些材料制作蜂箱有以下优点：①节约蜂箱的制作成本。根据云南省的经验，1 天 2 个工（一

主—辅）一般可做 7~12 个砖基或土坯蜂箱。与木箱比较，砖基和土坯蜂箱可节约 30%~50% 的成本。②经久耐用，一次投资至少可使用 10~20 年。③土坯、砖基、土窑蜂箱箱壁厚，保温、保湿性好，尤其适合山区早晚温差大、冬季比较寒冷的地区使用。④节约木料，适合缺乏木材的地区推广使用。其缺点是除水泥蜂箱在蜂场内能作短距离移动外，其他几种蜂箱都不能搬动，只适合定地饲养。

A. 砖基蜂箱　砖基蜂箱的制作应严格按所选箱型的内围尺寸（用重锤吊基线），用砖砌成蜂箱的基本形状，然后内外用高标号的水泥砂浆抹面、清光。箱壁厚度约 12 厘米。蜂箱底座用石块、砂石、水泥打板（图 4-24）。

图 4-24　砖基蜂箱（摄于云南大姚）

B. 土坯蜂箱　土坯箱与砖基蜂箱基本一致，只是要先用黏土在木制模框内打成土坯，土坯中加上竹片及松针做筋，以加强土坯的强度和韧性。等土坯干燥后，再按蜂箱的内围尺寸，把 4 块土坯按箱形组合起来，外面箍 2~3 道铁丝定型，然后抹泥浆平整。干燥后，再用高标号水泥内外清光。箱壁厚度 10~12 厘米。与木箱一样，同样有平整的箱口（箱沿）和框槽（图 4-25）。土坯箱比较适用于云南或者我国西北气候比较干燥的地区。

1　　　　　　　　　　　2　　　　　　　　　　　3

图 4-25　土坯活框蜂箱（摄于云南武定）

1. 土坯　2. 成形后的土坯活框蜂箱　3. 使用中的土坯活框蜂箱

为防止潮湿和雨水浸泡，土坯和砖基蜂箱在砌制时，蜂箱底座宜用砂石、水泥打板，高出地面 20 厘米左右。

　　使用上述两种蜂箱时，饲养员可先在箱面上搭一层覆布，再盖一层洗干净的白糖口袋。为达到良好的保温防晒效果，也可在白糖口袋上再盖一层柔软、干燥的松针，最后用石棉瓦或地板砖盖顶遮雨。

　　C. 土窑式蜂箱　制作土窑式蜂箱可就地取材，在土崖地梗上利用地势先挖好窑洞，再利用原土一次性挖好蜂箱（图 4 - 26）。

图 4 - 26　西北土窑式活框蜂箱
（引自李正行）

　　D. 水泥蜂箱　制作水泥箱的材料是水泥、细砂、木板、铁钉、1 号铁丝、24 号铁丝（扎丝）等。制作时，按所选箱型用木板做出箱身的内、外套模型、箱底板模型框、框槽模型框及巢门模型片等待用，并用 1 号铁丝和细铁丝捆扎箱底板、箱身骨架。然后，在一个平整的地面上用厚塑料薄膜铺底，放底板铁丝骨架及底板模型框，用高标号水泥砂浆灌制底板。待底板结构 36～48 小时后，再把箱身四周的铁丝骨架及内、外套模具固定在水泥底板上面，将巢门模型片从箱身外套巢门位置处塞入，与内套巢门吻合，再用水泥砂浆灌入内外套模具之间，制作水泥箱身。箱身基本制好后，及时把框槽模型框放在套内口上，用水泥砂浆灌入框槽模型框与外套模具之间，制出框槽，让其结构 20～24 小时，取出框槽模型框，脱去箱身内、外套模具及巢门模型片，用高标号水泥浆把箱底、箱内外四壁抹平清光，适时浇水养护即成（图 4 - 27）。水泥蜂箱壁厚 2 厘米。

　　水泥蜂箱的制作对模具要求较高。水泥蜂箱上仍使用木制的副盖及箱盖。为避免夏季水泥蜂箱较木制蜂箱温度高、秋冬季温度低的缺点，使用水泥箱时应在箱的后、左、右三面用土掩埋 30 厘米以上，以保温、隔热、保湿（陈学刚，2014）。

1   2   3

图4-27　水泥蜂箱（刘长滔摄）

1. 贵州省锦屏县大同乡章山村欧必煜自制水泥蜂箱的模具　2. 水泥蜂箱内的蜂群

3. 炎夏高温季节，水泥箱周围覆土可增湿降温

显然，蜂箱的系列化可以增加蜂箱的使用功能和区域的适应性。

（4）其他用途不同的蜂箱　前面所说的蜂箱主要是用于饲养蜂群，生产蜂蜜。为方便批量育王换王，还需要专用或兼用的交尾箱；取蜜时为防止盗蜂，便于运输巢脾的运脾箱。运脾箱轻便，还可以兼作猎取野生蜂；接回分蜂群、飞逃群，对外交换、购买蜂种时的接蜂箱。此外，还有为温室授粉的授粉专用蜂箱等。

①交尾箱

A. 专用交尾箱　交尾箱可以用不多的蜂量和巢脾，培育大量的新产卵王，有利于蜂场及时利用流蜜期全场更换新王。

a. 1/2脾四区专用交尾箱　使用这种交尾箱，用蜂量2 000～3 000只，群势适中，能有效地调节巢内温湿度，交尾成功率可达85%，蜂王质量好，处女王交尾后产卵力强。

1/2脾四区交尾箱，箱体通常采用3块大闸板隔成4个小区，各小区巢门异向开设，每小区排放2个交尾框和1张隔板。交尾框通常设计成可两两组合成一个郎氏框，以便组合成大框，上好巢础后，插入蜂群中造脾、育虫、贮蜜和附蜂。交尾箱箱口分别用两块大小有部分交叠的覆布盖住，每块覆布分别用图钉钉在左、右两侧的大闸板上，以便在检查交尾群时互不干扰。组织交尾群时，从蜂群中抽出带蜂、封盖子和蜜的交尾脾分配给各个交尾箱的小区。如蜂量不足，可以从蜂群中抽脾抖蜂入交尾箱内补足。然后，在交尾群中各介绍一个成熟王台，将交尾箱放置于蜂场边上的目标明显处，让处女王交尾。1/2脾专用交尾箱的尺寸见图4-28。

b. 整框式专用小交尾箱　这种交尾箱与大箱的巢脾可以共用。宽度较窄，可装4张巢脾。郎氏小交尾箱的内径宽度为19.5厘米，而长度、高度与大箱

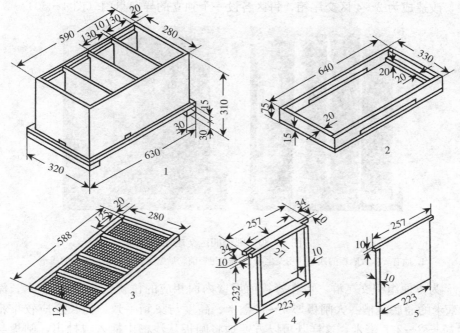

图 4 - 28　1/2 脾四区交尾箱（毫米）

1. 箱体　2. 箱盖　3. 副盖　4. 交尾框　5. 隔板

（引自张中印、陈崇羔）

一致（图 4 - 29）。这种交尾箱也可以分成两区，前后壁各开一个巢门，成为两区交尾箱。

图 4 - 29　郎氏整框小交尾箱

1. 外观　2. 内面观

B. 兼用交尾箱　生产性蜂场也可将普通蜂箱用大闸板分隔成 2～4 个小

区，改造成为2～4区交尾箱，每区各设一个独立的异向巢门（图4-30）。

图4-30　郎氏四区交尾箱

1. 插有3张大隔板的四区代用交尾箱　2. 交尾箱前、后壁上开凿有插大隔板的浅槽

为方便组织交尾群，可在蜂箱前后壁内面相应的位置，开宽10毫米、深2毫米的通底浅槽。大闸板厚7～8毫米、高度与巢箱一致，但长度应较巢箱内径长2～2.5毫米，这样既可以方便地将闸板从浅槽中插入或抽出，闸板与蜂箱之间也不会留有间隙。

为将每个小区分隔开，在上述交尾箱的闸板上，还应用两块覆布分别盖住左、右两侧箱口，并用图钉将其固定在2个小区之间中闸板的口沿上，以便在检查交尾群时互不干扰。

②运脾箱　取蜜时装运蜜脾摇蜜和运回空脾时用。运脾箱可用8～10毫米的薄木板钉成，式样见图4-31。内中可容纳4个巢脾，脾间距8毫米。郎氏箱巢脾运脾箱的内径参考尺寸为高265毫米、长485毫米、宽148毫米。在前后壁距箱口10毫米处各钉有一块厚12毫米，锯成4个深18毫米、宽27毫米，各相距8毫米凹槽的木条，以便挂放巢脾。箱面上有盖板1块，盖下后与箱口齐平。箱两侧各钉有一根两端有孔的木条，可以栓绳供养蜂员运脾背箱时使用。

图4-31　运脾箱

若兼作接蜂箱使用，运脾箱还应开设可以关闭的巢门一个，

盖板上应开洞钉一块铁纱窗，以便透气。

③专用授粉箱　用于温室授粉的蜂群群势要求都不大，一般能装3框蜂大小的蜂箱就足够了，北京市农业科学院用厚纸板（双层）定型，制作了中蜂、意蜂通用、轻便、经济的授粉专用箱（图4-32）。

图4-32　纸质授粉专用箱（王凤鹤摄）

二、饲养管理工具

（一）防护用具

防护用具主要有面网（也称面罩）和手套。

面网是罩在头上防止蜜蜂螫刺面部的蜂具，有带帽和不带帽两种。不带帽的面网须配合草帽或竹编的帽子使用，带帽的面网叫蜂帽。现在市面上也有半身或全身带面网的整体防护服出售（图4-33）。

手套最好使用胶皮手套，手感好、易于操作，一般五金店有售。

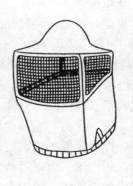

　　　　1　　　　　　　　　　2　　　　　　　　　　3
图4-33　蜂帽和护防服
1. 圆形面网　2. 方形面网　3. 半身防护服

（二）喷烟器

喷烟器由金属筒和鼓风箱两部分构成（图4-34）。用时在筒内点燃发烟用的干草、废纸，手握风箱，一松一紧，浓烟即自喷烟管喷出，管理或取蜜时用于驱逐和镇服蜜蜂。

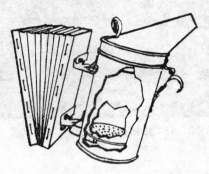

图4-34　喷烟器

（三）饲喂器

给蜂群喂糖水时使用的饲喂器，有塑料盒式饲喂器、巢门（瓶式）饲喂器。盒式饲喂器也可以用自制剖开的半边竹筒代替。市售盒式饲喂器（图4-35）一般为一隔或两隔，两隔的可分别喂水和喂糖浆，按其容量可分为小（装量0.6千克）、中（装量1.2千克）、大（装量1.5～1.6千克）、特大号（装量3千克）四种。喂稀糖浆时，可在饲喂盒内放些竹条、薄木条、秸秆作浮条，饲喂时让蜜蜂落脚吮吸，以免淹死蜜蜂。

现市面上有巢门饲喂器出售，一种是已经配套的巢门饲喂器，另一种须与"康师傅"系列饮料瓶配套使用（图4-35）。前一种装满糖浆后总的容积为400毫升，后一种糖浆的装量高度及含白糖干重可参考表4-13。按蜂群需要，在装糖杯或饮料瓶中灌注适量的水或糖浆后，与饲喂器底盖（卡住或旋紧）扣合，将饲喂器倒置过来，再把鸭咀（突出）部分伸入巢门内，不用开箱，即可给蜂群喂糖、喂水，非常方便，省工省力。尤其在早春低温春繁时，不开箱给蜂群喂淡盐水或实行奖励饲喂，以免降低巢温，更具有优越性。

在使用巢门饲喂器喂糖前，须先用一个饲喂器装水放在箱盖上，按前后方向放置，将蜂箱调整到饲喂器中水不外溢，即为水平位置。这样喂糖时即不会因蜂箱倾斜而使糖浆外流，从而避免引起盗蜂。

表 4-13　"康师傅"系列饮料瓶的装量情况

高（厘米）*	装量（毫升）	含白糖干重（克）**	
		1∶1 糖浆	2∶1 浓糖浆
4.0	100	29.4	41.6
7.5	200	58.8	83.3
10.5	300	88.2	125.1
14.0	400	117.6	166.8
17.5	500	147.0	208.5

注：* 高度从瓶底往上量，** 50 克为 1 两。

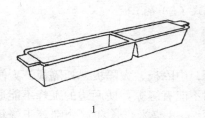

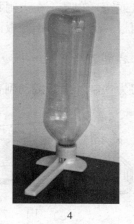

图 4-35　饲喂器

1. 巢内塑料盒式饲喂器　2. 一种配套的巢门饲喂器　3. 须与饮料瓶配套的鸭咀式饲喂器
4. 配上饮料瓶后的鸭咀式巢门饲喂器

（四）隔王板

隔王板用来限制蜂王产卵及活动范围，使育虫区和贮蜜区分开，便于分区管理，提高蜂蜜产量和质量。

隔王板通常用杉木做框，框内用竹签做栅。竹栅间距为工蜂可以顺利通过

而蜂王不能通过。中蜂隔王板栅距为 4.14 毫米。用于巢箱和继箱间的称平面隔王板，用于巢箱和卧式箱中的称框式隔王板（图 4-36）。

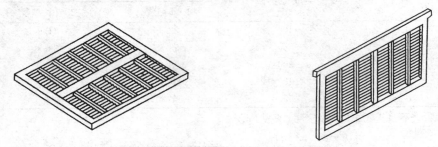

图 4-36 平面（左）和框式（右）隔王板

（五）大闸板

为与保温隔板区分，大闸板也称隔堵板、中隔板、大隔板、死隔板。大闸板用于将蜂箱分隔成小区，闸板与箱身之间不能有缝隙，使两边的工蜂不能通过，以便组织成双王群或交尾群。大闸板厚 7～8 毫米，长和宽分别等于蜂箱的内围长（或宽）和高。在大闸板中间也可以开一窗口，在窗口处钉上铁纱，称为铁纱闸板，这样有利于闸板两边的蜂群群味相通。

（六）启刮刀

启刮刀为铁制，用于撬动副盖、继箱、隔王板，清理箱底（图 4-37）。

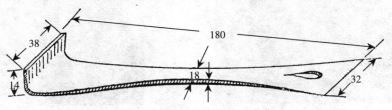

图 4-37 启刮刀（单位：毫米）

（七）蜂刷

蜂刷用白色马鬃或马尾制成，调脾和取蜜时，提脾抖蜂后用于扫除脾面的剩余蜜蜂（图 4-38）。

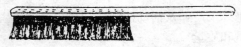

图 4-38 蜂刷

（八）埋线器

镶装巢础时用埋线器将巢框上的铁丝埋入巢础内。埋线器分为齿轮埋线器（不用加热）、铜头烙铁式埋线器（用时须加热）（图4-39）。有电的地方还可使用电烙铁式埋线器（也可在电烙铁前端中间，用钢锯沿杆身方向锯一浅槽使用）。

图4-39 埋线器

1. 烙铁式巢础埋线器 2. 齿轮巢础埋线器

（九）人工巢础

人工巢础（图4-40）是用蜂蜡和矿蜡混和制作，现在市面也有塑料巢础出售。巢础安装在巢框上作为工蜂造脾的基础，可加速工蜂造脾。巢础房眼大小与工蜂房的大小一致，分为中蜂和意蜂两种。在中蜂中一般只使用中蜂巢础。

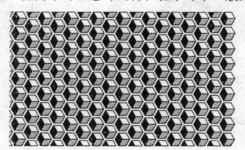

图4-40 人工巢础

（十）割蜜刀

割蜜刀用铁或纯钢片制成，用于取蜜时削除封盖蜜脾上的蜡盖，以及割除雄蜂房、雄蜂子用（图4-41）。

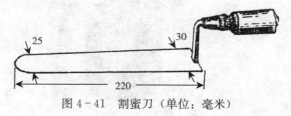

图4-41 割蜜刀（单位：毫米）

（十一）摇蜜机和榨蜜机

摇蜜机是活框饲养取蜜时不可缺少的工具（图 4 - 42）。取蜜时将蜜脾两面的蜡盖割开，分别装入摇蜜机中两个装脾框中（一次可装两个脾），转动摇把，经过齿轮使摇蜜框匀速转动，通过离心力将巢房中的蜂蜜甩出。摇空一面，再换一面。待取完巢脾两面的蜂蜜，还回蜂群，再让蜂群贮蜜、产子。

在实行中蜂传统饲养时，也可采用市售榨蜜机，榨取从蜂桶中切割下来蜜脾，分离蜂蜜，这样比较卫生。简易榨蜜机也可以用木材自己制作，既可在榨蜜时使用，也可在榨蜡时使用。

图 4 - 42　摇蜜机

1. 不锈钢桶两框换面摇蜜机（操作人员正在扳动装脾框换面摇蜜，
而不必取出巢脾换面）　2. 塑料桶摇蜜机

（十二）火焰喷灯

火焰喷灯指市场上用于烙猪头、猪脚的酒精、煤油或汽油喷灯，可用于蜂箱内壁、箱缝快速高温消毒（图 4 - 43）。

图 4 - 43　火焰喷灯

(十三）手压喷壶

手压喷壶通常在介绍蜂王、混合分群、热天检查蜂群镇服蜜蜂、制止盗蜂、运蜂抵达目的地后对蜂群降温喷水时使用，也可在蜂群患病时用于对蜂脾喷药（图 4 - 44）。

图 4 - 44　手压喷壶

天热时用喷壶喷水镇服蜜蜂，蜂群安定，比用喷烟器效果好。喷烟镇服蜜蜂易引使蜂群惊慌，吃蜜，增加饲料消耗。用喷壶喷水还有一个好处，若被蜂蜇可及时冲去蜂臭，以免被其他工蜂继续追踪攻击。

(十四）量筒

当蜂群生病配药时，用量筒量水或糖浆（图 4 - 45）。

图 4 - 45　量筒

第五章　蜂群管理的基本操作技术

一、选购和安置蜂群

（一）购买蜂种

选购中蜂的时间最好在春、夏流蜜期刚过，此时价格比较便宜。

选购的蜂群一般要求有3～5框足蜂，2～3框子脾，子圈面积大，封盖整齐，少有卵、幼虫、蛹混杂的插花子脾。巢脾较新，工蜂房整齐，雄蜂房少，子圈上部有贮蜜。检查时工蜂不慌张、性温驯。蜂王体健胸宽，腹部长大，绒毛长，体色新鲜。早春购买的蜂王年龄应不超过1年，其余时间购买的应是当年培育的新王。颜色灰暗、绒毛脱落、腹部萎缩的是老蜂王，不利繁殖，不应购买。

如购买中蜂老桶过箱，应在气温较高、外界有蜜源时购入，这样过箱后易稳定，好管理。

购蜂时要注意检查幼虫脾和巢门前死蜂情况，切忌购入病蜂，特别是有中蜂囊状幼虫病和巢虫危害较严重的蜂群，更不要到有病的蜂场和疫区去购蜂。

初学养蜂者买蜂不宜过多，一是中蜂本身分蜂发展快；二是通过对少数蜂群饲养，先学习和提高养蜂技术。要先养得住，然后养得好，再求养得多。

（二）中蜂场地的选择

中蜂的饲养方式大多为定地饲养，也有部分采取定地加小转地的方式。因此，选择一个适宜的场址与蜂场经营的成败有很大的关系。原则上应选择一年中有2个（春、夏两季或春、秋两季）或2个以上（春、秋、冬三季）主要蜜源，其他季节有辅助蜜源的地区饲养。

一般来说，中蜂场址以选择在后有青山、前有田坝的地方最好，这样既有栽培蜜源，又有野生蜜源。森林覆盖率高、植被繁茂的林区优于单纯的平原地区；山林地区又以杂木林优于松、杉等单一林相的林区，前者生物多样性丰富，蜜粉源植物种类多，有利于中蜂生息繁衍，养蜂能取得较好的收益。

（三）蜂群安置

中蜂嗅觉灵敏、盗性强、定向力差，如定地饲养，当地的蜜源条件不是很好，或有较长的缺蜜期，蜂群宜分散放置。一般以2～3群为一组，每群至少相距30厘米（图5-1）。组与组之间，尽量利用地形、地物、树丛、房屋等天然屏障隔开。房屋无人干扰的空闲处（如屋顶阳台、室外走廊），废弃的旧居内，均可分散安置蜂群（但须方便工蜂出入）。如在庭院内养蜂，应将蜂箱错落有致地排放，放在不同的位置、不同的高度，或在蜂箱上摆上一些不同的物品作标记，以免工蜂错巢（图5-2）。

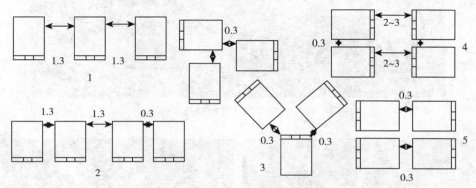

图5-1 中蜂蜂箱排列方式示意（米）

1. 单箱排列 2. 双箱排列 3. 三箱排列 4. 双箱对列 5. 双箱背列

图5-2 庭院养蜂——蜂群的安置

1. 木箱式老式蜂桶叠加式安放（有6桶蜂，蜂桶处于不同的高度） 2. 蜂箱安放在不同的高度

如蜂群数量多，摆蜂场地宽阔，也可将蜂群按单箱或双箱并列，排列成1~2排或多排。如巢门相对，两排之间的间距应在2~3米以上（图5-3）。蜂群如摆在山坡上，可依据地势，将山坡平整成带状梯土，将蜂群分别安置在不同层次的梯土上（图5-4），形成阶梯式排列。巢门前应地势开阔，有利工蜂飞行。交尾群应分散放置在蜂场外围目标清晰处，巢门朝向各异，以免处女王错投其他群而遭围杀。

图5-3　地势平坦、宽阔处蜂群的安置

　　　　　1　　　　　　　　　　　　　　　　　2

图5-4　阶梯式布置蜂群

1. 广西蜂场　2. 疏林坡地布置蜂群（广东省龙门县养蜂研究所试验蜂场）

蜂群不宜摆放在当风的山顶，高压线下及变压器附近，易受震动、烟熏之处及人畜活动多、干扰大的道路旁。为保证蜂群有足够蜜源，防止蜂病传播，较大的蜂场与蜂场之间，应相距3~5千米。

个别养蜂者根据局部经验，认为中蜂、意蜂可以同场安放。通常在大流蜜期、蜂群数量不多的情况下，两者在短期内暂时可以相安无事。但若一旦外界缺蜜，中蜂、意蜂蜂群数量多，时间一长，势必会产生意蜂盗中蜂，垮群垮场的现象。盗蜂发生后，中蜂还易引发其他疾病（如欧洲幼腐臭病）。因此，中蜂、意蜂不宜同场饲养，两者蜂群摆放也要相距3～5千米。

早春、晚秋和冬季，蜂群宜摆在避风向阳处，巢门朝南或西南，切忌朝西北，避免因气候骤变，归巢蜂冻死在巢门外。炎夏季节，蜂群应放于阴凉通风处或疏林下。蜂箱位置一但摆放好就不可随意移动。定地饲养的蜂群最好选择在秋、冬、春三季背风、向阳，夏季通风凉爽处（如高大落叶乔木下）安置。如选择不到这样理想的地方，可于季节变换时小转地一次，将蜂群暂迁至2千米外，0.5～1个月后再迁回，按季节要求重新安放。

为蜂箱防腐以及防止蚂蚁、蟾蜍袭扰，蜂箱最好不要直接放在泥地上，通常可用塑料转运货筐（每只成本3元）或1～2层空心水泥砖将蜂箱垫高，并保持左右平衡，使前面略低而后面略高，以利雨水和箱内产生的汽水流淌。

在广东、广西、海南等湿热地区，可用4根直径5～6厘米粗的竹筒、木棒或自制的水泥桩支撑在蜂箱箱底的4个角上，使之离地45～50厘米，既可以通风散热，也方便养蜂员操作。竹筒、木棒或水泥桩总高60厘米，入土10～15厘米。制作水泥桩，可将粗细适宜的竹筒破成两半，去除竹隔后合拢，用铁丝梆紧，中间插入两根8号铁丝做筋，然后灌入水泥砂浆，待其凝固后拆下竹筒即成。

转地蜂场的蜂箱可用塑料转运货筐或用普通钢筋制作成可移动的蜂箱搁架（外涂防锈漆）作支撑。钢筋箱架的形状、高矮有如塑料方凳，以便于转地时可以随意收叠、摆放，重复使用。

（四）蜂群的近（短）距离迁移

蜜蜂具有识别蜂巢位置的能力，只要在它的飞翔范围之内，不管将蜂箱搬到任何地方，在一定时间内都会有许多蜜蜂返回原来蜂巢所在的位置。由于种种原因，必须将蜂箱作短距离移动，就应采取适当措施，使蜜蜂移位后很快识别新的箱位，而不再返回原址。

1. 逐渐移动法 每天傍晚或清晨，趁蜜蜂尚未飞翔时，逐渐移动箱位，向前或向后每次可移动2～3个箱位（1～1.5米）；向左或向右，向上或向下，每次不超过0.5米。待蜂群熟悉新巢后，再进行下一次移动，直到到达预定的箱位为止。这种方法适用于移动范围在20～30米内的蜂群。

2. 直接迁移法 在蜜蜂飞翔的范围内对蜂群作相当距离的移动或中间有障碍物时，可直接把蜂群迁移至新址。蜂箱放好后，打开通风窗或掀掉铁纱盖上覆盖物，用青草或纸团松塞巢门，让蜜蜂慢慢咬去堵塞物后出巢，加强它们对箱位变动的感觉，重新认巢飞翔。另在原址放带巢脾的蜂箱，傍晚（移蜂后

的前 1～2 天）将收容的蜜蜂并入移动后的原群。

3. 过渡迁移法 把蜂群暂迁至 3～5 千米外的地方，过渡饲养 1 个多月，再迁回原址。此法稳妥，但较费工费时，它适合蜂场严重起盗或躲避农药危害时移动蜂场。

二、蜂群检查

检查蜂群是为了及时了解蜂群的内部情况，以便采取相应的管理措施。

蜂群检查分箱外观察和开箱检查两种。中蜂怕干扰是其重要的生物学特性，开箱检查蜂群会改变巢温，影响蜂群的正常生活秩序；缺蜜期开箱会促使工蜂吸蜜，增加饲料消耗，并易引发盗蜂，故每次检查均需有明确的目的，检查的时间宜短，如无必要，尽量不开箱，切忌盲目、频繁开箱。箱外观察则不受时间限制，随时可以进行。

（一）箱外观察

通过蜜蜂在箱外和巢门前的活动，判断分析巢内情况。

1. 判断有无蜂王 工蜂采集积极，在巢门前出入频繁，带粉蜂多，且花粉团大，说明蜂王健在，产卵正常，蜂群繁殖良好；工蜂出勤懒怠，回巢时少带粉或不带粉，进出混乱，在巢门前平腹振翅，表明蜂王可能已经损失。

2. 判断群势强弱 出入巢门的采集蜂多，巢门口清洁光亮，闷热天的傍晚有蜂簇拥在巢门前的踏板上，说明蜂群强盛；巢门前冷冷清清，进出的采集蜂稀疏，则群势较弱。

3. 判查外界流蜜及巢内存蜜情况 全场蜂群工蜂出巢繁忙，巢门拥挤；归巢工蜂腹部饱满沉重，夜晚蜂箱内扇风声大（低沉的呜呜声），箱门口甚至有少许汽水流出，说明外界蜜源丰富，流蜜旺盛。

如蜜蜂出勤少，巢门处守卫蜂警觉，甚至出现盗蜂，表示外界蜜源流蜜差或断蜜，如手提蜂箱感觉很轻，说明巢内缺蜜，蜂群已处于危险阶段，应及时补饲。

4. 发生盗蜂 缺蜜季节，巢门前秩序混乱，守卫蜂十分警惕，工蜂互相抱咬，甚至有死蜂；有的蜂进巢时腹小，出巢时腹大，说明发生了盗蜂。

5. 分蜂前兆 分蜂季节，大部分蜂群出勤好，个别强群却少有蜂飞出，不积极采集，回巢蜂也不带粉，甚至有许多工蜂拥挤在巢门前形成"蜂胡子"，即为自然分蜂前的预兆。如有大量蜜蜂涌出巢门，则说明分蜂活动已经开始。

6. 群内闷热 大量工蜂在巢门口扇风并啃咬巢门，傍晚时部分工蜂不愿进巢,在巢门口聚集成团,说明巢内拥挤和温度过高。

7. 蜂群患病 巢门附近有工蜂拖出的半截死蛹,表明有巢虫危害;拖出的如果是幼虫,则蜂群可能患有幼虫病。如发现巢门前有体色深暗、腹部膨大(或不膨大)、飞翔困难、行动迟缓的工蜂爬出巢外;蜂箱周围有稀薄的蜜蜂粪便,可能是蜂群患了大肚病或微孢子病。

8. 胡蜂危害 6～10月,巢门前守卫蜂聚集,且振翅摆腹,说明有胡蜂袭击。

9. 判断天气变化 外界流蜜期间,如工蜂在下午天黑前收工较早,说明第二天天气情况较好,蜂群仍能正常采蜜,不会缺蜜;如收工较晚,则可能第二天气候会有变化,蜂群不能正常外出采蜜。

(二) 从死蜂的情况判断

1. 冻死 早春、晚秋天气骤变,气温陡降,巢门前采集蜂僵卧,头朝箱口,则是来不及进巢而被冻死的。

2. 农药中毒 工蜂在蜂场上激怒狂飞,性情凶暴;死蜂两翅张开,勾腹伸吻,并多是带粉的青壮年采集蜂,蜂群越强死蜂越多;未死的在地上翻滚旋转,则是农药中毒。

3. 饿死 巢门前死蜂腹小、伸吻;开箱后巢内无蜜,死亡的工蜂头扎入巢房内,则是缺蜜饥饿而死。

(三) 开箱检查

开箱检查就是打开蜂箱,提出巢脾检查蜂群的内部状况。

1. 开箱检查的目的和内容

(1) 检查蜜、粉贮存情况 根据检查的结果,决定取蜜或是补饲蜜、粉。如蜂群边脾有贮蜜甚至有封盖蜜,中央巢脾上部有2～3指宽的蜜线,说明饲料充足。只有巢脾角上有少量存蜜,边脾上存蜜很少甚至没有,应及时补饲。外界流蜜期,如边脾贮蜜丰富;子脾上出现蜜压子,并封盖,应取蜜。

脾内粉极少,外界缺粉或气候不好,不能进粉,应补饲花粉。若不仅边脾贮粉丰富,中部巢脾的子圈内也贮有大量花粉,说明花粉过多,影响蜂王产卵,应加脱粉器及时脱粉。

(2) 检查有无蜂王和蜂王质量 提脾检查时,有王群附在脾上的蜜蜂显得很安静,不惊慌,工作有秩序,巢脾上有卵。质量好的蜂王胸宽体健,腹部长大,产卵快,产卵圈大而封盖整齐,蜂群肯造脾。质量不好的蜂王个体小,产卵力弱,群势增长慢,造脾力差。而失王群脾上无卵或只有很少的卵(刚失王不久），工蜂显得不安、慌乱，许多工蜂同时平腹振翅，并出现急造王台。

（3）分蜂期查台查王　对已出现分蜂热的蜂群，宜定期检查自然王台，确定去留。交尾群要检查蜂王出房、交尾、产卵等情况，以便及时补台或确定蜂王是保留或淘汰。

（4）检查子脾及发育状况　幼虫滋润、丰满、晶亮，封盖子脾整齐，表明发育正常。若幼虫干瘪，或者瘫软、变色、变形或发臭，说明发育不良或有病。

如果群内仅有少数虫、卵（甚至没有），几乎无封盖子脾，群内又缺蜜缺粉，应考虑蜂群有逃亡的可能。

（5）检查有无病害　中蜂封盖子出现呈线状走向的"白头蛹"，巢脾表面凹凸不平，箱底蜡屑多，系巢虫危害。幼虫尖头直立，封盖子脾表面有一些不规则的小孔，则为囊状幼虫病。子脾封盖不整齐，卵、幼虫、封盖蛹同时在一张脾上出现，"花子"现象严重，并有瘫软在房底或房壁的病死幼虫，长期见子不见蜂（成蜂减少，群势下降），工蜂体色变黑，有可能患有欧洲幼虫腐臭病。

（6）检查群势和蜂脾状况　根据季节、群势，判断是蜂脾相称、蜂多于脾还是脾多于蜂，确定加础、加脾或减脾，及时调整蜂脾关系。

（7）全面检查蜂群的生产性能　作好生产记录，并按群号统计群势。将蜂王产卵多，群势强，产蜜多，抗病力强的蜂群作好标记，确定父群、母群和育王群。

2. 开箱检查时的注意事项及操作方法　开箱检查蜂群时，阴凉处气温应有 14℃，一般在晴天上午 10 点到下午 4 点进行。暑热天应在清晨和傍晚，流蜜期则应避开采集蜂出勤的高峰时间；检查交尾群应避开蜂王交尾高峰时段。阴雨、寒冷、大风天气，如无特殊情况，最好不要开箱检查。

检查前切忌饮酒和吃葱、蒜等有辛辣刺激味的食物，身上、手上有汗，要事先用水抹一下，且不宜穿黑色衣物，以免激怒蜜蜂。检查时，先戴好面网、袖套，扎紧裤脚，走近蜂箱一侧，背向太阳，轻轻揭开外盖，斜靠箱壁，或以顶部着地，平放在地上。然后取下内盖，翻转平放于巢门踏板上，让附着在内盖上的蜜蜂沿巢门进巢（图 5-5）。

图 5-5　开箱检查

检查时，先将边脾向外移动出两框的距离，以免提脾、放脾时挤压蜜蜂。提脾时要紧握巢框两耳，垂直把脾提出，保持在蜂箱正上方观察，以免蜂王和幼蜂跌落箱外。查看一面后，一手朝上，以上框梁为轴，将巢脾翻转过来查看另一面（图 5-6）。查看巢脾时，要始终保持巢脾与地面垂直，避免蜜汁外溅。巢框如被蜂蜡黏住，要先用启刮刀撬松两耳。蜂群凶暴，可点燃喷烟器对上框梁喷烟少许（热天可用喷壶喷水），待工蜂驯服后再检查。

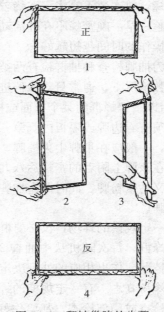

图 5-6　翻转巢脾的步骤

　　蜂王多在中部幼蜂刚出房的巢脾或新造的巢脾上产卵，只要脾上有新产的卵，说明蜂王健在，就不必再寻找。检查时如蜂王惊飞，应立即停止检查，维持现状片刻，待蜂王回巢再继续检查；也可提一框蜂抖在巢门口，使工蜂振翅翘尾，放出蜂臭，招引蜂王入巢。

　　每次检查，都要顺手把巢框上的赘脾刮去，将不需要的雄蜂房全部削除。检查和整理蜂群时，动作要轻柔，不要引起大的振动，激怒蜜蜂。操作时，如蜜蜂受惊飞翔、示威，千万不可慌张、挥手驱赶，更不能摔掉巢脾逃跑。如已被蜂蜇，也要暂时忍痛，把脾轻轻放回箱内，用指甲反向刮出蜇针，用水洗净被蜇处，也可用湿毛巾揩擦，除去蜂臭后继续操作。

　　检查整理完毕后，应按正常蜂路（8～10 毫米），将检查过的巢脾靠拢，盖好内外盖。盖内盖时，要先搭在箱口的一头，往箱口的另一头推移，尽量避免压伤和压死蜜蜂。

3. 开箱检查的方式

　　（1）全面检查　早春开始繁殖时，主要流蜜期，分蜂期，晚秋整理越冬蜂

群，以及防病治病时，要对蜂群进行全面检查。

全面检查时，要逐框提脾检查，以全面了解蜂量、子脾数、蜂王产卵情况、蜜粉存量、有无病害等情况。全面检查的时间长，对巢内温度、湿度和蜜蜂工作影响大，易引起盗蜂，故次数不宜多。盗蜂较多的季节，一般不宜进行全面检查。如势在必行，趁一早一晚蜜蜂不在外活动时开箱，并在箱面加盖放盗布（宽大覆布）检查，操作的时间越短越好。

（2）局部检查　可分为抽脾检查和抽群检查两类。

①抽脾检查　在大多数情况下，通常只对蜂群进行局部检查，即从蜂群中提出1～2个巢脾查看，借以了解蜂群的某个方面或推断全群的情况。

如检查贮蜜多少，只须查看边脾或隔板内侧第三个巢脾的存蜜情况。检查子脾发育状况和有无蜂王，一般应在巢脾中央提脾。加脾或抽脾，通常抽查隔板内侧的第二个巢脾。如在该脾上附着的蜜蜂达八九成以上，蜂王的产卵圈已扩展到边缘巢房，且边脾又是蜜粉脾，此时即需加脾；如该脾蜜蜂稀疏，巢房内不见卵虫，则应适当抽脾。

②抽群检查　蜂群有一定规模的蜂场，没必要群群都开箱查看，可按群势进行分类。对群势相同的蜂群，每次随机从中抽查2～3群，借以推断其他蜂群的情况，然后根据抽查情况，作出相应的处理决定。

（3）作好蜂场记录和蜂场日志　有一定规模的蜂场（20～30群以上），应将蜂群编号。无论是全面检查或局部检查，都要作好蜂场记录（表5-1），以便对每一群蜂的情况做到心中有数，有针对性地采取管理措施。避免因记不清情况，反复翻看检查，惊扰蜂群。

表5-1　蜂群检查记录

场址_____　　　　　　　　　　　　　　_____年____月____日

| 群号 | 蜂王年龄及产子情况 | 放框数 | 实际蜂量（按足框*计） | 其中 | | | | | 蜜 | | 粉 | | 发现问题或情况** | 处理事项 | 备注 |
				卵虫脾（张）	封盖子（张）	蜜脾（张）	空脾（张）	巢础框（张）	足	缺	足	缺			

注：＊工蜂一个挨一个、爬满两面巢框，为一个足框。＊＊记录蜂群异常情况及处理，或蜂群开产期、出现雄蜂脾、王台基、具卵王台、自然王台封盖及蜂王出房、交尾产卵的日期等。

在搞好蜂群记录的同时，养蜂员还应坚持每天记录蜂场日志（表5-2），主要记录气候、蜜源、蜂群活动、蜂产品产量、管理纪要等。通过记录，熟悉各地的蜜源、气候特点，考察气候对蜂群繁殖、蜜源植物开花泌蜜和蜂产品产量的影响，以便逐步掌握规律，积累经验，为制订生产计划和选择合理的放蜂场地提供参考。

表 5 - 2　蜂场日志

月/日	地点	气候（晴、阴、雨、雪、风）			室外阴处温度（℃）			蜜源植物				蜂群活动			蜂产品产量（千克）		管理纪要
		上午	下午	夜晚	上午8点	下午2点	夜晚8点	名称	始花	盛花	尾花	采蜜	进粉	繁殖	蜂蜜	花粉	

三、巢脾的修造、淘汰、保存与蜂脾调整

巢脾是蜂群育子、贮蜜、贮粉的场所。蜂群繁殖和生产期，及时加脾扩巢，能加快蜂群的繁殖速度，减轻分蜂热，提高采蜜量。

优良巢脾的标准是满框、平整、色浅，全部是工蜂房，即使有雄蜂房，也仅出现在下沿，而且是很窄小的一部分。过旧的巢脾，蜂房上黏附的病菌多，茧衣厚，巢房变小，孵化出来的幼蜂个体小。用旧脾贮蜜，会使蜂蜜颜色加深。所以，巢脾使用的年限一般不应超过 2 年。中蜂又有喜新脾、厌旧脾的习性，因此要组织蜂群早造脾、多造脾，有计划地淘汰旧脾、虫害脾。

（一）加础造脾，淘汰旧脾

加础造脾前，要先将整张巢础安装在巢框上，按以下 3 个步骤进行：

1. 打孔　取出巢框，等距离垂直地在侧条中线上钻 4 个小孔。

2. 穿线拉线　按图 5 - 7 所示穿上 22 号或 24 号铁丝，先将其一头在边条上固定，以手钳夹着另一头，依次逐道将每根铁丝拉紧，直到使每根铁丝用手弹拨出清脆的声音为止，最后将铁丝的另一头扎紧固定即可。

穿线时如戴（纱或棉）手套操作，不伤手，更有利于将铁丝勒紧、绷直。

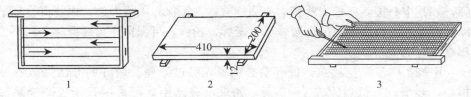

图 5 - 7　镶装巢础（单位：毫米）

1. 巢框穿线　2. 埋线衬板　3. 将上好巢础的巢框放在衬板上，用埋线器对巢础埋线

3. 上础埋线　首先把巢础的一边插入巢框上梁腹面的槽础沟内，使巢础

紧贴铁丝。巢础左右两边应与两边条保持 2～3 毫米的距离，巢础与下梁保持 5～10 毫米的距离，接着将巢础框平放在埋线衬板上，用埋线器端部的卡槽卡住铁丝滑动（铜头的须先适当加热，齿轮的直接滚动），把每根铁丝埋入巢础中央。埋线时用力要均匀，以免压烂巢础。埋好线后，再用熔蜡壶沿槽础沟浇灌少许蜂蜡将巢础固定；或将蜡片切下来的边角料揉捏成黄豆粒大小的蜡块，双手各拿 1 粒，放在上框梁上巢础的两侧，隔着巢础，从两边同时对着一点用力挤压，使巢础牢牢固定在上框梁上，每隔 6 厘米黏一次。框梁上没有巢础沟的也可照此处理，以免巢础翘曲。

安装的巢础要求平整、牢固，没有断裂、起伏、偏斜的现象，装好巢础的巢础框暂存空箱内备用。

当蜂群中巢脾表面开始发白，巢框上梁出现新鲜白色的蜡点时，可将安装好的巢础框加进蜂群内，放在第二张脾（俗称边二脾）的位置上。通常一次只加一张。大流蜜期，继箱强群，可分别在巢箱和继箱中各加入一张。等加入的巢础框筑造巢房、成为半成脾后（即巢脾为刚造好的浅巢房），及时移入蜂巢中央，让蜂王产卵；再另加新的巢础框让蜂群造脾。造好一张，再加一张。中蜂善于造自然脾。大流蜜期，如在巢础框上只加三角形巢础（将整张巢础按对角线裁为两半），或半张巢础，也能造出优良的巢脾。

中蜂在加入巢础框时，要注意从蜂巢中相应抽出必须淘汰的旧脾，以保持巢内蜂数密集，促使蜂群不断起造新脾。淘汰旧脾前，一般先将要淘汰的旧脾、虫害脾移在边脾的位置，待脾中幼蜂全部出房后，再从蜂箱中取出。如果这些脾中还有存蜜，应割开蜡盖，置隔板外侧，让蜂将蜜搬运回巢后，再撤出巢外。

（二）巢脾的保存

从蜂群中取出的巢脾，应分类进行处理。深黑色旧脾，雄蜂房多的巢脾，凸凹不平的虫害脾，已不适于繁殖，应及时淘汰化蜡。对仍可利用的浅色巢脾，如其中有蜜，应摇出蜂蜜，放回蜂群，置于保温隔板外边，由蜂群打扫干净后再保存。秋季抽出的全蜜脾、半蜜脾、粉脾，可保留作为蜂群越冬和第二年春繁时的饲料。

中蜂巢脾易滋生巢虫，保存前必须事先经过处理。最好的办法是放在冰柜中，经−18℃低温冷冻 1～2 天。如果没有冰柜，可采用升华硫燃烧熏蒸 1～2 次（熏蒸方法参见第九章蜂具消毒），然后按蜜脾、粉脾、空脾（其中空脾又按颜色深浅程度）分别放在空蜂箱中。如果巢脾数量多，可放在继箱中，叠加起来，上面再用箱盖盖严实，置阴凉、通风、干燥处保存。继箱上要按巢脾的类别贴好标签，以便定期检查和启用。一般粉、蜜脾要放在上层的继箱中。继箱与继箱之间的接缝用纸糊严。巢门、破洞要用木板钉牢，避免鼠害和虫害。

（三）巢脾的排列与蜂脾的调节

1. 巢脾的布置　蜂群中蜂巢的布置一般是卵、幼虫脾、封盖子脾、新脾在中间，边脾通常为老脾、蜜脾或蜜粉脾（图5-8）。蜂群繁殖期，除加入巢础框造脾外，当蜂巢边上的封盖子出房或蜜粉脾被利用成为空脾后，也可移于蜂巢中部，让蜂王产卵。

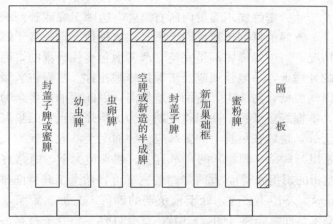

图5-8　蜂巢布置示意

2. 蜂脾关系及脾距的调整　蜂群内蜂脾关系通常有三种情况：

（1）蜂脾相称　蜂脾相称是指蜜蜂刚好一个挨一个地爬满巢内所有巢脾的脾面。中蜂一个挨一个地爬满整框（郎氏箱）巢脾的只数，不同的资料意见不尽一致。为此，徐祖荫、贾明洪等在贵州省正安县，通过在蜂脾相称的巢脾上取样推算，中蜂一框足蜂的只数平均为3 156只。另外，一张郎氏箱单面巢脾的面积为870.9厘米^2，两面则为1 741.8厘米^2，按19.27厘米^2（4.1厘米×4.7厘米）含100个巢房（杨冠煌，2001）计算，一框巢脾含中蜂巢房为9 038个。一般一只蜜蜂约占3个巢房的面积，按此计算，一足框（郎氏箱）中蜂应为3 012只。根据上述两组数据，一足框中蜂的只数在3 000～3 200只。

（2）蜂多于脾　蜜蜂不但爬满了巢内所有巢脾，且脾上的附蜂很多很厚；并有多余的工蜂在大盖（不用副盖时）、副盖上或隔板的内、外侧上集结，这种情况称为蜂多于脾（图5-9）。

图 5-9　蜂多于脾

1. 脾面上爬满了蜜蜂，蜂很厚　2. 纱盖上附蜂很多　3. 隔板上也有附蜂

（3）脾多于蜂　蜜蜂爬不满巢内所有巢脾，边脾无蜂或脾两端的蜂少，在其他巢脾面上，蜜蜂的排列也疏稀而不紧密，这种情况称脾多于蜂。

在自然情况下，中蜂蜂团都是完整、严密地包裹住蜂巢的，因此饲养中蜂在蜂脾关系的处理上，一般强调应经常保持蜂脾相称。早春包装繁蜂、晚秋繁殖越冬蜂时因气温低，防冷害，特别注重保温，因此要抽出多余的巢脾，使蜂数打紧密集，掌握蜂多于脾。高温越夏期，为保持蜂群正常的巢温和散热，要适当脾略多于蜂，这时在巢脾上的蜜蜂应占脾面七至八成。

蜂脾关系也与蜂路（脾距）的宽窄有关。通常情况下，蜂路宜掌握在 8 毫米左右（即食指的姆指肚宽），此时蜂路的宽窄可容两个工蜂背向排列，称做双蜂路。气温正常，不冷不热时，处于繁殖期的蜂群，为加速繁殖，此时可将蜂路缩小为 6 毫米，即单蜂路（图 5-10），宽窄只容一个蜂子过路，以便让工蜂多占一些面积，多哺育一些幼虫。高温期为通风散热，蜂路可拉宽到 10 毫米。

图 5-10　蜂路（脾距）

1. 双蜂路　2. 单蜂路

初学养蜂者往往容易犯两个毛病，一是蜂路（脾距）拉得太宽（超过 15 毫米），这样蜂群容易造赘脾、夹层脾，不好管理；二是贪图脾多于蜂，这在早春、晚秋极为不利。当外界气温骤降、寒潮来临时，蜂群缩团，巢脾边缘和边脾上的子脾会暴露在外而冻死幼虫，或者诱发中蜂囊状幼虫病；缺蜜期易引起盗蜂；还易滋生巢虫。

为保证蜂群正常生活和繁殖，养蜂者应根据蜜源、气候、蜂群群势，及时增减巢脾，调整脾距，正确处理好蜂群中的蜂脾关系。

（四）蜂群间调脾补脾

不同蜂群间因群味不同，一般情况下，不能随便接受其他蜂群的工蜂，但能接受从其他蜂群抽调过来的子脾和蜜粉脾。如果一个蜂场有几群以上的蜂群，就可以在蜂群间调脾补脾，以达到不同的管理目的。

蜂群间调脾补脾，主要是指子脾，其方式有以下几种：

1. 以强助弱　一个蜂场中的蜂群，群势总是有强有弱，通常是不均衡的。在蜂群繁殖期，为了防止强群过早发生分蜂热，并帮助弱群迅速状大，增长群势，可以将强群或壮群（6框以上）中的老熟封盖子脾（即工蜂正在出房或即将出房的子脾），抖蜂后补给弱群，增加弱群的蜂量。同时，将弱群中的虫卵脾，抖蜂后交给强群哺育。

2. 以弱助强　在大流蜜期到来之前，如果预计蜂群在大流蜜期开始时达不到理想的采蜜群群势（7框足蜂左右），此时可将弱群中的封盖子脾抖蜂后交给群势较强的蜂群，让这些蜂群迅速壮大成为采蜜群，而将这些蜂群中造好的新巢脾抽出来交给作为繁殖群的弱群蜂王产卵，或将强群中的虫卵脾交给弱群哺育。

3. 平衡群势　大流蜜期结束后，如果到下一个流蜜期还有较长的一段时间，强群积累过多的工蜂已无用武之地，此时可将强群中的封盖子脾抽出来疏散给弱群、新分群，或用封盖子脾与弱群、新分群中的空脾、虫卵脾对调，以使全场蜂群均衡发展。

4. 调子脾给断子群、病群，稳定蜂群　当发现蜂群中没有虫卵脾，工蜂工作不积极，有可能发生飞逃，此时应从正常的蜂群中调一张虫卵脾给这些蜂群，以防止蜂群飞逃，恢复群内正常的生活和工作秩序。

病群群势削弱或因病需断子治疗并淘汰病脾，要从健康蜂群中抽调子脾、蜜粉脾补给病群，以稳定蜂群，恢复群势。

调脾补脾时应保持蜂脾相称。当蜂场中发现有传染病时，注意只能从健康群调脾给病群，而不能将病群中的巢脾调给健康群。

四、蜜蜂的营养和蜂群的饲喂

（一）蜜蜂的营养

蜜蜂的营养是指其生命活动中所需要摄取食物的种类、数量，食物中所含

营养成分，以及摄取、消化、吸收和利用食物中营养素的过程。

蜜蜂营养不足或各营养素比例失调，会使蜜蜂个体发育不良，抗逆性减弱，寿命缩短，采集力、泌浆力、哺育力下降，使蜂群的增长和生命受到影响，甚至导致蜂群死亡。因此，我们想实现动物（蜜蜂）福利，让其个体和群体健康成长，充分发挥其生产性能，让它为我们提供更多、更好的产品，就不能不了解和关注蜜蜂的营养。

蜜蜂的营养主要有碳水化合物、蛋白质、脂类、维生素、矿物质、水等。在自然界，蜜蜂的营养物质几乎都取自于植物的花朵。花蜜（以及其他花外蜜腺）为蜜蜂提供了充足的能源，花粉为蜜蜂提供生长发育所需的蛋白质、脂肪、维生素、矿物质等营养元素。蜂巢内贮蜜充足而缺乏贮粉，蜂群不能哺育蜂儿；成虫虽能正常成活，但内勤蜂的王浆腺、蜡腺、毒腺等均不能正常发育；蜂群中若只有花粉而没有蜂蜜，也会使整群蜜蜂饥饿而亡。如粉蜜贮存均不足，就会影响蜜蜂的个体发育和蜂群的发展。

蜜蜂的营养物质主要有以下五大类：

1. 碳水化合物　碳水化合物是蜜蜂的能源物质，也是维持蜜蜂生命最重要的物质，它是组成蜜蜂形态结构、基本单位细胞中的物质之一。碳水化合物还能转化为脂肪和糖元贮存能量，以及作为维生素、激素、离子等的载体。

碳水化合物对蜜蜂来说就是为其生命活动和行为提供能量，主要使蜜蜂肌肉收缩、神经冲动传导、产生体热和激发器官与腺体的活动。蜜蜂调节巢温时无论是产热升温还是采水、扇风降温，均需耗能。外界气温11℃时，一只蜜蜂耗蜜量11.0毫克/小时；37℃时，耗蜜量0.7毫克/小时；上升到48℃时，耗蜜量1.4毫克/小时。工蜂在飞行中每小时平均需糖10毫克，雄蜂则需要3倍于工蜂的量。蜜蜂血液中的血糖含量下降到1.0%便不能飞行，低于0.5%时不能爬动。工蜂蜡腺分泌蜂蜡需要碳水化合物作为其原料，蜂群产生1克蜂蜡需要消耗约4.4克糖。在王浆腺的分泌物中含有8.5%～16.0%的碳水化合物。

能够被蜜蜂消化吸收的碳水化合物，主要是单糖（如葡萄糖、果糖）、双糖（如蔗糖等）和三糖（如松三糖等）中的一部分。除蜂蜜外，在众多的糖中，蜜蜂比较偏爱有甜味的蔗糖和转化糖。蔗糖因为价格便宜，容易购买，是蜜蜂很好的补充饲料。蜂蜜中因含有少量的蛋白质（平均为0.3%）、多种氨基酸、酶类（如淀粉酶、蔗糖酶、过氧化氢酸、磷酸酶等）、维生素（尤以B族维生素居多）、微量的矿物质（0.03%～0.90%），营养价值比蔗糖高，但价格较贵。

2. 蛋白质　蛋白质是由多种氨基酸结合组成的高分子化合物，它的主要功能是作为蜜蜂的结构物质，参与细胞及新组织器官的形成。细胞不断更新，损伤的组织器官需要修补，各类腺体的发育和分泌，都需要蛋白质参与。蜜蜂的血淋巴、脂肪体、胸肌、卵巢等都有蛋白质贮备。早春经越冬的蜜蜂把体内贮存的蛋白质转移到王浆腺中，生成蜂王浆。

工蜂幼虫需食用一定量的花粉，蜜蜂成虫羽化后，也必须摄入足够的蛋白质才能正常发育。在实验室条件下，约85％的蜜蜂出房6小时后即取食花粉。蜂群消耗的花粉量与工蜂哺育的强度有关，当幼虫多而哺育不足时，工蜂分泌王浆的哺育期会延长，取食花粉的时间也会相应延长。

蛋白质的营养价值取决于其所含氨基酸的种类和数量。蜜蜂体内不能合成，但其正常发育所需要的氨基酸称为必需氨基酸。蜜蜂的必需氨基酸有精氨酸、组氨酸、亮氨酸、异亮氨酸、赖氨酸、蛋氨酸、苯丙氨酸、苏氨酸、色氨酸、缬氨酸10种。这些蜜蜂生长发育所需的必需氨基酸只能从食物中获取，所以在人工蛋白质饲料的原料选择和配比中，需要注意必需氨基酸的种类和数量。

蜜蜂的天然蛋白质食物主要是花粉，除了上述10种必需的氨基酸外，花粉中的另外8种氨基酸分别是天门冬氨酸、丝氨酸、谷氨酸、甘氨酸、丙氨酸、半胱氨酸、酪氨酸、脯氨酸。蜂花粉中含量较多的氨基酸有脯氨酸、谷氨酸、天门冬氨酸、亮氨酸、赖氨酸、丝氨酸、丙氨酸。花粉中的蛋白质至少含有包括必需氨基酸在内的18种氨基酸，所以能满足蜜蜂生长发育的需要。

来源于不同植物花粉的蛋白质含量、氨基酸总量和各种氨基酸的含量均不相同。花粉中的蛋白质含量在8％～40％，平均为20％～25％。蛋白质含量的高低是评价花粉营养价值的重要标准。长期贮存的花粉，因某些营养成分的损失，会使其营养价值降低。

评价蜜蜂的蛋白质饲料（花粉及花粉代用品），主要应以培育幼虫的数量和蜜蜂寿命、腺体的发育程度、蜜蜂的初生重和体内的含氮量（通常将所测的含氮量乘以6.25即为粗蛋白质含量）、蜜蜂群势增长4个方面来衡量。

3. 脂类 脂类物质是蜜蜂贮存能量的化合物，也是体壁表层和细胞膜的结构成分，其所含热量比碳水化合物更高（其产热效率是碳水化合物的2.25倍）。它对蜜蜂的营养功能主要体现在能源、机体细胞组成、脂溶性维生素（如维生素A、维生素D、维生素E、维生素K）溶剂、食物调味剂等方面。

蜜蜂体内各组织器官都含有脂肪，如神经、肌肉、体壁等。脂类物质还是蜜蜂雌、雄性激素、信息素的前体物质。

有一些脂肪酸在蜜蜂体内不能合成，但又是蜜蜂生长发育中不可少的脂肪酸，如亚油酸、亚麻酸（ALA）等，类脂中的甾醇（如24-亚甲基胆固醇、

胆固醇）也是蜜蜂的主要营养素。

试验表明，在饲料中添加胆固醇、24-亚甲基胆固醇，都能显著提高蜂群封盖子的数量（分别比不添加的对照提高57.5％和52.5％）。在人工饲料中加入胆固醇、八角茴香油、茴香油等，能够起到增香作用，刺激蜜蜂取食，据马兰婷、胥保华等（2013）报道，在人工代用花粉中添加40％α-亚麻酸（ALA）后，蜂群采食量增加，幼虫、蛹和0日龄成蜂（初生蜂）体重显著高于对照组（不饲喂），5群蜂的蜂群群势和封盖子数量分别高于对照组3.36框和1.32框。曾志将（2010）等试验观察，在饲料中添加1％和0.1％（W/W）幼虫信息素中的3种脂类成分（甲基棕榈酸脂、乙基棕榈酸脂和乙基油酸脂），可以显著提高中蜂幼虫重量。

4. 维生素 维生素是动物有效利用食物营养和维持生长、发育、繁殖等生命活动不可缺少的微量营养素。维生素本身不能为机体提供能量，也不能构成组织细胞，它们在体内参与物质的新陈代谢。如果食物中缺少维生素则蜜蜂不能正常生活，产生特异性疾病。各种维生素都具有特殊的功能，不能互相代替。

例如，王浆腺的发育对维生素很敏感，缺乏维生素的哺育蜂取食含维生素的糖液后，24小时内就能分泌王浆哺育幼虫。饲喂每千克含2.5微克维生素E的糖浆试验表明，维生素E能显著促进工蜂王浆腺的发育，使王浆腺的重量于10~18日龄段比对照组高47％~76％，发育盛期至少延长5天以上。刘富海在60％的蔗糖溶液中分别加入维生素C和鞣酸，可使蜜蜂寿命延长15.6％和17.8％，差异极显著。

花粉中一般含有丰富的水溶性维生素，多数花粉中含有维生素B_1、核黄素、吡哆醇、泛酸、烟酸、叶酸和生物素7种B族维生素。此外，花粉中还存在肌醇和维生素C两种水溶性维生素，以及含有大量的维生素A的前体——类胡萝卜素。只要蜂群中不缺乏花粉或蜂粮，就能满足蜜蜂对水溶性维生素的需要。

随着贮存时间延长，花粉中的维生素含量显著下降。庄元忠测定，在-25℃条件下贮存45天，油菜花粉中维生素B_2的含量从0.046毫克/克降到0.016毫克/克。油菜等6种主要花粉贮存一年，维生素C含量下降32.9％~80.0％。维生素含量的下降程度主要与花粉的贮存方法有关。

5. 矿物质 矿物质是指在食物或有机体组织燃烧后残留在灰分中的化学元素。这些元素在有机体中多呈离子形式，也称为无机盐。矿物质是蜜蜂生理活动不可缺少的物质，在酶的活动、神经传导、血淋巴调节、组织代谢等方面均起到重要作用。在蜜蜂饲料中加入0.2％~0.5％的氯化钠可使蜜蜂淀粉酶活性增强，加入0.2%氯化钾可使蜜蜂脂肪酶活性增强。

蜜蜂体内的矿物质至少有27种，主要有磷、钾、钠、钙、镁、铁、铜、锰、锌、硫等，其中磷和钾是蜜蜂体内含量最多的元素。

蜜蜂所需的矿物质元素多从花粉和花蜜中获得，一般情况下花粉和花蜜也能提供蜜蜂发育所需足够的矿物质。

当人工饲养的蜜蜂因外界蜜粉源不足而用蔗糖和人工蛋白质饲料取代天然蜜粉时，或春繁期间蜜蜂不能外出采集时，就有可能出现矿物质不足的现象。这时通过喂淡盐水适当为蜜蜂补充氯化钠可延长寿命（表5-3）、增加采蜜量、加快造脾速度。但矿物质不能过量，食物中矿物质含量过高时会破坏蜜蜂肠道围食膜结构，导致肠中内容物大量聚集，围食膜破裂，甚至导致蜜蜂寿命缩短或死亡（田学军，1994）。如表5-3中盐水浓度为0.1%～0.5%时，工蜂寿命可延长5.1～10.2天，而浓度增加到5%～10%时，寿命反而比对照组缩短4.5～6.4天。

表5-3　氯化钠溶液浓度对工蜂寿命的影响

氯化钠溶液浓度（%）	试验组寿命（天）	对照组寿命（天）	试验组较对照组寿命（天）
0.1	20.9	15.8	+5.1
0.2	22.7	16.3	+6.4
0.5	26.1	15.9	+10.2
1.0	19.8	14.9	+4.9
2.0	17.1	15.8	+1.3
5.0	10.6	15.1	-4.5
10.0	7.8	14.2	-6.4

（引自方兵兵）

（二）蜂群的饲喂

从前面所讲"蜜蜂的营养"中不难看出，充足的饲料（蜜和粉），是保证蜜蜂个体良好发育和蜂群健康发展的前题条件，也是培育强群、夺取高产的重要手段，因此蜂群的饲喂是蜂群管理中一个十分重要的内容。

1.喂糖　蜂群内应随时保证有充足的饲料糖。如存蜜不足，会影响蜂群繁殖，甚至饿死或飞逃。

（1）饲喂方法　给蜂群喂糖，可喂白砂糖或蜂蜜。通常以喂白砂糖为好，白糖无气味，不易引起盗蜂。蜂蜜因有气味（尤其是具有浓烈气味的蜂蜜），外界缺蜜期喂蜜，易起盗。

饲喂白糖时，需先用水将白糖在小火上化开。常用糖浆的浓度为2：1或1：1。2：1就是2份白糖加1份水，1：1就是1份白糖加1份水。据作者测定，1千克白糖用0.5千克水溶解后（即2：1的浓糖浆），其重量为1.5千克，容积为2 400毫升，即这种浓度的糖浆每100毫升中白糖含量为41.6克。1千克白糖溶于1千克水（即1：1的糖浆）后重量为2千克，容积为3 400毫升，即每100毫升1：1的糖浆中白糖含量为29.4克。如需准确记录饲喂白糖的实际用量，可按饲喂的毫升数换算成白糖的饲喂量。如果用蜂蜜作补充饲喂的饲料，通常是3份蜂蜜加1份水。奖励饲喂时，可用蜂蜜2份，加水1～2份。用蜂蜜作饲料，应先将蜂蜜煮开消毒后再用，以免传播疾病。

给蜂群喂糖时的器具可用巢内盒式饲喂器，将糖浆或蜜水装在水壶内，打开箱盖、副盖，将糖浆倒在盒式饲喂器中（图5-11），再盖好副盖箱盖。逐群饲喂，依次进行。用巢门饲喂器喂蜂很方便，这样可免除打开和盖上箱盖、副盖，省工省力，低温时又能避免开盖后降低巢温、干扰蜂群，保证蜂群能正常繁殖。当然，巢门饲喂器也可直接放于箱内饲喂。

图5-11　用巢内饲喂器喂糖
（引自徐祖荫、王培堃）

给蜂群喂糖，一般应在傍晚或夜间进行，饲喂的数量应根据群势大小而定，以当晚蜂群能搬完为宜，以免盗蜂发生。如果实在需要在白天饲喂，也可将糖液装入食品保鲜膜（极薄）中扎成袋，然后在糖袋上部用细铁钉或牙签扎若干个小孔，放于蜂箱内，让蜂自行取食。

（2）饲喂的种类　根据对蜂群管理的目的，对蜂群饲喂可分为补充饲喂和奖励饲喂两种。

①补充饲喂　补充饲喂简称补饲，补饲也称做救剂饲喂。补饲通常在两种情况发生时进行。一种是缺蜜季节，或因气候不良（长期低温、阴雨），蜂群采不到蜜，巢内存蜜不足；另一种情况是蜂群越夏或越冬前未采足越夏或越冬饲料（每框足蜂需1.5千克存蜜），均需进行补饲。

补饲的糖浆要量多、浓稠，通常用2：1的白糖糖浆或3：1的蜂蜜水饲喂，连续饲喂（数晚至十数晚），喂足为止。为防引发盗蜂，弱群补饲最好能补给本场贮备的封盖蜜脾。若无现成蜜脾，可先喂足强群，然后再从强群中抽蜜脾补给弱群。在冬季或早春取蜜后，如突然出现寒潮，群内断蜜，可实行紧急补助饲喂。方法是用白糖1份加0.3份水熬成软糖，待温凉后，倒在15厘米² 的塑料薄膜上做成薄饼状，再倒盖在蜂群巢框上梁，让蜂取食。

平时巢内贮蜜足与不足，是否要进行补饲，主要应通过观察边脾及子脾上的存蜜情况来判断。除越冬、越夏期（另有特殊要求）及大流蜜期外，平时巢内饲料应做到边脾上有一定存蜜，甚至有封盖蜜脾，子脾上方有 2～3 指宽（4～5 厘米）的蜜线（图 5 - 12），这种情况就称蜜足，无需补饲。如果外界有蜜进，但新进的蜜刚好能维持蜂群自身的消耗（即日进蜜量等于蜂群日消耗量），虽没有新蜜积累，但存蜜与上述情况相似，这时也无需补饲。如外界虽有蜜源开花流蜜（或无蜜），蜂群进蜜量不够自身消耗（即日进蜜量小于蜂群的日消耗量），不但新蜜没有积累，存蜜也在不断消耗，当边脾上有少量存蜜或没有存蜜，子脾上蜜线很窄或只有少量角蜜时（图 5 - 13），说明外界流蜜差或蜂群进蜜不好（甚至没有进蜜），巢内存蜜不足，此时如离大流蜜期的时间还长，就应进行连续补助饲喂，一直喂至达标为止。

5 - 12　示子脾上的
　　　封盖蜜线
　　（宽约 3 指）

图 5 - 13　子脾上的角蜜

②奖励饲喂　给蜂群喂糖的另一种情况是：巢内虽然有较多存蜜，但仍要不断少量、多次地给蜂群喂较稀的糖水，饲喂的目的不是因为蜂群缺蜜，而是在于促进蜂群兴奋，蜂王多产卵，蜂群多造脾，加速蜂群繁殖，这种饲喂就称做奖励饲喂，简称奖饲。

奖励饲喂通常在早春繁殖期、主要流蜜期前 45～60 天繁殖采集蜂的时期、人工育王、培育适龄越冬蜂（外界没有蜜源的情况下）时进行。奖励饲喂的糖水或蜜水要稀，以连续、少量、多次为好。每天或隔天饲喂一次。根据群势大小，每群每次喂 50% 的糖浆 0.15～0.3 千克。

2. 喂花粉或花粉代用品

（1）给蜂群饲喂花粉的重要性　花粉（图 5 - 14）既是蜜蜂的产品，也是蜂群日粮中唯一的蛋白质来源（在自然情况下）。据测定，花粉中所含营养元素多达 200 余种，远较蜂蜜丰富。花粉中除含有碳水化合物外（占花粉干重的

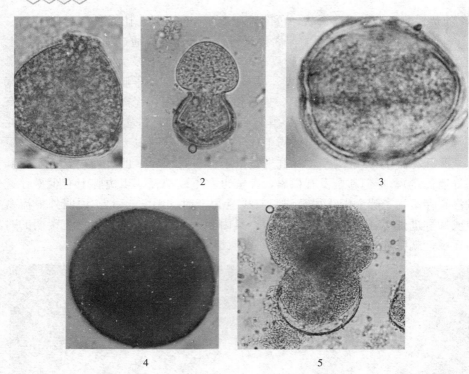

图 5-14　显微镜下不同花粉的形态及花粉中的营养物质
1. 单个的油茶花粉粒，工蜂带回来的每一个花粉团中有上万粒花粉
2. 示油茶花粉中内膜囊包裹的营养物质（已破壁）　3. 单个盐肤木的花粉粒
4. 单个玉米花粉粒　5. 已破壁的玉米花粉

25%～48%），还含有丰富的蛋白质（占干重的 20%～25%）、20 多种氨基酸（占 13%）、脂类（占 5%～10%）、各种酶及辅酶、多种维生素和微量元素，种类十分齐全，搭配非常合理，完全能够满足蜜蜂生长发育和日常生活的需要。哺育 10 000 只蜜蜂，约需花粉 1 千克。只有蜂蜜而无花粉，蜜蜂是不能哺育幼虫、繁殖后代的；没有花粉，成蜂的寿命也会缩短。据王欢等（2013）观察，分别采用蜂蜜、花粉、花粉＋王浆饲喂笼养蜜蜂，并测定它们的平均寿命和 6 个与寿命相关基因的表达。饲喂花粉＋王浆组蜜蜂的生存状况最好，其次是花粉组，蜂蜜组最差。喂花粉显著地影响蜜蜂其中 4 个寿命基因的表达，而王浆只影响卵黄蛋白原基因的表达。广东省昆虫研究所张学锋、赵红霞等于 2011 年在蜂群越夏期间、外界基本无粉源时（7 月 26 日至 8 月 28 日），用纯茶花粉以及茶花粉（占 75%）＋大豆粉、茶花粉（占 75%）＋酵母粉、茶花粉（占 75%）＋大米蛋白粉饲喂蜂群，并标记刚出房的 1 日龄工蜂，发现饲

喂花粉及含有花粉的蛋白添加剂后，都能延长工蜂的寿命，其中喂纯花粉组效果最好，纯花粉组与空白对照组及其他混和花粉组均存在极显著差异，（$p<0.001$，图 5 - 15）。饲喂纯花粉的蜂群还能显著增加蜂王的有效产卵量（$p<0.005$）。另据杨冠煌观察，在有花粉的情况下，工蜂王浆腺的活性比没有花粉的高 0.5 倍以上，哺育幼虫的能力增强。沙特阿拉伯学者研究了当地蜜蜂采集花粉和繁育情况的变化，发现当地 8～9 月蜂群中蜂粮储蓄存量最大，而这两个月也是蜂群中封盖子脾最多的时期（平舜等，2014）。还有人研究（Mattila，2006）秋季蜂群存储的花粉量与春季群势大小有关，蜂群内拥有越多的花粉，春季繁殖期群势增长就越快。

许多养蜂员在蜂群内没有存蜜时，知道应该对蜂群进行饲喂，因为缺蜜会饿死蜜蜂或造成飞逃。但蜂群缺粉时却不知道补饲花粉（或其他蛋白质饲料）。其实，补饲花粉的重要性并不亚于补饲糖水或蜂蜜。

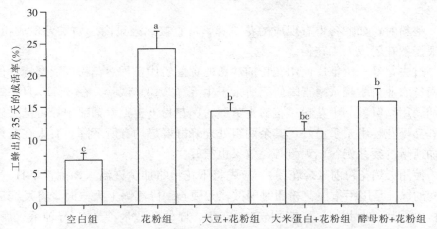

图 5 - 15　花粉及其代用品对工蜂存活率的影响（直方图上小写英文字母相同者表示差异不显著，既有相同字母又有不同字母表示差异显著，字母不同则表示差异极显著）

（引自张学锋等）

（2）喂粉的时期及方法　一般只要外界有植物开花，蜂群内就不会缺粉。但在早春包装繁蜂时，气温较低；或者低温、下雨的时间长，工蜂不能外出采集；以及外界粉源缺乏，蜂群内就会缺粉，这时就需要补饲花粉或花粉代用品。云南省农业科学院蚕桑蜜蜂研究所胡宗文等（2014），曾于 2013 年 12 月 8 日至 2014 年 2 月 12 日，在云南罗平油菜花期，先后三次补饲花粉，尽管外界蜜粉源充足，但由于早春气候不稳定，频繁出现霜冻、低温，影响工蜂出巢采集，补饲花粉的蜂群，其幼虫、封盖子、成蜂量仍然高于不喂花粉的对照组，其中尤以幼虫数量差异极显著（表 5 - 4）。因此，春繁期如气候不良，巢内存粉不足，应及时补饲花粉。至于其他时期，因地区不同，植物、气候差异，缺粉期会不一致。贵州一般在每年的9月中旬至10月上旬会有一段缺粉期。而广东缺粉期大约在11月中旬。湘南地区缺粉期在7月，水稻开花以前。凡缺粉期群内缺粉，都应注意补饲花粉。

表5-4 补饲花粉对中蜂群势变化的影响

单位：框

	喂粉组	不喂粉
幼虫	0.27±0.01 **	0.19±0.01 **
封盖子	0.22±0.02	0.19±0.01
成蜂量	1.93±0.14	1.79±0.1

（引自胡宗文）

注：1. 选王龄、群势相同的各10群蜂参试。

2. ** 表示差异极显著。

喂粉时，如贮备得有现成的花粉脾，可直接插入巢内。如果无现成粉脾，可喂天然花粉或人工花粉。

过去曾经广泛推广使用花粉加炒熟的黄豆粉代替天然花粉饲喂蜜蜂，但据云南省农业科学院蚕桑蜜蜂研究所余玉生等（2013）试验，在8～10月中蜂秋繁期间用新鲜乳品十花粉、花粉十黄豆粉、花粉＋土霉素饲喂中蜂，结果以新鲜乳品＋花粉组繁殖最好，其余两组处理蜂群群势均有所下降。有人在花粉中添加适量的婴儿奶粉、鸡蛋等，效果也很好。

使用天然花粉前（蜂花粉），应先将干花粉略加少许温水，搁置半日发润。发润的标准是用手指捏花粉团时即散，无硬心。待蒸锅上大汽时，将发润后的花粉再洒上一些水，平摊在蒸隔的纱布上，厚约3厘米，蒸15分钟杀灭病菌。待花粉冷却后，用手搓散花粉团，加消毒后蜂蜜少许，揉捏成面团状，干湿程度以稀、软而不烂为宜。然后将调制好的人工花粉或天然花粉，搓成直径3厘米、长10～15厘米的长条或做成花粉饼，放在蜂路或框梁上，让蜂取食（图5-16）。

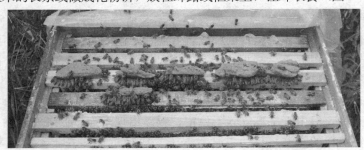

图5-16 喂花粉条（在框梁上喂花粉，工蜂正在取食调制好的花粉）

除天然花粉外，现市面上有现成的蜂用人工花粉出售，使用方便，价格也比较便宜，其营养价值和对蜂群的繁殖效果与天然花粉接近（陈顺安等，2013）。使用时，可按使用说明饲喂。

（3）喂水和喂盐　水是蜜蜂维持生命活动不可缺少的物质。在气候炎热、干燥的季节，凡缺乏清洁水源及离水源较远的地方都应在蜂场上设公共饮水器（图5-17）。饮水器可用木盆、瓷盆、瓦盆代替；也可在地上挖坑，坑内铺一层塑料薄膜盛水（图5-18），水面上放置竹片、木片或剪碎的稻草秆，以便蜜蜂站立取水。

春繁时工蜂需要采水调制蜂蜜和蜂粮，但早春外界气温低，为减少工蜂采水冻死，可采用市售巢门饲喂器喂水（如鸭咀式饲喂器），这样蜜蜂不出巢门即可饮水。如果没有巢门饲喂器，也可用消毒纱布包裹一团脱脂药棉；或取一小块塑料海棉，饱吸水分后置塑料饲喂盒中，给蜂群喂水（塑料饲喂盒中通常分为两隔；其中小隔可放吸水棉纱或海棉）。

图5-17　在水源缺乏的地方设置的喂水装置
（示有开关滴水的塑料水桶和斜放的木板）

木盆　　　　　　　　　瓦盆　　　　　　　　　饮水坑

图5-18　公共饮水器
（引自徐祖荫、王培堃）

蜂群热天转地，可用空脾灌水，放于边脾外侧，让蜂取用。

给蜜蜂喂盐，可结合喂水时进行。在干净水中加入 0.1%～0.5% 的食盐即可。

五、蜂王的诱入、幽闭和贮存

（一）诱王

蜂群诱王，是将交尾群中的新产卵王、刚出房的处女王、已产卵被关在王笼中的贮备蜂王或其他蜂群中的蜂王，介绍到另一个无王蜂群中的过程，这个过程就称做诱王。

蜂群失王、更换老劣蜂王、组织新分群和双王群，解除分蜂热诱入新产卵王，引进良种蜂王时，都需要诱入蜂王。

蜂王诱入前需仔细检查蜂群，发现王台即全部摘除。如果有王台遗漏，诱入的蜂王易被工蜂蜇死；或漏查的王台新王出房后蜇死诱入的蜂王。

蜂群原来如有蜂王，在诱王前半天至一天，要事先将原来的蜂王处死或提走。

诱王时，可采取直接诱入法或间接诱入法。

1. 直接诱入法　直接诱入法通常在外界蜜粉源条件较好，需诱王的蜂群群势较弱，幼蜂多老蜂少，将要诱入的蜂王产卵力强，可采用直接诱王法。

（1）直接诱入　白天除去老蜂王或淘汰王后，夜晚连脾提出交尾群的新王或其他群的蜂王，将此脾平放在无王群蜂箱的起落板上，有王的一面朝上。然后用手指稍微驱赶蜂王，当蜂王爬到蜂箱的起落板上，立即拿开巢脾，蜂王即自动爬进蜂箱。

此外，也可在夜晚把诱王群的箱盖打开，从交尾群提出带王的巢脾后，轻轻地抓住蜂王的翅膀，放在无王群的框梁上，从框顶诱入。用这种方法诱王，应特别注意动作轻稳，不要惊扰蜂群，也不能使蜂王惊慌。

（2）带蜂脾诱入　傍晚从蜂王已产卵的交尾群中提出 1 框连蜂带王的巢脾，放到无王群隔板外侧，保持 1 框左右的距离，经 1～2 天后，再调整到隔板内侧。

（3）喷清水、蜜水或喷烟诱王　傍晚先向无王群喷烟或喷清水、蜜水，如喷清水或蜜水，蜂王体上也应喷少许清水或蜜水，然后将蜂王直接放在无王群的巢框上梁处，从框顶诱入。

（4）混同气味诱王　在诱王前 1～2 小时，把辛辣气味较浓的葱、蒜、花椒叶等切碎，分别放入无王群和蜂王所在的蜂群，或者分别对无王群和蜂王所在群喷洒白酒，待两群气味基本混同一致后，按直接诱王的方法进行诱王。

直接诱王后，不宜马上开箱检查，应先在箱外观察。如蜂箱巢门前工蜂活动正常，一般没有问题，过2天后再开箱检查。诱入蜂王后立即开箱检查，易引起工蜂警觉，可能导致诱王失败。奖励饲喂则有助于提高诱王的成功率。

2. 间接诱王法 间接诱王法，多在外界蜜源不足，蜂王直接诱入较难成功时采用。

实行间接诱王时，要先将诱入的蜂王和几只原群的工蜂，放进扣脾王笼、蜂王盒或可以调整隔栅间距的双层塑料王笼中（将双层塑料王笼的隔栅间距调小后，使外面的工蜂进不去）（图5-19）。如用其他一般王笼，关入要诱入的蜂王后，再剪一小段铁纱网包裹住王笼。关王后将王笼或蜂王盒按压在无王群中央蜜脾未封盖的蜜房上。扣脾王笼扣在巢脾上后，要抽去下部的底板，再将锯齿深插。塑料蜂王盒较重，可用较粗的铁丝弯成两根长短合适的门形卡子，卡在蜂王盒的两端，插在巢脾上。1～2天后，如发现较多的工蜂密集围聚在诱入器上，情绪激动，并发出"嗞、嗞"的响声，啃咬诱入器，说明蜂王未被接受，须再罩一段时间。如诱入器上工蜂散开；或轻对诱入器吹气，诱入器上的工蜂随即散开，说明蜂王已被接受，即可将蜂王自诱入器中放出。

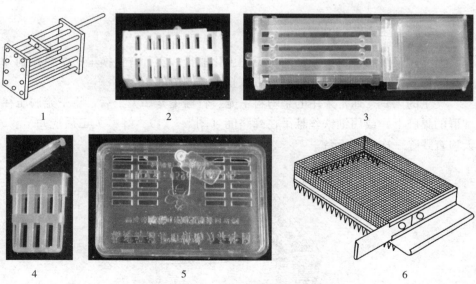

图5-19 各种王笼
1. 竹塑王笼 2. 可调格栅式塑料王笼 3. 带蜜盒的塑料王笼
4. 普通塑料王笼 5. 蜂王盒 6. 扣脾王笼

双王群诱王，如原群内无王，或已提前一天提走蜂王，可同时在隔开的两

个区中分别介绍一只同龄王或新王。如一区有王，另一区无王，应将有王区和无王区完全隔开，不使工蜂通过，再于次日在无王区介绍一只同龄王。

诱入良种蜂王和贵重蜂王，可采用市售塑料全框式诱入器，也称蜂王多用器（图5-20）诱王。此时可在蜂群中抽一脾正在出房的子脾（脾的上部应有存蜜），抖掉脾上老蜂，然后将整张巢脾放入诱入器中，关闭上盖，调整好间距，插在介入群的蜂巢中央。由于蜂王在诱入器上行动自由，又有出房的幼蜂饲喂，几天后蜂王在脾上正常产卵，再拿开诱入器，工蜂便会很快上脾，接受诱入蜂王。

图5-20　塑料全框式诱入器

（二）关王和贮王

治病时强制断子；大流蜜期实行无虫化取蜜；实行有王换王；中蜂控制分蜂热，均要采取幽闭蜂王（也称关王或扣王）的措施。

关王的工具，通常采用的是塑料王笼、竹栅王笼。关王后，将王笼嵌压在本群的巢脾上，或用细铁丝悬吊在蜂路间（图5-21）。蜂群关王后应每5～6天检查毁除一次急造王台。

图5-21　扣王（引自徐祖荫、王培堃）

如几只或 10 多只蜂王同时贮存在一个蜂群内，称做集中贮王。对全场蜂群进行一次性全面换王，可以采用集中贮王的方法，以解决大面积换王和蜂王暂时贮存的矛盾（徐祖荫等，1996；王治荣，2013）。

用来贮存蜂王的蜂群，应在贮王前一天，先将本群的蜂王关在王笼内；也可以现抽调封盖子脾、蜜粉脾组织无王群用于贮王。贮王群群势一般在 4～5 框蜂量即可，做到蜂略多于脾。贮王前一天，被贮存的蜂王也要同时用王笼先扣在本群内。

1 天后先去掉贮王群中的急造王台，然后将分别单独关在各个王笼中的被贮蜂王，从各自的蜂群中取出，再同时放入贮王群内集中贮存。贮王时将王笼用细铁丝吊在蜂群中部的蜂路间，王笼位于巢脾中部，每个王笼间应隔开一定的距离。贮王时，应观察工蜂是否围王。如有围王现象，应暂时提出，待机再贮。成功贮王 2 天后，先将蜂群中的急造王台摘除干净，再放出贮王群的老王，让其继续产卵。

关王、贮王时，应注意观察，将质量好和质量差的蜂王区分开，并作好标记。如新王交尾失败，可自贮王群中调入质量好的老王，以保证换王的安全性。换王结束，除保留个别有价值的老王外，可淘汰全部老王。

（三）蜂王被围的解救方法

介绍蜂王时，蜂王有时不被工蜂所接受，放出蜂王后，工蜂情绪激动，包围、撕咬蜂王，这种现象称为围王。

蜂王被围的原因很多，如直接诱王或释放蜂王时操作不慎，使蜂王受惊，行动慌张；或蜂王错投他群；或因盗蜂、敌害入侵等造成蜂群混乱；或因蜂群失王已久，工蜂产卵，介绍蜂王不被接受，都会引起工蜂围王。

蜂王被围后，不要用手拨开蜂团，以免更加激怒工蜂，撕咬蜂王。一般用喷淡烟或蜜水的方法驱散工蜂。若无效，可速将蜂团置清水面上，将工蜂惊散，然后迅速捉住蜂王观察，若蜂王已伤残，则淘汰；若肢体完整，行动自如，则可关进王笼（或诱入器）内，重新诱入，直至被接受时再将其释放。

六、蜂群合并

蜂群合并，是指将两个蜂群，合并成一个蜂群的过程。早春繁殖时未达到最低标准起步群势的蜂群，晚秋时群势太弱不能安全越冬的蜂群，蜂王衰老群和失王群都应及时合并。

（一）合并蜂群时的注意事项

（1）合并蜂群的原则，一般是将弱群合并到强群中去，无王群并入有王群。

（2）如果两群均有王，须在合并前一天提掉被并群的蜂王。两个弱群合并，只保留较优良的 1 只蜂王。蜂王优良的弱群与准备淘汰蜂王的强群合并，可先杀淘汰王，将弱群蜂王介绍给强群，再行合并。

（3）合并前应抽出多余空脾，紧缩蜂巢（特别是被并群），减少合并时的脾数。

对被并群的巢脾，应仔细检查一遍有无王台。若有，应彻底毁除。然后，将巢脾提在巢箱中央，拆去隔板，使蜜蜂集中于少数几个脾上，以便提脾合并。

（4）合并蜂群宜在傍晚进行，此时蜜蜂全部归巢，无盗蜂干扰。操作时动作要轻稳敏捷，避免惊扰蜂群。

（5）为避免被并群的部分老蜂返回原址，并群后应立即将被并群的蜂箱从原址搬开。

（6）缺蜜、盗蜂严重的季节，合并前可先将蜂王暂时用诱入器关在群内，并群成功后再将其放出。

（二）并群的方法

并群时的障碍，是蜂群与蜂群之间群味不同，若处理不善，会导致两群工蜂互斗，甚至围杀蜂王。因此，并群时要从混同群味入手，方法有以下两种。

1. 直接合并　大流蜜期蜂群受同一蜜源花蜜、花粉气味的影响，蜂群间独特的群味不明显；加之蜂群贮蜜充足，工蜂忙碌，警卫松懈，可直接合并。

合并前一天，应将被并群的蜂王提走或处死，让其处于无王状态，次日傍晚连蜂带脾提入合并群，与合并群最外侧的巢脾相距 3 厘米左右，然后盖上箱盖，次日上午再将两群的巢脾靠拢。

直接合并时，洒 4～5 滴香水或 10 来滴白酒在框梁上，效果会更好。

2. 间接合并　蜂群合并时，大多采用间接合并法。尤其是失王过久，巢内老蜂多的蜂群，更应使用此法。

（1）**巢箱合并**　上午先将被并群蜂王提走，然后将被并群（或无王群）所有巢脾移至巢箱中部集中。另外用铁纱闸板或蒙上铁纱的框式隔王板紧靠主群（并入群）的边脾，垂直插入巢箱，注意堵好铁纱闸板与蜂箱之间的空隙，不让工蜂通过。傍晚，将被并群的蜂箱搬到主群旁，连脾带蜂提到主群蜂箱内无蜂的一侧，在靠近闸板处放入，盖上覆布，关闭被并群一侧的巢门，不让被并群的蜂出来。经一夜群味一致时，撤掉闸板，靠拢巢脾，即合为一群。

巢箱合并时，如无铁纱闸板，也可以利用拉好铁丝的空巢框，将一张大报纸从上到下包住空巢框，然后放在主群（并入群）的边脾旁，并将报纸的多余部分分别紧贴于巢箱的前、后壁和箱底，不让两边的蜂通过，然后在报纸上用铁钉戳几个小孔。傍晚将被并群连蜂带脾提入主群蜂箱中，放在带报纸空巢框无蜂的一侧，紧靠并入群，然后用覆布盖住整个箱面，覆布上再盖2～3张报纸，接着盖上副盖、箱盖。并关闭被并群一侧的巢门，不让蜂出入。隔1～2天，待工蜂将隔在两群间的报纸咬通，两群气味相同，抽去带报纸的空巢框，即并为一群。

（2）继箱合并　用继箱（如无继箱，可用脱底巢箱替代）合并时，在主群的巢箱上放一块铁纱副盖；或在箱口糊上一层报纸，报纸用细铁钉戳10多个小孔，然后将空继箱架到主群的铁纱副盖或报纸上。继箱与巢箱之间应平整无缝，勿使蜂漏出。另将被并群的蜂王提走或处死，毁除王台（如果有蜂王和王台的话），将全部巢脾连蜂提到自身巢箱的中部，撤去保温隔板，让蜂集中在一起。当天傍晚，将被并群连箱一起搬到主群旁，将蜂连脾提到继箱内，然后在继箱上盖上副盖、箱盖。经一夜，工蜂咬通报纸，或通过铁纱副盖使两群蜂的群味吻合后，即撤去巢继箱之间的隔离物，将继箱中的巢脾放到主群的巢箱中，撤除继箱，即合为一群（图5-22）。

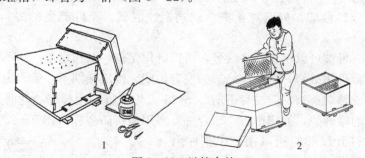

图5-22　继箱合并
1. 将整张报纸糊在主群巢箱的箱口上，再用小钉子在上面戳一些小孔；继箱内无蜂
2. 傍晚时将被并群的蜂箱搬到主群旁，然后将巢脾连蜂提入主群的继箱内，盖上副盖、箱盖
（引自徐祖荫、王培堃）

七、育王

养蜂场每年都要分蜂，培育优良的新王更换产卵力下降的老、劣蜂王，补

充偶然损失的蜂王。因此，不断培育新的蜂王，是蜂场中一项经常性的工作。

（一）人工育王及交尾群的组织

1. 人工育王的方法 从蜂群生物学得知，工蜂和蜂王都是由上一代蜂王所产的受精卵发育而成的。受精卵在工蜂房中发育，则只能成为工蜂，而在王台中发育，则能成为（下一代）蜂王。所谓人工育王，就是按照养蜂者的意愿，采取一定的技术措施，有意识地将工蜂房中的卵或幼虫转移到人工制造的王台中，放到蜂群中哺育，培育出数量足够的优质蜂王。

人工育王的程序包括培育种用雄蜂、组织强大的哺育群培育蜂王、组织处女王交尾三个主要环节。

（1）人工育王的时期 育王最理想的时期是外界蜜粉源充足、蜂群强盛、天气温和（午间气温保持在20℃以上）、有大量的雄蜂出房和雄蜂存在的季节。但根据养蜂生产的需要，凡蜂群产卵育虫的季节都可创造条件育王。

（2）父群、母群及育王群的选择、组织和管理

①父群、母群的选择 父群是指培养雄蜂的蜂群，母群是指用其虫卵脾移虫的蜂群。常言道："好种出好苗"，"娘壮儿肥"。为了培育出种性优良、个体大、产卵力强、能带领强群、生产性能好的蜂王，就必须认真挑选父群、母群。

父群、母群应经过较长时期的观察比较，时间最好是一年或一年以上。从蜂场中挑选3～5群以上，蜂王体型大、产卵力强、卵圈大、子脾封盖整齐、群势强、分蜂性弱、蜂蜜产量高、抗病、性温驯，不好起盗的蜂群作父群、母群。

父群、母群可以不用严格区分，可以既作父群，又作母群。

②培育种用雄蜂 雄蜂与蜂王的发育历期、性成熟期不一致，为使雄蜂和蜂王的性成熟期一致，应在育王前20～25天先培育种用雄蜂。此时应割除非种用雄蜂的雄蜂脾，另用市售"二合一"多用塑料防盗栅（图5-23）安放于巢门前，打开顶部的通风帽，让非种用雄蜂的雄蜂出得去，回不来。同时，保留父群中的雄蜂子，另在父群中插入切去下半部的巢脾，让工蜂造雄蜂脾，培育大量的适龄雄蜂。当蜂群中种用雄蜂大量出房时，即可进行人工育王。

育王群又称哺育群，它是用来放置移虫后的育王框、哺育蜂王幼虫的蜂群。

育王群要挑选群势在6～8框以上、健康

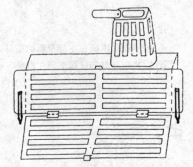

图5-23　"二合一"多用塑料防盗栅

无病、封盖子和幼蜂多、哺育力强、育王时有分蜂热的蜂群作育王群；如果父群、母群的群势达到育王群的标准，也可以作为育王群。育王群在实施人工育王移虫前两天组织。此时应将育王群的蜂王扣在王笼中移寄他群，用无王群育王。也可将蜂群用框式隔王板隔为两区，有王区中有1张蜜粉脾，1张空脾供蜂王产卵；巢门开在无王区一侧，在无王区中育王。如蜂场中有继箱，也可用隔王板将巢、继箱分开，蜂王留在巢箱，用继箱育王。继箱育王区的布置，应至少有1张大蜜粉脾，1张大幼虫脾，1～2张封盖子脾（图5-24）。育王群育王期间不取蜜，饲料不足的要奖饲和补饲。

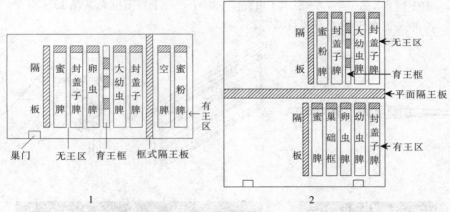

图5-24 育王群的组织方法
1. 平箱育王群　2. 继箱育王群

　　如需提前育王或在辅助蜜源期（非大流蜜期）育王，而本场内又无大群作育王群的情况下，可采取以下办法组织育王群：①从外场购入大群作育王群；②将本场中的两个中等群势的蜂群，合并为一个较强（6～8框以上）的蜂群作育王群；③可挑选本场蜂群中较强的蜂群，从其他蜂群中陆续调出房子脾补给这群蜂，让其迅速壮大起来作育王群。由于此时处于非大流蜜期，应对作为育王群的蜂群不断地加以奖励饲喂，造成外界大流蜜的假像，促进蜂群快速发展，有意识地让它产生分蜂热和培养雄蜂，创造人工育王的条件。

　　（3）人工育王的工具　人工育王的工具有弹簧移虫针、小镊子、人工蜡碗或单个塑料蜡碗、育王框等。

　　育王框的高与宽和巢框相同，厚度只有巢框的1/2。育王框的侧条内侧开有浅槽，可以嵌顿3～4根可以随意从浅槽中拆下来的木条；或者在两个侧条间，等距离用铁钉固定3～4根可以随意旋转方向的活动木条。

　　人工蜡碗用蘸蜡棒（人工蜡碗模棒）和熔化的蜂蜡制作。蘸蜡棒采用纹理细致的木料制成，长约 100 毫米，蘸蜡端通常呈半球形，中蜂用的蘸蜡端半球形直径为 8～9 毫米，距端部 10 毫米处直径为 9～10 毫米。蘸制台基时，事先把蘸蜡棒置清水中浸泡半天，然后提出甩去水滴，垂直插入温度为 70℃ 的蜡液中，连蘸 3～4 次，首次插入深度为 10 毫米，其后逐次减少 0.5～1 毫米，形成底厚口薄的蜡杯。蘸好后放入冷水中冷却片刻，即可旋转脱下蘸制的台基备用。

现市面上可买到用来育王的单个塑料蜡碗呈杯状，上口沿内径 10.6 毫米，高度 11.6 毫米，正好适合中蜂育王使用，初学者容易掌握，育王的质量也很好。

人工移虫前一天，用人工蜡碗或塑料蜡碗的碗底蘸熔蜡黏在育王框木条的中部，每隔 1 厘米黏一个，一根木条可黏 7～10 个，一个育王框总共黏 15～30 个。

各种人工育王的工具见图 5-25。

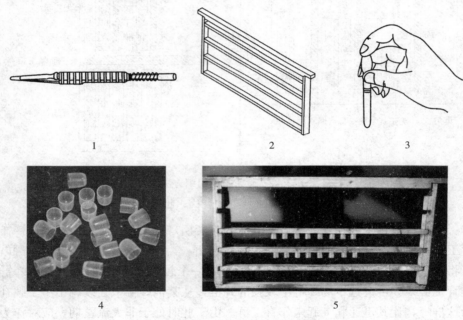

图 5-25 人工育王的工具
1. 弹簧移虫针 2. 育王框 3. 蘸蜡棒（人工蜡碗模棒） 4. 塑料蜡碗 5. 安好塑料蜡碗的育王框

（4）人工育王的步骤 安好蜡碗的育王框，在移虫前半天或一天，要插入育王群的育虫区中让工蜂清理，同时检查、摘除育王群中所有的自然王台或急造王台。

人工育王通常采用复式移虫，复式移虫的意思是要经过先后两次人工移虫的过程。移虫时，将蜂群清理过的育王框取出，取出框条（或旋转框条 90°），让蜡碗面向操作者，平放在提出的适龄幼虫脾上，先用移虫针蘸一小点脾上的蜂蜜，点在每一个蜡碗内，然后将移虫针顺巢房壁插入房底（但不要刻意有挑虫的动作，否则会损伤幼虫），当移虫针上提时，由于表面张力的作用，工蜂幼虫便会随着房底的幼虫浆一起被提出巢房，此时将虫移送到育王框的蜡碗底部，轻压弹性推杆，连浆带虫推入碗底（图5-26、图5-27）。移虫时动作要轻稳、准确，一次成功。移完一框后，将框条插回育王框或旋转框条，让蜡碗口朝下，放回育王群内哺育。

图5-26 人工育王
1.用蜂蜡蘸制人工蜡碗 2.安好人工蜡碗的育王框 3.从小幼虫脾中挑取适龄幼虫
4.移虫针将小幼虫移入蜡碗底部 5.培育好的人工王台，工蜂正在保护王台

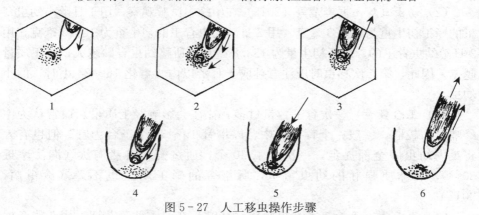

图5-27 人工移虫操作步骤
1.移虫针沿房壁插入巢房 2.移虫针舌片触底后自然弯曲，从巢房底部连浆兜住幼虫
3.将移虫针往上提升，幼虫会随浆带出工蜂房 4.将带虫的移虫针伸入蜡碗内 5.当移虫针舌片快触底时，右手食指轻压移虫针上的推杆柄，推杆端部即将贴在移虫针舌片上的幼虫连浆推入碗底
6.抬起食指，收起推杆，并顺势将移虫针从蜡碗内提出，移虫完成

第一次移虫时应移入 1 日龄或稍大一点的幼虫，以提高接受率。1 天后取出，用小镊子夹去幼虫，留下台内王浆，另移入孵化后 16～24 小时（不超过 1 日龄）、新月形、呈蛋清色的小幼虫。

育王框应插在育王群蜂巢中央的位置，紧靠大幼虫脾。放入育王框后打紧蜂数，做好蜂群的保温工作，并连续 3 天奖励饲喂，以提高接受率。

移虫插框后，通常应检查 3 次。第一次在复移后第 2 天，将育王框旁的巢脾提出，从箱上面查看、统计被接受的王台数。第二次在复移后第 6 天，轻轻剔除瘦小、歪斜、过早封盖的王台。第三次是在复移后第 9 天，这时王台头部开始减薄，呈红褐色，可统计成熟王台数，开始组织交尾群。

2. 影响人工育王质量的因素

（1）幼虫饲料　苏联养蜂学家塔兰诺夫发现，移虫前台基中点入少许蜂王浆和点入一小滴蜂蜜比较，培育出的蜂王平均初生重分别为 187.5 毫克和 199.0 毫克。点蜜移虫的比点浆移虫的蜂王质量好。陈世壁等育王时在台基中分别采取复式移虫、点蜂蜜、干移、点王浆等方法，其结果培育的蜂王初生重分别为 250.52 毫克、250.21 毫克、226.07 毫克、193.1 毫克。点入蜂王浆使培育蜂王质量下降，可能因不同日龄蜂王幼虫食物差别所致。点入的蜂王浆（往往是 72 小时蜂王幼虫的食物）不适合小幼虫的需要。王台中点少许巢房中的新鲜蜂蜜后再移虫，哺育蜂会很快将王台中的蜂蜜吸尽，随后立即对小幼虫进行饲喂。此外，蜂蜜增加了王台中蜂王浆的糖分，有助于刺激蜂王幼虫取食，促使蜂王幼虫发育更完善。

（2）幼虫日龄　据樊莹等（2013）在中蜂中试验观察，用 1 日龄小幼虫育王的蜂王初生重为 177.3 毫克，用 2 日龄幼虫育王的初生重为 153.9 毫克，用 3 日龄幼虫育王的，蜂王初生重为 133.8 毫克。所移幼虫日龄越大，蜂王质量越差。因此，第二次移虫时应注意挑取 1 日龄以内（孵化 16～24 小时）的小幼虫。

（3）王台数量　一次育王数量过多，往往会影响蜂王质量。通常认为中蜂哺育力较弱，一般一个育王群中，以培育 15～30 个王台为宜。但也有人将巢内幼虫脾全部提走，一次育王 60 个，通过蜜蜂自然淘汰（淘汰率近 80%），将体质强壮的幼虫留下，所培育的蜂王质量也不差（徐祖荫，2013）。

（4）育王群有无蜂王　徐祖荫等（1998）在春季油菜花期，用 6 群 9 框群势、已起分蜂热的蜂群育王。其中 3 群提走蜂王，用无王群育王。另 3 群用框式隔王板将蜂群隔为两区，在无王区中育王，但在复式移虫 2 天后关王。试验结果表明，无王群王台平均接受率为 66.7%，蜂王初生重平均 174

毫克，有王群王台接受率 73.3％，蜂王平均初生重 173.6 毫克，两者无显著差异。

（5）哺育群内状况　育王群内状况对培育蜂王的质量影响较大，在哺育蜂多、封盖子多、卵虫少的情况下培育蜂王，蜂王的质量较好。

在生产中实行人工育王时，为提高育王效率，往往在第一个育王框封盖后和不取出的情况下，又放入已移虫的新育王框，认为王台封盖后就不再需要蜂王浆饲料。但试验证明，育王群中有封盖王台，培育的蜂王质量会下降。在没有封盖王台的蜂群中育王，比在有封盖王台中培育的蜂王初生重多 15 毫克。因此，如需重复利用育王群，应在提用王台后，并补入出房子脾的情况下，才能再利用。

（6）台基状况　在培育蜂王的过程中，移虫前应将人工台基放入蜂群内修整、打扫。王台修整至少需要 3 小时。与未修整过的王台相比，修整过的王台幼虫会被提前 1 小时接受。幼虫接受越早，培育的蜂王质量越高。移虫 4 小时内被接受，要比 5～6 小时被接受所培育出来的蜂王初生重多 10～20毫克。

（二）切脾育王

对于初学者或眼力差的人，尚未掌握人工移虫技术，也可以采用切脾育王的方式培育蜂王（图 5-28）。切脾育王的方式简便，初学者最易成功。

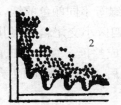

图 5-28　切脾育王
1. 切削方法　2. 切削后建造的王台

当种用群产生分蜂热时，应在同箱中用大闸板隔成产卵区和育王区，组织方式与人工育王的方式相同。从蜂群中选择一张有大量的卵（大部分卵已倒卧在巢房底部）和刚孵化不到 24 小时的幼虫脾，用利刀从巢脾的一角，沿着卵和刚孵化不超过 24 小时的幼虫处（切脾育王质量的好坏，下刀处的虫龄大小很关键），将下部的巢脾切下，使许多快孵化的卵和小幼虫暴露在切口的边缘，这样工蜂就会在切口处筑起王台。根据需要的王台数，可以斜切（刀口短，王台少）或横切（刀口长，王台多）。切脾后 6～8 天检查蜂群，每群选留数个到

10 来个幼虫发育好、位置适中的王台，把急造、细小、歪斜的王台和多余的王台全部毁掉。记录王台中幼虫的日龄，以便准确掌握出房的日期。切脾育王群的管理与人工育王群相同。

（三）自然王台的利用

对于能维持大群不分蜂，子脾大而整齐，以及抗病能力强等蜂群中的自然王台，也可适当选用。将有自然王台的巢脾，提到蜂群中央的幼虫脾旁，让蜂群哺育。巢内饲料要充足，蜂数要密集。并注意检查王台的发育情况，将细小、歪斜的王台除去。在王台出房前 1～2 天介绍给换王群或交尾群。

（四）交尾群的组织和管理

交尾群是诱入成熟王台或处女王，供新王出房和处女王交尾而组织的蜂群。交尾群既可用专用交尾箱、代用交尾箱组织，也可以是无王的分出群或原群换王群。

1. 交尾群的组织　如果是交尾箱，每个小区可放脾 1～2 框，小区间的闸板与箱体之间应严密无缝，使蜂不能通过。交尾箱中通常蜂数不多，群势较小，因此应尽可能不与其他蜂群摆在一起，也不要整齐排列，而应放置于蜂场上明显处。交尾箱每小区应在不同方向各开巢门，并在每区箱壁前贴上黄、白、篮、绿等不同颜色的纸，便于工蜂和处女王识别。

1/2 四区小交尾箱，因其巢脾的长度仅为标准巢框的一半，将两个小巢脾合并即成整框。育王移虫前 3～4 天，并框后插入强群内产卵、贮蜜。待王台成熟后，小巢脾上的子脾已封盖，再拆成 1/2 框，连蜂提出组织交尾群。

交尾群一般在诱入成熟王台前一天组织。在工蜂出勤较多时，带蜂提出一框即将出房的封盖子脾和 1 框蜜粉脾，放入交尾箱内小区即成。同场组织交尾群，有部分工蜂会飞回原群，因此要多提一框蜂抖在小区内，暂用草纸或青草松松地塞住巢门一天，以防部分工蜂飞回原群，蜂数减少，使诱入的王台和子脾受冻。蜂王出房后，如蜂数过少，可抽出多余空脾，密集群势，或提入正在出房的封盖子脾补充。用无王的分蜂群作交尾群，也基本同此处理。

如原群（大群）介绍王台换王，应事先提前 1 天将蜂王处死或关在王笼中，放在框梁上或移寄其他群。继箱群原群换王，可将老王扣在用隔王板分隔的继箱中，1 天后再在巢箱内介绍王台。春季大流蜜结束后全场实行一次性换王，应在介绍王台前半天，按每几只或十几只蜂王为一组，将换王群中已提前一天分别关在王笼中的老王提出，集中贮存在一个贮王群中（具体方法参见本章五、蜂王的诱入、幽闭和贮存）。囚禁、移走或杀死老王的目的，是使蜂群造成失王状态，以便蜂群顺利接受王台。

2. 诱入王台　从育王群中把成熟王台诱入交尾群的时间必须掌握准确，过早会影响保温，使王台受冻；过迟则只要一个蜂王出房，就会破坏掉育王框上的其他王台。一般诱入王台的时间应是复式移虫后的第10～11天。诱入王台前应仔细检查一遍交尾群，彻底毁除自然王台或急造王台。

从育王群中提取育王框分台时动作要轻，附在框条和王台上的蜜蜂，只能用蜂刷轻轻扫落，切忌抖蜂，避免王台受震后损伤蜂王蛹。育王框取出后，用锋利的小刀从底部割取粗壮端正的王台。如果是塑料王台，可透过塑料王台的底部观察蜂王蛹是否正常，正常的蛹体应呈乳白色，然后将正常王台分别介绍给交尾群。

根据有关对巢温分布规律的测定和研究（塔兰诺夫，1975；苏荣茂等，2014），蜂群中中蜂路各点巢温比边蜂路高，各蜂路中心点巢温高于边缘点巢温，蜂路中下部巢温高于蜂路上部巢温，在巢门附近部分的温度比巢脾后部的温度高。因此，诱台时可将成熟王台模拟自然王台的生长情况，将其安放在交尾群巢框的侧条与下梁之间形成的夹角部位（图5-29）；也可以将交尾群巢脾中下部的巢房用手指压塌一些（面积较王台略大一些），然后将王台揿牢固定在巢脾上，保持端部朝下，将此脾安放在蜂巢中部，并尽可能将王台安排在靠近巢门一侧，以利蜂王顺利出房。

1　　　　　　　　　　　　　　　　　2

图5-29　介绍王台（贾明洪摄）

1. 在巢脾上介绍王台　2. 示介绍后的王台

3. 交尾群的管理 检查交尾群，应在上午10点前或下午5点后进行，以免妨碍处女王出巢婚飞。第一次检查，一般在诱台后2天或诱入处女王后一天进行。目的是看蜂王是否顺利出房，处女王是否被接受。诱入后6～8天第二次检查，看蜂王是否损失或交尾情况。如损失，应及时补入一个成熟王台或处女王。已交尾的蜂王腹部变大，有节奏地张缩，行动较稳健；未交尾的蜂王腹部细小，尾端尖，双翅常张开，行动活泼，易惊恐。如蜂王出房后气候不好，阴雨天多，影响蜂王正常出巢交尾，可适当推后第二次检查的时间。第三次检查在10天以后，主要查看蜂王产卵情况。超过半月仍未交尾的处女王应淘汰。因为交尾越晚的处女王，质量就越差。

新王交尾期或产卵期，如缺乏蜜、粉，应在傍晚补饲或奖饲，促使蜂王提早交尾和产卵。

交尾小群守卫能力薄弱，要严防盗蜂。缩小巢门，只容2～3只蜂出入。一经被盗，要立即关闭巢门，采取措施，防止波及其他交尾群。

新王产卵3～5天后，或已在空脾上产满卵，应及时提用。长期把产卵王留在交尾群内，无空脾产卵，蜂王腹部便会收缩，影响卵巢正常发育，再诱入别群，不易被工蜂接受。产卵良好的新蜂王，可组织分蜂群；更换老蜂王；补给失王群；或者补强交尾群，将新产卵王保留作为贮备蜂王等。

蜂王提用后，交尾群还可重复利用，待酌情补充幼蜂和封盖子脾后，再诱入成熟王台或处女王。但在前一个新王产卵已孵化为幼虫后，工蜂会立即咬破诱入的王台，因此需等1～2天，把交尾群筑好的急造王台毁除以后，才能再诱入另一个王台或处女蜂王。

交尾群组成后，应临时编号并作记录（表5-5）。人工育王的日程安排详见表5-6。

表5-5 交尾群记录

交尾期中蜜源植物_____

交尾群号	用脾数	蜂量（足框）	王台类型（自然或人工王台）	母群号	王台介入日期	出房日期	交尾期	初产卵期	产卵情况	诱入蜂王的群号

表 5 – 6　人工育王的工作内容及日程安排

工作名称	选用种群	培育雄蜂	组织育王群	准备育王框	初次移虫	复式移虫	检查幼虫接受情况	检查选留王台	组织交尾群	介绍王台	检查蜂王出房情况	检查蜂王交尾产卵情况	提用蜂王
操作内容	按选种目标,观察3~5群以上的优良蜂群作父群、母群	割除非种用雄蜂群的雄蜂蛹,对种用雄蜂群奖励饲喂,不取蜜	选群势6~8框以上,有分蜂热的蜂群作育王群,将育王群关王或移王寄其他群	用人工蜡碗或塑料蜡碗蘸蜡粘在王框,王框,放在育王群中清理	取出育王框,蘸少许新鲜蜂蜜在蜡碗内,移1日龄或稍超过1日龄的幼虫,让蜂群哺育	夹去育王框中的初生幼虫,再移入1日龄小一点的幼虫		剔除瘦小、歪斜、过早封盖的王台	统计成熟王台,组织相应数量的交尾群	从育王框中取下成熟王台,诱人交尾群,组群前检查,毁除交尾群中所有王台	检查蜂王是否正常出房,淘汰不良处女王	检查是否失王,如失王,应介绍备用处女王,产卵后与有王群合并。出房超过15天仍未产卵的处女王应淘汰	
日程安排	头年观察确定	复移前20~25天	初移前2天	初移前0.5~1天	初移后第2天,此时应有大量雄蜂出房	复移前1天	复移后1天	复移后6天	复移后9天	复移后10~11天	介绍王台后2~3天	新王出房后6~13天	产卵2~3天

4. 培育备用王台，储备处女蜂王 具有一定规模的蜂场，为了对处女王出房不顺利、处女王畸形、飞失、处女王交尾不良的交尾群补充后备王台或后备处女王，应在第一批育王复式移虫5～7天，进行第二批育王。第二批人工育王的数量，通常为第一批育王的1/3左右。

每批育王（尤其是第二批育王）都有可能会有剩余王台。对于分配王台后剩下的王台，要用王台保护圈将王台保护起来，让出房的处女王暂时在保护圈内生活一段时间，以便随时提用。

王台圈可以用24号铁丝绕制，用较粗的圆珠笔笔帽（直径约1.3厘米）作模具，用铁丝一圈接一圈紧紧地缠绕在笔帽上，直到绕到足够的长度（略低于育王框上两个育王条间的距离）为止。取下王台保护圈，将下端部的铁丝圈通过旋转收小，以不使蜂王钻出。保护圈圈与圈之间的间隙应不容工蜂通过（图5-30）。

图5-30 用铁丝绕圆珠笔笔帽制成的王台保护圈

育王框上的王台分配后，用王台保护圈套在剩余的王台上，并用圈上端预先留出的一小截铁丝将王台圈固定在育王框上，仍旧放回育王群内。当处女王出房后，可将王台壳从保护圈内掏出，再固定在育王框上，工蜂可通过保护圈的间隙饲喂处女王。一旦发现交尾群失王，即可将储存在王台保护圈中的蜂王，连圈取下，在王台圈的上端开口处加一小块薄薄的木片或塑料片后，挂在巢脾中间，诱入交尾群，也可用其他介绍处女王的方法介绍给交尾群。

八、分蜂

（一）人工分蜂

人工分蜂是增加蜂群数量的主要方法，有计划、有控制地实行人工分蜂，既可防止分蜂团飞失，又可避免因蜂群发生自然分蜂，收捕分蜂团，引起不必要的麻烦。

人工分蜂的方法有以下几种。

1. 单群均等分蜂 通常在大流蜜过后进行。原群挪开半个箱位，在原址上另外增加一个空箱，与原群并列摆放。将原群的蜜脾、子脾和蜜蜂一分为二，分别放置在两个蜂箱中。每群蜂都只开一个侧巢门，放在左边的一群只开左巢门，右边的一群只开右巢门。其中一群有王，一群无王。没有老王的一群在分蜂的第二天介绍一个成熟王台作交尾群。也可以将老王关在王笼中移寄他群，两群都同时介绍成熟王台作交尾群。介绍王台前应摘除蜂群内所有急造的自然王台。

分蜂后，如有偏集现象，可将蜂多的一箱往侧边拉出一些，关小巢门，以平衡两群的蜂量。

2. 单群不均等分蜂 大流蜜期，对已产生分蜂热的蜂群，可将老王及两框带蜂、带蜜的封盖子脾抽出，另置新址作繁殖群。原群中只保留一个大而端正的成熟王台，其余毁掉；或另外介绍一个成熟的人工王台，用处女王群作采蜜群。为防止分出群因老蜂回巢，分蜂后蜂量变稀，护脾不足，分群时应用青草松塞分出群巢门，待其自行咬开。同时，在分蜂时还应多抖 1 框蜂给分出群。

3. 混合分蜂 大流蜜期即将到来前，可乘天晴老蜂大量外出采蜜时，自闹分蜂热的蜂群中分别抽带幼蜂的封盖子脾 1～2 张（抽脾时，要用喷壶用清水喷湿抽出脾上的附蜂，以利合群），组成有 4 张子脾，1～2 张蜜粉脾的新分群，另置新址，暂时用纸或青草松塞巢门 1 天。1 天后，再诱入 1 只新产卵王或成熟王台。

分群时及分蜂后 1～2 天，要彻底检查所有巢脾（包括巢脾边缘及脾面），毁掉所有急造王台和多余的自然王台，以免引起第二次分蜂。其次，分蜂 1～2 天后要根据蜂量变化（因老蜂回巢），及时增减巢脾，以防冻伤王台、子脾。分蜂后如果气候较差，饲料不足，应及时补饲，以免幼蜂大量出房后因饥饿而死。

各种人工分蜂方法如图 5-31 所示。

4. 补强交尾群 流蜜期交尾新王已产卵，乘天晴采集蜂大量出巢工作时，调强群幼蜂和快要出房的子脾加强交尾群。补蜂必须逐步进行，一次只补 1～2 个带幼蜂的封盖子脾。补蜂时最好双方脾上的附蜂都用水喷湿。

（二）自然分蜂和分蜂团的收捕

旧法饲养的蜂群无法进行人工分蜂。活框饲养的蜂群因管理疏忽，也会产

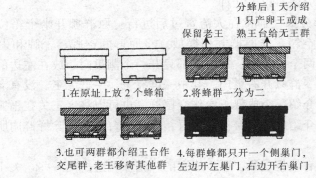

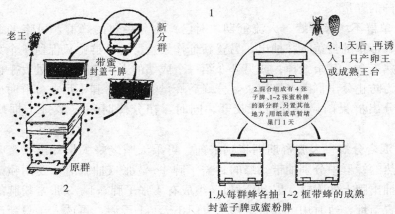

图 5-31　人工分蜂（引自徐祖荫、王培堃）

1. 单群均等分蜂　2. 单群不均等分蜂　3. 混合分群

生自然分蜂。

自然分蜂通常发生在无风温暖、闷热晴天的上午 10 时到下午 3 时这段时间，久雨初晴时最易发生。发生自然分蜂时，大量工蜂簇拥蜂王飞出巢门，在空中飞翔盘旋，然后在树枝或其他附着物上结团。发现自然分蜂，要尽快捕回。

收捕分蜂团，可将收蜂笼［为口径 25 厘米、高约 32 厘米的竹笼（图 5-32），其内壁衬以一层塑料窗纱或棕皮，笼顶系有长带］、斗笠或草帽置分蜂团上方，然后利用蜂团向上移动的习性，喷淡烟驱赶或用蜂刷轻掠蜂团，驱蜂上笼（或斗笠、草帽）。同时，准备一空箱，从原群中提一框蜜脾和一框卵虫脾，置蜂箱一侧，外侧放好木隔板，关闭巢门，放在新址。将已上笼的分蜂团猛然用力振落在箱内空档处，立即盖上副盖、箱盖，过 2～3 小时后，催蜂上脾，打开巢门。隔天再根据群势加脾或减脾。

图 5-32 竹编收蜂笼及代用斗笠
1. 竹编收蜂笼 2. 竹编斗笠

自然分蜂后，应及时检查原群，只保留一个最好的成熟王台，抽出多余巢脾。此后 2～3 天再仔细检查一次，彻底毁除急造王台，以免造成二次分蜂。

九、控制分蜂热

分蜂热是蜂群发展到一定程度，想分蜂，在发生自然分蜂前一系列生理、行为异常改变的现象，大都发生在大流蜜期。蜂群经繁殖，大批幼蜂相继出房，巢内哺育蜂过剩，蜂巢拥挤，巢温增高；卵小管发育的工蜂数量增多，工蜂怠工；蜂王产卵减少甚至停产；出现大量雄蜂子脾和雄蜂；起造王台，出现分蜂前兆。若遇晴天，则很快发生自然分蜂。如不及时处理，往往分蜂后导致群势下降，影响产量。

控制分蜂热，应针对产生分蜂热的原因，采取多种管理措施，预防与控制相结合，才能取得较好的效果。

预防和控制分蜂热，主要有以下措施：

（一）及时扩大蜂巢

1. 加巢础框造脾 加础造脾扩巢，可增加幼蜂的工作负担，并能有计划地更换掉陈、劣巢脾。

2. 适时加脾扩巢，适当放宽蜂路 根据蜂群群势的发展，及时加脾扩巢，让蜂王产卵，蜂群贮蜜。当气候、蜜源条件较好时，可扩大巢门，加强通风，并将蜂路逐步放宽到 12 毫米，以增加巢脾的贮蜜能力。

167

3. 及时扩大箱体容积　当蜂群发展到 7～8 框蜂，有子脾 5～6 张时，应及时叠加继箱、浅继箱或移入卧式箱中饲养，预防分蜂热的发生。

（二）增加蜂群的工作负担

从有关蜂群生物学研究得知，蜂群内哺育蜂过剩，卵小管发育的工蜂增多，是造成分蜂热的重要原因。但卵小管发育是一个可逆的过程，要创造条件，迫使工蜂消耗过剩的营养物质（蜂王浆），使工蜂恢复到正常的工作状态。例如，往蜂群中加入需要哺育的幼虫脾；及时取蜜（恶化蜜蜂的营养条件），增加工蜂的工作负担，那么工蜂已发育的卵小管便都会退化。因此，预防和控制分蜂热，还可以采取如下措施：

1. 提脾摇蜜　当巢内出现"蜜压子"的情况时，应把子脾上过多的蜜摇出，以扩大蜂王产卵圈，使蜂王多产卵，工蜂多采蜜。

2. 与弱群（或副群、繁殖群）**互换蛹脾和卵虫脾**　把强群或已产生分蜂热蜂群内的封盖子脾，提给弱群和繁殖群，另从弱群中抽卵虫脾交给强群哺育。这样一方面可以补强弱群，一方面又可减轻和控制强群发生分蜂热。

（三）毁台，蜂王剪翅和削除雄蜂房

在蜂群容易发生分蜂热的时期，除父群中特地培育的雄蜂子外，应将其他蜂群内有雄蜂房的脾抽出，削去雄蜂房和雄蜂子，放到没有产生分蜂热的蜂群中去修补。

蜂群出现分蜂热后，应每隔 5～6 天检查、毁除一次王台，并将蜂王一侧前翅剪去 1/2，或在巢门口加一块塑料防逃片（图 5-33），以防意外分蜂。

图 5-33　蜂王塑料防逃片

蜂王剪翅时，用右手拇指和食指捉住翅部提起蜂王，换以左手拇指和食指将蜂王胸部夹住，再以右手持锐利小剪剪去一侧前翅的 1/2（图 5-34）。蜂王剪翅后不能飞高、飞远，容易收回分蜂团。一般当年的新王产卵力强，能带领强群，不用剪翅。对上一年的老蜂王，在大流蜜期到来之前剪翅，可以防止发生意外分蜂，避免引起损失。

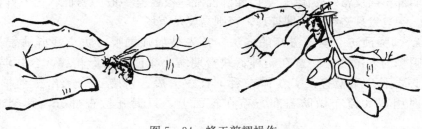

图 5-34　蜂王剪翅操作

（四）早育王，早换新王

进入大流蜜期，若蜂群已经产生分蜂热，出现有卵和幼虫的王台，此时由于蜂王和工蜂在生理上已经发生变化，若仍坚持毁台，只能拖延一时，并不能够彻底消除蜂群的分蜂情绪，毁台后工蜂又会立刻再造新台，造成工蜂长期消极怠工，蜂王产卵量下降，甚至有的蜂群不等王台封盖就会发生自然分蜂，这种情况在老、劣王群中表现尤甚。因此，在蜂群产生分蜂热时，不如因势利导，及早换王（尤其是在春季）。为此，平时要在繁殖小群中培养和储备一部分新产卵王，当大群闹分蜂热时，及时用小群中的新产卵王与大群中产卵力下降的老蜂王相互对调；或者在大流蜜期到来之前，提早育王，当蜂群发生分蜂热时，及时实行人工分蜂，将老王带蜂1～2脾分出作繁殖群，原群介绍成熟王台，用处女王群采蜜（实行无虫化取蜜）；若无预先培育好的王台，也可暂时利用本群的王台，达到既换王又增产的目的。

（五）假分蜂

对蜂王产卵力弱、流蜜初期出现分蜂热的蜂群，可将蜂群移开，在原址换上一个新箱，并用一块木板斜搭在地面与巢门间。找到蜂王后关入王笼内，然后提出巢脾，把工蜂全部抖落在新箱的巢门前，让青年蜂飞翔片刻，然后进巢。搭在巢门前的木板可使幼蜂爬回蜂箱。傍晚时再将放在蜂群内的蜂王，从王笼中放出。经此处理，在采蜜繁忙的季节，一般都能解除分蜂热。

十、蜂群异常情况的处理

（一）盗蜂的预防和处理

外界蜜源中断，久雨初晴，巢内饲料缺乏；晚秋断蜜后气温尚高，工蜂仍在活动，容易出现盗蜂。盗蜂的特征是空腹进、饱腹出；巢门前蜜蜂相抱撕咬；弱群巢门反常"热闹"，巢内蜂群混乱。被盗群一般为弱群、无王群、交尾群。一旦发现盗蜂要立即处理，否则易波及全场。

1. 加强预防　预防盗蜂的方法，首先是加强饲喂，防止蜂群缺蜜；检查、喂糖时勿漏洒糖、蜜在箱外；缺蜜期缩小巢门，堵严箱缝，合并弱群；如无必要不开箱检查；实在需查看，宜在清晨、傍晚工蜂未出工前抽查。检查时用宽大覆布做防盗布，盖在箱面上，只揭开检查部分，其余部分盖严。

2. 止盗方法

（1）改变被盗群的巢门　如盗蜂已发生，先缩小被盗群的巢门，同时对巢门喷水、喷烟驱散盗蜂，然后用青草或树枝遮掩被盗群的巢门。

在巢门前还可作如下处理：盗蜂初起时，用 0.3～0.5 米长的中空小竹筒插在巢门口，巢门与竹筒连接处用土埋掉，另一端开口让本群蜂出入；或用铁纱做成一头插入箱内，另一头向外空出 0.3 米的简易防盗器。如发现意蜂盗中蜂，可在巢门口安装市售多用塑料防盗栅，将两片塑料隔栅合拢，将栅缝调整为 3.7～3.9 毫米，由于栅缝窄，意蜂通不过而中蜂能通过（图 5-35）。

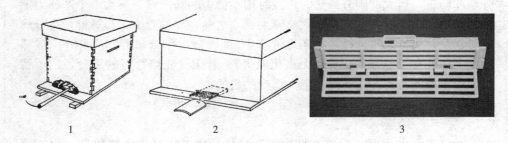

　　1　　　　　　　　　　2　　　　　　　　　　3

图 5-35　巢门防盗装置

1. 竹筒防盗装置　2. 铁纱防盗巢门　3. 多用塑料防盗栅

（2）在被盗群巢门前压死盗蜂　起盗当晚关闭被盗群巢门，在有蜂处卷起覆布一角以利通风。次日早晨守候在被盗群巢门前，将前来盗蜜的盗蜂用器具或用手压死 20 只左右，然后打开巢门，宽度只容 1 只蜂进出，将压死的盗蜂堆集在巢门前。盗蜂被压死时发出的蜂臭会警醒被盗群的工蜂，使较多的守卫蜂守卫在巢门前，巢门缩小后又不便盗蜂进入，盗蜂有时便会制止。

（3）改变被盗群的群味　盗蜂作盗，主要靠记忆及嗅觉，以及盗蜂回巢用蜂舞"报信"，召唤更多的工蜂前来作盗。有时将被盗群在本场内搬离原址，虽然严密防护，但盗蜂最终还是会找到被盗群（鲍敬恒，2013）。因此，对被盗群，一是要用水冲洗巢门，洗掉盗蜂留下的示踪信息素，二是对被盗群巢门及巢内喷白酒或香水，或在被盗群巢门口和蜂群内放捣烂的花椒叶（王保忠，2014），改变被盗群的群味。因盗蜂进入被盗群后，受酒、香水、花椒叶味的影响，回到本群后，会被本群工蜂误认为是别群的工蜂，引起斗杀，使这些工蜂不能"通风报信"，而起到止盗作用。

（4）处理作盗群　据云南省农业科学院蚕桑蜜蜂研究所观察，在采取其他止盗措施后，可将面粉撒在被盗群巢门前，找出巢门前带有面粉工蜂的蜂群，确定出作盗群。然后将作盗群的蜂王关在王笼内，寄存到其他蜂群内2～3天。捉王后对作盗群喷烟5～10次，并连续饲喂2～3晚。作盗群因失王引起混乱，盗性减退。待其工蜂不再外出作盗时，除去盗群中的急造王台，放回蜂王，可解除盗蜂。

（5）收服盗蜂　如确定不出作盗群或多群盗一群，可于晚上将被盗群转移到离本场直线距离2～3千米处。同时另取一箱，内放空脾，用钉固定巢框及副盖，糊严所有箱缝。再用一小块铁纱做成漏斗状，小头开口伸入巢门内，大头稍压扁紧贴巢门，不留缝隙，放于原被盗群的位置。第二天盗蜂出工后，通过铁纱漏斗进入空蜂箱。由于漏斗外大里小，而且伸进巢门有一段距离，盗蜂只能进而不能出。待到天黑，取出铁纱漏斗，关闭巢门，搬到安置被盗群的地方，放在被盗群的蜂箱旁。第二天盗蜂出巢后，发现周围环境发生变化，既找不到原来的蜂巢，且蜂箱内无子又无王，所以只能乖乖地并入被盗群，成为被盗群中的一员而止盗。

（6）及时补饲　如果缺蜜引起的盗蜂，在处理盗蜂的同时，应从当晚起，对所有缺蜜群用浓糖水连续大喂几晚。强群多喂，弱群少喂；或先喂强群，再从强群中抽蜜脾调给弱群，以免再次引起盗蜂。

（7）迁场止盗　如盗蜂严重，全场大部分蜂群起盗或外场蜂来盗，应速迁场到3千米以外的新址安放。

（二）工蜂产卵的处理

蜂群失王后，而急造王台又没有成功，如不及时诱入蜂王、王台或并群，就会发生工蜂产卵的现象。中蜂失王后最易出现工蜂产卵，有时失王3～4天后，就有少数工蜂开始产卵。其特征是：一房数粒，东倒西歪，大都黏在房壁上。工蜂产的卵，只能发育成弱小的雄蜂，如不处理就会全群覆灭（图5-36）。

工蜂产卵若刚发生，可及时提出工蜂产卵脾，从别群抽调正常子脾，并诱

图5-36　蜂群失王后工蜂产卵

入产卵王。工蜂产卵脾中灌浓盐水杀死卵虫，摇出盐水，再用淡水冲洗，脱水后交别群处理。如失王过久，诱王难以成功，则将脾全部提出，将蜂抖在地上，加入1～2张全蜜脾，让蜂进箱，当晚并入他群。

（三）防止中蜂飞逃

1. 中蜂飞逃的原因　中蜂易飞逃，原因很多，诸如外界长期没有蜜粉源、群内缺蜜缺粉；弱群被盗蜂骚扰；疾病重、巢虫滋生、胡蜂侵袭无法抵抗；烟熏；蜂群受强烈震动（如运蜂）；夏日暴晒使箱内太热、湿度低；群内断子；蜂箱异味强烈；过箱操作、管理不当等。

2. 中蜂飞逃的预防及处理

（1）**主动预防**　预防飞逃，关键在于平时注意加强蜂群的饲养管理，做到蜜足、有粉、群强、无病；及时防治敌害，做好巢虫防治和防病治病的工作；缺蜜期到来前要预先喂足饲料，平时发现存蜜、存粉不足，及时补饲，给蜂群创造一个良好、稳定的生活环境。

另外，当蜂群受到强烈刺激后（如运蜂时受震动，蜂群骚动，箱内闷热；过箱时蜂群拆巢、失蜜伤子），应在打开巢门时安装好塑料防逃器（片）；运蜂到达目的地后，先通过纱窗喷清水降温，让蜂群安静后再打开巢门；非大流蜜期过箱后加强饲喂等，以预防蜂群飞逃。

海南岛因气温高，当地中蜂野性强，蜂群缺粉断子后易飞逃，逃群率极高（30％～50％）。为防止蜂群飞逃，琼中县科协邓群青利用中蜂喜新脾、厌旧脾，恋子性强（有子恋巢，无子飞逃）的特性，发明了一种预防飞逃的办法。具体做法是在蜂群缺粉、容易飞逃的时期，选留一块较好的有子巢脾，依据蜂群群势的大小，割去一部分巢脾，然后在这块巢脾的旁边，另外加上1～2根木条，木条宽为30毫米，其余与巢脾的上框梁一致。木条与木条、木条与巢框之间靠拢，不留蜂路。蜂群在木条上造新脾后，蜂王就会在新脾上产卵。只要新脾上有巴掌大小的一块子脾，一般蜂群就不会逃亡（图5-37）。待流蜜排粉期到来，蜂群进入正常状态，再将木条上的巢脾过到巢框上。经此处理，逃群率可下降到10％左右。

图5-37　逼蜂造脾，预防飞逃
1. 中蜂在木条上造新脾产子　2. 巢内状况

（2）发现中蜂有飞逃征兆时的处理

①蜂王剪翅和巢门加装防逃片　蜂群飞逃前，一般都有明显预兆。如工蜂怠工，出勤减少，回巢时带粉少；巢内仅有极少量卵和幼虫（甚至没有），几无封盖子；巢脾陈旧，饲料奇缺；脾上有大面积白头蛹或病死幼虫。一旦发现飞逃征兆，即应将蜂王一侧前翅剪去1/2，或在巢门口加装塑料防逃片或多用塑料防盗栅，防止蜂群飞逃。

蜂王剪翅后飞不远，多在蜂场附近结团，有利于收回蜂群。有时蜂群飞逃后因失王，蜂群会自动回归原箱。

②控王促逃　当蜂群出现飞逃征兆时，顺其自然，采取控王促逃（谭永堂，2003）的办法，解除其飞逃意念。

方法是关王后放入草帽或收蜂笼中，并放一点蜂蜜和少量工蜂，将其挂在10米以外的地方。然后把蜂箱移放到该处，将蜂全部抖于地下，让其飞上草帽结团。巢脾另放一箱，关闭巢门，并不再使用原箱。天黑前，将王笼挂在巢脾中间，抖蜂团于箱内，迅速加盖。等工蜂上脾安静后放王，并连续几晚饲喂1：1的糖浆，3～7天内暂不开箱检查。一般经此处理，次日工蜂便会非常积极地采集和造脾。

（3）发生飞逃时的处理　如一旦发生飞逃，不要慌张，应在蜂群开始飞逃时立即关闭巢门，不让蜂王出巢。飞出的工蜂在箱旁结团后，对蜂团喷水。20分钟后，稍开巢门，让蜜蜂回箱。工蜂如在巢门扇风，说明飞逃意念消失，至晚再作其他处理。

缺蜜季节或蜂病流行时，一群飞逃，常会引起同场蜂群相继离巢。故飞

逃开始时，应立即暂时关闭邻近蜂群的巢门，并注意打开纱窗通风。待对逃亡群处理完毕后，再打开其余各群的巢门。

（4）蜂群发生飞逃后的处理　如蜂群已发生飞逃，在外结团，则按收捕分蜂团的方法处理。收回飞逃后的蜂群，不宜原箱、原址安放，而应换脾、换箱，另放新址（李家勒，2013）。最好是调入蜜脾和虫卵脾，以增强其恋巢性；改变飞逃前的环境，打消飞逃意念，并适当奖饲，促其恢复繁殖，防止再次发生飞逃。

如果多群相继起飞，聚集在一起，形成一个大的蜂团（俗称乱蜂团），那么应首先寻找捕捉蜂王，关入诱王器中保护起来。然后将蜂团分割收捕，抖入各箱，并用诱王器各诱入1只蜂王，暂关巢门，入夜蜂群安定后再开启。经2～3天蜂王被工蜂接受后方可放出。

蜂群飞逃后，如失落蜂王，除回归原箱外，有时也会投入场内其他蜂箱中，引起斗杀，这种现象称做冲群。此时，应立即关闭被冲击蜂群的巢门，暂时移开，另取一个装有2～3框带蜜子脾的巢箱，放在这个箱位上。待蜂群进入后，搬往它处，再将被冲击群移回原位。收进来的失王蜂群要及时诱入1只蜂王，或并入其他群。

（5）采取针对措施，消除飞逃因素　蜂群出现飞逃征兆或发生飞逃后，应及时查明导致飞逃的具体原因，采取有针对性的措施，以彻底清除导致飞逃的因素，稳定蜂群。

十一、收捕野生蜂

我国广大山区、半山区有大量的野生蜂栖息繁衍。收捕野生中蜂加以饲养，可以减少投资、降低成本，解决蜂种来源。

要收捕野生蜂，首先要熟悉野生蜂营巢的自然环境、生活习性和活动规律，并掌握好正确的收捕技术。

（一）野生蜂的生活习性

中蜂不论是家养还是野生，其生活习性基本是一致的。野生蜂筑巢的地点选择非常严格，不论是分蜂还是迁居的野生蜂群，都是在侦察蜂选定营巢地点后才投入新居的。这是因为蜂群生存需要物质基础，蜂巢周围一定要有食物来源；蜜蜂在巢内需要一定的温、湿度条件，蜂巢必须具备容易维持这些条件的特点。蜜蜂的敌害很多，因此蜂巢还应具有敌害不易发现和侵入的特点，这就决定了野生蜂蜂巢多筑造在能避烈日暴晒、遮风挡雨、冬暖夏凉、巢穴口小不易发现、周围有水及有相当数量蜜粉源的树洞、岩洞、土洞、墙洞或古坟内。如果蜜蜂家养违背了中蜂的生活规律，它们也可能举群迁飞，寻找理想住所，变成无主的野生蜂。

野生蜂自然分蜂多发生在春、夏季。因为敌害侵袭、缺蜜、巢内生活条件不适等原因，迫使野生蜂群迁居，又大多发生在夏、秋季。由于蜜源发生季节性变化等原因，在我国南方山区，一般夏季蜂群由低山、平坝向高山地区迁移，春、秋季则由高山地区向低山、平坝地区迁移，并形成一定的迁飞路径（匡邦郁等，2003；颜志立，2013）。掌握了野生蜂筑巢、分蜂、迁飞的规律，就可有目标地进行收捕。

（二）收捕野生蜂的方法

1. 诱捕野生蜂 根据野生蜂选择蜂巢定居的条件，在适当的地点放置使用过的旧蜂桶或旧蜂箱，让自然分蜂或迁徙的蜂群自行投居筑巢，然后搬回家人工饲养，这种方法称为诱捕野生蜂，群众也称之为接蜂、招蜂、安蜂。

（1）放置蜂桶、蜂箱 诱捕野生蜂一般应选择在野生蜂活动频繁的地方。放置诱捕工具，必须目标显著（如孤岩独树），容易被侦察蜂发现；避风向阳；周围有丰富的蜜源、水源；地势要高，雨水不易侵入，如南向山腰中突出的隆坡上、岩壁边，或独立大树的树杈上。为符合蜜蜂向上的习性，放置地点一般应距地面1.5米左右，也可将蜂箱放在野生蜂投居过的岩洞、山洞中（图5-38）。招蜂用的蜂桶、蜂箱，以已经使用多年的旧桶、旧箱为宜；如使用新箱，应用蜂蜜、黄蜡涂抹，文火烘烤发出香味后再使用。

图 5-38 诱捕野生蜂
1. 山崖边放置的诱捕桶（引自《养蜂手册》）　2. 山洞中诱捕到的野生中蜂（贵州锦屏）

如用蜂箱诱捕，为使诱捕到的野生蜂接受活框饲养，可在蜂箱内先放置4～5个装有铁丝和窄条巢础后的巢框，特别是采用巢础条经蜂群修造过的巢框效果更好。但不宜用全张巢础，因为会妨碍新飞来的蜂群团集。在巢框与巢框之间，添加一根10毫米宽、10毫米厚的木条，使巢框紧靠木条。隔板外侧的空间应用稻草塞满，以免野生蜂进箱以后，在隔板外空隙处筑脾营巢。巢门只留10毫米宽。在放置前，应先把巢框、隔板和副盖钉牢。蜂箱最好放在后面有自然依附物的地方（如岩壁边），并把箱身垫高，箱面加以覆盖并压上石头，以防风吹雨淋和小型兽类（如蜜獾等）侵扰。

设置诱捕箱（桶）后，在蜂群分蜂、飞逃的旺季，应每隔5～7天查看一次。久雨初晴，要及时查看，连续阴雨则不必徒劳。发现有蜂投居蜂箱后，待傍晚蜜蜂归巢，关上巢门，连夜搬回。收在老桶中的蜂群次日借脾过箱。若无现成巢脾，则需连续饲喂，促蜂造脾安居，0.5～1个月后再过箱。

（2）挖制土崖蜂窝 利用土崖挖制蜂窝诱捕野生蜂（李正行等，1984），是甘肃陇东一带常用的方法，简便、经济。挖制时，在选好的地点，利用陡峭的土坡或山崖，根据需要挖制蜂窝的数量，切出适当大小的崖面。其容纳蜂窝的数量可以是一两个，也可多达四五十个。蜂窝的高度以便于操作为宜，一般与人的眼睛齐平。若挖制双排，上层要站在凳子上就可操作，不能过高，更不能在地势危险的地方挖制蜂窝。蜂窝为长方形，长450毫米、高245毫米、深400毫米以上。在蜂窝两边侧壁上方靠顶处，各挖一条深槽，槽高33毫米、深20～30毫米。

蜂窝挖成后，使其风吹日晒充分干燥，然后在穴顶槽中架上8根木条，木条宽33毫米、长470毫米、厚20毫米。在木条一面的中心线上焊一道蜂蜡，把木条顺槽推进蜂窝，使焊蜡的一面朝下，紧排在一起。排满后，最外面的木条离穴口应有120毫米以上的距离，在离穴口60毫米的地方竖直撑一排小树枝，然后糊上黄泥，把穴口封住抹光，在下面留一个直径18毫米的圆孔，蜂窝就可以使用了。

土崖蜂窝如接到蜂群，应根据巢门出入工蜂的多少，估计群势大小。待蜂群壮大到可过箱时，再把蜂窝打开，依次取出木条排列在箱中，用框卡将木条卡紧，关闭蜂箱巢门，搬回蜂场。待饲喂一段时间，蜂群稳定后，将木条上的巢脾过到巢框上。取走蜂群的蜂窝再放上木条，封住穴口，继续使用。

2. 招收野生蜂（或分蜂团）

（1）现场招收野生蜂（或分蜂团） 当发现自然分蜂和迁飞蜂群时，可用细砂、细土撒向密集的飞行蜂，迫使蜂群就近降落结团，此时应迅速准备蜂箱。如蜂团吊在树干或房檐等较高地点，可爬树或搭木梯接近蜂团，用收蜂笼或草帽、斗笠、巢脾等置于蜂团上方，然后用蜂刷轻揉蜂团将其赶入收蜂器中，再带到事先准备好的蜂箱边，将蜂团抖于箱内，迅速盖上副盖、箱盖。已养有活框蜂群的蜂场，可抽子脾、蜜脾各1张入内。如招入箱内的蜜蜂又飞出箱外到原处集结，估计蜂王仍留在原处，应再次将蜂团连蜂王一起收回箱内。

为防止收回的蜂群再逃，可在收蜂时小心找到蜂王，用王笼关好，吊放于箱内；或将蜂王一侧前翅剪去1/2，强迫就巢。只要控制住了蜂王，分散在外的工蜂自然就会向箱内集结。

如果分蜂团集结在离地面10米以上（如高树），不便收集，可以采取先迫降、再收蜂的方法，如用长竹竿等工具直接搅散或（梆铁钩）摇散蜂团；或用小毛巾沾上刺激味较强的风油精或清凉油，挂在长竹竿上，伸入蜂团驱散蜜蜂，迫使蜂群重新结团，待蜂群降低到适宜高度时再收蜂。一般蜂团经驱散后，再一次结团的位置，通常会比原来的低，通过1～3次操作，即可获得成功（谢光同，2014）。

（2）设置收蜂台招收野生蜂　如蜂场位置恰好处在蜂群季节性迁飞的路径上，可在蜂场附近，设置一人高的木桩，在木桩上钉一块小木板，做成收蜂台，以便本场的分蜂群和别处迁飞而来的蜂群暂时栖息，将其收捕。

3. 猎捕野生蜂　野生中蜂喜在树洞、土洞、岩洞或坟洞内筑巢。发现野生蜂的蜂巢后，要准备好刀、斧、凿、锄、喷烟器（或用香、草纸卷代替）、收蜂笼、可装3～4张巢脾的接蜂箱、面网、蜜桶等用具，于午后进行猎捕。

猎捕树洞或土洞中的蜂群，应先封住洞口，避免蜜蜂涌出蜇人。做好准备后，可凿开树洞或挖开土洞，通过震动，蜜蜂吸蜜离脾，使巢脾暴露出来，然后割取巢脾，按通常过箱的办法绑脾，将蜂收入接蜂箱内带回。

如野生蜂居住在难以开凿的岩洞、墙洞里，收蜂时应留出一个主要出口，其他洞口用泥土封闭，然后用脱脂棉球蘸30%～40%的石炭酸，从洞口塞入蜂巢下方，再从留着的洞口插一根玻璃管或透明的塑料软管，管口另一端通入接蜂箱内。洞内蜜蜂受石炭酸气味刺激驱逼，纷纷通过管子进入捕蜂箱，待看到蜂王已从管中通过，洞内蜜蜂基本出尽，即可搬回处理。

收捕洞蜂，如采用"活王诱捕"更为省事。诱捕时先从洞口倒入少量有刺激性气味的物质（如风油精、卫生球粉末、石炭酸等），然后从另一个有意留出的、较低的洞口由外向内连续喷烟，当工蜂从主要洞口涌出

时，将关有备用蜂王（淘汰或分蜂换出的老王）的王笼放在洞口处，招蜂上笼。当有工蜂前来饲喂陪伴蜂王后，即把带蜂的王笼放入接蜂箱内，并将蜂箱放在洞口附近。这时被烟驱出洞口飞舞的工蜂便会陆续进入接蜂箱内，此时应注意是否有蜂王自洞内出来。一旦本群蜂王入箱，应立即提出王笼。待蜂基本收完后即关闭巢门带回，给蜂群调入1～2张带蜜的子脾，以安定蜂群。

无论用什么方法收捕到的野生蜂，一般造脾和生活繁殖力都很强，往往1天内就可造出1张完整的巢脾来。因此，可利用这一优点多造脾。

十二、中蜂过箱

中蜂是我国主要的蜂种之一。由于历史、经济、技术等原因，许多农村地区仍用木桶、竹笼作蜂巢饲养中蜂，管理粗放，毁脾榨蜜，生产能力很低。通常每年每群蜂仅产蜜2.5～5千克。实践证明，改旧法饲养为活框饲养，产蜜量可提高2～5倍。

实行中蜂活框饲养，首先必须将饲养在木桶、竹笼或墙洞中的蜂群，人工迁移到活框蜂箱中，这个过程就称做过箱。

（一）中蜂过箱的时机和条件

为了保证中蜂过箱成功，中蜂过箱应在蜜粉源条件较好，蜂群能正常泌蜡造脾、气温在16℃以上的晴暖天气进行。

中蜂过箱一般应在白天进行。但在老桶数量多、摆放密集的蜂场，如白天过箱，常会引起盗蜂，干扰过箱后蜂群的正常生活；或过箱蜂群迷巢冲击其他蜂群，则可采取夜间过箱的方式。夜间过箱时用于照明的手电应用红布包裹，以免刺激工蜂飞翔。过箱的方法与白天基本一致。但对于仓蜂及墙洞中不宜翻巢过箱的蜂群，因空间大，周围环境复杂，夜晚光线不好，不易收蜂，过箱时易失王，则不宜采取夜间过箱。

过箱蜂群一般应在3～4框足蜂以上，蜂群内要有子脾，特别是幼虫脾。3框以下的弱群，保温不好，生存力差，应待群势壮大后再过箱。

如需在蜜源条件不好的季节过箱，过箱后应加强饲喂。

（二）中蜂过箱所需的工具

过箱前要准备好用具，包括蜂箱、穿好24号铁丝的巢框、两块隔板、钉锤或小木棍、收蜂笼（或草帽）、熏烟器、草纸卷、长柄刀、小刀、剪刀、面网、蜂刷、毛巾、脸盆（装水，被蜂蜇时洗手）、郴脾用的撕裂带、细麻绳、细铁丝或橡皮筋、破成两半的竹筷子或竹签、硬纸板、桌子、装蜜脾的桶、舀蜂用的碗或长柄铁瓢等。过箱时最好用旧蜂箱，若使用新蜂箱，可点燃柏枝或蜂蜡熏一下，以便蜂群安居。

（三）过箱的方法和步骤

过箱时一般需 2～3 人协作。由于农村老式蜂桶的取材、式样及摆放形式各异，因此在过箱方法上略有区别，但过箱的程序基本上是相同的。

1. 翻巢过箱　凡蜂桶可以移动、翻转的，都可使用此法。

（1）转桶脱蜂　将旧桶向前或向后移开，原地放上活框蜂箱。揭开旧桶盖，看清巢脾着生的情况，顺巢脾平行的方向将蜂巢翻转，使脾尖朝上。接着用木棍或锤敲击蜂桶，蜜蜂受到震动，就会离脾，跑到桶的另一端空处结团；或将蜂直接驱赶入收蜂笼中（图 5-39）。

图 5-39　转桶脱蜂
（引自徐祖荫、王培堃）

（2）割脾郴脾　右手持长柄刀，左手掌轻托巢脾，沿脾根将巢脾割下，扫去余蜂，放在木隔板上由另一人装脾。

装脾前，先按巢框大小将割下的脾修理整齐，一块不够可 2～3 块拼在一起。尽量保留卵虫脾和粉脾，一般情况下少留蜜脾（但在外界流蜜不好时过箱，则应尽量多留些蜜脾），切掉雄蜂脾，王台应毁除。废脾放入桶内，留待化蜡。

将巢框放在修好的巢脾上面，子脾紧靠上梁内侧，用小刀紧贴铁丝画线，深度为巢脾厚度的 1/2，随即把铁丝用竹筷压进脾内，此时在巢框上再另外加上一块木隔板，将两块隔块夹住的巢框翻转，去掉上面的木隔板，然后绑脾（图 5-40）。

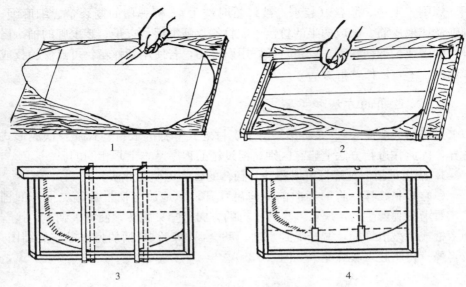

图 5-40　割脾绑脾

1. 切去蜜脾　2. 用刀在巢脾上沿巢框的细铁丝画线　3. 竹签夹绑　4. 硬纸片及细绳吊绑

　　最方便的绑脾方法是用塑料撕裂带捆扎，尤其是大块的巢脾。用撕裂带从巢框的两面箍住将巢脾固定在巢框上，在巢框上框梁的边缘处将撕裂带抽紧并打一个活结（图 5-41）。过 2～3 天后等巢脾被蜂黏牢，此时打开活结，用手拉住撕裂带的一头往上抽出，即可轻松撤绑。还可以用竹签或半边竹筷夹绑。为使竹签或竹筷便于捆绑又不致过长，过箱前应事先将其截成合适的长度，即较上下梁之间的长度长 2～3 厘米。绑脾时，用竹签或半边筷子从两边夹住巢脾，两端用剪短的细铁丝或橡皮筋固定。如使用橡皮筋套扎，还可事先在竹签同一侧的两端，分别用锋利的小刀刻出两个浅槽（图 5-42），这样在绑脾时用

图 5-41　塑料撕裂带绑脾（夹绑）

图 5-42　刻有浅槽的竹签

橡皮筋套在浅槽上，可使橡皮筋不致滑落，以提高绑脾的速度。

对于不满巢框的小脾，则采用吊绑的方法，用硬纸板托住巢脾下端，用撕裂带或细绳固定在上框梁上。

绑好的脾，立即放入新箱内。大子脾放中间，较小的依次放两边，蜜粉脾放在两外侧，蜂路保持8～10毫米。

（3）抖蜂、舀蜂　待巢脾全部装好放入蜂箱，加上隔板后，缩小巢门。然后把老桶内的脾根、蜜汁清除干净，两人抬桶，猛力将蜂直接抖入箱内；或抖到预先铺在地上的塑料薄膜上，然后将薄膜迅速卷起，将蜂团倒入箱内（图5-43）。用收蜂笼收集的蜂团也可直接抖入箱内。抖蜂后，立即盖上箱盖。

图5-43　抖蜂入巢
1. 抬起蜂桶，猛力抖桶将蜂团震落在塑料薄膜上
2. 将塑料薄膜上的蜂团迅速收拢，倾倒在蜂箱内靠近巢脾的空位上，立即盖好箱盖
（引自徐祖荫、王培堃）

在过箱操作中，动作要轻快，尽量不要压死蜜蜂，时间最好不要超过0.5小时，防止震散蜂团。如果蜂团一旦被弄散，应注意查看。发现蜂王起飞，注意观察去向，抓回蜂王。

当蜂王进箱后，一些工蜂会在巢门前发出蜂臭，招其他工蜂进箱。如抖入（或舀入）箱内的工蜂仍往箱外飞，不在箱内结团，说明蜂王仍在箱外，要注意查找工蜂结团的地方。由于蜂王是产卵王，身体重，飞不高，蜂王结团处往往多在附近低矮处及地面。找到蜂王后，可连同蜂团一起收回，放入蜂箱。如割脾时发现蜂王留在脾上，应捉住关在王笼中，放在箱内，待过箱完成后，再放出蜂王。

过箱后，对洒落在箱外、地面的点滴残蜜或碎脾，应及时用水冲洗，收拾

干净，以防起盗。

2. 不翻巢过箱　对仓蜂、墙洞中等不能移动蜂巢的蜂群，可采用此法。割脾前，仍然采用木棍、钉锤，在蜂巢着生的一侧，敲击震动，催蜂离脾结团。仍按翻巢过箱的方法割脾、装脾和绑脾，放入蜂箱，然后用碗或长柄铁瓢，舀蜂入箱。收蜂入箱时，也可用较大的塑料口袋（透明的最好）笼住蜂团，从蜂团根部逐步收拢，将蜂驱赶入塑料袋中，再倒入蜂箱内。过完箱后，可将蜂箱暂时安放在蜂群的原址。如果不方便安放或管理，也可以每天挪动0.3～0.5米，逐渐移到适当的位置放置。

3. 借脾过箱　如果场内已有活框饲养的中蜂，根据过箱蜂群的群势，可先从中抽出1～2张子脾，1～2张蜜、粉脾放入蜂箱内，并将蜂抖入（或舀入）蜂箱，及时盖上箱盖。另将过箱时绑好的巢脾换给原活框饲养的蜂群修整。

（四）过箱后的管理

过箱1～2小时后，从箱外观察蜂群情况。若巢内声音均匀，出巢蜂带有零星蜡屑丢弃，说明蜂已上脾，不必开箱检查。若巢内喧闹不止或无声音，则没有上脾，应开箱察看。若蜂在箱的内盖、箱壁、箱角上结团，应用蜂刷轻扫，催蜂上脾；或将巢脾移近蜂团，让蜂上脾。为防止过箱后蜂群逃亡，可在巢门前加装塑料防逃片（或多用防盗栅）。

过箱后的第二天午后，可开箱快速检查，注意蜂王是否存在、巢内有无存蜜、巢脾是否修补、工蜂是否护脾、有无坠脾或脾面破坏等情况。若出现坠脾或脾面被破坏，应抽掉或重新捆绑；巢内缺蜜应从当晚起连续进行补饲。若蜂群失王，弱群应并入他群；强群及时诱入蜂王或将较好的急造王台留下。

过箱3～4天后，凡巢脾已黏牢的，可除去捆绑物；没有黏牢或下坠的，要进行矫正。不平整的巢脾要削平，使蜂路通畅，同时将箱底的蜡屑污物清除干净，以后按常规进行检查管理。

中蜂过箱后，频繁开箱检查；长时间查找蜂王；脾距过宽（超过10～12毫米）；急于加框，蜂少于脾；过度取蜜；缺蜜后又未及时补饲，均是初学活框养蜂者易犯的错误，应防止。

需要特别指出的是，中蜂过箱只是迈出了中蜂活框饲养的第一步。自20世纪50年代末到60年代初大力推广中蜂过箱以来，无数的事例说明，中蜂过箱后不仅能明显地提高产量，也给中蜂养殖户带来了相当可观的经济效益。但是，其中也有一定比例过箱后的中蜂状况不能尽如人意，诸如出现箱养中蜂群势变小，不如桶养中蜂；易患中囊病等，甚至有的地方出现从新箱返回老桶的情形。究其原因，仍然是过箱后饲养管理不到位，措施不正确，技术服务跟不上的老问题。正如 1985 年 9 月在湖北恩施召开的全国中蜂科学饲养推广工作会议指出的那样，中蜂科学饲养，"单有过箱操作技术不行，还需要有过箱后一系列管理技术的配套才能完成"（李位三，2007）。例如，贵州省纳雍县有中蜂 1.01 万群。2013 年 6 月以前，全县 99.5% 的蜂群均为传统饲养。针对本县资源状况，该县农业局下大力气推广中蜂活框饲养，由县农业局副局长亲自抓该项工作，并经常利用休息日，带人下乡帮助农户过箱，指导养蜂管理技术，同时根据不同季节的管理要求，连续举办了 3 期培训班。自 2013 年 6 月首次办班时起，到 2014 年 7 月止，在近一年多的时间里，全县共建示范蜂场 34 个，带动周边农户过箱 68 户。全县中蜂改良 1 420 群，成功率 80%，规模最大蜂场达 72 群。其中沙包乡周家贵蜂场 2013 年改蜂 18 群，分蜂 2 群，至 2013 年 11 月 2 日，其中 14 群蜂收野藿香蜜 105 千克，当年收入 2 万多元。寨乐乡双山村李军蜂场，2014 年年初有蜂 15 群，因他肯钻研，管理细，又初步掌握了人工育王技术，到 2014 年 7 月，已繁殖到 102 群，其中出售 30 群。由于纳雍县注重过箱后的技术服务，所以，该县中蜂过箱的进度快、效果好。因此，在中蜂过箱的新区，一定要对养蜂户加强技术培训，实地跟踪指导，不断提高他们的实际操作技能和饲养管理水平。

十三、活框、活梁半改良式养蜂

所谓活框、活梁半改良式养蜂，就是利用较为规整的老式蜂桶、土坯（或砖基）、蔑编（或荆编）蜂箱，或者某种定型的蜂箱，仿照活框饲养的方式，用空巢框或木条（即活梁）饲养。在蜂群的管理上，则基本按照传统（简单化）的管理方式进行，1 年至少可取 1～2 次蜜。

这种养蜂方式虽然是按照传统方式去管理，少花工，但又因为巢框或活梁（木条）可以移动，因此必要时可以观察蜂群的内部情况，割除王台或人工控制分蜂，也可以提取贮蜜较多的巢脾取蜜，或只割取巢脾上有蜜的部分（用巢框时），不伤子。这样就比纯粹传统的方式前进了一步，所以将这种饲养方法称为半改良式饲养，它是传统饲养向活框饲养的一种过渡形式，或者是除传统饲养、活框饲养以外的第三种中蜂饲养方式。这种管理方法，也可称之为中蜂的简单化管理模式。

中蜂从旧式蜂桶转到蜂箱中饲养后，有利于人们对蜂群进行观察，并采取必要的干预措施，对蜂群进行管理。但是由于人们的饲养管理水平和经验不同，会对蜂群产生不同的结果。有的是正向干预，比如及时补蜜补粉、加脾扩巢等；而有的则因采取不当措施，反而会对蜂群产生负面的影响，如频繁开箱、过长时间的观察、过度取蜜等，导致蜂群群势下降，抵抗力降低。广东省昆虫研究所罗岳雄、谭斌等在广东及湖北神农架等地调查，发现活框饲养的群势不如桶养的大。为此，他们做了一个有趣的试验，其中10群中蜂按现有方法进行管理，另8群采用近似于旧式蜂桶饲养的方法管理，即除加脾和收蜜外，尽量不开箱检查。经半年后检查，用现有方法管理的蜂群平均群势只有4.3框，最强的有6框，其中40％发生中囊病。基本不开箱检查的蜂群达5～7框，最强8框，有病的只有一群。结论是管理技术不当，对蜂群干扰过大。因此，对一些饲养管理水平较低又经验不足的新区、新手来说，半改良式饲养是一种较好的方法。

半改良式饲养管理方法简单，适合年龄大、文化水平低、长期习惯传统饲养的农户以及活框饲养推广难度大的地区使用；对那些蜜源种类虽多，但比较零星分散、蜜源条件不是太好，通常一年只取1～2次蜜的地区，也有较大的推广价值。这种活框、活梁式养蜂，国外过去和现在都有应用（图5-44）。

1   2

图5-44　国外活梁饲养

1. 希腊的上梁（活梁）蜂窝。17世纪，希腊养蜂人使用枝条编织的圆桶形或长方形筐饲养蜜蜂，用37.5毫米的木条并在一起作盖板，实行活梁饲养。图为R·戈丁1847年对这蜂窝的改进型　2. 现今国外仍使用的活梁养蜂

实行半改良式饲养管理的要点如下。

（一）使用的箱（桶）型

实行半改良式饲养，可使用较为规整的老式蜂桶、土坯或砖基、土窑式蜂

箱，只要是能在箱沿上开凿（或添加）出搁置巢框或木条（活梁）的框槽，都可采用。

例如图5-45所示的蔑箍式圆卧桶，桶用弧形木板和杉树皮做成，分为桶盖和桶身两部分。桶壁厚（木板加木皮）15～20毫米、长66～68厘米、内直径47厘米。桶的两档头为木板，在桶身下部木板的口沿处凿有框槽。桶内可放10～11个郎氏巢框；若将部份巢框高度缩短，箱内侧还可多放2～3个短巢框。用这种方式养中蜂，就称做老桶新养（即外形为老桶，桶内采用活框饲养）。

图5-45 老桶新养（贵州开阳）
1. 蔑箍式圆卧桶外观 2. 桶盖和桶身 3. 桶内活框饲养的蜂群

另外一种叫新桶老养。虽然是采用活框饲养，但仍按传统饲养的方式去管理。新桶老养可采用任何一种已经定型的中蜂箱，但以采用容积较大、巢框宽高比值较大的蜂巢为好，如高窄式、高框式十二框中蜂箱，这样巢脾除有足够面积的育子区外，还有较宽的贮蜜区。同时宜采用活动箱底，以方便打扫，避免滋生巢虫。

这两种方式都属于新老结合、半改良式饲养。

（二）活框、活梁的设计

除使用已经定型的蜂箱外，其余蜂箱（巢）活框上梁或活梁的长度应随所使用的蜂箱（桶）而定，巢框上梁宽25毫米、厚19毫米。侧条最长以不超过300～350毫米为宜，具体长度应视箱（桶）型而定，使下梁底至少应距箱底16～20毫米。

活梁相当于巢框没有侧条和下梁的上框梁。活梁厚19毫米，但宽为35毫米，较巢框上梁宽10毫米。用活梁养蜂，最好在其腹面中间开有一条类似于巢框一样的巢础沟。在木条加入蜂箱之前，应将巢础剪下一溜1厘米宽的窄条，将其用熔蜡焊牢在巢础沟内；或直接焊一道蜂蜡在活梁腹面的中线上，以便引导蜜蜂在蜂箱内有规则地造脾筑巢。

185

活框与活梁比较，以使用活框为好。因为活框中间可以拉铁丝，以固定住巢脾，取蜜时可只割取上部的封盖蜜脾而不伤子。如果使用的是现已定型的活框蜂箱，取蜜时还可以使用配套的摇蜜机摇蜜。这样可最大限度地保留住子脾，蜂群发展快。

如果以割脾与摇蜜相比较，则以用摇蜜机取蜜为好。采割巢框上的蜜脾后，蜂群因要补造巢脾，会耽误采蜜贮蜜的时机，通常要比用摇蜜机摇蜜的蜂群少取一次蜜（图5-46）。

1　　　　　　　　　　　　　　2

图5-46　割脾取蜜与摇蜜机取蜜的比较（2014年9月盐肤木花期，
摄于贵阳市白云区瓦窑寨）

1. 瓦窑寨一养蜂户因巢框不规范，不能用摇蜜机摇蜜，采割巢框上的蜜脾后，
蜂群要补造巢房后才能装蜜，装蜜少
2. 同寨邻居用郎氏箱饲喂的蜂群，与图左中蜂群同期取蜜7天后，巢脾上又重新满蜂蜜并封盖

（三）活框、活梁的排列及加框（梁）规范

使用活梁时，将每根活梁紧密排列，一次可排6～8根，让蜂群在活梁上营造自然巢脾即可。

但如果使用活框，开始实施半改良饲养时，仍应采取过箱的方式，将桶中的蜂群转移至蜂箱中。过箱后，在每两个巢脾之间，加上一根宽10毫米、厚10毫米的木条，与巢框紧密排列，控制好蜂路（10毫米），使蜂群不造乱脾，好管理。木条封闭上蜂路后，又能起到保温作用。除分蜂季节及大流蜜期外，一般每隔10～15天打扫一次箱底，不用开箱提脾检查，以免打扰蜂群。如需检查，可先开启木条，然后再提出巢脾检查。

半改良式加框，除早春须紧脾繁殖、保持蜂脾相称或蜂多于脾外，当蜂群过了更新恢复期后，即可一次性多加几个空巢框，这样可精减管理程序，既少干扰蜂群，又不影响蜂群扩展；同时要注意不能过度取蜜，给蜂群留足饲料，这是半改良式饲养的核心和要旨。

加框时，可在蜂巢外侧边二脾的位置上，加上一张空巢框（这张巢框最好能上半张巢础，以加速蜂群造脾）；另在靠箱壁处及隔板内侧，分别各自添加一张拉好铁丝的空巢框，这样等于一次就加了3张空巢框（图5-47）。加框时同时上好木卡条，让蜂群自行造脾、发展。当外界流蜜，蜂群已造脾到边框时，应根据群势，再按此法及时添加2～3个巢框及卡条。这样加框，既不破坏蜂巢的完整性，又使蜂群在较长一段时间内有足够的空间扩巢。到大流蜜期，当观察到边脾贮蜜并封盖时，即可提出大部分封盖蜜脾取蜜。

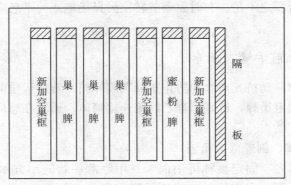

图5-47 半改良式饲养加框规范

实行半改良饲养时，巢框可以上巢础，也可不加巢础，上巢础的好处是蜂群造脾快速、整齐。加巢础时可以只加半张，下边让蜂群自行接造，但巢础必须黏牢，不能翘曲。

半改良式饲养的管理方法基本与传统饲养无异，简单省事，不需要太复杂的技术。

（四）育王与分蜂

用本法饲养，既可利用自然王台人工分蜂，也可利用人工育王的成熟王台分蜂。分蜂方法与活框饲养的方法一致。

（五）淘汰旧脾

与传统饲养法一样，用此法饲养的蜂群，取蜜后要根据巢脾的新旧，及时淘汰掉一部分（1/3～1/2）老旧巢脾和虫害脾化蜡，以免滋生巢虫。摇蜜后将要淘汰的旧子脾放于边脾的位置，待幼蜂出尽后即可提出巢外。

（六）补饲

缺蜜期、过冬前蜂群如缺蜜，仍需给蜂群喂足优质饲料，以保证蜂群安全越冬和度过缺蜜期。

十四、中蜂转地

中蜂主要是定地饲养，但因定地饲养条件的局限，蜜源单纯，不利于夺取高产。为了追花夺蜜，有时也需进行几十至上百千米范围内的小转地饲养，以弥补定地饲养蜜源之不足。有时因季节转换另择场地或为平息盗蜂等原因，也需转地。

（一）转地前卡蜂、装车

为避免巢脾移动挤死蜜蜂和防止蜜蜂飞离蜂箱，转地运输前需对蜂群进行包装。主要是固定巢脾，钉好副盖，继箱连接箱体。通常在启运前一天或当天进行。

1. 固定巢脾、副盖（或箱盖）

（1）框卡固定　固定巢脾可用框卡（用厚薄一致的小方木块钉一棵小铁钉，铁钉要留一部分在木块外，以便挂靠在巢框上梁处），放在脾与脾之间，卡紧巢脾，使其不能松动，再用小铁钉将最边上的1张巢脾固定在框槽上。然后，把隔板移靠在无蜂的另一侧箱壁旁，或用隔板卡卡在边脾与隔板上。最后，用钉将副盖固定在箱口上。现市面上有整条的塑料框卡出售，可以代替木框卡，提高工效（图5-48）。

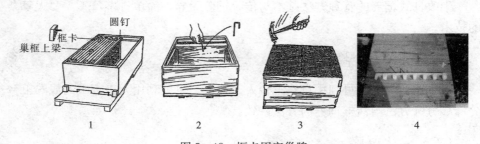

图5-48　框卡固定巢脾

1. 固定巢脾　2. 用隔板卡固定隔板　3. 固定副盖　4. 塑料框卡

（引自徐祖荫、王培堃）

188　　（2）车胎环布条固定　这种方法比框卡固定简便，劳动强度低，省工省时。方法是：分别在蜂箱左右两侧箱壁的外侧，靠近前后壁两端的中上部各钉一颗铁钉，然后用条状的塑料海绵或将儿童玩的塑料泡沫垫切成条，放置在箱内巢框的两端（海绵条的长度与蜂箱内放脾的宽度大致一致），再加上副盖。用一根中间通过自行车或摩托车内胎环（将内胎切成环状）连接的布条，一头先拴（或套）在箱壁一侧的铁钉上，通过布条将压在巢框上的副盖和海绵条勒紧，再拴在另一头箱壁的铁钉上，不使巢脾移动和蜜蜂跑出（图5-49）。加自行车内胎环的目的是增加布条的弹性。

1　　　　　　　　　　　　2　　　　　　　　　　　　3

图5-49　车胎环布条卡蜂

1. 在上框梁上放塑料泡沫条　2. 在箱壁一侧的铁钉上，拴上车胎环布条，并拉紧
3. 将拉紧后紧压副盖的布条缠绕在另一侧箱壁的铁钉上，然后将布条多余的部分，
塞入压在箱盖上的布条之下固定，以便到目的地后方便拆绑

　　（3）自行车（或摩托车）链条固定　　另一种方法是将自行车（或摩托车）的链条拆成单节，然后将其钉在箱口侧壁的4个角上，同样要用海绵条放在巢框两端，然后用一块与蜂箱内围大小一致的副盖（或用木板做成的箱盖）放在海绵条上，将副盖与海绵条紧压在巢框上，并旋转自行车链，将副盖（或箱盖）与箱口固定（图5-50）。这样卡蜂的速度很快，两个人卡蜂400～500群，只需半天左右。

1　　　　　　　　　　　　　　　2

图5-50　链条卡蜂

1. 将塑料海绵条放在巢框上　2. 压上箱盖板，旋转自行车链，固定箱盖

2. 连接、固定巢继箱

（1）弹簧连接器　连接巢继箱箱体可用弹簧连接器。每箱共用4个，前后壁的左右各1个（市场上有售）。弹簧连接器的使用详见图5-51。包装完成后，要仔细检查堵塞箱上的缝隙和漏洞。

（2）扣式连接器　由扣钩和搭钩铁片构成。扣钩形如皮箱扣，搭钩铁片呈乙形。每套蜂箱安装4副，2副1组固定在上下箱体相应的箱壁上（图5-52）。连接蜂箱时，扣钩向上搭入搭钩铁片的钩中，随之下板扣合即成。

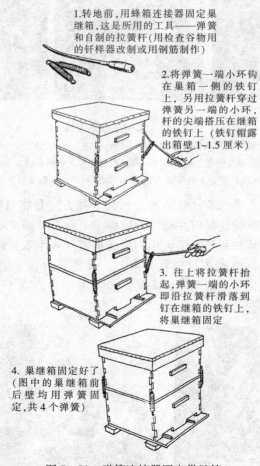

1.转地前，用蜂箱连接器固定巢继箱，这是所用的工具——弹簧和自制的拉簧杆（用检查谷物用的钎样器改制或用钢筋制作）

2.将弹簧一端小环钩在巢箱一侧的铁钉上，另用拉簧杆穿过弹簧另一端的小环，杆的尖端搭压在继箱的铁钉上（铁钉帽露出箱壁1~1.5厘米）

3.往上将拉簧杆抬起,弹簧一端的小环即沿拉簧杆滑落到钉在继箱的铁钉上,将巢继箱固定

4.巢继箱固定好了（图中的巢继箱前后壁均用弹簧固定,共4个弹簧）

图5-51　弹簧连接器固定巢继箱

（引自徐祖荫、王培堃）

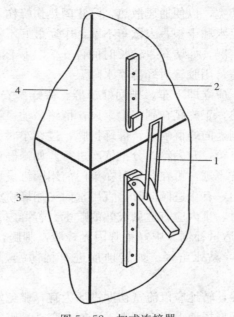

图 5-52　扣式连接器

1. 扣钩　2. 搭钩铁片　3. 底箱　4. 继箱

　　蜂场使用继箱时，巢、继箱巢脾的固定仍同平箱群一样。如巢箱巢脾的固定仍然使用海绵条，应在巢继箱间加隔王板，通过继箱的重力下压，以及巢继箱连接器的连接，固定住巢脾。

　　3. 装车　启运当天傍晚，待工蜂回巢后，即关闭巢门。如有蜂在巢门外结团，不便关闭巢门，可喷淡烟，或喷清水驱蜂入巢。全场蜂群巢门关闭后，即可装车。

　　装车码箱时，高度不超过 6 层，蜂箱之间要彼此靠紧，要把强群放在上面、前面和通风较好的地方。春末、夏季及初秋运蜂，应去掉覆布、草帘，打开箱盖侧条，以利通风散热。蜂箱装完后再用粗绳梆牢，以保证蜂群安全。

　　（二）中蜂转地时的注意事项

　　（1）中短途运输，运程在 100 千米左右范围内，启运一般宜在夜间进行（夜间气温较低），力求第二天清晨前到达。如果运蜂路程远，在几百千米以上，应事先准确计算好里程与时间，白天运输，晚上到达。

　　长途运输最好使用前后有通风窗的蜂箱。如无通风窗，也可将蜂箱的巢门档换成铝纱通风巢门档，以利上（铁纱盖）下（铝纱巢门）通风换气。长途运

输卡蜂时宜将脾距拉宽，以便通风散热，防止闷热伤蜂伤子。开车时最好有两人轮换，出发前带足水和干粮，人歇车不歇，中途最好不停车或少停车。如中途出现意想不到的情况，如堵车、较长时间停车、气候闷热、有闷蜂的可能，应通过纱窗或纱副盖，用胶管对蜂群喷水降温。

到达目的地后，应立即下车，排列好蜂群。待蜂群安定后，再打开巢门。如蜂群强，气候闷热，工蜂爬在副盖上扇风，情绪激动，箱内温度高，可先用喷壶或喷雾器通过副盖向蜂群喷水，催蜂护脾，过3小时待蜂群安定后再打开巢门。开箱时应隔一箱，开一箱，分批依次进行。如蜂群正常，不乱，再打开其余巢门。为防蜂群飞逃，可在开箱时在巢门前用图钉设置塑料防逃片。当发现工蜂大量涌出巢门，有飞逃倾向时，宜用水向飞翔蜂喷雾，阻止其逃亡。

（2）中蜂转地时，巢内应有适量成熟的贮蜜。若群内饲料不足，转运前3天用2：1的浓糖浆适量补饲。中蜂巢脾因无蜂胶，脾脆，留蜜不能过多，过多会引起脾裂蜜流，黏死蜜蜂。如转地前进有稀薄蜜，应摇出，以免发生闷蜂。

（3）中蜂盗性强，转地应以流蜜初期进场为宜，避免发生盗蜂。南方采荔枝、龙眼的蜂场，摆蜂场地上空应宽敞，不能在交叉过密的树冠下排蜂，以免造成外勤蜂飞回时迷巢、混乱。

（4）中蜂断子易逃亡。转地前，没有子脾的蜂群应调入1～2张子脾以增强其恋巢性。强群中过多的成熟子脾则应疏散给弱群。

（5）寒冷天气进入场地，必须晚上再开巢门，以避免蜜蜂大量涌出巢外冻死。高温季节运蜂，蜂群内应加水脾，加强通风；到达场地后，宜将蜂群安置在阴凉处。

（6）蜂群安置好后，隔天或等工蜂认巢后再松卡，拆除包装，结合箱内检查，调整巢脾。

（7）运输老式蜂桶时，启运前应固定好箱盖，堵塞好缝隙和巢门。搬到车箱后，应使巢脾的着生方向与车子行进的方向一致。圆形的蜂桶应用石块或木块垫塞好两边，不使滚动，以策安全。

第六章　蜂产品生产

　　中蜂是我国土生土长的蜂种，在我国蜂业发展的历史长河中，中蜂一直扮演着极其重要的角色。但是，自 20 世纪初我国引进西方蜜蜂后，由于西蜂具有产品种类多、群势强、产蜜量高等优点，在过去片面追求产量，不顾质量，优质不优价的年代，西蜂逐渐取代中蜂，成为了养蜂生产的主角。而中蜂在种间斗争中处于劣势地位，产量低于西蜂（通常中蜂年群产蜜量 15～30 千克，而西蜂为 60～80 千克），产品单一（主要是蜂蜜和蜂蜡），因此被排挤到了交通不便的地区，严重地被边缘化了。

　　但是，近 10 多年来，随着我国国民经济的发展，人民的生活水平有了很大提高，自我保健意识增强，对食品的要求也越来越高，在消费习惯、偏好上，也明显发生了变化。加之蜂蜜市场受假蜜冲击的影响，许多人对市售蜂蜜的真实性、安全性产生了怀疑，于是他们便将目光转向了中蜂蜜，也就是人们通常所说的"土蜂蜜"。现在市场上中蜂蜂蜜的零售价，一般要高出西蜂 1 至数倍，这就给中蜂生产带来了新的市场发展机遇，这也是许多地区、许多农户恢复和发展中蜂生产的动力。

　　过去老法饲养的中蜂，取的都是封盖的成熟蜜，基本是一年一取，甚至两年一取。中蜂封盖蜜的浓度（包括活框饲养的在内），经测定，可以达到40.7～42.7波美度，并不亚于西方蜜蜂。我们的祖先自古以来就有"蜜以密成"（密，即贮蜜的蜂房须经工蜂泌蜡密封后才能成熟、使用）的古训。要抓住当前中蜂发展的新机遇，就一定要坚持生产封盖的成熟蜜，以质取胜，这是中蜂生产得以实现可持续发展的根本保证。如果急功近利，追求产量，不顾质量，取低浓度蜜，达不到传统"土蜂蜜"的那种品质，那么中蜂生产就将退回到以前的状态，再次受到人们的冷落。因此中蜂饲养者在努力提高产蜜量的同时，首先必须坚持质量优先的原则，生产纯净、浓度高的成熟蜜，切实维护好中蜂蜂蜜的市场信誉。

一、蜂蜜的生产

中蜂生产的蜂蜜，按生产方式划分，可分为分离蜜、巢蜜和脾蜜。分离蜜又可分为活框分离蜜和老桶压榨蜜。

（一）活框分离蜜

分离蜜一般是指活框饲养的蜂群，在大流蜜期，当蜂群内蜜脾大部分封盖时，从蜂群中取出，割开蜡盖，放在摇蜜机中取出的蜂蜜。

1. 提脾摇蜜的时间　流蜜期间，每 5～7 天应检查一遍，如发现王台或台基，应随即毁除。如果箱内蜜脾被蜂蜜占满并封盖，子脾出现"蜜压子"的现象时，应提脾摇蜜。如果蜂群群势强，蜜脾尚未封盖或未完全封盖，也可将蜜脾、封盖子脾提上继箱，放宽脾距到 12 毫米，巢继箱间加隔王板，利用蜜蜂向上贮蜜的习性，继续往蜜脾中贮蜜。巢箱内另加空脾或巢础造脾，供蜂王产卵。当继箱中蜜脾封盖后，即可取蜜。

一般来说，为保证蜂蜜的质量和浓度，应待蜂蜜封盖后再取蜜。如果蜜脾未封盖摇蜜，含水量高，易发酵变质，不易保存。但对有些品质好、经济价值高的蜂蜜，如枇杷、野桂花、野藿香、野坝子、椴树、鸭脚木等，第一次提脾摇蜜的时间则应尽可能提前，当进有少量蜂蜜时，不待封盖，即将脾内原有的陈蜜或含有饲料糖（白糖糖浆）的蜜全部摇出，以保证此后能得到纯净度高的优质蜂蜜，这个过程称清框。第一次清框摇出的蜜虽然不多，质量不高，但可作为蜂群的饲料，还回摇过蜜的空脾后，对蜂群还有奖励饲喂的作用。

取蜜的时间，一般应在清早至上午 10 时以前，尽量避开蜂群采集高峰时取蜜。如在蜂群采集高峰取蜜，一会影响蜂群采集，二会影响蜂蜜的浓度。

2. 提脾抖蜂的方法　提脾抖蜂时，应准备一个轻便、能容纳 4 张巢脾、用薄板做成的运脾箱。提出巢脾后应检查脾上有无蜂王，没有蜂王的蜜脾放到运脾箱中。如发现蜂王在脾上，应将此脾暂放在巢箱内无蜂的一侧。一般继箱上的蜜脾以及巢箱的边蜜脾都不会有蜂王。待需要取蜜的蜜脾集中到运脾箱后，再逐一提脾抖蜂在巢箱内，这样不会激怒蜜蜂。否则，随提脾随抖蜂，当前一框上抖下来的蜜蜂在第二框上还未站稳，又有可能被再次抖下来，这样连抖几次，工蜂就容易蜇人，影响操作。

提脾时可用双手分别握住巢脾的两个框耳，猛力抖腕，将蜂抖于箱内空处，然后用蜂刷将脾上余蜂刷净，先斜靠在蜂箱边，待全部抖完蜂后，再集中装在运脾箱中，运给摇蜜人员摇蜜。

中蜂蜂王体色偏黑，体小活泼（相较意蜂而言），尤其在强群中，蜂数多的情况下更不易查找。如不直接查王就抖蜂在箱底，容易摔伤蜂王，导致失王。为加快取蜜速度，防止盗蜂发生，而又不损伤蜂王，抖蜂时可先在箱底空档处垫上一块厚毛巾，这样可以不用查王，直接将蜂抖在柔软的毛巾上。

3. 摇蜜 摇蜜的场所尽可能选择在一个密闭的房间内或距蜂群稍远的地方，以免引起盗蜂。

取蜜时一般由2～3人操作。一人查蜂抖脾，一人运送蜜脾、还回空脾，另一人割蜜盖摇蜜。

摇蜜时除准备摇蜜机、割蜜刀外，还应准备两个脸盆，一个脸盆上放一个井字形的木架，以便将蜜脾架在上面割蜜盖。另一个脸盆装水和毛巾，放在抖蜂者的附近，以便被蜇后随时洗去蜂臭。

割蜜盖时，将巢脾竖阁在脸盆的井字形架上，用割蜜刀紧贴着上框梁，由下而上拉锯式平直、整齐地割去巢脾两面蜜房上的蜡盖，放进摇蜜机的框笼内。一个框笼分别放一张巢脾，框笼两边的巢脾重量应大致相当。摇蜜时，开始要慢，然后逐渐均匀地增加转动速度，力度只要蜜能甩出即可（图6-1）。停止摇蜜以前，也应逐渐降低转速，以免用力过猛，巢脾断裂。一面摇完后，翻面再摇。摇完后的空脾或带子的蜜脾应及时还给蜂群，按巢内正常的蜂脾结构布置，让工蜂贮蜜、蜂王产卵。

有子的蜜脾要轻摇，以免甩子。带封盖子的蜜脾，注意不要碰压脾面。

图6-1 取蜜

1. 提脾抖蜂 2. 用蜂刷扫去脾面余蜂 3. 用割蜜刀割去封盖蜜脾上的蜜盖

4. 将蜜脾放入摇蜜机的装脾框内 5. 摇蜜

（引自徐祖荫、王培堃）

195

4. 摇蜜时应注意的问题　流盛期应注意收听广播或收视天气预报，如天气晴朗，摇蜜后不会立即出现连续阴雨天气，可以多提蜜脾。如气候不太稳定，预报取蜜后会很快变天，应实行轮脾取蜜，即抽取一部分蜜脾，留一部分蜜脾暂时不取，留给蜂群作备用饲料，到下一次取蜜时再取。如果将蜂蜜一扫光，摇蜜后一旦遇到连续阴雨天气，蜂群不能外出采集，就会挨饿受冻，影响蜂群繁殖，降低蜂群抵抗疾病的能力。

流蜜前、中期可以多取，流蜜后期应少取。流蜜后期易起盗，取蜜时要注意防止，并缩小弱群的巢门。每年采最后一个蜜源的后期，应给蜂群留足继续繁殖和越冬的饲料。

若蜂场内蜂群密集，在外界流蜜不是很好时如需摇蜜（如糖、蜜压子，影响繁殖；大流蜜前提前清框，摇出含有饲料糖的蜂蜜），预防盗蜂发生，可先在白天查王，用王笼扣王，以免蜂王在抖脾时摔伤或跌落箱外。然后，晚上摇蜜，第二天再放王。

摇出的蜂蜜，要用铁纱网做成的滤蜜器滤去死蜂、幼虫和杂质，装入干净的桶中保存。削下的蜜盖上附有很多蜜，可滤出，一起并入蜜桶内。不同品种的蜂蜜要分开存放。贮放空脾或蜂蜜的房间，都要密封，防止盗蜂潜入。蜜盖和蜡渣上有余蜜，可放入强群中让蜂清理干净后再提取蜂蜡。

摇蜜机用后要用热水洗净沥干，把桶盖盖好，放在干燥的室内备用。

（二）压榨蜜

压榨蜜的生产，主要是针对老式蜂桶中的蜜脾和改良式蜂桶（如笼屉式中蜂箱）收取的蜜脾。老式蜂桶中割下来的巢脾，要将子脾、粉脾和蜜脾分开。比较理想的情况是，用市售或土制的榨蜜（蜡）机，将蜜脾内的蜂蜜自蜂巢中榨出，并过滤。

如果没有榨蜜（蜡）机，可将蜜脾包在纱布中挤压（图6-2）；或放到竹编的淘米箩内，将巢脾用饭瓢等工具塌散，让蜂蜜通过淘米箩中的缝隙，漏入塑料桶中。这种蜂蜜由于榨蜜时会混有一些蜂粮（在蜂巢中经工蜂加工、发酵后的花粉）在内，所以有时颜色较为混浊，但营养价值较为丰富。

老式蜂桶割脾取蜜时，最好用木棍敲击蜂桶，催蜂离脾，向蜂巢的另一侧集中。如果用烟熏，会在蜂蜜中留下烟熏味道，影响蜂蜜的品质。

（三）巢蜜

巢蜜是蜜蜂将蜂蜜直接酿贮在新脾内，不用分离，连脾带蜜一起出售和食用的封盖蜜。由于巢蜜未经人为加工，自然成熟，不易掺假和污染，并能保持

图 6-2　土桶取蜜的过程（何成文摄）
1. 敲桶驱蜂，露出蜜脾　2. 从蜂桶中割取蜜脾
3. 戴上手套，将蜜脾包在纱布中挤压出蜂蜜，并在簸箕中过滤

原蜜的芳香味，所以在市场上常常受到一部分消费者的青睐，巢蜜的市场价格往往要高于分离蜜。

1. 巢蜜的生产及蜂群的组织　巢蜜一般可分为格子巢蜜、切块巢蜜和混合巢蜜三种。

生产巢蜜的条件是需要有强大的蜂群，蜂蜜品质较好、花期长、流蜜量大的蜜源（如紫云英、荆条、椴树、柑桔、荔枝、龙眼、野藿香等）。

合格的巢蜜是封盖完整、表面平整、脾中无花粉和封盖子。为达此目的，生产巢蜜时对蜂群群势的要求最好能在 7～8 框以上，且蜂多于脾。如群势不强，蜂数不足，可自蜂群中抽出 1～2 框子脾，另组交尾群或补强弱群。这样使生产群内蜂数密集，以便突击采蜜贮蜜。

群势较弱的蜂群通过缩脾紧脾，虽然可以生产巢蜜，但生产效率低下，经初步调查，若 7～8 框群势的蜂群平均一个花期可生产 10 盒左右的巢蜜，4～5 框的蜂群则只能平均生产 2 盒左右。

生产巢蜜时蜂路应始终保持在 8 毫米，以保证巢蜜封盖整齐。

（1）格子巢蜜的生产　格子巢蜜是巢蜜格框定的小块巢蜜，外观好、易于保存、运输和消费。

生产格子巢蜜的工具是巢蜜格。巢蜜格的材质、形状、规格不一。材质可分为木质和塑料两种。其中塑料巢蜜盒大致又可分为长方形或异形，装量 250 克和 500 克等若干种。

①格子巢蜜盒的装框　生产巢蜜时，可将巢蜜格安放在巢框内，然后放在蜂群中让蜂群造脾贮蜜。

每个郎氏箱的巢框可以安放 6 个 500 克的巢蜜格。放 250 克巢蜜格则可放 12 个（背靠背安装）。500 克的巢蜜格，要在巢蜜格中部镶装巢础。巢蜜格中也

197

可加意蜂巢础，意蜂巢础房眼大，中蜂蜂王不喜在意蜂房中产卵，可避免蜂王产卵。250克巢蜜格则应在盒子底部刷上一层薄薄的熔蜡，以加速蜂群造脾。

巢蜜框可以装整框，也可以只装半框。装半框时，用一块厚5毫米、宽25毫米的木条将巢框上下分成两部分，上部巢蜜格贮蜜；下部既可以加巢础，也可让蜂群造自然巢脾，让蜂群产子育儿。

②巢蜜格的放置　平箱群安放巢蜜框，可将整框的巢蜜框放在蜂群边脾的位置上；半框的巢蜜则加在蜂群中的两张巢脾之间。根据贾明洪在贵州省正安县调查，当地8月下旬盐肤木花期，蜂群中子脾上方封盖的蜜线可达10～14厘米，达到或超过巢蜜框的横径，因此采用半框式的巢蜜框，巢蜜格可以封盖得比较好。如果是继箱群生产巢蜜，则将整框的巢蜜框放在继箱上，这样可利用蜂群向上或向边脾贮蜜的习性，将巢蜜盒灌满并封盖。

在蜂箱中安置巢蜜格，既可安放在巢框中，也可在巢箱上加浅继箱，将巢蜜格直接放在巢框顶部，让蜂群贮蜜。如直接在框顶上安放巢蜜格，放置时以顺着巢框框梁方向摆放为好，此时应在巢蜜格的外侧加上木隔板。强群一次可放10～12个左右的巢蜜格。

如流蜜结束尚未封盖，就用同一花期的分离蜜饲喂，或割开封盖蜜脾，让蜂搬运，促进巢蜜尽快封盖。

生产巢蜜的蜂群由于蜂多脾少、蜜足，容易产生分蜂热，所以要开大巢门，加强通风；经常检查巢箱，破坏自然王台；给蜂王剪翅；或者换上自然王台，用处女王群采蜜，将老王换成新产卵王，以减轻和控制分蜂热。

巢蜜格上巢蜜封盖完整后就可采收。收下的巢蜜，按巢蜜的平整度、色泽的均匀度和格子的整洁度进行分级，然后装入消过毒的包装盒内，在盒盖与巢蜜盒的封口处贴上透明胶带，装入木箱或纸箱，贮存在阴凉、干燥处待售。

格子巢蜜的生产如图6-3所示。

（2）用巢蜜盒生产巢蜜　吉林省长白山地区用较大的木质巢蜜盒（专利发明人葛凤晨）生产巢蜜。生产时将巢蜜盒直接安放在巢箱（或第一继箱）的上框梁上，一层可放6盒，强群可放2层12盒，然后加上继箱，让蜂群造自然巢脾，在巢脾中贮蜜。取蜜时用铁丝分别沿巢蜜盒的上下沿与其他部分分离，让蜂群自行清理干净，包装后即为成品巢蜜（图6-4）。

（3）切块巢蜜、混和巢蜜的生产　切块巢蜜是将蜂群中的封盖蜜脾提出，切成0.5～1千克的规格进行销售（生产过程参见脾蜜）。混和巢蜜是将封盖的蜜脾切成条块状，放在有分离蜜的包装瓶中，一起出售，生产过程比较简单。这两种巢蜜的生产，既可以利用活框饲养的蜂群生产，也可以在笼屉式蜂箱中生产。笼屉式蜂箱中的蜂蜜封盖成熟后，将最顶层方格中的蜜脾，连箱体一起与下面箱体分离，

图 6-3　格子巢蜜的生产

1. 巢蜜盒（格）左：全塑巢蜜盒（格）右：木质巢蜜格，塑料外盒　2. 安装好巢蜜格（6个）的郎氏箱整框巢蜜框　3. 郎氏箱半框巢蜜框（上部为3个巢蜜格）　4. 短框式十二框中蜂箱的半框巢蜜框（上部为2个巢蜜格）5. 沿巢框框梁方向排列的巢蜜格　6. 沿巢框垂直方向摆放的巢蜜格　7. 短框式十二框中蜂箱子脾上的封盖蜜圈（白色部分）

然后取用蜜脾；或仍旧保存在木方格中，应顾客需求，随买随割。

2. 巢蜜的防虫措施　据罗岳雄等（1995）观察，在广东生产的中蜂巢蜜，68%以上会受到米蛾或小蜡螟、大蜡螟等巢虫危害，失去其商品价值。为此，他们采用逐渐降温的办法，在可调温的冰柜中从2℃、0℃、-2.5℃、-5℃逐渐下降到-7℃，冷冻处理2天，虫卵死亡率达99%。然后又逐渐让其在自然状态下升高温度至20℃。这样处理，对巢蜜表面的封盖蜡并无影响，但不能急冻和过度冷冻，否则巢蜜封盖易出现断裂。经上述处理，巢蜜可基本保持3年不变。因此，在巢虫危害严重的地区和蜂场，应在巢蜜采收后，及时对其进行冷冻处理。

1   2

图 6-4　巢蜜盒生产巢蜜（杨明福、李菊珍摄）

1. 吉林省长白山区继箱上的巢蜜盒（双层）　2. 用铁丝将巢蜜盒与巢箱中的巢框分离

（四）脾蜜

脾蜜就是活框饲养中连脾带框一块出售的纯天然整块封盖蜜脾（图 6-5）。为达到天然、绿色的标准，最好由蜜蜂无础造脾或用纯蜡巢础造脾。优良的脾蜜要求脾面平整、色泽洁白、封盖完整，不能有任何的人为加工，浑然天成。

图 6-5　中蜂脾蜜

严格地讲，生产脾蜜、巢蜜的要求超过生产成熟的分离蜜，因为生产成熟的分离蜜只要蜜脾大部分封盖就可以了，但是脾蜜则必须完全封盖。因此，取蜜的时间就要推迟，产蜜量会受到一定影响。甘肃省养蜂技术推广总站的称重试验表明，当蜂群采蜜数量达到一定程度，巢内无空脾贮蜜时，蜂群增重不明显。当巢箱重量达到 20 千克左右，继箱重量达 40 千克左右时，增重减缓或停止（刘守礼等，2013）。但由于脾蜜的价格较贵，大约为分离蜜的 3 倍，只要销路不存在问题，生产脾蜜从经济上讲还是比较划算的。

生产脾蜜的条件与生产巢蜜的条件基本相同，就是要有强大的、健康无病、没有巢虫的蜂群（以继箱强群最好），要有较好、较长（连续流蜜 20 天以上）的蜜源条件。蜜源不够的，可通过小转地来解决。为了不耽误蜂群采蜜，应利用早期蜜源多造新脾，为主要流蜜期准备充足的优质巢脾。另外，为美观起见，生产脾蜜应用新巢框、新巢脾。

据甘肃省养蜂技术推广总站调研总结，他们认为生产脾蜜的技术关键应使用小蜂路，严格控制在 8 毫米，这样上蜜快、易封盖、封盖平整。另外，用浅继箱、小巢框生产脾蜜，也具有一定的市场优势。一般来讲，一个标准巢框（郎氏箱）的脾蜜重 2.5～3 千克，浅巢框生产的只有 1.25 千克。小巢框生产的脾蜜脾面封盖好，易携带，金额不大，较易被消费者接受。

生产脾蜜时，应密集蜂数，并可在大流蜜期利用处女王群，实施无虫化突击采蜜的措施，让脾蜜尽早封盖。至于其他管理措施，与生产分离蜜、巢蜜没有什么差别。当脾蜜封盖完整后，即可提出，统一保存在用铁纱隔板与蜂群隔开的空继箱中，然后集中装箱（木箱或纸箱）交运销售单位。出售脾蜜装箱时应套上塑料袋，并上好框卡固定，每箱重量不要超过 20 千克，以方便运输和途中装卸。

二、中蜂蜂蜜独特的营养价值

中蜂大多饲养在我国的山区、半山区，这些地方交通闭塞，生态环境良好，很少受到污染，且蜜、粉源植物相当丰富。仅据吴平等（2013）在重庆市金佛山地区调查，能被中蜂采集利用的蜜粉源植物就有 74 科，195 属，224 种。其中许多为有较高药用价值的蜜源植物，如玄参、黄柏、鸭脚木、楤木（属五加科，也称刺老包、鹰不扑、鸟不粘）、半荷枫、小檗（鸡脚黄连）、川续断、党参、桔梗、南五味子、飞龙掌雪、野藿香、五倍子（盐肤木）、千里光、蒲公英、金银花等。在我国西北地区还能采到黄芪、益母草、党参、枸杞、地榆等蜂蜜。由于中蜂善于采集山区零星蜜源，蜂蜜品种比较杂，即所谓

的"百花蜜"，所以中蜂蜂蜜历来享有"百草药"的美誉。

中蜂由于耐低温，它能采集到意蜂不能充分利用的野桂花、鸭脚木（鹅掌柴）、枇杷、野坝子、野藿香等珍贵的秋冬季蜜源，形成商品蜜。其中鸭脚木蜜滋补作用强，享誉我国华南和东南亚一带，在福建被称为"正冬蜜"。

半荷枫蜜因其蜜源植物的药用本质（其根、皮、叶均可入药），也有驱风祛湿、活血散瘀、消肿止痛的功效（肖智越，1992）。经化验分析，它具有醇类、腈类、酯类、酮类、酸类等51种化合物，赋予了半荷枫蜜特殊的清香味（潘显忠等，2013）。

自由基是公认引起人类多种退行性疾病、衰老的重要原因。据颜平萍等（2014）对野藿香、野坝子、茴香、苕子、油菜5种蜂蜜，测定其总酚含量、还原力及DPPH自由基、超氧阴离子体外清除能力的测定，5种蜂蜜对自由基都有清除能力，其中野藿香蜜的总酚含量为（252.72±3.18）微克/克，对DPPH自由基的消除力［$1C_{50}$ =（0.087±0.004）克/毫升］虽不如茴香蜜，但对阴离子自由基的抑制率却最高（40.29%）。另据现代药理学研究，野藿香等香薷类植物具有抗菌作用。如蜜花香薷中含挥发油约0.7%，油中主含香芹酚约65%，另含有香芹酚乙酸脂、麝香草酚、对聚伞花烃、α-侧柏酮、α-侧柏烯、α-芳樟醇、α-丁香烯等萜烯类化合物，以及香薷二醇、甾醇、黄酮甙等，对各种球菌、杆菌均有较强的抗菌作用及抗病毒作用。香薷类挥发油还有镇咳祛痰、利尿、发汗解热、刺激消化腺分泌及胃肠蠕动等作用。医用有发汗解暑，行水散湿，温胃调中的功效，常用于治疗暑湿感冒、头痛发热、恶寒无汗、胸痞腹痛、呕吐腹泻、小便不利、水肿、脚气等，因此野藿香蜜也具有较高的药用价值。

江西农业大学蜜蜂研究所（2012）对江西所产的野桂花蜜进行分析，共检出54种香味成分，其中，芳醇类化合物也是桂花、白兰花的主要香气成分之一。野桂花蜜呈薰衣草花香味，香味独特，香气值较高，具有镇静、止咳、平喘和抑菌的作用。野桂花蜜因其香味独特，结晶细腻、口感上乘而被称为"蜜中之王"。张丽珍等（2012）曾用野桂花蜜饲喂大鼠、小鼠，观察该蜜对小鼠免疫力及大鼠降血脂功能的影响。结果显示，通过饲喂野桂花蜜（8 400毫克/千克、bw.d），反映免疫能力的小鼠NK细胞活性显著高于对照组（$p<$0.05)，大鼠的血清总胆固醇（TC）、甘油三脂（TG）均有所下降。

相对意蜂来讲，中蜂病少，没有螨害，不像西蜂那样经常用药，使用杀螨剂，所以蜂蜜中抗生素残留、农药残留量极小，甚至没有。由此可见，中蜂蜂蜜不仅有其他蜂蜜的保健作用，而且还具有天然绿色、无污染、蜂蜜成分复杂、保健作用独特等优点，因此它是我国蜂蜜家族中一支独具魅力、不可或缺的蜂蜜奇葩。

三、蜂蜡生产

蜂蜡（也称黄蜡）也是中蜂生产的主要产品之一，它是制造巢础及其他工业产品的重要原料，如高档蜡烛、高级上光蜡、美容化妆品、植物生长调节剂30烷醇等。中蜂蜡（图6-6）是提取30烷醇最好的蜡种，远高于其他蜂蜡。蜂蜡还是民间制作蜡染的重要原料。蜡染广泛流行于苗族、布依族、水族等少数民族地区。蜡染的起源可追溯到2000多年前的秦、汉时期，甚至更早。蜡染色彩素雅，纹式多样，是极具实用价值的民间艺术品，至今仍在我国许多少数民族地区流行。

图6-6 中蜂蜡（黄蜡）（何成文摄）

现在生产中不主张单独将采蜡作为生产活动，产蜡主要靠日常积累和促进蜂群造脾来实现。日常积累就是把割下来的赘脾、蜜房盖、雄蜂房等积累起来化蜡。另外就是促使蜂群多造脾，多造一张脾，等于生产50克蜂蜡。同时，还应及时清除和淘汰不利幼虫哺育的陈旧巢脾。据余林生（1997）测定，新巢脾的工蜂房直径为4.65毫米，培育1～2次幼虫后（每次20天），直径缩小为4.61毫米，培育5次以上幼虫的巢脾，工蜂房的直径只有4.46毫米。旧脾除使幼蜂初生重下降外，遗留在巢房内的茧衣又是巢虫的主要营养，易致巢虫危害。因此，养蜂员要及时清除旧脾化蜡，添加新础造脾。

熬蜡前要先将旧脾、虫害脾从巢框上割下来，并将巢框上的余蜡用启刮刀清理干净。然后，将割下来的旧脾、蜡渣用手捏成拳头般大小的蜡团，分批放在有沸水的大锅中，用火熬化，不断用棍搅拌。大锅中的水不能过多，半锅即可，以防蜡汁外溢，引起火灾。待上批蜡团熔化后，又陆续加入蜡团。如水不够，再加水，直到熔完为止，最后，倒入装有清水的脸盆或容器中冷却。待蜡液冷却凝固后，浮在上面呈饼状的即为黄蜡。蜡饼的底部有蜡渣和花粉，易长虫，宜用菜刀削除。这样积少成多，可以卖给收购商，或兑换巢础。

如巢脾数量多，也可自做简易热压榨蜡器，或从市面购入专门的金属榨

中蜂饲养实战宝典

蜡器。

简易热压榨蜡器的结构见图 6-7，制作矮而宽的条凳一个、木压板一张，将其一端固定在大方木的截口上。凳面钉有一圈小木条，木条一侧开口，开口处下面放一容器。将煮好的蜡液倒入麻袋、尼龙袋或铁纱网中包住，用绳扎紧开口处，置凳上，将木压板压下，挤出的水和熔蜡即经开口处流入容器中，蜡渣即留在麻袋、尼龙袋（铁纱网）中。

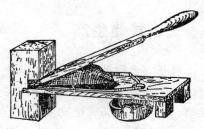

图 6-7 简易热压榨蜡器

使用螺杆榨蜡器可以更好地提高出蜡率和工作效率。国产的螺杆榨蜡器由榨蜡桶、施压螺杆、上挤板、下挤板和支架等部件构成（图 6-8）。榨蜡时，把下挤板置于榨蜡桶内后，堵住出蜡口，在榨蜡桶内装满热水预热桶身。待桶身预热后，排出热水，随即将煮烂的含蜡原料趁热装入小麻袋或尼龙袋后放入榨蜡桶，盖上上挤板。然后，缓缓下旋螺杆对上挤板施压，蜂蜡原料中的蜡液即被逐渐挤压出，经榨蜡桶底部的出蜡口导流至容蜡器。榨蜡工作结束后，趁热清理蜡渣和各个部件。

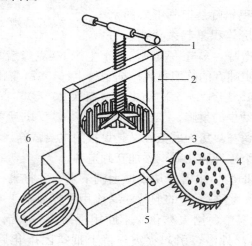

图 6-8 我国生产的一种螺杆榨蜡器
1. 施压螺杆 2. 支架 3. 榨蜡桶 4. 下挤板 5. 出蜡口 6. 上挤板

在使用榨蜡工具榨蜡的过程中，蜂蜡的原料要经几次加热、压榨，以提高出蜡率。

四、花粉生产

花粉既是珍贵的天然保健食品，又是蜂群必须的蛋白质饲料，由于中蜂群势较弱，通常不生产花粉。但有时外界粉源好，进粉多，会出现粉压子圈的情况，影响蜂群繁殖。另外，蜂群缺粉时也需要给蜂群补饲花粉。因此，在蜂群进粉量大、粉压子圈严重的情况下，可以采取以下两种措施：一是将大面积的粉脾（图6-9）提到隔板外侧，暂存于蜂群内，留待春繁期及缺粉期使用，另加入巢础框让蜂群造脾育子；二是适当脱取花粉，盛产花粉时每天脱粉1～2小时，对蜂群没有影响。

图6-9　整块花粉脾

脱粉时通常采用市售塑料脱粉片，安置在巢门前，用硬纸板承接脱下来的花粉。中蜂脱粉板的孔径应为4.2～4.5毫米，当采粉蜂回巢，通过脱粉板的圆孔时，将带粉蜂后足的花粉团刮落，脱粉率可达70%左右。塑料脱粉片的缺点是脱粉孔边缘棱角锐利，会使蜜蜂身上的绒毛脱落，蜂体受到伤害。在使用脱粉片时，可用细木工砂纸轻轻打磨塑料板上脱粉孔的边缘，以减少对蜜蜂的伤害。另外也可用20～22号铁丝自制脱粉圈，安装在小木板上。方法是以直径4.5毫米，钉在木板上的6根圆钉为圆心，一环接一环地绕成两排并列的圆圈，将绕制成的脱粉圈配上木板，做成一个长度与巢门档相当，取用方便的脱粉器（图6-10）。

脱粉器在巢门前的安装应严密，以保证所有进出的工蜂都通过脱粉孔。使用脱粉器时，原则上全场蜂群都应安装，至少也要同一排蜂群同时脱粉，以免采集蜂向没有安装脱粉器的蜂群偏集。

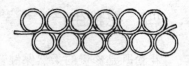

图 6-10 脱粉器

1. 塑料脱粉片 2. 用铁丝绕制的脱粉圈 3. 用绕制的脱粉圈配木板做成的简易巢门脱粉器

脱粉器一般在上午进粉量大时安装，每天脱粉 1～2 小时。

脱下来的花粉团应及时摊在翻转的蜂箱大盖内，置太阳下充分晒干，当手捏花粉粒较硬、掉在纸上"沙、沙"作响时，用双重塑料袋扎紧，保存备用。

五、种蜂生产

蜂群既是养蜂生产的生产资料，又是养蜂生产最直接的产品。出售种蜂或蜂群，就像农业生产、畜牧业生产出卖种苗、种畜、种禽一样，应作为蜂场正常收入的一部分。在气候正常、蜜源良好的情况下，中蜂增殖的速度是惊人的。大多数蜂场可在不影响正常生产的前提下，适当分群繁殖，出售一部分种蜂，增加收入。也可以在缺蜜期通过补饲、奖饲、繁殖分蜂。据有关试验资料粗略统计，每增加 1 框蜂量，需消耗白糖 1.44～3.6 千克（因季节、辅助蜜源多寡不同而有差异），平均在 2 千克左右。从目前种蜂的市场价格看，喂糖繁殖分群，在经济上是划算的。

种蜂的销售，主要受市场环境的制约较大，不稳定。种蜂生产者还必须严格遵守我国相关部门的规定，根据中蜂划分的 9 个生态类型，不允许向跨蜂种分布的地域销售。

第七章　中蜂高产管理技术

中蜂的饲养管理技术，大致可以分为基本操作管理技术（也称做常规管理技术或一般管理技术）、四季管理技术（按不同季节气候、蜜源特点对蜂群进行管理）及中蜂高产管理技术（按蜂蜜高产的要求对蜂群进行一些特殊的管理）。上述三种管理技术的具体内容及管理工作的侧重点各有不同。中蜂高产管理技术是在日常管理工作的基础上，如何夺取中蜂蜂蜜优质高产一系列相应的技术措施和手段。随着近几十年来对中蜂高产管理技术研究的深入，以及大量生产实践的积累，已经取得了许多重要成果，篇幅大、内容多，因此有必要将它单独列为一章，重点加以叙述。

一、提前培育强群和适龄采集蜂

（一）中蜂群势强弱的概念

蜂群中蜜蜂数量的多少，常用群势（框）来表示，蜜蜂排列在巢脾表面一个挨一个，互不重叠为 1 框足蜂。对郎氏箱而言，一框足蜂约有工蜂 3 000只。群势通常可用强、中、弱来区分。群势的强弱与蜂种、季节、蜜源、饲养管理水平密切相关。根据对各地有关资料综合分析，中蜂群势强弱的标准大致划分见表 7-1。

表 7-1　中蜂群势强弱划分的参考标准（以郎氏箱为准）

蜂种	群势（框）			
	弱	中	强	特强
华南中蜂、海南中蜂、滇南中蜂	<3	3~5	5.1~7	>7
其他中蜂	<4	4~7.9	8~12	12.1~16

中蜂中等群势的蜂群也称为壮群，壮群已经具备了较强的生产能力，但生

产能力仍不如强群。当中蜂超过中等群势的高限以后（华南中蜂、海南中蜂、滇南中蜂为5框，其他中蜂为8框），是蜂群由中等群势向强群转换的关键时期，也是一个敏感的时期。由于进入中等群势后，群势增长较快，幼蜂陆续出房，大量哺育蜂积累，受到箱体容积和气候（炎热）的影响，容易出现分蜂热。因此，在这个时期，要采取相应的措施，预防和控制分蜂热，以保证蜂群由中等群势向强群平稳过渡，达到强群采蜜的目的。

群势也可以用蜂群的净重（千克）来表示，中蜂1千克蜂量，相当于郎氏箱3.58框足蜂（按每只工蜂平均体重93毫克，每框足蜂3 000只工蜂计）。

蜂群在越冬、越夏之后，或者分蜂过后，群势都比较弱，达不到理想的采蜜群标准。所以，养蜂员在流蜜期到来之前，就要采取保温（在早春）、提前奖励繁殖等措施，促使蜂群兴奋，让蜂王多产卵，工蜂多育虫，为流蜜期的到来，恢复和壮大蜂群群势，培育大量适龄的采集蜂。

（二）培育强群在生产中的作用

根据蜂群生物学，所谓适龄采集蜂，通常是指出房后13～37日龄的青、壮年工蜂。强群和适龄采集蜂多是蜂蜜高产的重要条件。一个强大的采蜜群，拥有大量适龄的采集蜂，采蜜效率高，蜂蜜成熟期短，自身耗蜜量少（强群耗蜜量只有弱群的1/6～1/5）。群势越强，采蜜量就越高。

贵州省开阳县画马岩中蜂场2014年在春季油菜花期，对全场71群蜂的产蜜量进行了统计（表7-2），其中12框以上的强群（已架继箱）为4群，蜂群数量仅占全场蜂群数量的5.6%，产蜜70千克，占全场总产蜜量的21.8%，平均单产17.5千克；4～7框中等群势的蜂群25群，占全场蜂群数的35.2%，产蜜200千克，占全场产蜜量的62.5%，平均单产8千克；4框以下的弱群共42群，蜂群数占全场蜂群总数的59.2%，但仅产蜜50千克，产蜜量仅占全场总产蜜量的15.6%，平均单产1.19千克。如果全场71群蜂都是12框以上的

表7-2　蜂群（中蜂）群势强弱与春季产蜜量的关系

总蜂群数	不同群势的蜂群数			产蜜量		
	群势（框）	群数	占总蜂群数比例（%）	产量（千克）	占总产蜜量比例（%）	平均单产（千克/群）
71	>12	4	5.6	70	21.8	17.5
	4～7框	25	35.2	200	62.5	8.0
	<4	42	59.2	50	15.6	1.19

注：时间为2014年3～4月油菜花期，全场共采蜜320千克。

强群，那么总产量将达 1 242.5 千克，是现时产量的 3.88 倍。由此可见，强群在生产中具有重要的意义，只有提高强群在蜂场中的比重，才能显著提高蜂场的整体生产水平。

（三）怎样提前培育强群

1. 如何确定提前繁殖的适宜时间　根据相关的试验研究（徐祖荫等，1996）及养蜂者多年的实践经验，当大流蜜期开始时，中蜂最低的标准采蜜群（也就是前面所说的壮群）群势，在蜂种群势较小的地区（如华南中蜂、海南中蜂、滇南中蜂），一般为 4～5 框蜂量（梁百辑，1964；陈梦草、黄恋花、王志忠等，1983；张学锋、刘炽松等，1991；罗岳雄、赖友胜，1999）；而其他群势较大的中蜂应为 7～8 框蜂量（徐祖荫等，1996；邱泽群等，2012；黄光福等，2013）。在蜂群群势较小的地区，大流蜜开始时超过 4～5 框蜂；其他地区超过 8 框蜂蜂群就会产生分蜂热。此时一旦发生分蜂热就不易控制，分蜂后会严重削弱蜂群的采集能力。因此，对蜂群提前奖励繁殖，最好是让蜂群通过奖励饲喂，刚好在大流蜜期开始时达到最低的标准采蜜群群势，这就必须掌握好蜂群开始提前繁殖的时间。如果过早提前繁殖，蜂群在大流蜜期到来之前群势就强大起来，而外界又无大的蜜源可采，这样就会增加饲料消耗，提高生产成本，并导致提前发生分蜂热，不利于维持强群采蜜。但是，如果繁殖过晚，则大流蜜期到来时蜂群还未强盛，也达不到强群采蜜的目的。因此，把握提前繁殖的时间很重要。

这里有必要对"最低的标准采蜜群群势"作一下解释。所谓最低的标准采蜜群群势，并不是指采蜜群最大的群势，因为达到最低标准采蜜群群势之后，由于巢内幼蜂不断出房，如果不分蜂，群势还会继续增长，中蜂采蜜群群势最大可达 10～12 框，甚至 15～16 框。最低的标准采蜜群群势，是指当蜂群达到上述群势时，蜂群会处于一个临界期，容易受到蜂种特性（如华南中蜂、海南中蜂）或箱体容积（如十框标准箱）等因素的影响，产生分蜂热。但此时如一旦进入大流蜜期，再加上采取其他管理措施，如及时扩大蜂巢（加脾、加继箱或移入卧式箱）、取蜜、换王等措施，蜂群内大量的工蜂投入采集活动，就会减缓甚至消除分蜂热，蜂群群势虽然仍会继续增长，但正如塔兰诺夫在其《蜂群生物学》中指出的那样："强大的流蜜，正如完全缺乏蜜源一样，能缓和和中止分蜂热。"

蜂群通过繁殖达到最低标准采蜜群群势（以下简称标准采蜜群群势）的时间，与蜂群开始起步繁殖时的群势关系十分密切。我们通常把开始繁殖时的群势称为起步群势（或开繁群势）。起步群势越弱，蜂群达到标准采蜜群群势所

需的时间就越长，所以提前奖励繁殖的时间就要越早。相反，起步群势越强，提前繁殖的时间就越晚。

现以群势较大的华中型蜂种为例，徐祖荫等曾于20世纪90年代在贵州省锦屏县中蜂秋季繁殖期间试验，结果证实蜂群达到标准采蜜群群势（即7足框蜂量）所需的时间，与蜂群的起步群势呈明显的负相关（相关系数 $\gamma = -0.95$），其相关回归方程为 $y = 87.36 - 10.64x$。公式中，y 为达到7框足蜂群势（放脾7~8张）所需的繁殖天数，x 为蜂群的起步群势。根据上述回归方程计算，在当地秋季大流蜜开始时（10月15日），贵州中蜂达到7框足蜂（贵州中蜂发生分蜂时的群势在8框足蜂以上，不足8框则不分蜂），所需提前繁殖的天数分别为：起步群势1框的为77天，2框的为66天，3框的为55天，4框的为45天，5框为34天。也就是说，起步群势每增加1框，所需繁殖天数可相应减少10~11天。理论计算与这次试验的实际结果是基本吻合的（回归方程显著性测定，$F = 153.33$，$p < 0.01$，达极显著水平）。据此推算，当地不同起繁群势的蜂群，在秋季大流蜜期到来（10月15日）之前，最适宜的开繁日期分别是1框群为7月31日，2框群为8月10日，3框群为8月21日，4框群为9月1日，5框群为9月10日（图7-1）。

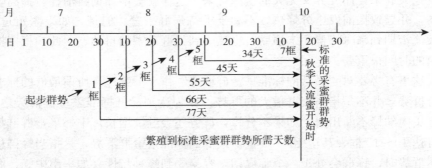

图7-1 贵州锦屏中蜂不同群势蜂群起繁日期示意

上述试验的结果，在我国蜂种群势较大的地区和不同的季节，应该都有极为广泛的参考价值。因为蜂群的增殖速度，主要与工蜂的发育历期、蜂王的产卵量以及蜂群的哺育状况有关。工蜂的发育历期又主要受蜂群内温度的影响，当蜂群培育蜂儿时，蜂群中子脾的温度一般都稳定在33~36℃，具有拟恒温动物的属性。因此，尽管不同地区、不同季节的气温有所差异，但由于蜂群自身对巢温的调节作用，不会导致工蜂发育历期出现太大的变化，只会对蜂王的产卵量和蜂群的哺育效果产生一定程度的影响。

210　　　上述试验的结果（2框群繁殖到标准采蜜群群势需时66天，3框群为55

天，4 框群为 45 天），与许多养蜂书籍中通常所提"在大流蜜期到来前，提前 45～60 天培育适龄采集蜂"的说法也是基本吻合的。一般情况下，繁殖群群势大多在 2～4 框，也就是说，需要提前 45～60 天繁殖，即通过 2～3 代子的培育（中蜂从蜂王产卵到幼蜂出房的历期为 20 天，培育 2～3 代子需要 40～60 天），积累大量的采集蜂，才能达到最低标准的采蜜群群势。因此，各地可根据当地常年主要流蜜开始期及当年气候变化，参考上述数据，来确定蜂群具体的开繁日期。

这里要提醒的是，虽然我们知道了不同起步群势蜂群达到标准采蜜群所需的时间，但一个蜂场内蜂群的群势通常是不均衡的，在管理上，也不可能精细到对全场所有的蜂群，都按照其群势，分别在不同的时间对其提前奖励繁殖。所以，养蜂者在准备繁蜂前，可对全场的蜂群群势作一个统计，求出其平均群势〔全场蜂群的实际总蜂量（足框）÷蜂群总数＝平均群势〕。然后根据平均群势，决定开始奖励繁殖的具体日期。例如，如果全场的平均群势为 3 框，就应提前在大流蜜期 55 天开始繁殖，如果平均群势为 4 框，就应提前在大流蜜期 45 天左右开始繁殖，如此等。

这时应注意，由于是按平均群势开始提前奖励繁殖的，蜂场中强群发展快，弱群发展慢，为了让全场蜂群都能在大流蜜开始时达到标准的采蜜群群势，在蜂群的繁殖过程中，要注意在强弱群之间的调脾补脾。当蜂群进行完新老蜂更替，进入增长期后，将强群中的老熟封盖子脾提到弱群中去，帮助弱群发展；而将弱群中的卵虫脾交给强群哺育，避免强群过快增长，过早产生分蜂热，以便均衡发展，使全场的蜂群，都能在流蜜期到来时，达到理想的采蜜群群势，投入生产。对于群势较小的蜂种，如华南中蜂、海南中蜂、滇南中蜂，一般最低标准的采蜜群群势为 4～5 框足蜂，也可参照上述研究结果，即每增加 1 框蜂量，需经过 10～11 天的繁殖期，来计算和确定相应的提前繁殖日期。例如，如果起繁群势为 2 框蜂，要繁殖到 5 框蜂，则需要提前 30～33 天繁殖，即 11 天×（5－2）＝33 天。如果起步群势为 3 框蜂，则需要提前 20～22 天，以此类推。

2. 影响提前奖励繁殖效果的其他因素　在外界缺蜜的情况下，提前奖励繁殖的效果，除了与提前繁殖的时间早迟、长短有关外，还与奖励饲喂的方式（即在整个繁殖期都一直进行奖励饲喂，还是只在部分时段奖饲），以及奖饲的饲料糖（包括白糖）用量、起步群势等因素有关。

1995 年 8～12 月，贵州省锦屏县品改站在该县两个相距 20 千米的蜂场中（兰氏蜂场和县中蜂场），各用 9 群蜂，开展了秋季繁殖效果试验，分别考察起步群势、奖饲时期、蜂箱类型对蜂群群势增长效果及产蜜量的影响，试验结果

见表7-3和表7-4。

表7-3 中蜂秋季繁殖三因素正交试验方案

| 试验序号 | A 起步群势（框） | | B 奖饲时间 | C 蜂箱类型 |
	兰氏蜂场	县中蜂场		
1	1.01±0.01	1.76±0.23	8月1日至9月20日（前期奖饲）	郎氏箱
2	2.97±0.06	2.33±0.23	9月20日至10月20日（后期奖饲）	中蜂标准箱（中标箱）
3	4.92±0.03	3.56±0.41	8月1日至10月20日（整个秋繁期一直奖饲）	十二框郎氏箱（方形箱）

从试验结果及中蜂群势强弱划分的参考标准可得出以下结论：

（1）奖饲的饲料要充足，才能取得好的繁殖效果 上述两个蜂场各9群蜂的总蜂量，在试验开始时（8月1日）是基本接近的，兰氏蜂场总蜂量为26.78框，只比县中蜂场的22.96框多3.82框。由于两者在秋繁期间奖饲量不同，兰氏蜂场共用白糖68.15千克（群均7.57千克），县中蜂场仅用白糖17.31千克（群均1.92千克），所以到大流蜜期开始时（10月20～25日），兰氏蜂场的总蜂量已增加为73.9框，比试验开始时增加了47.12框，平均群势为7.39框，蜂群增加为10群。而县中蜂场在大流蜜开始时总蜂量仅为24.1框，总蜂量与试验开始时22.96框，只增加了1.14框，平均群势仅为2.68框。

由于奖饲的数量不足，县中蜂场在秋季大流蜜期（火草、千里光、野桂花）蜂群群势远弱于兰氏蜂场，结果只取秋蜜99.93千克，群均产蜜11.1千克；而兰氏蜂场在秋蜜期开始时达到了标准的采蜜群群势（平均群势7.39框），共采秋、冬蜜205.2千克，群均产蜜22.8千克，是县中蜂场的2倍。由此可见，在充分满足蜂群秋繁的饲料条件下，可以保证蜂群在大流蜜开始时达到标准的采蜜群群势（7足框蜂量），这既提高了蜂群的产蜜量，又能壮大蜂群群势，为蜂群安全度秋及来年增产打下坚实的基础。前面所提的县中蜂场，每群蜂在秋繁期间只喂了1.92千克白糖，大流蜜开始时蜂场的总蜂量只比开始秋繁时增加了1.14框，群势基本没有增长，显然投喂的饲料量是明显不足的。而兰氏蜂场群均投喂7.57千克白糖，群势由最初的平均2.97框，增加到大流蜜开始时的群均7.39框，真正起到了促进繁殖的作用。

上述情况从苏联学者做过的实验中也可得到佐证，他们曾将0.5千克蜂量（西蜂大约为2框）的16个蜂群分为8个组，每天投喂的糖浆为25～1 000克，结果统计，每天喂25克糖浆组的蜂群，总共育儿4 615只，泌蜡7 285毫克；每天喂1 000克糖浆组的蜂群，总共育儿13 000只，泌蜡24 550毫克，分别为前者的2.82倍和3.37倍。说明在相同群势的情况下，饲喂强度决定育

表 7-4 贵州锦屏县中蜂秋季繁殖试验结果

试验群号	因素及水平	起步群势（足框）		奖饲时期	蜂箱型制	兰氏蜂场			县中蜂场		
		兰氏蜂场	县中蜂场			奖饲白糖量（千克）	10月25日群势（足框）	秋冬蜜产量（千克）	奖饲白糖量（千克）	10月20日群势（足框）	秋冬蜜产量（千克）
1	$A_1B_1C_1$	1.00	1.75	前期奖饲	郎氏箱	4.40	6.50	14.1	1.50	2.60	10.10
2	$A_1B_2C_2$	1.01	1.54	后期奖饲	中标箱	5.20	7.00	18.4	0.95	1.45	9.93
3	$A_1B_3C_3$	1.02	2.00	一直奖饲	方形箱	8.15	5.90	15.8	2.26	2.25	10.20
4	$A_2B_1C_2$	2.90	2.10	前期奖饲	中标箱	6.25	7.80	23.0	2.15	3.50	12.90
5	$A_2B_2C_3$	3.00	2.50	后期奖饲	方形箱	7.20	6.60	18.8	1.35	1.55	9.10
6	$A_2B_3C_1$	3.00	2.40	一直奖饲	郎氏箱	10.50	7.50	23.3	2.70	1.55	8.80
7	$A_3B_1C_3$	4.95	3.55	前期奖饲	方形箱	6.60	7.10	21.3	2.35	3.55	12.30
8	$A_3B_2C_1$	4.90	3.15	后期奖饲	郎氏箱	9.85	9.50	28.9	1.35	3.80	13.50
9	$A_3B_3C_2$	4.91	3.97	一直奖饲	中标箱	10.00	16.00	41.6	2.70	3.85	13.10
数字合计		26.78	22.96	—	—	68.15	73.90	205.2	17.31	24.10	99.93

注：兰氏蜂场 9 号群于 9 月 5 日分蜂，9 月 16 日新王产卵，分蜂群的群势及产量均统计在原群内。

儿数量的多少及泌蜡量的大小（《蜂群生物学》），最终影响到蜂群群势的增长及造脾的速度。

从上面两个蜂场饲喂的情况看，锦屏县中蜂场虽在大流蜜期前补喂了饲料，但由于数量少，群势基本没有增长，也没有退步，这种饲喂只能称做维持性饲喂。而兰氏蜂场投喂的数量多，达到了真正意义上的繁殖性奖励饲喂。

那么，奖励饲喂时投喂多少饲料才算合适呢？根据一些养蜂员多年的经验及试验数据统计，在外界几乎没有任何辅助蜜源的情况下，中蜂每增加一框蜂，通常需要消耗 1.5～2 千克的饲料（包括底糖在内）。但是，由于蜂群起步群势不同，蜂群内存蜜数量不同；奖励繁殖具体的时间长短不同；繁殖期间外界有无辅助蜜源、辅助蜜源流蜜数量多少不同；繁殖期间气候状况、温度不同等，情况比较复杂。所以对于蜂群奖饲的数量，很难定出一个具体而确切的数量标准。

奖励饲喂的根本目的是要促进蜂群群势增长，所以养蜂员在奖励饲喂时应该掌握一个基本原则，就是通过奖饲，除了满足蜂群日常饲料消耗外，还要增长群势。饲喂后，框梁上应起白色的蜡点，加入的巢础也会被蜂群很快接受，起造新脾，让蜂王产卵，这是蜂群增长的具体标志。否则，应视为没有达到奖励繁殖效果，蜂群没有增长，需适当增加奖饲的次数和数量。另外，饲喂时还要根据外界气候、流蜜情况，灵活掌握。外界辅助蜜源流蜜时，应视进蜜量多少，可以少喂甚至不喂；若外界缺蜜，或气候不好，蜂群不能进蜜时应勤喂。掌握少量多次的原则，每天或每隔一天，用 1：1 的稀糖水奖饲一次；强群多喂，弱群少喂。奖饲的前、中期要勤喂，临近大流蜜期，或外界蜜源改善后应少喂。同时，要防止出现严重蜜压子圈的情况，即子脾上面的蜜线有 2～3 指宽（4～5 厘米）即可，使子圈面积始终保持在巢脾面积的 2/3 左右。一旦出现严重蜜压子圈的情况，要暂停饲喂，或将多余的蜜脾提走，调补给其他缺蜜群。也可抽打部分蜜脾，然后将摇出来的、含有糖浆的蜂蜜，消毒后继续奖饲给蜂群。

提前奖励饲喂，目的是增加全场采集蜂（即流蜜期蜂群的劳动力）的数量，它指的不仅是每群蜂群势的增长，同时也是指全场总蜂量的增长。从上述例子来看（表 7-4），虽然两个蜂场都是以 9 群蜂开始繁殖的，但经过奖饲秋繁，兰氏蜂场在奖饲结束时总蜂量达到了 73.9 框，而县中蜂场在奖饲结束、投入采集时总蜂量却只有 24.1 框，当然产量大不一样。所以过去很多有经验的养蜂员，在进入蜜源场地时，除了提到有多少"群"蜂外，还要提有多少"框"蜂上树（上树即指到蜜源植物上采蜜）。因为一群蜂可以是一框蜂，也可以是 10 框蜂。用"群"并结合用"框"的概念来衡量蜂场投入流蜜期的采集实力，可能更为客观、全面和准确，这样使养蜂者更能体会和理解奖励饲喂的目的和作用。

（2）在外界没有辅助蜜源时，应持续不断地对蜂群进行奖励饲喂　从在贵州秋繁期间奖饲的情况看，在外界几乎没有辅助蜜源的情况下，在整个繁殖期间持续奖励的蜂群，群势增长、产蜜量都最好，当然，耗糖量也最高。在秋季后期奖饲的处理次之。只在秋繁前期奖饲的耗糖量虽然最少（前期群势较弱，耗糖量较少），但效果也最差。因此，在蜂群为大流蜜期培育适龄采集蜂的繁殖期内，应对蜂群采取持续奖饲的措施，以刺激蜂群兴奋，工蜂多造脾，蜂王多产卵，为大流蜜期到来，培养强大的采蜜群。一旦外界流蜜，且流蜜量较大时，则应停止奖饲。

春繁期间一般群内底糖较多，可以在开始包装繁蜂时，连续用稀糖水奖饲几次，以后视群内贮蜜及外界流蜜情况，再适当补饲。

（3）组织适宜的起步群势，更有利于达到理想的繁殖效果，提高产蜜量从贵州省上述试验结果可看出，蜂群的起步群势，对秋蜜期的采蜜群群势、产蜜量有很大的影响。在1～5框蜂量的范围内，随秋繁起步群势增强，秋蜜生产期的群势和秋、冬蜜产量也随之增加。这在两个试验蜂场中（兰氏蜂场和县中蜂场）的趋势都是相同的（表7-4和图7-2）。从表7-4中可见，在两个蜂场中，第9号试验群的起步群势都最强，其耗糖量、大流蜜开始期的采集群势、产蜜量也最高。在兰氏蜂场中，第9号试验群起步群势最强，为4.91框，耗饲料10千克，到大流蜜期开始时，该试验群已发展到16框蜂（已分蜂），群产蜜量达41.6千克，为所有参试蜂群之最。

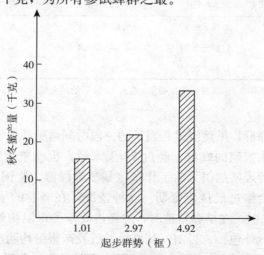

图7-2　兰氏蜂场秋繁起步群势与产蜜量的关系

上述这种情况，从其他试验中也可得到验证。1999 年，徐祖荫等在贵州省锦屏县分别选择 1、2、3、4、5 框群势的蜂群，从 8 月 1 日起开始秋繁，每隔 11 天调查并记录一次蜂群群势及秋、冬蜜产量。观察的结果显示奖饲饲料的消耗量，奖饲后大流蜜期的采蜜群群势、产蜜量有随着起步群势的增加而递增的趋势（表 7-5）。这种趋势同样也存在于其他繁殖期中（表 7-6）。

表 7-5　中蜂秋繁试验情况统计

8 月 1 日起繁时群势 $\bar{x}\pm S$（框）	参试蜂群数（群）	繁殖76 天后 10 月 16 日群势 $\bar{x}\pm S$（框）	群平均奖饲白糖量（千克）	群平均秋冬蜜产量 $\bar{x}\pm S$（千克）
1.01±0.01	4	6.58±0.97	5.45	16.08±1.08
2.01±0.03	4	7.59±0.56	7.40	17.73±0.20
3.02±0.02	4	8.54±0.23	8.10	18.06±0.78
4.00±0.02	4	8.39±0.27	10.00	17.88±0.44
5.00±0.03	4	8.67±0.41	10.00	23.80±6.80

注：该试验于 1991 年在贵州省锦屏县进行。

表 7-6　不同群势中蜂夏季生产比较试验

试验组别	参试蜂群数	5 月 10 日蜂量 $\bar{x}\pm S$（框）	6 月 26 日乌桕流蜜时蜂量 $\bar{x}\pm S$（框）	白糖用量（千克/群）	产蜜量 $\bar{x}\pm S$（千克）
1	3	2.10±0.17	6.67±0.58	3.9	6.00±0.88
2	3	4.27±0.21	7.78±0.68	3.9	7.83±0.75
3	3	4.43±0.15	8.40±0.53	5.5	11.20±0.73

注：该试验于 1997 年 5 月 10 日组织试验群，5 月 15 日开始隔天奖饲一次，至 6 月 20 日结束。试验地点为贵州省凤岗县。

群势太弱的蜂群，虽然经过相当长的一段时间繁殖，也能培养成强群。例如，一框群势起步繁殖的蜂群，经过 76 天繁殖，也能繁殖到 7 框左右群势，但是会给蜂群的管理增加很大的工作量（如早春保温、奖饲等），同时，繁殖的时间过长，也会错过最佳流蜜期。这种情况，在蜂群的早春繁殖中尤为明显。3 框以下的弱群，在早春繁殖时，除箱内要添加保温物外，还要在箱外用草筐等保温物进行外包装。否则，其群势发展及产蜜量均明显不如有外包装的蜂群。3 框以上的群势，有无外包装，差别并不明显（表 7-7）。因此，对于

3框以下的弱群，在早春繁殖时，最好将其合并或组织成双王群。

表7-7 外包装对中蜂春繁效果的影响

试验组别	2月25日起步群势（框）		3月29日流蜜盛期群势（框）		蜂量（框）	
	内外包装	无外包装	内外包装	无外包装	内外包装	无外包装
第1组	4.50	4.50	6.8	6.8	4.48	4.25
第2组	3.53	3.60	6.4	6.10	4.38	4.20
第3组	2.63	3.00	5.60	3.70	4.37	2.55

注：该试验于1997年在贵州省凤岗县进行。

早春如能以较强的群势开始起步繁殖，由于繁殖成强群需时较短，其开始提前繁殖的时间就可适当推后，以避开早春前期气温较低、寒流频繁的恶劣天气，其繁蜂的效果和产蜜量都会比弱群好得多。以贵州省贵阳地区为例，油菜花进入流蜜盛期通常在3月中旬，如此时要达到7框蜂量，早春以2框群势起繁的蜂群，需经66天。由3月15日往前推算，则应在1月上旬（3月15天＋2月28天＋1月23天＝66天），即1月8日包装春繁。但是，如果将两个2框群合并或组成双王群繁殖，根据前面所说的蜂群起繁群势与达到标准采蜜群群势的回归方程计算，达7框蜂量时只需45天，双王群甚至会更短。由3月15日往前推算（3月15天＋2月28天＋1月2天＝45天），只需在1月底2月初包装春繁。贵阳1月平均气温为4.9℃，气温低，阴雨天多，不利于蜂群出巢活动、飞翔排泄，易发生病害；而2月平均气温就上升到6.5℃，此时开始包装春繁，则比较有利于蜂群快速繁殖，形成强群。这就是以较强群势开始繁殖在增产中的作用和意义。

中蜂比较理想的春繁起步群势，一般以3～5框为宜。除春繁期以外，平时由于分蜂等原因，也常会有2框群势的蜂群，但此时气温较高，只要在流蜜期到来之前有足够的时间，又能满足蜂群的饲料条件，是可以繁殖成强群的。另外，华南中蜂、海南中蜂、滇南中蜂分布的地区，由于这些地区早春气温较高，其适宜起步群势的标准，则可以放宽到2～3框。

（四）提前奖饲繁殖在提高蜂场经济效益中的作用

许多养蜂员之所以不注重在流蜜期前进行奖励饲喂，就是怕投入，舍不得喂糖。其实他们不懂得，这种投入是有回报的。

仍然以前面提到的试验作为例子。1995年秋，在贵州省锦屏县两个相距不远的蜂场作试验。两个蜂场投入试验的蜂群都是9群，开始秋繁时两场蜂群

群势基本接近。但兰氏蜂场在秋繁中，共喂了 68.15 千克白糖，投入的费用是 477 元。而县中蜂场只喂了 17.31 千克白糖，投入费用是 121.1 元。结果兰氏蜂场产秋、冬蜜 205.3 千克，县蜂场只取蜜 99.93 千克（表 7-8）。

表 7-8　奖饲量与蜂场产蜜量、群势增长及经济收入的关系

场名	参试蜂群数（群）	试验开始时总蜂量（框）	喂糖量（千克）		秋冬蜜产量（千克）		蜂蜜收入（元）	
			总	群均	总	群均	总	群均
兰氏蜂场	9	26.78	68.15	7.57	205.3	22.8	12 318.0	1 368.7
县中蜂场	9	22.96	17.31	1.92	99.93	11.1	5 995.8	666.2

场名	每千克饲料产生的直接经济效益（元）	奖饲结束时总蜂量（框）		增加的蜂量（框）	
		总	群均	总	增加蜂量带来的收入（元）
兰氏蜂场	180.7	73.9	8.2	47.12	2 827.2
县中蜂场	346.4	24.1	2.68	6.79	407.4

注：每千克白糖以 7 元计，每千克秋蜜以 60 元计，每框蜂以 60 元计。

从表 7-8 中可以看出，按秋蜜每千克 60 元计，同样的 9 群蜂，兰氏蜂场收入 12 318 元，群均产值 1 368.7 元，而县中蜂场仅收入 5 995.8 元，群均产值 666.2 元。虽然从投入每千克饲料糖产生的直接经济效益来看，兰氏蜂场（180.7 元/千克）不如县中蜂场（346.4 元/千克），但是从总的养蜂收入来说，兰氏蜂场要比县中蜂场多收入 6 322.2 元，而兰氏蜂场饲料投入仅仅只比县中蜂场多投入 355.9 元。从投入产出的情况看，兰氏蜂场每多投入 1 元，可以得到 17.76 元的回报（回报率＝6 322.2 元÷355.9 元×100％＝17.76％），如果算上奖饲后增加蜂脾数的收入，回报率就更高了。

当然，上述是个非常典型的例子。经作者多年调查、统计，提前奖励饲喂的白糖数量与蜂蜜产出量之比（即重量之比），最低为 1∶1.54，高的可达 1∶5.77。通常情况下，可以达到 1∶2~3（即每投喂 1 千克白糖，可产 2~3 千克蜂蜜）。但是，市场上白糖的价格与中蜂蜂蜜的价格相差甚大，就当前市场行情看，每千克白糖价 7 元，每千克中蜂蜜的最低价格为 30~60 元。如果将投入产出比按白糖和中蜂蜂蜜价值折算的话（即将上述 1∶2~3 的重量投入产出比两边分别乘白糖和蜂蜜的单价），通过奖励饲喂在经济上的投入产出比实际应为 1∶8.4~25.5。即养蜂员每投入 1 元，就可以增加收入 8.4~25.5 元。所以在经济上是十分划算的。只要市场上中蜂蜜价格不低于白糖的价格，

养蜂者就可以放心地投入，特别是对于生产那些市场上价格较高的蜂蜜品种，如野桂花、野坝子、鸭脚木、野藿香等蜂蜜，提前奖励繁殖所产生的经济效益就更加显著了。

二、多种措施组织采蜜群

尽管采取提前奖励繁殖措施，但有时由于气候或管理上的原因，蜂场中的蜂群，在大流蜜期到来时，仍不能全部或大部分达到标准的采蜜群群势，这时就应配合其他措施来组织采蜜群。

（一）将弱群合并为采蜜群

在大流蜜期到来前20天，可将3框以下的弱群合并，经繁殖一代子后，成为采蜜群。合并时，应保留产卵力较好的那只蜂王。

（二）调集外勤蜂组织采蜜群

定地饲养的蜂群，在大流蜜期到来时，若两群并排放置的蜂群，都达不到强群采蜜的标准，此时应将其中群势较强的蜂群作为主群，另一群为副群（即繁殖群），趁晴天外勤蜂大量出巢采集时，把副群搬走另放新址。当采集蜂回巢时，便会投入主群，加强主群的采集力。这时，可酌情从副群中调入封盖子脾给主群，保持主、副群蜂脾相称；或给主群另加入空脾、巢础框，促使主群多采蜜。

转地蜂场大转地时，可有意识地采取强弱搭配的方式，双箱并列，然后再按上述方式处理。

（三）互换子脾，组织采蜜群

互调子脾，组织采蜜群可于大流蜜开始前15～20天开始进行，每6天自繁殖群中，或从特强群中，抽一框老熟子脾补充到群势较强而又达不到采蜜群标准的蜂群中，组织采蜜群；而将被补群中的卵虫脾抽出来交哺育群或特强群哺育。如果被补群能容纳补助的子脾并能基本保持蜂脾相称，也可不抽卵虫脾出来，而只在繁殖群（或特强群）中加入空脾让蜂王多产卵，或加巢础框造脾。这种调出房子脾补强采蜜群的方式，一直可延续到大流蜜期结束前8天左右时停止，因为"最晚的工蜂，即使能够利用5天流蜜，也应该最初在流蜜结束前8天出房，在这种情况下，它们从出生后的第4天起就担负起接收、酿制花蜜，而使较年长的蜜蜂腾出身来，转入田野工作"（塔兰

诺夫[①]，《蜂群生物学》）。应注意，在流蜜中后期调入的子脾，应该是出房子脾。

据广西浦北县黄光福、胡礼通（2012）报道，经过调脾组织生产群的产蜜量，比任其自由发展，不组织生产群的产蜜量，可提高 20%～30%。

（四）利用转地，抽调蜂脾组织采蜜群

大流蜜期，蜂群刚转地到新的蜜源场地时，可利用蜂群还未认巢，经运输震动后群味混杂之机，自繁殖群中抽带蜂的封盖子脾加强中等群成为采蜜群。

三、双王繁殖，组织强群采蜜

双王繁殖是养蜂生产中一项重要的增产措施。早在 20 世纪 50～60 年代，就有人提出了中蜂双群同箱繁殖的概念（王锦房，1958；广东省养蜂劳模梁百辑，1964），此后更多的人将其运用于中蜂的生产实践（林南强，1978；杨水生，1980；陈梦草，1983；苏建文，1983；李正行，1984；杨冠煌，1988），并指出，双王同箱繁殖是中蜂夺取高产的措施之一。20 世纪末至 21 世纪初，广东省昆虫研究所的张学锋（1991）、罗岳雄等（2001）进一步完善了双群同箱饲养的组织及四季管理技术。

（一）双王群的概念

双王群是指通过人为组织，将同一个蜂群用框式隔王板分隔；或在同一个蜂箱中用大闸板将蜂箱隔为两区，每区中各有一只蜂王的蜂群。

严格意义上，用上述两种方法组织成的双王群是有区别的。如果使用隔王板，虽然两只蜂王被隔王板分隔，但工蜂可以通过隔王板的间隙互相来往，群味相同，食料可以共济。而用大闸板组成的双王群，分隔在互不相通的两区，工蜂各侍其王，互不来往，群味不完全相同，在对蜂群饲喂、加脾等方面，均

[①] 格·菲·塔兰诺夫（г·Ф·ТараНОВ，1908—1986），苏联蜜蜂生物学家，养蜂家，俄罗斯联邦科学院生物学博士、教授，毕生从事养蜂科学研究。主要研究蜂群生物学及其在养蜂生产中的应用，并组织领导了全国范围的大规模养蜂技术综合研究，在蜜蜂饲养繁育技术、高加索蜂和中俄罗斯蜂的大规模杂交利用、笼蜂生产、多箱体养蜂等方面取得了一系列成果。一生发表 400 多篇学术论文，撰写多部著作，其中重要的有《蜂群生物学》《蜜蜂解剖和生理学》和《饲料和蜜蜂饲养等》。其中《蜂群生学物》于 20 世纪 70 年代被翻译成中文，其养蜂理论对我国养蜂业至今仍有深刻的影响。

塔兰诺夫 1949—1960 年任《养蜂业》主编，是国际养蜂工作者协会的荣誉会员。为此，苏联政府高度评价其在养蜂科研活动中的成就，曾于 1954 年向他颁发了列宁勋章。

为独立的管理单位，实质上是双群同箱，但习惯上都将以上两种方法组织双王繁殖的蜂群，统称为双王群。

为了方便组织双王群，可以在蜂箱的前后壁内侧，各沿中线开一条垂直于箱底的浅槽，以方便大闸板或隔王板插槽安装。用大闸板组织双王群容易，而使用隔王板组织双王群则稍显复杂，为了使双群同箱的蜂群容易组织成双王群，可先用中间带铁纱窗的大闸板过渡，让双群同箱的两群蜜蜂在组织合并成双王群前群味相通，也可以直接用铁纱闸板组织双王群。

组织双王群的时候，要在中闸板或隔王板的顶部用图钉钉一块覆布或塑料薄膜（图7-3），检查左边的蜂群时翻开左侧的覆布；检查右边的蜂群时翻开右侧的覆布，以免蜂王串巢而被围杀。

双王繁殖的目的在于培养强群。在生产上，组织双王群和双群同箱两种方式都可以。当双王同箱的蜂群架继箱，或变为双王双箱体（箱体间有隔王板）繁殖时，两群蜂的群味相通，工蜂互相来往，也就成为了真正意义上的双王群。

图7-3　双王同箱繁殖

（二）双王群在生产中的优势

蜂群群势通常取决于蜂王的产卵量。西方蜜蜂蜂王每昼夜可产卵1 500～2 000粒，而中蜂蜂王的最佳产卵量，每昼夜仅为800～1 000粒，所以中蜂的群势不如意蜂。

一只优秀的蜂王，其产卵量总不如两只蜂王产卵的总和。这就是双王繁殖能突破一只蜂王产卵的局限性，容易培养和带领强群的重要原因。

在西方蜜蜂（意蜂）的生产实践中，为提高蜂蜜和王浆的产量，采用双王繁殖的技术，早已非常普遍了。中国农业科学院蜜蜂研究所谢代焱、姜元焱

（1983）报道，在一个蜂群中人为地诱入两只蜂王繁殖，可利用蜂群多余的哺育力，及时培养大量的工作蜂，为大流蜜期积累采集力量。双王群还具有发展迅速，不易发生分蜂热，能维持强群，群势消长的驼峰不明显（即不会大起大落）等优点。据他们试验，双王群的日封盖子数量比单王群高47.6%，蜂量增殖提高25%～64%，蜂蜜增产10%～50%，王浆增产16%～72%。该所沈基楷1988—1990年在北京春繁试验的结果证明，5框群势的双王群，经60天左右繁殖，群势可达14～16框，而同样群势起繁的单王群，群势只能达10～11框。在刺槐花期，双王群产蜜量较单王群高12%～63%，产浆量高16%～55%，纯收入高14.6%～63.8%。四川省畜牧兽医研究所1983年使用卧式箱饲养的双王群，取得了平均每个双王群产蜜123千克、增殖蜂群数达28群的好成绩。

　　双王繁殖技术不仅在西蜂生产中有用，对中蜂的增产作用，也同样令人瞩目。甘肃省天水市张荣川，连续13年实行中蜂双王同箱饲养，常年饲养量达60～70箱。他的体会是，中蜂养双王，群势强，产量高，越冬后即使一边只剩下一框蜂，也能很快繁殖起来。他在天水市近郊定地饲养的双王群，通常一个王头平均能产蜜7.5千克，一个双王箱可产蜜15千克。2008年丰收，他饲养在顶楼平台的15群蜂，曾产蜜500千克，平均箱产蜜66.7千克。另据广西壮族自治区养蜂指导站的胡军军（2012）报道，他们采用郎氏箱双王双箱体饲养中蜂，平均群产蜜量达25.0～60.5千克，产蜜量甚至超过了同场饲养的意蜂（表7-9）。

表7-9　中、意蜂双王双箱体繁殖产蜜量对比

蜂种	群数（群）	总群势（框）	采蜜方法	采蜜次数	总产蜜量（千克）	单脾重（千克）
中蜂	10	146	不断子	4	250	1.7
意蜂	10	160	不断子	4	200	1.25
中蜂	10	135	无虫化	4	605	4.48
意蜂	10	150	无虫化	4	415	2.76

　　（引自胡军军等，2012）

　　注：试验时间，2012年5月广西龙眼花期。中蜂、意蜂场相距1千米。中蜂蜜38.5波美度，意蜂蜜39.5波美度。

　　采用双王双箱体繁殖后，蜂群达到4～5框蜂量时并未发生分蜂，采蜜期群势还可达12～14框。除蜂蜜高产外，正常年景在不影响生产的前提下，采用此法饲养的谢荣福蜂场（常年饲养中蜂80群），每年还可分蜂60～80群蜂（平均4框群势）出售。

华南中蜂、海南中蜂、滇南中蜂群势小，爱分蜂。一般蜂群发展到 4～5 框蜂量时就会产生分蜂热。所以在养蜂生产期，分蜂热与组织强群取蜜的矛盾非常突出，不但影响产蜜量，也大大增加了管理的工作量。由于群势小，占用蜂箱和场地多，也推高了生产的成本。而运用双王繁殖，恰恰是解决这些蜂种缺点最简单而又最有效的办法（罗岳雄等，2001）。这可以从蜂群的生物学特性上得到解释。通常蜂群发生分蜂热，主要与蜂王信息素减弱（对工蜂卵小管发育抑制作用减弱）、产卵量减少、工蜂哺育力过剩、卵小管发育的工蜂数量增加有关。如果蜂箱内有两只蜂王存在，蜂王信息素强，产卵量多，工蜂哺育负担加重，就能有效抑制工蜂卵小管的发育和工蜂的分蜂情绪。这就是为什么应用双王繁殖后，蜂群达 4～5 框时没有产生分蜂热，群势仍能继续发展的重要原因。双王繁殖既然对华南型中蜂都有这样大的作用，那么对其他类型中蜂的增产作用就不言而喻了。

组织双王群的好处，除有利于培育强群、提高产量外，早春两群蜂同时在一个巢箱内繁殖，箱内温度高，繁殖快。另外，当其他蜂群失王时，还可以随时调出一个蜂王，补充给失王群。

（三）双王群的组织方法

双王群既可在十框标准箱和卧式箱中组织，也可在巢继箱中组织。组织双王同箱或双王双箱体繁殖，通常可以采取以下办法。

1. 越冬前、后组织双王群　蜂群群势太弱，难以安全越冬；或者越冬后群势较弱，难以养成强群采春蜜，又舍不得杀王合并，则可组成双王群。

定地饲养的蜂群，如两群蜂不相邻，为避免老蜂飞回原址，最好在组成双王群后，暂时搬到离原地 2 千米以外的地方寄放，过 10 多天再搬回本场放置。早春越冬后蜂群的独立性较弱，也可以直接将 2 个蜂群组织成双王群。

2. 将两群并列放置的弱群，组织成双王群　2 个并列放置的弱群，在流蜜期到来前，为培养强群采蜜，可组织成双王群繁殖。组织前，可先将左边的一群开左侧巢门，右边的一群开右侧巢门，并关闭另一侧巢门，让其熟悉进出数日后，于傍晚将两个蜂箱分别往左右两边挪开，并在原来两箱蜂的中间位置，放一个有中闸板隔死的蜂箱，然后将左边的一群移入该箱的左侧，右边的一群移入该箱的右侧，再把原来的蜂箱搬走，即成为双王繁殖群，加速繁殖，取蜜。

3. 在蜂场转地前、后组织双王群　在蜂场转地之前，对达不到强群采蜜、群势较弱的蜂群，可以组织成双王群。一般是白天先分别将组织双王群的蜂群，连蜂带脾提到各自巢箱的中间，以便蜂群全部集中到巢脾上，夜晚好提

脾。傍晚时将两群蜂分别提到事先准备好的、分隔为两区的蜂箱中，组织成双王群，当晚启运或关闭巢门1天，第2天晚上启运。也可以在转地后，有意识地将两个较弱的蜂群并列，摆在一起，转场后，趁蜂群尚未熟悉新场地时，组织双王群。

4. 分蜂时，提老王组织双王繁殖群　蜂群发生分蜂热时，可将老王带蜂1～2脾（其中至少有一框为封盖子脾，另外一框为蜜粉脾），放入另外事先准备好、有中闸板的蜂箱一侧。然后，提另一群中的老王，带蜂1～2脾，放在蜂箱的另一侧，两群向中闸板的两侧靠拢，各走一门，这样就组成了老双王繁殖群，另放新址。原群在提走老王后，应介绍新产卵王或成熟王台，组织生产。

5. 大流蜜期过后，组织双王交尾群　大流蜜期过后，无蜜可采，这时可将蜂群按均等分蜂法，一分为二，分别放置在带有中闸板的蜂箱两侧。将蜂群中的老王提走，扣在王笼中移寄它群。次日，在蜂箱左右两区中分别介绍一个成熟王台，成为双王交尾群。待新王交尾成功之后，即成为新双王繁殖群。除均等分蜂外，也可将蜂群拆分、组织成若干个双王交尾群，每个交尾群有2～3脾蜂量即可。

为了保证新王交尾成功，可让两边的蜂群分别自不同方向的巢门进出；或在前箱壁两个巢门的中间，竖1块砖、木板（图7-4）或空酒瓶等，并在其两侧分别贴不同颜色的纸张，作为明显的隔离标志，以避免处女王交尾回来误巢而被围杀。对于交尾失败的蜂群，可及时调入新产卵王，或暂时利用寄养在其他群的老王，以保证蜂群正常繁殖。

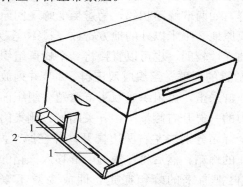

图7-4　双王交尾群巢门布置
1. 巢门　2. 木板

6. 诱王法组织双王群　在原群只有一只蜂王的情况下，可先用大闸板将蜂群均匀地隔为两区，各走一个巢门（最好是开异向巢门），隔1～2天后，在

224

无王区摘除急造王台后，诱入一只同龄的产卵王，组织成双王群。

7. 组成双王双箱体繁殖群　通常双王同箱繁殖是在巢箱内进行，但是，也可以在巢箱上架继箱，用隔王板隔开，让两只蜂王分别在巢、继箱中各自产卵繁殖，使蜂王产卵区域扩大，改善蜂王的产卵条件。用两个育虫箱育虫，更有利于蜂群繁殖。塔兰诺夫在其《蜂群生物学》中就曾阐述过："用双箱体饲养蜂群，也能减轻蜂王的产卵负担。"

广西蜂场实行中蜂双王双箱体繁殖的经验是：

（1）单王群加继箱后，再导入另一只蜂王　当单王群达到6框蜂量5张子脾时，给巢箱加一个继箱，把原蜂王及子脾不多的巢脾、空脾、蜜粉脾提上继箱，巢箱内留下大部分子脾，巢继箱间加隔王板，给巢箱另外导入一个新产卵王，进行双王双箱体繁殖。

（2）双王群繁殖满箱后加继箱，巢箱、继箱各用一只王产卵　当双王群繁殖满箱后，在巢箱上加一个继箱，将其中一区的蜂王，连蜂带脾提上继箱，抽掉中闸板，并在巢继箱间加上隔王板，成为双王双箱体繁殖群。当上下两个箱体都达到8～9框蜂量时，应每隔6～7天从上下两区中各抽一张带蜂的大子脾，调给弱群或另组新分群。

（四）双王群的管理

1. 组成双王群的两只蜂王，应尽量采用同龄蜂王　用同龄王组成双王群，不易产生偏蜂现象。偏蜂是双王群中的工蜂，有向产卵力强或年龄较轻的蜂王偏集的现象，这会影响蜂群的正常繁殖。因此，用于组成双王群的蜂王，应尽量采用同龄王。如一旦产生偏蜂现象，应将偏蜂一侧的巢门缩小，另一侧巢门开大，并将蜂箱的位置朝偏蜂的一侧挪动，直到左右两侧巢门进出的蜂量相近时为止。

2. 蜂群繁殖满箱后，及时叠加继箱、浅继箱　双王群的日常管理与普通单王群差不多。当蜂群满箱（8～9框蜂）后，应及时在巢箱上叠加继箱或浅继箱（具体操作参见本章四使用继箱、浅继箱或移入卧式箱饲养），扩大蜂巢。如蜂群巢箱仍然保持双王繁殖，在巢继箱之间，应该加上平面隔王板，防止两只蜂王窜巢斗杀。

双王双箱体繁殖的蜂群，加脾时，上下箱体同时进行。

3. 繁殖期双王繁殖，大流蜜期改用单王或处女王群采蜜　组织双王群繁殖的目的是为了培养强群多采蜜，当蜂群发展成为强群，进入流蜜期后，则应适当控制蜂群中幼虫的数量，减轻工蜂的哺育工作，使绝大部分工蜂能投入外出采集工作，这样可以大大提高蜂群的采蜜量。因此，这时可以提走双王群中的一只蜂王，另组新分群或用王笼囚王后寄养其他群，撤去闸板，使蜂群合为

一群。或者将两只蜂王都提走，撤去闸板，给蜂群介绍一个成熟王台，利用处女王群采蜜。待流蜜期过后，再恢复双王群繁殖。

4. 按季节、蜜源组织双王群繁殖　双王群繁殖虽好，但双王群饲料消耗大，管理精细，技术要求高，只有在蜜粉源条件较好的情况下，才能充分发挥其增产作用。因此，不一定全年或全场蜂群都组织成双王群。比如在广东，有人认为在早春、晚秋组织双王群繁殖比较好（早春群势较弱，晚秋要组织强群采鸭脚木、野桂花蜜），夏季则宜用单王小群越夏（张学锋等，1992）。或平时仅为单王群，只在当地气候好、流蜜稳、蜂蜜价格高的主要流蜜期前繁殖适龄采集蜂时组织双王群。根据情况，时"单"时"双"，组织季节性双王群。

全场也可以组织一部分双王群，其余则为单王群；卧式箱、大箱为双王群，其余箱型或小箱为单王群，单王、双王群互相搭配，相互补充。

例如，某地只有早春油菜、晚秋初冬的野桂花（枔）两个大蜜源，6～8月是缺蜜期。那么可以在早春繁殖期组织双王群。待打完油菜蜜后，如蜂群群势在8框蜂左右，可以拆分为两箱一只蜂王各带两框蜂的双王同箱群；或两个4框的单王群，待到8～9月秋繁时，再重新将单王群组织成双王群繁殖，采秋冬季蜜源。

四、使用继箱、浅继箱或移入卧式箱饲养

蜂群之所以会产生分蜂热，除蜂王产卵力下降、蜂王信息素减少，对工蜂卵小管发育抑制作用减弱外，还与蜂群群势及箱体容积有关。当蜂群群势变强，蜂群接近充满箱体，箱内空余的空间狭小，箱内空气闷热时，蜂群就容易产生分蜂热，这是蜂群对环境适应性的本能表现。这时饲养者就应想办法扩大箱体容积，让蜂群有继续发展的空间，以此来缓和防止分蜂热的发生，有利于维持强群、培养强群，提高产蜜量。

扩大箱体容积最简单的办法就是给蜂群加继箱（方文富，1991；徐祖荫等，1993；龚凫羌等，1997；靳国保，2012；胡军军等，2012；李育贤，2012；秦裕本，2013；陈学刚，2014）、浅继箱（张中强，1957；杨冠煌，1978），或是移入卧式箱中饲养。

（一）中蜂加继箱、浅继箱在增产中的作用

1993年春季油菜花期，徐祖荫等在贵州省锦屏县、凤冈县分别开展试验，在郎氏箱加继箱、郎氏箱加浅继箱、中蜂标准箱加浅继箱、中蜂产生分蜂热时及时分蜂4种处理中，郎氏箱加继箱处理的蜂蜜单产高于其他处理6.2%～22%。且在春季流蜜结束后，其原群加分出群的总蜂量较郎氏箱加浅继箱、中

蜂标准箱加浅继箱的处理高 12.5%～14.2%。1999 年春季，刘长滔、徐祖荫等在贵州省锦屏县再次对郎氏箱加继箱、中蜂标准箱加继箱、当蜂群满箱后从郎氏箱移入十六框卧式箱饲养等三种情况进行观察，其产蜜量、流蜜结束时总蜂量仍以郎氏箱加继箱的处理最高，产蜜量较其他两种处理分别高 9.3%～17.2%，流蜜结束时郎氏箱比其他两种处理分别多 2～3 个分出群。甘肃省养蜂研究所缪正瀛等（2013）在该省徽县榆树乡养蜂户梁桂平家称重试验表明，继箱饲养的中蜂群，其进蜜量与总框数相加与继箱群相等的两个平箱群比较，其进蜜量是一样的。也就是说，一个继箱群相当于两个平箱群。前面提到过的广西蜂场采用郎氏箱双王双箱体繁殖的增产效果就更加突出了。从上述试验结果看，用郎氏箱及其巢框面积相近的蜂箱饲养，以加继箱的效果最好。中蜂标准箱因巢框的高度高，则只适宜加浅继箱。加继箱、浅继箱，既能增产，有利于取成熟蜜，提高蜂蜜质量，生产巢蜜和脾蜜；同时又能将育虫区与取蜜区分开，取蜜时不会因打乱蜂群的生活秩序而影响到蜂群的正常繁殖。

长期以来，人们认为中蜂蜂王产卵力差，群势弱不能加继箱，但是大量的实例证明，只要饲养得法，中蜂完全可以加继箱，而且中蜂加继箱、浅继箱还是一项十分重要的增产措施。早在 20 世纪 50 年代，就有人尝试给中蜂加浅继箱，并取得过成功（张中强，1957）。过去不能实现中蜂继箱强群生产的原因：①饲养管理水平差，没有实行提前奖励饲喂；或因饲料不足，奖励繁殖的效果差，难以达到强群采蜜的目的。②病敌害防治跟不上，难以养成强群。③育王换王的工作差，蜂群中老劣王所占比例不低，也不能养成强群。若要实现中蜂强群继箱饲养，就要针对上述 3 个薄弱环节加以改进，并配合组织双王繁殖，实现中蜂继箱饲养是完全有可能的。

（二）中蜂加继箱、浅继箱以及移入卧式箱的管理

根据徐祖荫等（1993）在贵州省的研究，当中蜂达 8 框以上（指郎氏箱）蜂量时会分蜂，而在 7 框左右不足 8 框时蜂群不分蜂；其他养蜂者也有类似的观点（袁小波，2007；邱泽群等，2012；黄光福等，2013）。所以，当蜂群达 7 框足蜂，有 5～6 张子脾，放脾 8～9 框时（即蜂群接近满箱时），即应及时叠加继箱、浅继箱，或移入卧式箱中饲养。

中蜂加浅继箱，可以不加隔王板。为了方便工蜂在巢箱与浅继箱间上下，提高工作效率，浅继箱中巢脾的下框梁与巢箱中巢脾的上框梁之间距离应不超过 7 毫米。因浅继箱与巢箱的巢脾不能共用，故在没有现成浅巢脾的情况下，可加浅巢础框在浅继箱内，并适当抽掉巢箱中的巢脾，打紧蜂数，逼工蜂上浅继箱造脾贮蜜（图 7-5）。

图7-5　郎氏箱加浅继箱，示浅继箱上的封盖蜜脾（贵州省正安县盐肤木花期）

　　当蜂群刚上继箱时，为了防止蜂王上继箱产卵，应在巢、继箱间加上中蜂隔王板。蜂群上继箱，巢箱、继箱的巢脾可以共用。加继箱时，应将蜜粉脾及封盖子脾提上继箱；老王及其余卵虫脾留在巢箱，并添加空脾或巢础框造脾，让蜂王产卵。巢箱、继箱间巢脾的放置应基本对应。在巢箱、继箱靠近空档的边脾外，分别加上一块保温隔板。如果是双王群，继箱上的巢脾应放置于巢箱两区的中间，并分别在其两个边脾的外侧各放上一块保温隔板（图7-6）。蜂群群势强，蜂数多，也可在继箱上直接加上空脾让蜂群贮蜜，或加巢础框让蜂群造脾。

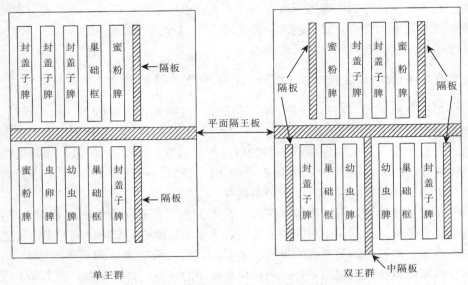

图7-6　初上继箱时巢脾的布置

上继箱时，要注意检查和摘除所提巢脾上的王台。以后每隔 6 天调整巢脾一次，将巢箱中的老熟封盖子脾提上继箱；继箱上的空脾，则调到巢箱内让蜂王产卵。当继箱巢脾中蜂蜜基本贮满后，此时已不用担心蜂王上继箱产卵，巢箱、继箱间可以暂撤隔王板，让工蜂直上直下，以加快蜂蜜的封盖速度。有些蜂场为节省管理环节，单王继箱群，巢继箱之间不添加隔王板，让蜂王在巢箱、继箱中自由产卵。

不采用继箱饲养的蜂场，可在蜂群接近满箱时，移入卧式箱中饲养。原本饲养在卧式箱中的双王群，当大流蜜期到来时，也可提走一王，抽掉中闸板，让蜂群合并为一个强大的采蜜群采蜜（图 7-7）。

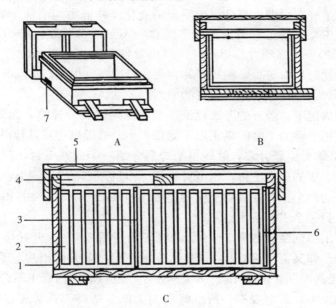

图 7-7　郎氏十六框横卧式蜂箱
A. 箱体与箱盖　B. 蜂箱侧剖面　C. 蜂箱正剖面
1. 箱体　2. 巢框　3. 闸板　4. 纱副盖　5. 箱盖　6. 隔板　7. 侧巢门
（仿江西养蜂研究所，1975）

同双王群一样，中蜂继箱群通常也只是季节性的。加继箱、浅继箱的目的主要是扩大箱体容积，抑制和解除分蜂热，培养强群采蜜。一旦流蜜期过后，如果没有后续蜜源跟进，在大流蜜期过后，则应通过分蜂，拆为平箱群繁殖，不宜长期维持继箱强群。如果流蜜期不长（30 天以下），继箱群还应配合实行无虫化取蜜，将蜂王关在王笼内，扣在继箱上，巢箱下介绍一个成熟王台，在一段时间内控制蜂群繁殖，充分发挥强群突击采蜜的优势，最大限

度地提高产蜜量。

五、用处女王群采蜜（实行无虫化取蜜）

（一）处女王群采蜜在增产中的作用及做法

中蜂蜂王产卵力弱，分蜂性强，当蜂群达到一定群势后（按郎氏箱计，华南中蜂、海南中蜂、滇南型中蜂超过 4~5 框蜂，其余类型超过 8 框蜂），即会产生分蜂热。

根据一些学者的研究，蜂群一旦发生分蜂热，尤其是蜂群内产生具卵王台后，蜂王和工蜂在生理上都会产生明显的变化。蜂群中饲喂蜂王的工蜂减少，工蜂追逐蜂王，并妨碍其产卵；蜂王因食物不足腹部收缩，产卵量急剧下降（下降约 50%）；工蜂哺育负担减轻，卵小管发育的工蜂数量增多，大量工蜂怠工。尽管此时采取扩巢、割雄蜂脾、灭台等措施，仍难以根除分蜂热。这就是灭台后不久，工蜂又会反复造台的原因。

在这种情况下，最好的办法就是不要一味地强压分蜂热，而要因势利导，结合换王，把产卵力下降的老王用王笼扣于本群或提出寄养其他群，或者将老王带蜂 1~2 脾另组新分群，然后再给蜂群介绍一个成熟王台，利用处女王群采蜜。若无现成的成熟王台，也可暂时留下本群所造的 1~2 个台型大而正的王台。留下的两个王台在日龄上应有差距，如果第一个王台中的蜂王不能顺利出房，可有另一个王台备用。

从蜂王出房到性成熟需 3~5 天，蜂王出房后 6~9 天开始婚飞，外出交尾；交尾到产卵又需 2~3 天，这样从安放王台（1 天后出房）到新王产卵，需要 8~9 天的时间，多则 12~13 天。由于在这段时间内蜂王不产卵，群内需要哺育的幼虫少，甚至没有，所以蜂群内大部分适龄工蜂都可以外出参加采集，并且还能腾出许多空巢房供工蜂贮蜜，这样能大大提高蜂群的采蜜量（郑大红，2006；徐祖荫，2008；钟财明，2013）。由于使用处女王群采蜜，群内幼虫少，甚至没有幼虫，所以用处女王群采蜜又被称做无虫化取蜜。实行无虫化取蜜增产效果十分显著。例如，胡军军等（2012）报道，广西壮族自治区谢荣福蜂场利用无虫化取蜜，无论是中蜂还是意蜂，增产的幅度都很大。其中，中蜂实施无虫化取蜜的蜂群，脾均产蜜 4.48 千克，是不断子蜂群 1.7 千克的 2.64 倍。群均产蜜量达 60.5 千克，是不断子蜂群单产 25 千克的 2.42 倍，增产 35.5 千克。

另外，蜂群中适龄采集蜂的培育，应至少是在大流蜜开始前不久产下的卵，因为从蜂王产下卵到变成幼蜂出房，需经过 20 天（卵期 3 天，幼虫期 6

天，封盖期 11 天），从幼蜂出房到变成能采蜜的飞翔蜂又至少需要 8 天。也就是说，从卵到成为飞翔蜂需经过 28 天。所以，在大流蜜期开始后不久培育的幼蜂，对于流蜜期不长、流蜜短促（30 天以内）的蜜源来说，在增产上已无意义。特别是当大流蜜期过后，若无后续蜜源，那么流蜜期间培育出来的工蜂，就只能成为流蜜期过后不能采蜜、只消耗饲料的饭桶蜂。所以有经验的养蜂员说"花期繁蜂蜂吃蜜，蜜期抓子一场空"是有道理的。塔兰诺夫在《蜂群生物学》一书中就曾指出："对利用流蜜来说，重要的不仅要及时地培育采集蜂，而且还得在采蜜已经不需要时，适时地防止大量幼虫的培育。"因此，在大流蜜期，对蜂群在一定时间内控制蜂王产卵，实行无虫化取蜜，就具有三重意义：①节约饲料；②能暂时缓解蜂王与工蜂争抢巢房的矛盾，腾出更多空巢房让工蜂贮蜜；③让更多的工蜂投入采集，实现增产。

实行无虫化取蜜，如不打算更换老王，也可在流蜜期蜂群初起分蜂热时，将老王关在王笼内，扣王 8 天后再放王。扣王期间，应每 5 天检查和摘除一次急造王台。当然，实行无虫化取蜜最好还是结合适当分蜂、换王，以达到既换王又增产、既增群又丰收的双重目的。

实施无虫化取蜜，对于流蜜期不长、流蜜短促的蜜源，或比较珍贵、经济价值高的蜜源，是一个非常值得推荐的增产措施。

（二）实施处女王群（无虫化）采蜜时应注意的问题

1. 实施无虫化取蜜的蜂群　实行无虫化取蜜的前提必须是强群，弱群因要发展和延续群势，不宜实行无虫化取蜜。另外，中蜂在采秋、冬蜜时，蜂群要扩大、延续群势，培养适龄越冬蜂，以实现顺利越冬，也不能实行无虫化取蜜。

2. 提前 5～7 天实行人工育王，贮备一定的蜂王或后备王台　实施处女王群采蜜，应准确预测大流蜜期出现的时间。根据历年当地大流蜜出现的日期，以及当年的气候、蜜源植物开花期及蜂群状况，预先在大流蜜盛期前 5～7 天实行人工育王，从而保证蜂群在外界大流蜜、蜂群产生分蜂热时及时介绍一批成熟王台。

实施处女王群采蜜，还应贮备一定的蜂王或准备一批后备的王台（第一次育王开始后的 7～8 天再育第二批蜂王），以预防处女王飞失而导致蜂群失王、工蜂怠工现象。

3. 掌握好取蜜的时间　如果实施处女王群采蜜，取蜜时应尽量避开处女王交尾的高峰时段（上午 11 时至下午 5 时）。摇蜜时应先摇处女王群及其旁边的蜂群，尽量不干扰处女王交尾。

4. 及时加脾加础 实施处女王群采蜜的蜂群，要根据群势变化，及时添加空脾或巢础，保持蜂脾相称，让蜂群贮蜜；新蜂王产卵，完善后期发育，避免因蜂数过于密集而不利观察蜂王出房及交尾的情况。

5. 实行无虫化取蜜，对断子时间过长的蜂群要及时补入卵虫脾 中蜂群内有子脾，工蜂才会积极出巢，若断子时间过长，会造成工蜂怠工。在实行无虫化取蜜的过程中，由于气候原因，蜂王交尾、产卵期延后的蜂群；或蜂王飞失后补台的蜂群，会出现较长的断子期，若出现这种情况，可以从其他蜂群内抽调1～2张卵虫脾给这些蜂群，促进工蜂积极出巢采集。

六、选种育王，随时保持新王

选种和育王不是一个概念。选种是指选择培育优良蜂种，或对原有的蜂种进行提纯复壮。育王是指通过人工育王的办法，培育生产上直接使用的个体大、产卵力强、能保持蜂种优良特性的蜂王。

（一）蜂种的选育与复壮

1. 选育优良蜂种在生产中的作用 良种在畜牧业生产中具有突破效应，养蜂生产也不例外。生产中推广使用抗病力强、能维持大群、生产性能好的蜂种，在同样的气候、蜜源和管理条件下，不受或少受疾病干扰，能够大幅度地提高产蜜量和养蜂经济效益。

我国各地现在饲养的中蜂品种，实际上是长期生活在当地气候、蜜源条件下自然形成的地理亚种或生态类型。但是，在人们生产使用的过程中，由于许多养蜂者缺乏育种知识，饲养管理水平低，不注重对亲本进行选择，尤其是不注重对父本的选择和雄蜂的培育；而蜜蜂的交尾活动是在空中进行，婚飞范围又很广，人们很难控制，非常容易与不良性状蜂群的雄蜂交尾，因而造成种性不纯，混杂退化，逐渐掩盖和淹没了原来蜂种的优良性状。

中蜂种性的退化，还在于长期近亲繁殖，使不良的隐性基因纯合，从而造成蜂群生活力减退，群势缩小，抗病力减弱，产蜜量降低。尤其在种群数量有限的情况下，这种情况更易发生。例如，我国中蜂饲养，大多为中小型蜂场。这些蜂场大多是利用一至几群蜂分蜂繁殖，扩大蜂群数量，本身的遗传基因多样性就严重不足，加之不良的饲养方式，利用自然王台分蜂，使分蜂性强的蜂群在生殖上占有绝对的优势，这样长期近亲繁殖结果，必然加剧蜂种退化的现象。

此外，我国中蜂品种选育工作滞后，一个完整的良种繁育体系尚未完全建立；盲目和无序引种的现象存在，也是造成我国目前中蜂蜂种混杂退化、原蜂种优良性状难以很好发挥的一个重要原因。

我国中蜂本来是一个遗传多样性十分丰富的优良地方品种（刘之光、石巍等，2007）。一些学者近期对我国中蜂品种运用DNA及形态检测等手段进行研究时，发现一些地区的中蜂本来并不具备地理隔绝和生殖隔离的条件，可是由于人为选择干预的结果，使得同一蜂种不同地区蜂群之间，在遗传结构上却出现了明显的分化，导致遗传结构不稳定，结构单一，遗传多样性水平降低等情况发生。说明生产中不良的饲养习惯，仅选用少数蜂王作母本，会造成遗传多样性丢失（朱翔杰、周冰蜂等，2009、2011；朱翔杰、周冰蜂、徐新建等，2011；周姝婧、徐新建等，2012），蜂群生活力、生产能力下降。因此，在生产上向养蜂员普及选育种知识，开展群众性选育种工作，对蜂种进行正向干预是非常必要的。福建省福州市的张用新有着多年的养蜂经验，而且非常重视蜂种的选育工作，通过连续12年的观察选育，他的150群蜂（华南中蜂），采蜜群可以达到平均7框的群势，最大群势为9框，普遍强于当地其他蜂场的蜂群。广西壮族自治区来宾地区的黄善明定期到距离较远的蜂场引进好的蜂王作母群，培育处女王，与本场优选的雄蜂杂交，蜂群（华南中蜂）也能维持在7框左右。这说明正确的选育方法是可以恢复蜂种的优良特性，提高其生产性能的。

2. 中蜂本品种选育及提纯复壮的方法　　中蜂不同的地方品种对当地的气候、蜜源有很强的适应性，因此中蜂的选育种工作应以本地地方蜂种的选育为主。比如，通过系统选育、择优选育的方法，提高蜂种抗中蜂囊状幼虫病的能力。对于保种场、良种繁殖场，蜂种选育工作应以地方蜂种的提纯复壮为主。所谓提纯复壮的方法，就是在育种科学知识的正确指导下，选集足够数量、无亲缘关系（或亲缘关系尽可能远）的优良蜂群组成种群组，采取集团闭锁繁育的方法，在具有良好隔离条件的交尾场地进行自然交配，通过人为多代连续选择，恢复该品种的本来面目，淘汰不良性状的基因，保存优良性状的基因，使其对人类有利的优良性状重新表现出来，并能稳定地遗传给后代，以提高其生产使用价值。

蜂种提纯复壮的工作，在一般蜂场中也可以进行。

在蜂种选育、提纯复壮时，应注意以下几点：

（1）明确选育目标，多代连续选择　　选育前首先要对当地的蜂种特性及形态指标进行了解、鉴定，并根据当地蜂种的特征、特性和生产性能，制定切实可行的选育目标，如分蜂性弱、群势大、蜂王产卵力强、子脾封盖整齐、采集力强、贮蜜性能好、抗逆力强（耐寒或耐高温）、抗中蜂囊状幼虫病、性温驯、

易管理等。

不同地区选择的标准不一定一致。例如，华南中蜂无法选择能维持10～12框以上群势的蜂种。北方中蜂应主要考虑其耐寒性，温热地区（华南、海南、滇南）的中蜂要考察其耐热性，在中囊病的非疫区进行中囊病选育既不必要，也没有条件。

在本品种系统选育时，选择目标不能太多，应根据当地蜂种的特点和生产需要，以一个目标为主，附带其他经济指标。目标一经确定，就应在选育的过程中贯彻始终，不要轻易改变。例如，在一些中囊病常发的地区，首先要解决蜂种抗中囊病能力弱的问题，因此应把主要选育目标放在提高抗中囊病的性能上。一些地区蜂群的分蜂性强，就要把选育目标定在提高蜂群维持大群的性能上。例如，中国农业科学院蜜蜂所杨冠煌研究员从1991年开始，经连续3代闭锁繁育，培育"北1号"蜂种，早春繁殖快，产生王台时群势为2.5～3.03千克（折合郎氏箱为9～11框），越冬性能好，蜂蜜增产10％左右。从1996年起，又把选育目标定在抗中囊病性能上，通过在蜂群中人为接种中囊病病毒筛选，使"北1号"蜂群的中囊病发病率从5％下降到了2％。该蜂种因此通过了国家农业部的鉴定并确认。

（2）选择好父群、母群 父群、母群的选择，应根据确定的选育目标，通过一年以上的观察，挑选符合主要选育目标，并具有其他优良性状的蜂群作父群、母群，让这些蜂群既作父群，又作母群。然后分别再在这些蜂群的下代蜂群中，采用母女顶替或择优选育的方法，挑选具有同样优良性状和数量的蜂群来顶替上一代，作为继代蜂王。通过连续多代选择，逐步积累优良性状。

母女顶替是指种群组只由25个基本群组成时，须用母女顶替法来选留继代蜂王，即每个基本种群至少要培育出3只处女王和大量种用雄蜂。子代蜂王产卵后，要对各个基本种群的子代蜂王进行考察，根据考察结果，从各个基本种群的子代蜂王中各选择出表现最好的一只，作为各基本种群的继代蜂王（图7-8）。

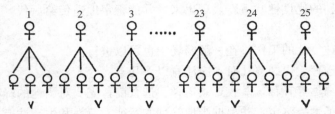

图7-8　母女顶替选留继代蜂王示意（V……为中选子代蜂王）

　择优选留则是当种群组由35个以上基本种群组成时，可在种群组内所有的子代蜂王中择优选出与种群组的基本种群数相等的子代蜂王，作为继代蜂王（图7-9）。每一世代种群组的大小应保持不变。每个基本种群组都要贮备蜂王，当某一个基本种群的蜂王丧失时，可用该种群的贮备蜂王来补充，以保证闭锁繁育种群组的完整性。

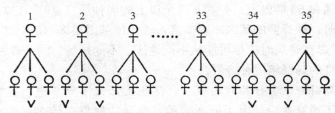

图7-9　择优选留继代蜂王示意（V……为中选子代蜂王）

　　一般生产性蜂场没有专门的保种和育种单位那样有条件选择这么多的基本种群，但在选择继代蜂王时，不能只限于1～2群，而应至少挑选3～5群作为种母群。

　　另外，蜂种遗传性状的好坏，与父、母双方有关。因此，在精心挑选母群的同时，还应严格选择父群。蜂场在精心培育蜂王时，也要注意种用雄蜂的培育。育王季节，非种用雄蜂蛹、雄蜂要一律清除干净，保留种用蜂群的雄蜂出房，与处女王随机自然交尾。

　　在隔离条件不是很好的生产性蜂场，为了保证少受其他蜂场雄蜂的干扰，不一定选留专用父群，而只将不符合选育目标蜂群中的雄蜂子和雄蜂淘汰掉，以保持本场雄蜂在数量上占优势，与本场处女王自由竞争交尾。

　　（3）隔离交尾　由于蜜蜂空中交尾的习性，为保证选育的效果，防止本场处女王与其他蜂场的雄蜂交尾，在蜂王交尾期应与其他蜂场保持4（山区）～5千米（平原地区）以上的距离（杨冠煌，2007）。对保种场和良种繁育场要求应更加严格，根据我国《畜禽遗传资源保护区和基因库管理办法》，国家级畜禽遗传资源保种蜂场山区的隔离距离，其隔离半径应在12千米以上，平原地区应在16千米以上。

　　不同类型中蜂的保种场最好设置在有该型中蜂分布的自然保护区内。自然保护区有明确规定，不能引进外来物种（包括蜂种在内），因此可以避免受到外引中蜂杂交的影响，有利于本型中蜂基因的保存。

　　（4）保持足够数量的基础蜂群　无论是保种、提纯复壮，还是蜂种选育，为防止种外基因渗入，最大限度地避免基因丢失，一般都会在良好的隔离条件下采取闭锁繁育的方法进行。闭锁育种的方法要尽可能减少基因的丢失；减少基因纯合导致产生二倍体雄蜂死亡，蜜蜂成活率降低，就必须尽可能地增大种

蜂群的数量。计算机模拟计算表明，种蜂群内幼虫平均成活率降为85％时所需要的闭锁育种世代为：种蜂群组由25群蜂组成，需要10代以后；种蜂群35群时，需20代以后；种蜂群50群，需40代以后。因此，良种场、原种繁殖场的基础蜂群最好能达到50群以上，最低不能少于25群。国家级资源保种场的规模必须在60群以上，并须有两个以上的保种场（点）。在这些蜂场中进行闭锁繁育时，种蜂群的基因库要丰富，性等位基因要多（5个以上异质性等位基因），所以在建场时应尽可能从不同地区、不同蜂场、同一蜂种的蜂群中，挑选性状优良的蜂群组成种蜂群。

（5）定期引种，实行品种内杂交，防止生活力下降 进行提纯复壮的蜂场，在实行闭锁繁育后，由于近亲繁殖，会导致蜂群遗传多样性和生活力降低，因此可以采用品种内杂交的方式，通过基因交流进行复壮。品种内杂交就是蜂场每隔3年左右，应从种蜂场或相距较远的其他蜂场引进血缘关系较远、同一蜂种、性状优良的部分蜂群（数群）或蜂王（数只）作母群，与本场饲养的蜂群杂交，使血液更新。这样既能提高蜂群的生活力、生产力、抗病力，又保持了该品种的优良特性。

3. 建立蜜蜂育种档案 建立蜜蜂育种档案是良种选育工作中的一个重要组成部分，每个专业的保种场、良种繁育单位都必须建立一套完整的育种档案，积累有关资料，使良种繁育工作有计划、有步骤地进行，加强保种和良种繁育机构本身的责任制，促进良种繁育工作不断改善和提高。蜜蜂育种档案主要内容包括以下几项：

（1）种群档案 种群档案是育种档案中最基本、最重要的资料之一。

每个种群及其后代都要设立档案，记录每个种群的形态特征、生物学特性和生产力鉴定等内容（表7-10）。

表7-10 种群鉴定表

蜂王	编号		上代母群	品种	
	出生日期			群号	
	初生体重		配种雄蜂	品种	
	体　色			群号	
有效产卵量（封盖子）	年	月　日至月　日		年	月　日至月　日
	年	月　日至月　日		年	月　日至月　日
	年	月　日至月　日		年	月　日至月　日

形态特征	工蜂	肘脉指数		第四背板突间距	
		吻长		第二、三背板黑区比值	
		前翅长		体色综述	
		前翅宽			
		第三、四背板长			
	雄蜂	肘脉指数		毛 色	
		体色综述			
生物学特性		分蜂性			
		抗病力			
		越冬性能			
		越夏性能			
		温驯性			
生产力	产蜜量（千克）		产蜡量（千克）		产粉量（克）	
	年		年		年	
	年		年		年	
	年		年		年	
	年		年		年	
	年		年		年	
评语						

为便于观察、记录和归档，应对引进的原种蜂王和育成的蜂王进行标记和编号（图7-10）。育种蜂群的编号要详尽明了。在编号中，C代表中蜂，P代表亲代，1、2、3、4分别代表子一代（F_1）、子二代（F_2）、子三代（F_3）、子四代（F_4）。1101、1103、1205、1307、1409分别代表2011、2012、2013、2014年分别培育的第一、第三、第五、第七、第九号蜂群。这种编号法简单，品种及其亲代、子代关系一目了然。将上述号码写好后，钉在相应蜂王所在蜂箱前壁的右上角。

| 1001 | 1101 | 1103 | 1205 | 1307 | 1409 |
| C-P | C-1 | C-1 | C-2 | C-3 | C-4 |

图7-10　种群编号示意

（2）种群系谱档案　系谱档案包括原种蜂王系谱卡和系谱图两部分。原种

蜂王系谱卡是记载原种蜂王编号、品种（品系）、原产地、培育时间、培育单位、引进日期及备注等；系谱图是记录和表示子代同亲代的血缘关系。如果引进同一品种的蜂王进行蜂种复壮，也应在系谱中反映出来（图7-11）。

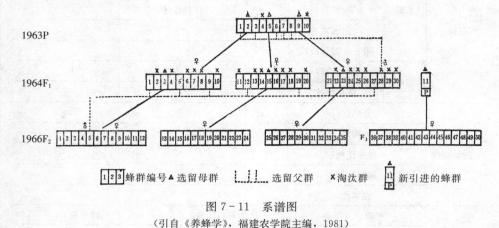

图7-11　系谱图

（引自《养蜂学》，福建农学院主编，1981）

（3）种蜂供应档案　保种场、育种单位提供给生产蜂场或良种扩繁场的优良蜂种，都应设立供种档案，如蜂王供应卡等（表7-11），记录该蜂王的有关资料。

除育种档案之外，保种场和育种单位还应具体制订育种计划、蜂王培育计划，并记录育种日记等。

表7-11　蜂王供应卡

蜂王编号		母系	品种
			编号
供应单位		父系	品种
			编号
供应日期			
用　途		（作种用还是生产用）	
性状表现简述 （主要表现）	形　态		
	生物学特性		
	生产性能		

4. 选育结果观察鉴定　对保种场、良种繁殖场，应按有关规定的项目，进行观察鉴定，以测评保种及提纯复壮的效果；本品种选育也要通过鉴定，看是否达到预期选育的目标。

（1）测定工具　带有测微尺的显微镜、扭力天平（最大称量 1 000 毫克，感量 20 毫克）、放大镜（3～5 倍）、眼科用的直尖镊子和剪刀、磨口小玻璃瓶（装蜜蜂标本用）、载玻片、盖玻片、小滴管、磅称（称量 100 千克）。

（2）测定项目及方法

①形态指标的测定　项目包括吻总长、右前翅长和宽、肘脉指数、3＋4背板长、第 4 背板突间距，第 2～3 背板黑黄区比例。

在春末夏初更换完越冬蜂后，测定前从每个种蜂群中各随机抽采工蜂50～60 只，投入沸水中烫死，使其伸出吻，然后存放在有 75％酒精溶液的小瓶中浸泡保存，从中再抽取 30 只测定。

测定方法：

A. 吻总长　用小镊子从口器基部把亚颏、颏和中唇舌一起拉出，摊平在载玻片上，加水一滴，盖上盖玻片（测量后面指标时作同样处理），在显微镜下测量亚颏、颏和中唇舌的长度之和，即为吻总长的长度（图 7 - 12）。

B. 右前翅长　用手术剪从工蜂翅基部把翅剪下，注意必须紧贴胸躯下剪。测量从翅的转摺处到翅尖的长度。

C. 右前翅宽　测定从翅沟处到翅下垂部的宽度。

D. 肘脉指数　工蜂前翅第二中脉向上的分枝（反曲翅脉）把第三肘室分为长短不同的 a、b 两部分，a 和 b 的比值就是肘脉指数（图 7 - 13）。

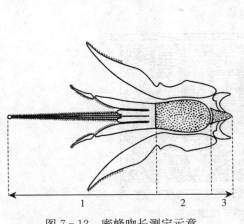

图 7 - 12　蜜蜂吻长测定示意
（引自李盛东等，1981）

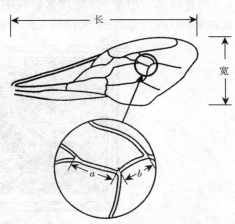

图 7 - 13　蜜蜂前翅，示肘脉 a 段和 b 段
（引自李盛东 等，1981）

这一数值在蜜蜂的品种鉴定上很重要，因为不同品种（亚种）间的肘脉指数有不同。

E. 3＋4背板长　指3、4背板长度测量后相加的总长（图7-14）。

F. 第4背板突间距　将第4背板在载玻片上摊平后，测量2个突间距的长度。

G. 第2、3背板黑黄区比值　将第2、3背板取下，置载玻片上，用放大镜目测黑黄区比例（按1～10计算）（图7-15）。

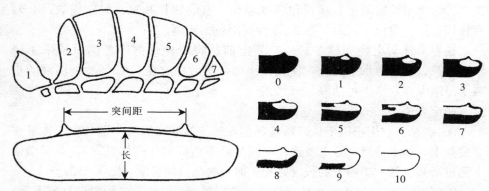

图7-14　工蜂第3～4腹节背板长
（引自李盛东等，1981）

图7-15　工蜂第2腹节背板体色分级
（引自李盛东等，1981）

②蜂王产卵性能

A. 蜂王产卵量　使用自制的方格测量框（图7-16），每格4.1厘米×4.7厘米或4.4厘米×4.4厘米，其中含100个工蜂巢房，量出封盖子所占格数再乘以100，即为11天前蜂王的产卵数。

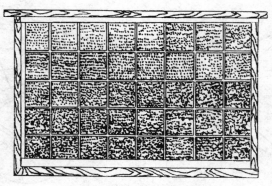

图7-16　方格子脾测量框

B. 虫龄次序　可通过观察幼虫日龄从一个中心点向巢脾边沿逐渐变小的

情况，衡量蜂王产卵是否集中。每20天观察一次，分三级记录。

a. 良　巢脾中心部分幼虫日龄相同，并向巢脾边沿逐渐变小。

b. 中　巢脾中心部分幼虫日龄有相同的趋势，并向巢脾边沿逐渐变小，但有分散现象。

c. 劣　无确定的产卵中心，不同日龄的幼虫混杂在整个脾面上。

C. 蛹房密实度　蛹房密实或松散的情况，可反映蜂王产卵的性能，每20天测一次。每次测1 000个巢房（10个方格），从中减出其中的空房数，即可算出蛹房的密实度。密实度越高，产卵量越多；产卵量越多，说明蜂王产卵力越强。

$$蛹房密实度 = \frac{1\ 000 - 10\ 个方格内的空房数}{1\ 000} \times 100\%$$

（3）群势增长率　群势增长率是指试验结束时和试验开始时蜂量的比率。群势增长是由蜂王的产卵力，工蜂寿命，抗病力和抗逆性以及蜜粉源、气候等综合因素决定的。测定群势增长率可在试验开始和结束时各称（估）一次蜂量。

$$群势增长率 = \frac{试验结束时的蜂量}{试验开始时的蜂量} \times 100\%$$

（4）分蜂性　主要考察蜂群维持大群的能力，记录出现分蜂时的群势（按足框计算）。但由于不同地区使用蜂箱的类型不同，可以通过测量带蜂时蜂箱、蜂巢的重量，再减去抖蜂后原蜂箱、蜂巢的重量，二者之差即为分蜂时的蜂群重量，可以客观地反映蜂群维持大群的能力。

1千克蜜蜂可析合郎氏箱3.58框的蜂量。

（5）蜂群越冬、越夏性能　冬季，观察蜂群对严冬的适应能力，记录在不同越冬方式情况下的越冬群势、越冬时间、越冬期平均气温和最低气温、饲料消耗情况、蜂群结团状况、安静程度等。越冬期过后，计算出越冬期群势下降率：

$$越冬期群势下降率 = \frac{越冬时定群蜂量 - 越冬后定群蜂量}{越冬时定群蜂量} \times 100\%$$

夏季，观察蜂群的越夏性能，记录越夏群势，越夏时间，越夏期平均气温和最高气温，越夏期外界蜜粉源情况以及饲料消耗情况，越夏期过后，计算出越夏期群势下降率：

$$越夏期群势下降率 = \frac{越夏前定群蜂量 - 越夏后定群蜂量}{越夏前定群蜂量} \times 100\%$$

（6）抗病力　用细铁丝绕制成4.1厘米×4.7厘米或4.4厘米×4.4厘米的方格测定蜂群的抗病力。当蜂群发病时，抽出其中发病最重的幼虫脾一张，按五点取样（图7-17），调查5个方格内的病死幼虫数，每方格含100个工蜂巢房，然后求出其幼虫的发病百分率。对中蜂囊状幼虫病而言，幼虫发病率5%以上为抗病力弱，2%～5%为抗病力中等，2%以下为抗病力强。

$$发病百分率 = \frac{5 \text{个方格内的死亡幼虫数}}{5 \times 100} \times 100\%$$

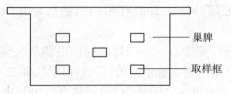

图 7-17 5 点取样

（7）生产性能 试验蜂群的蜂王应为同龄王。参与试验的蜂群，在试验开始时应尽量调至相同群势，记录试验开始时的存蜜量，其后补喂饲料的数量，试验期间的全部取蜜量。计算出产蜜量和饲料报酬。

$$饲料报酬 = \frac{试验期间产蜜量}{试验开始时和结束时的存蜜量之差 + 试验期间总饲喂量}$$

对蜂群产量的比较，应通过周年观察。从头一年早春起到第二年早春止。根据试验目的，可分群或分组记录产量。在单群记录产量时，各试验群观察期间不能相互调脾、补蜂，分出群产量应计算在原群之内。

①产蜜量 分群或分组，记录每个流蜜期或全年的蜂蜜产量。

②产蜡量 在整个试验观察期，分群或分组，记录造脾数及赘蜡的产量。

（8）蜂群的其他性能

①蜂群的温驯度

A. 温驯 气温正常时检查，即使受到轻微振动，工蜂也很少蜇人。

B. 较温驯 气温正常时检查，如受到振动或扰乱时才会蜇人。

C. 极凶 在气温正常时，当人接近蜂群，巢门前警卫蜂会增多；检查蜂群时工蜂蜇人凶猛、数量多，并对人追逐不舍，绕人飞行，不易安静。

②盗性

A. 盗性较弱 在蜜源缺乏时，蜂群才起盗，但盗蜂数量不多，采取措施后易制止。

B. 盗性强 在蜜源缺乏时，易起盗蜂，甚至在辅助蜜源期也会起盗。

5. 测定数据的处理 对凡是可用数值衡量、表示的测定结果，即数量性状，应通过生物统计的方法，进行数据处理，用平均数、标准差、变异系数及差异显著性测定，进行客观分析比较。为此，试验观测的蜂群应至少达到 3～5 群（组）以上，型态测定的数量最好在 30 只以上。

（1）平均数（$\bar{x}$） 平均数是指某一性状所有测量数值的平均值，以 $\bar{x}$ 表示，即用实测数值（x）的总和（$\sum x$）除以所测样品数（n）求得。公式为：$\bar{x} =$

$$\frac{\sum x}{n}$$

例：某原种场观察了 5 群起步群势相同蜂群的秋季产蜜量，分别为 5.0、5.4、5.2、5.1、5.3 千克，求其平均产蜜量。

$$平均产蜜量\overline{x} = \frac{5.0 + 5.4 + 5.2 + 5.1 + 5.3}{5} = 5.2（千克/群）$$

（2）标准差（S）　有时候，仅用平均数还不能完全说明问题。例如，上述原种繁殖场在本场测产的同时，还组织了当时另外两个蜂场（甲、乙）同样数量（5 群）、同样群势的蜂群，在本场进行生产性能比较，具体产量如下：

原种场　5.0、5.4、5.2、5.1、5.3 千克，$\overline{x}_原 = 5.2$ 千克

甲场　　5.5、5.2、4.6、4.2、6.5 千克，$\overline{x}_甲 = 5.2$ 千克

乙场　　7、4.8、5.7、4、4.5 千克，$\overline{x}_乙 = 5.2$ 千克

这 3 个蜂场平均产蜜量虽均为 5.2 千克，如仅用平均数来衡量，说明这三个蜂场蜂群的生产性能显然是不全面的，因为这三个蜂场不同蜂群之间，产蜜量的差异程度不一样，甲场产量从 4.2～6.5 千克，乙场从 4～7 千克，产量变化较大。而原种场不同蜂群间的产量从 5.0～5.4 千克，变化很小。就产蜜性状的稳定性而言，它们之间肯定是不一样的。因此，就需要用一个办法来表示实验数据对平均值的离散（分散和集中）程度，这就是平均数的标准差，用 S 来表示。标准差的计算公式如下：

$$S = \sqrt{\frac{\sum (x - \overline{x})^2}{n - 1}}$$

式中，$x - \overline{x}$ 为各实验数据与平均数的差，$\sum (x - \overline{x})^2$ 为实验数据与平均数的离差平方和，$n - 1$ 为自由度。

用上述公式分别求出上述 3 个蜂场蜂群产蜜量平均数的标准差。

$$S_原 = \sqrt{\frac{(5.0 - 5.2)^2 + (5.4 - 5.2)^2 + (5.2 - 5.2)^2 + (5.1 - 5.2)^2 + (5.3 - 5.2)^2}{5 - 1}}$$

$$= \pm 0.14 \text{ 千克}$$

计算标准差时，如样本数量大、计算复杂，可借助具有数理统计功能的计算器。用同样的方法求出 $S_甲 = \pm 0.79$ 千克，$S_乙 = \pm 1.1$ 千克。这时，3 个蜂场蜂群平均产蜜量的真实情况表达应为：原种场（5.2±0.14）千克，甲场（5.2±0.79）千克，乙场（5.2±1.1）千克。通过计算标准差后可以看出，原种场各蜂群间的产蜜量变化不大，生产性状比较整齐、稳定，而甲、乙两场蜂群生产性状不整齐（好比庄稼有高有矮）；尤其是乙蜂场，各群之间的产蜜量，最多的可

达 5.2＋1.1＝6.3（千克），最少的为 5.2－1.1＝4.1（千克），变动幅度最大。这种生产性状不整齐的现象，有可能是因为种性不纯、混杂等原因造成的。

标准差在统计学上具有重大的意义。经过统计学证明和对大量测试数据计算的结果，发现对同一事物测定数据量很大的情况下，其变数（指实测值）出现的频率是，靠近平均值的数值较多，离开平均数远的数值较少，而且离平均值越远的数值越少。它们分布的曲线形状是中间高、两侧低、左右对称的正态分布曲线（图 7-18），它对称的中点（原点）就是平均数 $\bar{x}$。

在正态分布曲线中，据统计分析，各标准差所占的面积是：$\bar{x}\pm1S$（即平均数±1 个标准差）占个体数的 68.3%，$\bar{x}$ ±2S（平均数±2 个标准差）占个体数

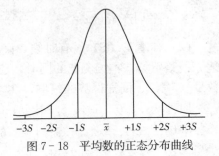

图 7-18 平均数的正态分布曲线

的 95.5%，$\bar{x}\pm3S$（平均数±3 个标准差）占个体数的 97.7%，左右两侧离开平均数（$\bar{x}$）超过 3 个标准差的数，其出现的个体数非常之微小。这说明平均数搭配标准差，基本上客观地反映了所测性状整体的真实情况。

人们通过选种育种，会提高蜂种的优良性状（如群势、产蜜量、吻长等）的平均值（$\bar{x}$），降低不良性状（如发病百分率等）的平均值（$\bar{x}$）。同时，由于提纯复壮，性状的整齐度也会提高，也就是平均值的标准差（S）会变小，反映在坐标图上，其正态分布曲线的下部就会收窄（图 7-19）。

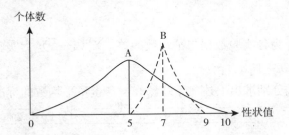

图 7-19 选育前后工蜂经济性状分布曲线
A. 选育前平均值为 5，变异度为 10 度 B. 选育后平均值提升到 7，变异度为 4 度
（引自杨冠煌）

（3）变异系数（C.V.） 衡量一个数量性状在蜂群中的变异程度可以用标准差（S）来衡量，它具有与原来变数相同的单位。但如果有两个或两个以上的不同性状，用标准差来比较其变异程度的就不适宜了，因为不同性状的单位有可能不一样。例如，吻长、翅长的单位是毫米，工蜂初生重单位是毫克，

肘脉指数则是比值，蜂王的日平均产卵量以粒来表示……所以在比较这些不同性状的变异程度时，通常采用变异系数（C.V.）来表示，即标准差为其算术平均数的百分数，其计算公式为：

$$C.V. = \frac{s}{\bar{x}} \times 100\%$$

例：根据杨冠煌等（1986）对我国境内的几种中蜂形态标准的测定值，计算其变异系数 C.V. 见表 7-12。

表 7-12　不同中蜂三种形态指标的变异系数

品种	吻总长			前翅长			肘脉指数		
	$\bar{x}$（毫米）	S（毫米）	C.V.（%）	$\bar{x}$（毫米）	S（毫米）	C.V.（%）	$\bar{x}$（毫米）	S（毫米）	C.V.（%）
海南中蜂	4.69	0.13	2.8	7.79	0.80	10.2	4.53	0.96	21.2
阿坝中蜂	5.45	0.08	1.5	9.04	0.13	1.4	4.06	0.57	14.0
西藏中蜂	5.11	0.05	1.0	8.63	0.12	1.4	4.61	0.7	15.2
滇南中蜂	4.69	0.09	1.9	8.05	0.23	2.9	3.78	0.67	17.7

从表 7-12 中可看出，几个蜂种吻总长的变异系数为 1.0%～2.8%，前翅长的变异系数大多为 1.4%～2.9%，仅海南中蜂为 10.2%。而肘脉指数变异系数为 14%～21.2%。由此可见，中蜂吻总长、前翅长的变异程度不大，比较稳定。而肘脉指数在蜂群的不同个体间变动较大。

再如前述标准差中所提到的 3 个蜂场，计算其平均产蜜量的变异系数（表 7-13）。

表 7-13　3 个蜂场平均产蜜量的变异系数

蜂场	平均产蜜量 $\bar{x}$（千克）	标准差 S（千克）	变异系数 C.V.（%）
原种场	5.2	±0.14	2.7
甲场	5.2	±0.79	15.2
乙场	5.2	±1.10	21.2

从表 7-13 中看，虽然 3 个蜂场的群均产蜜量相等，但原种场因为通过提纯复壮，其平均产蜜量的标准差（±0.14 千克）和变异系数（2.7%）最小，说明蜂种经选育后性状稳定，整齐度好，易于管理。而甲、乙两场不同蜂群间产量差别甚大，尤其是乙蜂场，蜂群间平均产蜜量标准差为 ±1.1 千克，变异系数为 21.2%，说明蜂种生产性状不整齐，种性混杂，需要及时提纯复壮。

（4）平均数的差异显著性测定　当蜂群间同一性状的测定数据在两个群体或两组标本之间有差异时，应通过显著性测定，判定这种差异是否显著，是否真实存在。蜂种选育的结果，也常通过它来测评。

例如，用同一地方品种选育前后的两组蜂群做试验，选育后蜂群较未选育的蜂群产量高，是不是可以肯定选育后的蜂种确实好呢？不能，因为这里有两种可能性，一种是选育后的蜂群生产性状确实有了提高；另一种是由于两组蜂群摆放的位置不同、朝向不同，或蜂群间群势、蜂王个体间会有一些差异，从而导致产量上有差异。这样，产量和蜂种间就并不存在真正的内在联系，而是由于某些偶然因素造成的，因此必须用数理统计（或称为生物统计）的方法，排除其他因素的干扰，进行差异显著性测验。

两组试验（测量）数据平均数的显著性测验，通常采用数理统计中 t 测验的方法进行。当取样数或试验数小于 30 时，称为小样本；大于 30 时，称为大样本，因此计算 t 值的公式有所不同。

当取样数小于 30 时（小样本），t 值的计算公式是：

A 式
$$t = \frac{|\overline{x_1} - \overline{x_2}|}{\sqrt{\frac{n_1 s_1^2 + n_2 s_2^2}{n_1 + n_2 - 2}\left(\frac{1}{n_1} + \frac{1}{n_2}\right)}}$$

当取样数大于 30 时（大样本），t 值的计算公式是：

B 式
$$t = \frac{|\overline{x_1} - \overline{x_2}|}{\sqrt{\frac{s_1^2}{(n_1 - 1)} + \frac{s_2^2}{(n_2 - 1)}}}$$

式中，n_1、n_2 分别为两组的取样数（测定数），$\overline{x_1}$、$\overline{x_2}$ 分别为两组试验观测数据的平均值，计算时取其差数的绝对值，S_1、S_2 分别为它们平均数的标准差。

当 t 值求出后，再查 t 分布表。查表时，自由度用 $n_1 + n_2 - 2$ 计算。当 $|t| > t_{0.05}$ 而 $< t_{0.01}$ 时，则两个平均数之间有显著差异。当 $|t| > t_{0.01}$ 时则两个平均数之间的差异极显著。

例：某地原种场的中蜂经 3 年 6 代连续选育复壮后，生产性能有了提高，现分别组织选育后的蜂群与当地原种群势相同的蜂群各 5 群，在同一场地进行采蜜量比较（表 7 - 14），蜂种经选育后群均产蜜量增产 1.78 千克，较原品种增产 26.6%。问选育后的蜂种与当地原种的产蜜量是否有显著差异？

表 7 - 14　某地中蜂选育前后产蜜量的比较

品种	群产蜜量（千克/群）					平均值 $\overline{x}$（千克/群）	标准差 S（千克/群）
	群号 1	2	3	4	5		
原种	5.5	8.3	7.0	5.8	6.9	6.70	0.99
选育后	8.2	7.9	8.5	9.1	8.7	8.48	0.41

根据试验所得数据，分别将选育前后蜂群的平均值（$\bar{x}$）、标准差（S）代入 t 检验公式计算，其中 $\bar{x}_{原}=6.70$（千克），$S_{原}=0.99$（千克）；$\bar{x}_{选}=8.48$（千克），$S_{选}=0.41$（千克）。

由于参与试验的蜂群数各为 5 群，为小样本，故计算 t 值时采用 A 式，将表中数值代入式中：

$$t=\frac{|\bar{x}_{选}-\bar{x}_{选}|}{\sqrt{\frac{n_{选}\ S_{选}^2+n_{原}\ S_{原}^2}{n_{原}+n_{原}-2}\left(\frac{1}{n_{选}}+\frac{1}{n_{原}}\right)}}=\frac{|8.48-6.70|}{\sqrt{\frac{(5\times0.41)^2+(5\times0.99)^2}{5+5-2}\left(\frac{1}{5}+\frac{1}{5}\right)}}$$

$$=\frac{1.78}{\sqrt{\frac{0.840\,5+4.900\,5}{8}\,(0.2+0.2)}}=\frac{1.78}{0.536}=3.32$$

查 t 分布表（见本书后附表），当自由度 $(n_1+n_2-2)=5+5-2=8$ 时，$t_{0.05}=2.306$，$t_{0.01}=3.34$，现 t 值 $=3.32$，大于 $t_{0.05}$，而小于 $t_{0.01}$，故选育后蜂种的产蜜量与当地原种差异显著，说明选育是有成效的。

进行平均数的显著性测定，是以各组数据呈现正态分布、符合方差齐性为前题的。当试验（观测）数据为百分数（如发病百分率、子脾密实度等），常常不能满足正态、等方差的条件，直接对原始数据进行显著性差异测定有可能会导致错误结论，故按有关数理统计的要求，应先将百分率进行反正弦转换，然后再进行计算比较。数据转换公式 $x=\sin^{-1}\sqrt{P}$，式中 P 为百分率，x 为转换值。进行百分率的数据转换，可在有关数理统计的参考书中，查试验用统计表中的百分数反正弦（$\sin^{-1}\sqrt{P}$）转换表，也可通过有数理统计功能的计算器（如 CASIO fx—95ES PLVS）直接计算。

例：某地中蜂良种场经多地连续选育，选育出了抗中蜂囊状幼虫病的品系，与当地易感品系分别各组织 9 群蜂同场饲养观察比较（表 7 - 15），选育后的蜂种平均幼虫发病率为 1.57%，当地蜂种平均幼虫发病率为 5.19%。问两者抗病性有无显著差异？

表 7 - 15　不同品系中蜂幼虫平均发病率

品种	幼虫发病百分率（%）									平均值
群号	1	2	3	4	5	6	7	8	9	$\bar{x}$（%）
当地感病	0.1	5.5	4.7	9.8	4.24	6.24	4.6	3.29	8.2	5.19
抗病选育	2.39	4.19	1.19	0.03	2.03	1.00	3.00	0.18	0.16	1.57

因表 7 - 15 中调查的数据为百分数，故对上述数据先进行反正弦转换（表 7 - 16）。

表 7 - 16　幼虫平均发病率数据反正弦转换值

品种	平均发病百分率反正弦转换值									平均值 $\bar{x}$	标准差 S
群号	1	2	3	4	5	6	7	8	9		
当地感病	1.81	13.56	12.52	18.24	11.83	14.42	12.39	10.47	16.64	12.43	4.39
抗病选育	8.91	11.83	6.29	0.99	8.13	5.74	9.98	2.43	2.29	6.29	3.56

由于该试验蜂群数 n 小于 30 群，为小样本，故计算 t 值时采用 A 式，将表 7 - 16 中经反正弦转换后的平均值 $(\bar{x})$ 及标准差 (S) 代入公式：

$$t=\frac{|\bar{x_1}-\bar{x_2}|}{\sqrt{\dfrac{n_1s_1^2+n_2s_2^2}{n_1+n_2-2}\left(\dfrac{1}{n_1}+\dfrac{1}{n_2}\right)}}=\frac{|12.43-6.29|}{\sqrt{\dfrac{9\times3.56^2+9\times4.39^2}{9+9-2}\left(\dfrac{1}{9}+\dfrac{1}{9}\right)}}$$

$$=\frac{6.14}{\sqrt{\dfrac{114.0624+173.4489}{16}(0.2222)}}=\frac{6.14}{\sqrt{3.99}}=\frac{6.14}{2}=3.07$$

查 t 分布表，当自由度 $(n_1+n_2-2)=9+9-2=16$ 时，$t_{0.05}=2.12$，$t_{0.01}=2.92$，现 t 值＝3.07，不但大于 $t_{0.05}$，且大于 $t_{0.01}$，证明选育后蜂种与感病品系的抗病力不但有显著差异 $(t＞t_{0.05})$，而且这种差异达到了极显著的水平 $(t＞t_{0.01})$。蜂群经选育后，幼虫平均死亡率降到了 2％以下，比原品种降低了 3.62％，非常显著地提高了蜂群抗中蜂囊状幼虫病的能力。

上述数据的处理、分析比较，也可以通过 SPSS 等数据分析软件进行统计分析，这样更为便捷。

（二）培育优良蜂王

提高蜂产品的产量，除了蜂种特性以外，为生产蜂群培育质量优良的蜂王也非常重要。蜂王不仅是蜂群优良种性的载体，能把优异的生产性状遗传给下一代；蜂王体格大、体质好、产卵力强，还能培育和带领强群采蜜。而个体小的劣质蜂王产卵力弱，流蜜期极易产生分蜂热，难以维持大群。如蜂场中这样的蜂群多，就会降低蜂场的整体经济效益。一群蜂的群势大小、产量高低与蜂王密切相关，所以在养蜂界有养蜂就是养王之说。

1. 培育优良蜂王的主要方法

（1）育王群的选择　俗话说母壮儿肥，养王也是这样。群势大的蜂群哺育蜂多，哺育能力强，能为蜂场培育个体大、产卵力优异的蜂王。

据徐祖荫等试验（1998），在其他条件相同的情况下，育王群群势为 6 框蜂量的蜂群，所育蜂王平均初生重为 175 毫克，3 框群势的育王群，所育蜂王的平均初生重仅为 150 毫克。因此，一般要求育王群群势应至少在 6 框蜂量以上。春季早期育王如达不到上述要求，可以人工合并组织育王群，适度紧脾，让其产生分蜂热。父群、母群也可作育王群。哺育群内拥有一定数量的雄蜂，符合蜂群生物学的要求，能提高育王质量及王台的接受率。

育王群大流蜜期不取蜜。非大流蜜期育王，应进行奖励饲喂，补充蛋白质饲料（如奶粉等）。

（2）大力提倡人工育王　目前，中蜂饲养户大多仍利用蜂群中的自然王台分蜂换王，这样会使分蜂性强的蜂群，迅速得到繁殖，且一代一代传下去，分蜂性会越来越强，而那些群势强、分蜂性弱的蜂群，数量反而会越来越少，以至于蜂群的群势越变越弱。中蜂囊状幼虫病至今仍是对中蜂生产威胁最大的病害，中蜂囊状幼虫病是一种病毒病，目前国内尚无有效药物防治。实践证明，要彻底控制中蜂囊状幼虫病的危害，唯一有效的办法是通过人工育王，选育和引进推广抗病力强的蜂种，提高蜂群本身的抗病能力。因此，无论是保持和提高蜂种的优良特性，还是有效防控中蜂囊状幼虫病的发生流行，都必须采取人工育王的方法。

中蜂的泌浆能力不如意蜂，故大多数学者都主张中蜂在实行人工育王时，王台的数量不宜过多，每个育王框一般以 15～30 个为宜。但是也有人反其道而行之，用多安王台多移虫的方法，也取得了较好的育王效果。例如，甘肃省天水市张荣川连续 13 年坚持人工育王，在非大流蜜期，一个育王框上安放 50～60 个塑料王台移虫，虽然接受率很低，一般只能成功 10 多个，少的只有 7～8 个，但培育的蜂王体格却相当硕大，附近的养蜂户都到他的蜂场引种、移虫。张荣川在育王时，先将哺育群中的幼虫脾提走，然后再插育王框。由于群内此时已无幼虫，育王框中的幼虫能将蜂群中大量的哺育蜂吸引过来。然而，由于处于非大流蜜期，蜂群本身的分蜂情绪并不强烈，所以王台的接受率很低，大量的幼虫被淘汰掉，而留下来的则是体格特别健壮、被工蜂精心哺育过的幼虫，因此提高了育王的质量。

（3）用大卵育王　国内外学者大量研究结果表明，用较大的蜂卵培育出的幼虫用于育王，能培育出体重较大的蜂王。

苏联学者李莫辛诺娃 1979—1980 年的试验表明，用同一只蜂王产的 0.131 毫克的大卵和 0.118 毫克的小卵，在同一哺育群中各培育出 50 只蜂王，由大卵培育出的蜂王比小卵培育出的蜂王平均产卵量多 11.4%～25.0%。同时，大卵培育出的蜂王交尾成功率高（苏联国家养蜂研究所，1982）。国内文献资料记载，1991—1994 年分别在北京、浙江、湖北、黑龙江、山西等地试验测定，用大卵育王后蜂群的产蜜量提高了 20%～80.5%。

蜂王产卵的大小取决于产卵的速度，蜂王产卵量的增加会导致卵重减轻。

通常年轻蜂王产的卵大于老蜂王产的卵。蜂王在产卵旺盛的季节产的卵相对较小，而早春和秋天产卵数相对较低时产下的卵较大。人工控制蜂王产卵，可以得到大卵。中国农业科学院蜜蜂研究所黄文诚用蜂王控产器控制蜂王产卵 10 天，使蜂卵增重 20.66%。袁耀东等控制强群蜂王产卵，使受精卵从长 1.41～1.71 毫米、宽 0.32～0.38 毫米，增加到长 1.48～1.85 毫米，宽 0.36～0.43 毫米，培育的蜂王初生重由 169～197 毫克，增加到了 215～256 毫克。

为了取得大卵孵化的幼虫育王，应在移虫前 8～10 天，将母群中的蜂王用隔王板或多用蜂王控制器限制在巢箱中部，提走有空巢房供蜂王产卵的巢脾，使蜂王无法大量产卵。移虫前 4 天，在此区插入 1 张巢脾中央只有 200～300 个空巢房的巢脾供蜂王产卵，等卵孵化后再移虫育王。

（4）实行中蜂、意蜂营养杂交　中蜂人工育王还可以采取营养杂交的方式，即在育王的过程中，某一时段交给意蜂代为哺育。由于意蜂的王浆多，王浆成分与中蜂有一定的差别，育出来的中蜂蜂王个体较大，后代抗中蜂囊状幼虫病的能力强（李淼生，1982；吴文光，1985；葛凤晨，2011；王洪强等，2012）。

具体做法是：按育王程序，先在育王框的台基内移入意蜂（其他西蜂也可）幼虫，在意蜂群哺育 24 小时后，夹去台基内的意蜂幼虫，移入不超过 24 小时虫龄的中蜂幼虫，在意蜂中哺育 31～48 小时，再转到中蜂育王群中继续哺育，待王台成熟后再分配给交尾群，新王产卵后即为营养杂交的蜂王。注意，这种育王方法需在外界流蜜较好的情况下实施，且意蜂代育的时间不能超过 31～48 小时，否则中蜂幼虫会被意蜂拖掉，不接受。这有可能是因中蜂、意蜂幼虫中挥发性物质不同的等原因造成的。据赵红霞、梁勤等（2012）等研究："用顶空萃取结合气相色谱—质谱仪对中蜂、意蜂幼虫中挥发性物质鉴定，意蜂幼虫挥发性物质有 56 种，中蜂有 49 种，其相同的挥发性物质只有 15 种。"且虫龄越大，这种差异就越大，因而就越有可能被意蜂工蜂所感知。

广东省昆虫研究所刘炽松进行营养杂交培育中蜂蜂王，其初生重平均为 194 毫克，而对照组（一直在中蜂群中培育）平均仅为 172.2 毫克，两者相差 21.3 毫克。中蜂、意蜂营养杂交的新王第一批日产卵量为 515 粒，对照组为 408 粒，产卵量提高了 26%。

2. 中蜂蜂王的评级　为便于客观地评价蜂种选育的结果和育王质量，特列出中华蜜蜂种王评级表供参考（表 7-17、表 7-18）。其中，蜂王初生重是蜂王质量的一项重要指标。许多研究数据表明，蜂王初生重越大，卵小管数量越多，处女王交尾的日程越短，产卵越早，产卵量越高，封盖子脾面积越大，新蜂王也越易为蜂群所接受。这与养蜂者在长期生产实践中，喜欢选择个体大的蜂王行为是一致的。

称量蜂王初生重的方法很简单，就是用一小张柔和的白纸，做成水果糖状，将刚出房的蜂王放在其中，在扭力天平上称重，减去纸的重量，就是蜂王的初生重。称重后的蜂王可以立即介绍给蜂群，并不影响蜂王使用。称工蜂初生重时也如此，可按5只一组称重计算。

表7-17　中华蜜蜂种王评级表A（除华南中蜂、海南中蜂、滇南中蜂外）

序号	评级项目	得分	评分标准		
			一级	二级	三级
1	初生体重	100	180 毫克以上 (85～100)*	170～179 毫克 (70～84)	160～169 毫克 (60～69)
2	平均最高日产卵量	100	900 粒以上 (85～100)	700～899 粒 (70～84)	600～699 粒 (60～69)
3	春夏维持群势	100	2.9 千克以上 (85～100)	1.6～2.9 千克 (70～84)	1.5 千克 (60～69)
4	工蜂初生体重	30	85～90 毫克 (20～30)	80～84 毫克 (10～19)	79 毫克以下 (1～9)
5	工蜂前翅长	30	8.50 毫米以上 (20～30)	8.00～8.40 毫米 (10～19)	7.70～7.79 毫米 (1～9)
6	吻长	40	5.25 毫米以上 (25～40)	5.10～5.24 毫米 (10～24)	5.00～5.09 毫米 (1～9)

（引自杨冠煌）

注：＊括号内的数字是评分范围。1千克蜜蜂相当于郎氏箱3.58框蜂量。

表7-18　中华蜜蜂种王评级表B（适合于华南中蜂、海南中蜂、滇南中蜂）

序号	评级项目	得分	评分标准		
			一级	二级	三级
1	初生体重	100	165～175 毫克 (85～100)*	155～164 毫克 (70～84)	150～154 毫克 (60～69)
2	平均最高日产卵量	100	700～910 粒以上 (85～100)	600～699 粒 (70～84)	500～599 粒 (60～69)
3	春夏维持群势	100	1.5～2.0 千克 (85～100)	1.2～1.4 千克 (70～84)	1.0～1.1 千克 (60～69)
4	工蜂初生体重	30	80～85 毫克 (20～30)	75～79 毫克 (10～19)	70～74 毫克 (1～9)
5	工蜂前翅长	30	8.00～8.50 毫米 (20～30)	7.70～7.99 毫米 (10～19)	7.50～7.69 毫米 (1～9)
6	吻长	40	5.00～5.20 毫米 (25～40)	4.80～4.99 毫米 (10～24)	4.60～4.79 毫米 (1～9)

（引自杨冠煌）

注：＊括号内的数字是评分范围。1千克蜜蜂相当于郎氏箱3.58框蜂量。

表 7-17 和表 7-18 的总和得分在 340 分以上为一级蜂王，280～340 分为二级蜂王，240～279 分为三级蜂王，低于 240 分以下为等外级蜂王，不宜供生产中使用。

上述评级表主要针对专门的育种单位，而对于一般蜂场来说，评价一只蜂王质量的好坏，可从以下几方面进行考察。质量优秀的蜂王体格健壮、腹部修长、行动稳健；产卵快，在食料充足的情况下，新造的巢脾在很短的时间内就会产上卵，且产卵圈大，子脾密实度高，封盖整齐；能维持强群，即使蜂脾数多，群势强，也不轻易产生王台。而质量较差的蜂王腹部粗短，行动轻佻；巢内新脾造好后，很长一段时间未产卵，产卵圈小，子脾不整齐，花子多（即脾上卵、虫、蛹混杂相间严重），蜂群群势增长缓慢；有的容易产雄蜂卵，蜂群中易出现王台，这样的蜂王，就要及时予以淘汰和更换。

（三）适时育王换王，随时保持新王

由于蜂种的局限，中蜂蜂王的产卵盛期较意蜂短。为在大流蜜前培育强群，大流蜜期维持强群，适时培育、更换产卵力强的新王，是饲养中蜂非常重要的增产措施。

养蜂员中流行这样几句话："繁殖快，要新王；多造脾，要新王；抗疾病，要新王；度炎夏，要新王；控分蜂，要新王；养强群，要新王；多产蜜，要新王"，足见新王在中蜂生产中的重要性。

1. 换王的次数及时间　中蜂换王，一年至少要换 1 次，最好 2 次。根据情况和条件，也可以换 3 次。

育王换王的时间，应根据中蜂的生物学特性和生产要求而定。一般中蜂春季的分蜂情绪最为强烈，其次是在夏、秋季流蜜期。因此，应尽可能在中蜂越冬后的第一个蜜源期，结合大群换王，控制分蜂热，实行无虫化取蜜；或大流蜜期过后，结合分蜂，大面积育王换王。一般春季应尽可能实行全场一次性换王，首先要换掉的是爱起分蜂热的老、劣蜂王。此期换王的蜂群数至少应占全场蜂群的 70%～80%。换不完的蜂王应在此后的流蜜期陆续更换完毕。如当地有流蜜期较迟的蜜源，如温热地区的龙眼、荔枝；北方以采夏季蜜源为主的地区，应在春季利用早期的辅助蜜源，组织起一部分强群作哺育群，早育王，早换王，保证在大流蜜期到来时用新王带领强群采蜜。

第二个重要的换王期是在 9～10 月，秋季大流蜜期到来之前。一般我国长江流域以南的地区，10 月中旬至 12 月为全年采蜜的第二个黄金期，许多重要的秋冬季蜜源都会在此期出现，如千里光、楤木（刺老包）、鸭脚木、野桂花、野藿香、野坝子、枇杷等。一般地区 9～10 月都会有辅助蜜源出现，如荞麦、盐肤

木、鬼针草、辣蓼、竹节草（又称绒草）、蒿、野菊花等，所以应利用此期培育秋王，多拉王头，有利于组织双王群和培育强群，这样既有利于采集秋冬季蜜源，又有利于蜂群培育适龄越冬蜂，实现强群越冬。根据广西壮族自治区昭平中蜂示范场的观察，此时换王的蜂群，鸭脚木蜜的产量要比老王群增产30％左右。

在有夏季蜜源的地区，如我国北方以及南方有山乌桕、桉树、橡胶及其他山花的地区，也可在6～7月流蜜尾期培育一批新王，适时换王，可使蜂群顺利越夏度秋，并为秋繁打好基础。

2. 换王的方法　为达到及时换王的目的，养蜂员应根据本场蜂群的数量，预计换王的时间，提前（换王前12～15天）培育足够数量的成熟王台，结合各种育王换王的具体措施（如大群控制分蜂热，无虫化取蜜，分蜂，提交尾群等），培育、储备新王，替换老王。

（1）给蜂群介绍交尾群培育的新产卵王　给蜂群介绍新产卵王，换王最易成功。为提高育王换王的效率，每个蜂场应按一定比例，配备相应数量的四区或二区交尾箱。每8～12群蜂应至少配备一个四区交尾箱，平时多培育、储备一些新王，以便随时更换表现不良的蜂王和及时补给失王的蜂群。

（2）分蜂换王　当蜂群已产生分蜂热，可将老王带蜂两脾，另置新址放置（方法参见第五章八、分蜂），0.5～1天后再给蜂群介绍一个成熟王台。

（3）原群扣老王，挂台育新王　对需要换王的蜂群，可在前1天将老王扣在王笼中，放于上框梁或挂在隔板外，使蜂群因王不离王，不给蜂群造成失王的感觉，1天后再给蜂群介绍成熟王台。由于群内有老王，为防止工蜂咬台，挂台前可用10毫米宽的透明胶带轻缠台身，露出端部。挂台3天后检查王台，如处女王已正常出房，则可将关在王笼中的老王移寄其他群。

继箱换王，可先将老蜂王囚禁后扣在继箱中，1天后再在巢箱内介绍成熟王台。也可将老王用王笼扣在巢箱内，在继箱上介绍一成熟王台，第3天检查，如处女王正常出房，则可提离老王，次日将有处女王的巢脾移入巢箱，让其外出交尾产卵。

（4）隔老培新，原群换王　在大流蜜期，为不致因分蜂影响蜂群取蜜，可采取隔老培新的办法换王。

在介绍王台前几天，可在平箱群中开侧（或后）巢门，缩小前巢门，让工蜂习惯从两个异向巢门进出。然后用闸板将蜂群隔为大、小两区。小区放出房子脾两张，次日介绍一成熟王台，大区内让老王继续产卵繁殖。待处女王出房交尾产子后，即可提走或杀死老王，抽去闸板，并为一群。

（5）老王剪翅，保留自然王台，实行母女交替　对已产生自然王台的蜂群，如其中有大而正的王台，有保留的价值，则可摘除群内其余王台，然后将老王双侧前翅剪去1/2，此时老王仍可在巢内继续产卵。当新处女王出房后，

253

由于老王已经残废，多半会实行母女自然交替。即使老王带蜂飞出，由于翅已重剪，飞不远，易回收。蜂群若失老王，也会自动回归本群，不影响换王。

（6）结合无虫化取蜜，边取蜜、边换王　大流蜜期蜂群实行无虫化取蜜时，可参照上述（2）、（3）换王。

不论采用哪一种方式换王，挂台前、后都要彻底清查和摘除无需保留的自然王台，以防意外分蜂。

为确保换王成功，应在第一批复式移虫后 7～8 天，再培育一批备用王台，以备新王飞失或交尾不成功时，重新介入新的王台。如没有准备补充王台，也可在新王出房 5 天后给换王群调入一块优良种群的卵虫脾，与换王群中的一张巢脾互相对调。一旦新王交尾失败或失王，工蜂就会在小幼虫脾上改造王台重育新王。这时可选 2～3 个台内浆多的小幼虫作替代王台，延续交尾。其余浆少虫大的尽数毁掉（祝匡益，2013）。

七、拉宽脾距，用意蜂脾贮蜜

（一）拉宽脾距

当外界进入大流蜜期后，应将繁殖期 8～10 毫米的脾距，根据群势分次逐步拉宽至 12～15 毫米，让蜂群加高中、上部巢房多贮蜜。放宽脾距后，不仅能提高蜂蜜、蜂蜡的产量，还能推迟封盖，有利于水分蒸发，提高蜂蜜浓度。

（二）借用意蜂空脾贮蜜

由于意蜂巢脾房眼大，中蜂蜂王不喜在意蜂巢脾上产卵，当蜂群群势达到 7 框以上蜂量时，及时换上新王，在采蜜群中两侧边脾的位置上，各放一张经过严格消毒处理过的意蜂空巢脾，给中蜂贮蜜，增加采蜜量。据孔蕾、邱泽群等（2013）报道，这样处理的两张意蜂巢脾，装满蜜后，一次可取蜜 5 千克，产蜜量可提高 50%。该地蜂农农永寿，养蜂 180 群，采用此法，连续几年采龙眼、荔枝蜜，年收入均在 10 万元以上。在杨冠煌、匡邦郁等参与制定的《中华蜜蜂活框饲养技术规范》（ZB B47 001—1988）中也推荐了上述措施。

如果没有意蜂空脾，可用意蜂巢础加入中蜂群中造好后（中蜂蜂王一般不喜在上面产卵），再移到边脾让蜂群贮蜜，也可达到增产的目的。

八、早养王，多分群，适度规模饲养

前面所讲的措施，主要在于提高蜂群的单群产蜜量，然而对于养蜂者来说，增加收入的途径，不仅要提高单产，还要靠有一定的蜂群数量，才能取得规模效应。

就一般情况而言，定地或加小转地饲养，每户可养 30~50 群，专业户可养到 100 群以上。如蜜源条件好，或实行转地饲养，有的养蜂能手甚至可养 300~500 群。

（一）多分蜂的条件

有以下情况的蜂场可以多分蜂。

1. 蜂群数量少的蜂场　蜂群数量较少，没有达到一定规模的蜂场，要及时分群扩场。

2. 当地蜜源条件好的蜂场　当地蜜源条件较好，自身劳力及管理能力强的蜂场要多分蜂。

3. 卖蜂市场行情好　蜂群本身也是养蜂生产的商品，当卖蜂市场行情看好时，蜂场也要多分蜂。

4. 符合三个条件的地区及时期　这三个条件是：①在同一个流蜜期中，至少有一个流蜜期较晚、收入比较稳定、经济价值较高的大蜜源；②较晚的大蜜源前期陆续有可供繁殖的辅助蜜、粉源，且最早的蜜源与较晚的大蜜源之间有较长的时间，足以使分蜂后的蜂群恢复群势；③蜂群繁殖、养王、分蜂期气温较高，气候稳定，有利于蜂王交尾、蜂群繁殖。

符合以上三个条件的地方很多，比如我国的华南地区、北方地区以及以一个较晚、较高经济价值蜜源为主要生产季节的地区，都可以在大流蜜期前多分蜂。

（1）华南沿海地区　我国华南沿海地区（广东、广西、福建、海南一带）是华南中蜂、海南中蜂的分布区，属南亚热带、热带气候，温高雨足，气候湿热，年平均温度一般为 18~23℃，无霜期 330 天以上。如福建省漳州市，全年最冷的 1 月月平均气温为 12.7℃；海南省海口市 1 月的月平均最低气温为 14.8℃，最高气温为 21.6℃。这相当于其他地区 3、4 月的温度。由于早春气温较高，这些地区 1~2 月就可利用辅助蜜源繁殖分蜂，到 3~4 月主要蜜源——荔枝、龙眼花期来临时，即可繁殖到 4~5 框蜂的群势投入采集。

华南沿海的中蜂与其他内地的中蜂不同，当地中蜂不但个体小，而且分蜂性强，一般当群势超过 4~5 框以上蜂量时就易产生分蜂热，因此这些地区要实现蜂蜜增产，就不能单靠群势的发展，而还需依赖增加蜂群的数量及总框数来实现。

上述地区绝大多数有经验的养蜂者和养蜂科技工作者，如福建省的王志忠、李炳坤、林南强、陈梦草、苏建文、黄恋花，广东省的罗岳雄、刘炽松、赖友胜、张学锋、梁百辑、杨水生等，都主张在荔枝、龙眼等主要流蜜期前，采取早育王、早分蜂、小群繁殖等措施，以增加蜂群数和总框数，然后以较多的蜂群数和总框数，投入主要蜜源流蜜期采蜜。用他们的话说就是："分群小群繁殖，多群大群取蜜。"所谓分群小群繁殖，是指在大流蜜期之前，将蜂群不断分成若干个小群，加速繁殖，繁殖群群势通常以2～3框为宜。多群大群取蜜则是指主要蜜源的流蜜期，蜂群数和总框数要多，并繁殖成较大群势（4～5框蜂的壮群）采集。例如，广东省著名劳模梁百辑就主张早育王、早分蜂。他认为，当2月大部分蜂群发展到5～6框时就可分蜂，事先培育好一批王台，10天后将所有蜂群中超过4框蜂量的多蛹子脾带蜂分出，组织成每区2个脾的双王交尾群。原群继续饲喂，用空脾扩巢，以便再次分蜂。进入荔枝场地前，所有蜂群应保持4框足蜂，凡超过的则用作分蜂，直到蜂群全部迁去采集荔枝蜜数天前为止。进入荔枝场地后，按主副群搭配的方式采蜜。另据福建省龙溪地区黄恋花报道，闽南地区如以6～8框的强群采荔枝蜜，容易闹分蜂热，特别是管理三五十群强群，一旦发生分蜂热，不仅让养蜂者疲于奔命收蜂，且因蜂群闹分蜂热怠工而大大影响了采蜜量，与4～5框群势蜂群的框产量相比，要低10%左右。因此，根据当地的蜂种、蜜源及气候特点，应以2～3框群势，在双群箱中繁殖，4～5框群势采荔枝蜜，3～4框群势越夏度秋。他举例道：南靖县种蜂场一养蜂员，春有20群，70框蜂，拆分为40群繁殖，到采荔枝蜜时繁殖到160框蜂，蜂群增加了一倍，蜂量增长了128%。当地著名的养蜂员刘石头、刘长工，采取这种方法都取得了很好的成绩。

20世纪80年代，这种分群小群繁殖夺高产的方法，曾经在养蜂界引起不小的争论，一些人认为这种做法不符合养蜂上"强群越冬，强群繁殖，强群采蜜"的"三强"管理原则，甚至是错误的。然而这种方法应该是当地养蜂工作者、养蜂员根据当地蜂种群势小、爱分蜂的特性（现已证明华南中蜂在有些特性上确与其他蜂种不同），以及气候（温高雨足）、蜜源（主要蜜源流蜜前有较多、较长时期的辅助蜜源）特点，经过长期实践总结的、在当地十分有效的中蜂养殖方法。

（2）北方地区　上述在大流蜜期前利用辅助蜜源进行分蜂，繁殖壮大蜂群实力到主要流蜜期采蜜的方法，在我国北方地区也可应用。

我国北方地区的主要流蜜期在夏季的6～7月，符合前面所说的三个条件，即：有一个较晚的大蜜源；大蜜源之前有较长的繁殖期；且繁殖期气候温和，适宜养王、分蜂、繁殖。例如，我国东北地区的椴树是一个高产稳产的夏季蜜源，且流蜜期较迟（7月）。我国黑龙江省养蜂大王、第33届国际养蜂大会表彰的中国优秀蜂农、《数控养蜂法》的作者杨多福就提出，在东北地区，应把椴树蜜作为主攻方向，椴树流蜜前期的其他辅助蜜源流蜜期则作为繁殖期。在椴树大流蜜前，实行"10脾蜂，常奖饲"的办法，即把繁殖群控制在10框群势（指意蜂），当蜂群达10框群势时，每6天提出一张子脾用于分蜂（联合分蜂），直到椴树大流蜜前15天停止分蜂。这样在椴树大流蜜到来前，可在原群的基础上增加50％的新分群，大大增加了蜂场采蜜的实力。

其实，在椴树花期之前加强分蜂的观点，苏联学者早在20世纪20年代就已经提出。塔兰诺夫在其《蜂群生物学》中这样叙述道："为增加采蜜量而组织人工分蜂，主要适用于主要蜜源较晚（如椴树），而且春季蜜源缺乏或者不多的地区。"

当然，北方中蜂的群势强，不同于华南沿海地区的中蜂。因此，实行早期人工分蜂的群势，应该掌握在6～7框，蜂群出现王台之前；而不应是4～5框时分蜂。分蜂时也不宜分得太弱，可组成4～5框群势的蜂群繁殖；或自强群中抽带蜂子脾，补给弱群，并及时给原群另换新产卵王，这点是要注意的。繁殖期如蜜源不足，还应连续进行奖励饲喂。

（3）以一个较晚、但经济价值较高的蜜源为主要生产季节的地区　一个地区虽有多种蜜源，但其他蜜源的流蜜量不大，或蜂蜜价值不高，如油菜、乌桕等。较晚的蜜源有特色，经济价值高，如秋冬季的千里光、野桂花（柃）、鸭脚木、枇杷、野藿香、野坝子等。那么，当地蜂场可利用其他流蜜期连续分蜂扩场，积累起较多的蜂群数和蜂脾数，当主要流蜜期到来前培育强群，集中力量取蜜，可以获得较高的经济效益。

（4）利用早期蜜源分蜂、增群增产的生物学依据　在主要大蜜源流蜜期前利用辅助蜜源分群增产的方法，是有其生物学依据的，这是因为：

①所换的新王在分蜂期到来时能带领强群，不易产生分蜂热。

②大流蜜期到来前将大群分成小群，人为地缩小蜂群群势，既可以不使原群积累分蜂所需的过剩幼蜂，从而使蜂群能长时间地保持生长状态；又可以利用小群紧张生长的特性，培育出更多的蜂儿和蜂数采蜜。

苏联学者塔兰诺夫1938年做过一个试验，组成0.5、1、2、3、4千克的五组蜂群，分别测定其培育的蜂儿数，结果表明（表7-19），按每千克蜂量为单位统计培育的蜂儿数，"较小的蜂群比较大的蜂群培育的蜂儿数多，生长得较快"。

表 7 - 19　不同群势蜂群（西蜂）所培育的蜂儿数

群势（千克）	原来蜜蜂在其一生中（7月5日至10月8日）所培育的蜂儿数（个）			
	第一次试验	第二次试验	平均每群	平均每千克蜂
0.5	7 735	6 435	7 085	14 170
1	11 815	9 945	10 880	10 880
2	18 350	19 865	19 107	9 554
3	26 845	26 975	26 910	8 970
4	23 205	—	23 205	5 301

　　从表 7 - 19 中可见，随着蜂量由 0.5 千克增加到 3 千克，所培育的蜂儿总数由约 7 000 个增加到约 27 000 个，然而按单位蜂量计算（每千克蜂分摊到的幼虫），却从约 14 000 个减少到近 9 000 个。4 千克重的蜂群与 3 千克重的蜂群相比，前者的蜂儿总数反而没有后者的多，而且培育蜂儿的强度也最低。按蜂群生长率计算，0.5～1.0 千克重蜂群的生长率可达 13％，1.5～2.0 千克重的蜂群生长率为 5％～9％，而 2～3 千克重蜂群的生长率仅为 3％～6％，蜂群的生长速度随着群内蜜蜂数量的增加而下降，这就说明，"弱群的紧张生长是弱群的生物学特性，它使这种蜂群能在最短的时间内变强"。弱群较高的生长率对蜜蜂种群的繁衍具有重要的生物学意义。因为"它保证蜂群在不良的越冬后；在分出弱小的自然分蜂群下；以及在使群势削弱的其他情况下还能继续生存（繁衍）……弱群加强蜂儿的培育是一种有益于种的适应，这种适应能帮助蜂群进行生存斗争。"弱群较高的生长率也有益于生产，"组织春季早期分群的方法，公认是人工组织新群最好的办法。因为在采用这个方法时，新群的生长不会损害基本群（指原群）的继续发展，而且新分群还能在培育蜜蜂的方面赛过基本群"（《蜂群生物学》）。塔兰诺夫认为：蜂群紧张生长的时期，是蜂群重量不足 2～2.5 千克（相当于西蜂 8～10 框足蜂）的时期，在这个阶段，蜂群繁殖蜂儿的数量与蜂群的重量成正比。中蜂的群势弱于西蜂，因此中蜂最佳繁殖群势的概念与西蜂不同，不同地方的蜂种也不一致。根据各地试验，华南沿海及滇南中蜂，应为 2～3 框，而其他地区的中蜂，则为 4～5 框。

　　当然，这种采取早期育王分蜂增产的措施，必须保证分蜂后能有足够的时间，让原群及分出群在大流蜜开始时都能繁殖到标准的采蜜群群势（南方沿海地区为 4～5 框，其他地区为 7～8 框），这样才能真正达到增群增产的目的。

（二）初学者快速分蜂、扩场的方法

　　中蜂的增殖速度是很快的。一般越冬后的一群蜂，在正常情况下，当年至少可以分为 2～4 群。如果利用多个蜜源期或连续奖励饲喂，加速繁殖，不断造脾，不断分蜂，一群蜂增加 7～12 倍是完全可能的。

初学者往往初期购蜂不多，为了迅速扩场，在没有掌握人工育王的情况下，可在流蜜期过后，将蜂群拆分为若干个 2～3 框蜂的蜂群，其中一群必有蜂王。对另外没有蜂王的蜂群，应至少保留一张卵、虫脾，然后按切脾育王的方法，逼蜂造台，保留 1～2 个台型大而正的王台（日龄应有差别），将其余王台尽数摘除。处女王交尾成功，即发展为一群；交尾不成功的应及时合并。蜂群经饲喂，发展到 4 框蜂以上时，再拆分为 2 群繁殖。但这种方法，不宜长期使用，当蜂群数量达到一定规模后，应按正规育王分蜂的方法，进行生产管理。

（三）分蜂扩场时应注意的问题

在分蜂扩场时，应注意以下问题：

（1）分蜂应尽量在外界有蜜粉源的时期进行，这样人工育王的质量好，分蜂后也有利于蜂群繁殖，恢复群势。

（2）大流蜜期分蜂总的原则是：大流蜜期前应尽早提前育王分蜂，并准确计算好分蜂群的群势（平均每隔 11 天左右，群势在原来的基础上增长 1 框蜂），以利原群和分出群有足够的时间在大流蜜期开始时达到标准群势采蜜。大流蜜期中应以换王（介绍新产卵王或实行无虫化取蜜）、控制分蜂热为主，尽量避免因分蜂削弱蜂群的采集力。大流蜜期过后若无后续蜜源，可以多分蜂。

（3）蜂场在分蜂育王期间，一定要注意蜂群内有无数量丰富的雄蜂，或附近蜂场内有无雄蜂，如没有足够的雄蜂与处女王交尾，分蜂是不成功的。

（4）为培育适龄越冬群，一般地区在越冬前 30 天，寒冷地区在越冬前 45 天，应停止分蜂，以避免削弱群势、蜂群缺乏适龄越冬蜂而不能安全越冬。

九、定地加小转地放蜂，就地分场饲养

（一）转地放蜂

一个地方的蜜粉资源总是有限的，转地放蜂之所以能够提高蜂群的产蜜量和增加蜂场的经济效益，就是能让蜂群利用不同地方的蜜粉资源，增加采蜜次数。这样既可节约非流蜜期的饲料成本，而且还可以增产增收。意大利蜂转地饲养已经是大家所熟悉的，其实中蜂也可以在较短距离内，如 100 千米左右的范围内，实行小转地放蜂。

虽然目前我国中蜂生产仍以定地饲养为主，但在中蜂生产比较发达的地区，如广东、广西、福建等地，小转地放蜂已经成为许多专业蜂场的主要生产

方式。一般来说，转地蜂场的效益通常是定地蜂场的 2 倍以上。

例如，广西壮族自治区昭平县示范中蜂场曾探索过小转地生产的模式（陆超丽，2012）。他们的放蜂路线是：1 月中旬至 2 月中旬，先由昭平县转地到 100 千米以外的苍梧县一带春繁，此时该地气温比昭平县约高 2℃，且阴雨天少，百花盛开，有利于蜂群提早春繁，为转地广东采收荔枝、龙眼蜜打好基础。2 月底转地到广东采荔枝、龙眼。30 天后，又转地到广西壮族自治区平南县采晚荔枝。放蜂 20 天后，5 月初返回昭平县休整。6 月初，当地乌桕、玉米开花，蜂群采蜜、育王，更换掉老劣蜂王。7 月，当地气温高（最高 39.4℃），蜂群约有 45 天的越夏期，外界缺蜜，蜂王停产。小暑过后，又将蜂群撤至 100 千米外的广西壮族自治区金秀县大、小瑶山度夏。该地海拔较高，山高林密，早晚温差大，气候凉爽，山上又有零星蜜源，有利于蜂群秋繁，故在此越夏约 60 天。结束度夏后，转地桂林市阳朔县赶九龙藤花期，边繁蜂边取蜜，30 天左右转回昭平县，采当地产量稳、售价高的主要蜜源——鸭脚木。

经过试验对比，同是 3 框左右的 10 群蜂，从春季开始，到秋繁结束，定地饲养的蜂群数发展到 15 群，60 框蜂。而小转地放蜂的蜂群则发展到 20 群、90 框蜂，群势强，蜂数较定地模式的增加了 30 框。在昭平县本地鸭脚木花期，定地蜂场群平均采蜜 3.5～4.5 千克，而示范场小转地后可采 6 千克，单群采蜜量增加 2.5 千克。此外，小转地蜂场还多采了荔枝、龙眼、九龙藤 3 个花期的蜂蜜，比定地蜂场可增产 40%～50%。

贵州省正安县地处云贵高原向四川盆地过渡的斜坡地带，是武陵山余脉与大娄山山脉的交汇处，这里山势险峻，河谷深切，林木繁茂，海拔最高处 1 837 米，最低处 448 米，高度差近 1 400 米，小气候复杂多样，蜜粉源植物十分丰富，主要蜜源有油菜、乌桕（夏季主要蜜源）、荆条、柑桔、洋槐、盐肤木、椿、泡桐、紫云英、野菊花、千里光、鸡骨柴、乌泡 10 余种，花种多，花期长，有利于转地放蜂。该县有一定规模的中蜂场，都采取在县内几十千米的范围内小转地放蜂的方式饲养。

正安县内小转地放蜂的路线大致如下：蜂群早春在该县海拔 700 米以下的地区采早油菜、紫云英春繁。然后，转地海拔 900 米左右的谢坝、流渡、土坪一带赶第二个油菜场地。菜花结束后，运蜂到本县凤仪、格林、乐俭或道真县的隆兴乡采洋槐。洋槐结束后，转地到海拔 1 000 米左右的桴焉、庙塘、小雅、中观、班竹采地红籽、猕猴桃等山花繁蜂。6 月上、中旬，再转到芙蓉江沿岸的凤仪、安场、格林、俭坪、新洲、杨兴、碧峰一带采乌桕、荆条。7 月上旬，蜂场再往高山场地转移，采乌泡度夏。然后于 7 月下旬至 8

月中旬采当地秋季的主要蜜源——盐肤木。待盐肤木花期结束后，再转到低海拔地区，采野藿香、鸡骨柴、野菊花、千里光等山花繁殖适龄越冬蜂，并就地越冬。

转地放蜂，一定要事先调查好当地周边地区的气候、蜜粉源情况，有哪些主要蜜粉源，什么时候开花流蜜，什么时候进场、退场，什么地方适合摆蜂，放蜂场地是否拥挤，有没有西方蜜蜂，这些都要事先调查清楚，以便做到心中有数，有的放矢。如果蜂场规模过小，运输成本高，又没有时间去照看，就不必贸然转地。

（二）分场饲养

很多饲养中蜂的地区，大多是山区，蜂群采集的主要是零星蜜源。所以，在一个地方定地饲养，当地的载蜂量有限。一旦饲养群数过多，必然会降低单群产蜜量。为了提高蜂场的整体经济效益，就需要将蜂群在驻地周围几千米的范围内分成 2～3 个点安放，每个点可摆蜂几十至上百群。

摆蜂的地点如不属于自家地盘，可以采取租借或收蜜分成的办法，平常请主人代为照看，防止蜂群被盗；或当蜂群发生异常情况时通报，以便及时处理。自己则利用轻便的交通工具（如自行车、摩托等）定期前往检查、管理，大流蜜时取蜜。

十、高产管理技术措施的组装配套

在实施上述高产管理技术时，应注意下列几点。

（一）打好技术基础

运用、实施上述高产管理技术时，首先要求养蜂员要熟悉和掌握养蜂的各项基本管理要求，这是实施这套技术措施的技术基础。

（二）组装配套、综合运用

各种高产管理措施既有自己的技术特点，可以独立运用，但又是互相联系的。例如，要组织强群继箱生产，首先必需在大流蜜期开始前提前培育适龄采集蜂。上继箱后，可以采取处女王群生产、实施无虫化取蜜。如果此时拉宽脾距，还可以进一步提高蜂群的产蜜量……这一套方法，实际上是一个有机的整体，只有前一项措施完成得很好，执行到位，下一项措施才能继续实施。如果蜂群未能在大流蜜期到来时繁殖好，要想实施强群生产则不可能，当然更不可

能实行无虫化取蜜。这些增产措施只有一环紧扣一环，有机地联系起来，加以综合运用，完善结合，才能使这些增产措施发挥到极致，创造出更高的经济效益。因此，在实施这套高产管理措施时，除单独运用外，更讲究的是各种高产管理技术的组装搭配、综合运用。组装配套后的综合高产管理技术措施，也称做中蜂的高产管理模式。

（三）高产管理综合配套技术，应以"蜜（粉）足、群强、王新、无病"为核心

"蜜足、群强、王新、无病"一向被视为是养好蜂、夺高产的 8 字真经。如前所述，繁殖大量的适龄采集蜂、培育和维持强群，都必须在蜜、粉充足的条件下，才能实现。大流蜜期前，可以采取多种技术措施，如提前奖励饲喂，组织双王繁殖、调脾补脾、控制分蜂热……组织起强大的采蜜群，这样在大流蜜期到来的时候，才会有"强大的兵力上阵"采蜜。而一群蜂能否快速发展增殖，维持住强群，又与蜂王的质量、新老和蜂群是否健康无病密切相关。因此，上述一系列高产管理技术措施，可以用"蜜足、群强、王新、无病"这 8 个字来高度概括，所有高产管理技术措施的组装配套、落实、实施都应围绕这 8 个字来进行。

（四）事先拟定计划，做到心中有数

在综合实施运用这套高产配套技术之前，还要求养蜂员要根据所在地区的气候、蜜源条件，初步拟定全年的生产计划，比如什么时候开始包装春繁，什么时候应该达到预定的采蜜群群势，什么时候育王换王，什么时候分蜂繁殖……每一个环节都要做到心中有数，然后有计划、有步骤地去具体实施。

（五）根据实际情况，有所取舍、灵活处置

由于各地气候、蜜源不同，每年的气候、蜜源状况也会有所变化。因此，养蜂员在实施计划的过程中，还应根据外界气候、蜜源的实际情况，进行适当调整，对上述措施，有所取舍，灵活处置，而不应全盘生搬硬套，以逐步形成一套既适合自己、又带有地区特点的技术套路和高产管理模式。

第八章 中蜂的四季管理

　　中蜂的四季管理，就是根据春、夏、秋、冬四季气候变化，外界蜜源植物开花期和间歇期的长短，一年中蜂群越冬、越夏、恢复、发展、分蜂等群势消长及病敌害发生的规律，采取相应的技术管理措施，使蜂群的强盛期、青壮年采集蜂出现的高峰期与主要大流蜜期相吻合（即两期相遇），达到高产、稳产的目的。

　　为了掌握蜂群群势发展变化的规律，就必须了解蜂群的年周生活的情况。

一、蜂群的年周生活

　　蜜蜂的繁殖与气候、蜜源关系密切，由于一年中四季气候变化；不同的蜜粉源植物在不同时期开花泌蜜，蜂群群势的消长（增长与削弱）也会随之呈现出波浪式的起伏变化（图 8-1）。

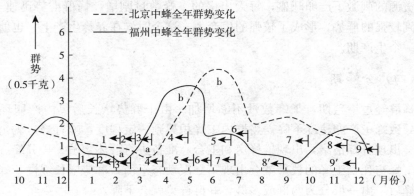

图 8-1　中蜂群势周年变化示意

1. 蜂群越冬期　2. 苏醒期　3. 更新期　4. 增殖期　5. 分蜂期　6. 分蜂后期　7. 越夏度秋期
8. 越冬准备期　9. 越冬期　8'. 越夏期　9'. 秋末冬季蜂群增殖期（第二增殖期）

（引自杨冠煌）

蜂群周年群势的变化，大致可以分为以下几个时期。

（一）越冬期

冬季气候寒冷，外界蜜源缺乏或断蜜，蜂王停止产卵，这时蜂群每天都有工蜂死亡，但没有新蜂出生，蜂群群势会逐渐下降，这是一年中工蜂最少的时期。贵州省中蜂越冬前后群势削弱率为30％～50％（徐祖荫，1998）。

（二）更新期

早春气候渐渐转暖，外界各种蜜粉源植物陆续流蜜吐粉，蜂群开始从冬眠状态苏醒，蜂王开始产卵，经过20天，第一批新的工蜂陆续出房，逐步接替陆续死去的老年越冬蜂。当新出生的工蜂与死去的工蜂数量相等时，出现第一次动态平衡时，标志蜂群渡过了更新期。但由于春繁期起步群势不同，不同蜂群更新期的长短也不同。蜂群起步群势强，更新期就短，而以弱群起繁，更新期就会延长，如遇气候不好的年份，甚至还会出现新蜂出生率低于老蜂死亡率，发生蜂群"春衰"（即群势不升反降）的现象。

（三）增殖期

蜂群经过新老蜂交替更新期之后，年轻的哺育蜂大量增加，蜂群的哺育能力加强，原先一只越冬工蜂平均一生只能哺育1.28个幼蜂，而新出生的工蜂一只能哺育3.85个工蜂。此时，气温逐渐转暖，外界蜜粉源也渐渐丰富，蜂王在蜜源的刺激下产卵旺盛，每天出房的工蜂数量剧增，蜂群群势迅速上升，并达到较强的群势，形成了较强的生产力。这个时候在养蜂生产上，也就进入了第一个生产期。

（四）分蜂期

蜂群经过增殖期，工蜂数量不断增加。由于群势增长后巢内产卵环境复杂，导致蜂王产卵速度下降。当群内工蜂积累到一定程度，哺育蜂过剩，蜂群内就会出现分蜂情绪，出现雄蜂房和王台，准备进行群体繁殖——分蜂。这时出生工蜂与死亡工蜂的数量就会出现第二次动态平衡，群势增长缓慢。蜂群发生分蜂后，由一群分为两群或多群，蜂群群势就会下降。

（五）调整恢复期

经过分蜂之后，工蜂采集和造脾积极性提高，蜂王产卵力增加，蜂群群势又会在原来的基础上，逐渐恢复和发展。

（六）第二增殖期

当外界出现第二个大蜜源时，蜂王产卵兴奋，子脾迅速扩大，群内蜂数增加，群势增长到一定程度，又进入第二增殖期，养蜂生产也就随之进入第二个生产期。第二增殖期后，如果还有第三个蜜源，蜂群还会再经过一个恢复期，进入第三个增殖期。入秋以后，气温渐渐转凉，蜂群开始利用秋季蜜源培育适龄越冬蜂。当外界日平均气温下降到7～10℃以后，蜂群就进入了越冬期。

就同一地区而言，这种变化每年都具有基本相同的规律。蜂群就是这样年复一年，循环往复、有顺序地进行年周生活。而养蜂生产也正是根据蜂群的年周生活规律，开展饲养管理。在大流蜜期到来之前，利用早期辅助蜜源或提前奖励饲喂，培育强群和适龄采集蜂。进入大流蜜期，控制分蜂热，取蜜生产。流蜜期后分蜂，增加蜂群数量，让蜂群休整。到下一个大流蜜期到来前又开始提前繁殖，壮大群势，然后取蜜……形成繁殖→生产→分蜂→再繁殖→再生产→再分蜂的反复过程。

二、我国不同地区的蜜源类型

我国地域辽阔，不同地区的气候、海拔、土壤等自然条件不同，因此蜜源植物的种类及主要流蜜期（即蜂蜜生产期）也不相同。

按主要蜜源流蜜期划分，我国中蜂产区可分为北方型（夏季蜜源型）和南方型（春季和秋冬季蜜源型）两个类型。

我国北方流蜜期和生产期主要在夏季，如图8-2所示为吉林省敦化县的采蜜图（可代表东北的长白山地区），该地虽然4～6月都有零星蜜源，但主要蜜源是6月底到7月的椴树开花期。其次是8月的胡枝子（苕条）花期。陕西、甘肃、宁夏、青海等地绝大部分蜜源的开花期（如紫苜蓿、漆树、椴树、芸芥、柿树、枣、沙枣、党参、红豆草、百里香、茴香、香薷、向日葵、草木樨、老瓜头、枸杞、胡麻、荆条、棉花、沙打旺、油菜等）都在6～8月，尤以6～7月为多（胡箭卫，2005），华北地区主要蜜源以荆条为主，主要开花期为7月（杨冠煌，2001）。所以，我国北方的主要蜜源为夏季型蜜源。我国西南高海拔2 000米以上地区，如四川省阿坝、凉山、甘孜州，云南省的迪庆、怒江州等大部分地区，其主要蜜源也为夏季型蜜源（主要流蜜期5～7月）。

我国长江流域及西南山区的主要蜜源为春季及秋冬季型蜜源（图8-3），

265

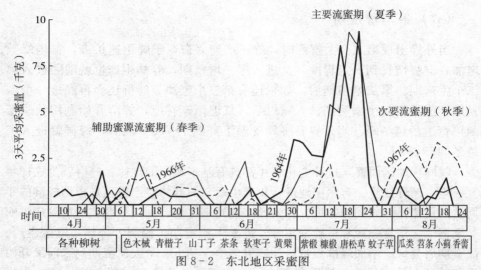

图 8-2　东北地区采蜜图

（此图 4～7 月在敦化县寒葱岭一带测得，8 月在沙河桥一带测得。从图中可以看出，4、5 月有连续不断的辅助蜜源。6 月蜜源一般也较好，有些年份会有缺蜜现象。7 月在椴树大年能有更高的产量。8 月在苕条流蜜期时，一般年份可保障越冬饲料，有些年份或可采到商品蜜。此图基本上能代表长白山区的蜜源特点——即夏季型蜜源）

（引自李建修）

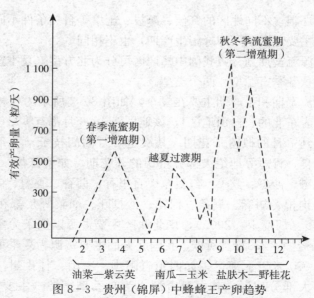

图 8-3　贵州（锦屏）中蜂蜂王产卵趋势

（蜂王产卵量与蜜源条件有关，蜜源条件好，蜂王产卵量高。
此图可基本代表我国南方春季及秋冬季型蜜源）

春季有油菜、紫云英、春山花（如水锦树、白刺花、杜鹃等），因海拔不同，开花时间为 2~5 月。秋冬季为 9~12 月，此时有秋山花如盐肤木、千里光、野桂花、野藿香、野坝子及枇杷等。我国华南、海南、台湾地区主要蜜源期也有春季和秋冬季蜜源。春季主要蜜源为 3~5 月的荔枝、龙眼，秋冬季主要蜜源为盐肤木、九龙藤、千里光、枇杷、鸭脚木、野桂花、冬山花（飞龙掌雪、海南楼等）等，先后陆续开花的时期为 9 月至次年 1 月。上述两个地区，除有山乌桕、窿缘桉分布的地区外，通常 6~8 月为夏季缺蜜越夏期。

我国幅员辽阔，中蜂分布广泛，南、北方和东、西部的气候、蜜源都有很大差异，各地中蜂维持的群势也有所不同。因此，中蜂的四季管理不仅在不同的时期管理内容不同，而且在不同的地区，管理内容也不完全相同。早在 20 世纪 70 年代，我国学者（李建修，1973）就提出了养蜂生产应根据当地的蜜源情况，将蜜源分片划类，按型管理的原则。因此，各地应认真分析蜜源情况，以当地气候稳定、流蜜量大、蜂蜜经济价值较高的主要蜜源作为主攻方向，制订相应的生产计划。如根据蜂群群势及大流蜜开始期，确定好开始繁殖的具体日期，采取多种综合措施，大力繁殖适龄采集蜂，使强群出现的日期刚好与大流蜜期相吻合，夺取蜂蜜高产；以及制订完成全年育王、换王、分蜂的计划。另外，要特别注意三个特殊时期的管理：在蜂群的春季繁殖期、越冬期，要注意蜂群保温；缺蜜越夏期做好蜂群的遮阴防晒、防暑降温及防巢虫、防胡蜂的工作，以确保蜂群安全渡夏。

三、春季管理

春季气温由低到高逐渐回升，蜜粉源植物相继开花流蜜放粉（如油菜、柳、榆、桃、杏、梨及南方的野桂花、石榴、杜鹃、紫云英、荔枝、龙眼等），蜂群也从越冬状态、半越冬状态（南方温暖地区）开始恢复繁殖，并逐渐进入群势发展、分蜂和生产阶段。由于春季前期气温较低，寒潮频繁。因此，此期管理的重点是加强保温（前期），促进蜂群繁殖，恢复发展群势。春季主要流蜜期偏晚（晚荔枝、龙眼）或春季没有大蜜源的地区（北方），还可以通过大流蜜前育王分蜂，增加蜂群数量。生产期则应注意控制分蜂热，为收好春蜜及迎接夏季大流蜜期的到来，打下丰厚的基础。

我国南方，春季管理的时间大约从 1 月起，到 4 月止，而北方春季管理的开始期则要推迟 1~2 个月。

（一）全面检查，缩脾保温春繁

蜂群越冬后，当旬平均气温稳定上升至 5～6℃后，应选晴天气温达 12℃以上时，开箱全面检查一次，查看蜂量、是否失王、巢内蜜粉等情况，并做相应处理。同时，在箱内空处加保温物，保温包装，紧脾繁殖。

蜂群春繁时，为防寒潮袭击使蜂团缩小而冻伤子脾，应按实际蜂量减少一个巢脾，使蜂多于脾。如为 5 框足蜂，应只留 4 张巢脾；如为 4 框足蜂，则只留 3 个巢脾，以此类推。

箱内巢脾的布置是：1～2 张大蜜粉脾，1 张让蜂王产卵的空脾，其余为半蜜脾。由于早春气候多变，阴晴不定，常有寒潮阴雨来袭，时间长会导致蜂群缺蜜；但当天气好时，蜂群又可以进蜜。所以，蜂群春繁前期宜实行巢外挂脾。巢外挂脾的意思是在保温隔板外侧加一块半蜜脾或蜜粉脾，此脾的外侧再加一块保温隔板（图 8-4）。巢外挂脾的好处是，当蜂群缺蜜时，可利用该脾上的存蜜；天气晴好，蜂群进蜜，巢内无处贮蜜时，蜂群又可在此脾上贮蜜；气温突然升高时，工蜂还可以疏散到该脾上栖息。当脾上贮蜜被利用，巢内又需要加脾时，可移入箱内，因该脾已被工蜂清理过，又带有巢温，蜂王很快就会在上面产卵。此脾移入巢内后，可在其原来位置上，再放入一框半蜜脾或蜜粉脾替补。

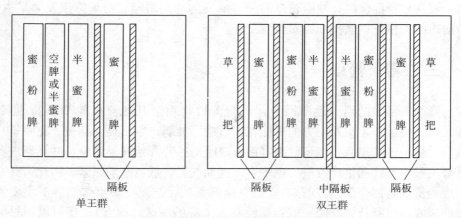

图 8-4　蜂群春繁包装时巢脾的布置

巢脾布置好后，应在隔板外侧中下部空档处，填塞用干草扎成的草把（用稻草、麦秸、山草等扎成），或麦衣、谷壳、锯末等保温；也可放置用干草和空巢框做成的保温草框。草框的好处是可以随蜂群群势的消长而增减草框的数量，方便操作。为防止保温物堵塞巢门，阻碍空气流通和工蜂出入，应用石子垫高草把或做好通道。巢框上面应搭一块覆布或塑料薄膜，然后盖副盖。蜂箱副盖上再搭2～3张报纸和稻草帘（图8-5），加强保温。

图8-5　蜂群保温
1. 草框　2. 稻草帘

南方一般不做外保温；早春气温较高的地区（如海南），1月繁蜂时甚至可以不做内保温。北方地区因气温低，除内保温外，还应用纸把箱缝糊严，在箱底、箱盖和蜂箱后壁、左右两侧加（厚7～10厘米）干草保温。如有条件，还可在箱外保温物上加盖一层塑料薄膜。

我国南方包装起繁的日期一般在1月中、下旬，海拔较高地区为1月下旬至2月初。北方早春气温较低，春繁时间应相应推后，如甘肃一般在2月中、下旬（陇西）至3月上、中旬（陇东和陇中），东北地区为3月中、下旬。蜂群春繁的起步群势以3～5框足蜂为宜，华南中蜂、海南中蜂、滇南中蜂可以2～3框的群势起步繁殖。若华南中蜂、海南中蜂、滇南中蜂群势低于2框，其他中蜂低于3框，应组成双王同箱饲养或并群繁殖。

（二）奖励繁殖，扩大蜂巢

蜂群包装后，应在巢内存蜜充足的基础上，用1∶1的稀糖水适量奖饲，连续奖饲几晚，促进蜂王产卵。奖励饲喂应以少量多次、蜜不压子为原则，不宜过多。在早春气温较低的地区，奖励饲喂时开箱饲喂，会降低巢温，应使用巢门饲喂器饲喂。遇连续寒潮阴雨，巢内缺蜜缺粉，应及时补饲。早春气温低，为防止工蜂出巢采水冻死，应实行巢门喂水（0.1％～0.5％的淡盐水）。

春季湿度大，保温物易潮湿，这样会降低巢温，不利于繁殖，易使蜂群患病。因此，要利用晴好天气的10时至下午4时，翻晒保温物，保持箱内干燥。保温时还应注意根据群势大小和气温调节巢门大小，天气晴暖时，适当开大巢门，天冷和夜间应缩小巢门。

早春的蜂脾关系，开始包装时，应蜂多于脾，蜂路为8毫米，不宜采取缩小蜂路的办法。此时，要尽量扩大原有巢脾的产卵面积，这在早春脾数不多而又不能加脾时更为重要。早春蜂王先在中央巢脾及蜜蜂密集、靠近巢门前方的部位产卵。因此，适时（包装后10～20天）将脾的前后方掉头；将蜂巢中央的封盖子脾和两侧产卵面积小的子脾互换位置；或将子脾上方的陈蜜蜜盖割开，也可用蜂胶刮轮（市面有售，刮轮上有一排一排用铁丝做成的齿）在蜜盖上滚动，以刺破蜜盖，让蜂群利用，可以有效地扩大产卵圈，同时也起到了奖饲蜂群的作用。

随着气温升高，外界流蜜量逐渐增大，子脾面积逐步扩大，幼蜂陆续出房，蜂群由更新期进入发展时期，巢内巢脾已不能满足蜂王产卵及工蜂工作的需要，这时就应及时加脾扩巢。当框梁上出现新蜡点时，也可加巢础框造脾，或加入已消毒、将下部1/2黑旧部分割去的旧脾让蜂群接造。此时，可缩小蜂路到6毫米，使工蜂尽量多占一些巢脾，蜂王多产一些卵，以加快蜂群发展。

当日平均气温稳定回升到10℃以上、蜂群达5～6框蜂量后，应按先内后外（指内、外包装）的原则，撤除包装物。

（三）组织生产群，控制分蜂热

当蜂群群势达7～8框蜂量、有子脾5～6张时，为防止分蜂热，应及时叠加继箱、浅继箱或移入卧式箱扩巢。加继箱初期，如气温较低或遇寒潮，巢箱内仍应保留保温物保温。

如大流蜜期到来前15～20天，蜂群仍不到标准的采蜜群群势（华南中蜂、海南中蜂、滇南中蜂4框以上，其他地区为7～8框），可采取主副群搭配的生产方式，调小群的封盖子脾，加强群势较大的蜂群作采蜜群。一旦蜂群内出现分蜂热，应按解除分蜂热的综合措施，控制分蜂热。

在春季大流蜜期（如油菜、紫云英）过后，有较长一段时期没有大蜜源的地区，应在春季大流蜜期到来时，采取处女王群采蜜或扣王8天再放王的措施，集中力量突击采蜜。流蜜后期，应注意留足饲料。

（四）育王、换王、分蜂

中蜂在春季的分蜂性最强，此时育王质量好、成功率高，应尽可能在春季对全场蜂王进行全面更换，实行一次性换王。

育王的时间应掌握在当地旬平均气温稳定超过10℃以上、种用雄蜂群内雄蜂开始大量出房以后，具体的育王日期则应根据用途决定。实行处女王群采蜜的，可在大流蜜前5～7天育王；流蜜期后分群、换王的，则在大流蜜结束

270

前 5～7 天育王。

在有春季早期大蜜源的地区（如油菜、紫云英），为不影响春蜜生产，一般在春季大流蜜结束后分蜂，或在流蜜结束后，自强群中抽封盖子脾补强交尾群，或与弱群中的卵虫脾交换，以平衡全场群势。

（五）防病治虫

春季是中蜂囊状幼虫病的高发期，要注意春繁低温期的保温工作，保持蜂多于脾或蜂脾相称。发现病群，应及时缩脾紧脾，打紧蜂数，扣王断子，更换蜂王。

南方地区 4 月巢虫开始活动，并羽化成蜡蛾产卵。要利用春繁期间蜂群造脾的积极性加础造脾，及时更换旧脾。旧脾提出后立即化蜡灭虫，并在巢虫阻隔器中换药。

（六）南方野桂花、荔枝、龙眼产区及北方地区的蜂群管理

我国南方山区 1～2 月有野桂花流蜜，野桂花蜜粉丰富，应边繁殖边取蜜。

华南、海南及云南部分地区有荔枝、龙眼等主要蜜源，大流蜜期为 3～4 月，晚的可持续到 5 月上旬。由于这些地区冬、春气候温暖，有 60 天以上的繁殖期，因此可以有意识地在 2 月中旬以前组织 6 框左右的蜂群实行人工育王，当其他蜂群达 4 框蜂量时即行分蜂，增加蜂群数量，以及给老、劣王群换王，大流蜜 30 天前停止分蜂，然后繁殖或组织成 4～5 框的蜂量投入采蜜。

我国北方及南方高寒山区由于气温较低，春季管理重在繁殖，恢复、发展群势，为夏季大流蜜期培育适龄采集蜂作准备。

四、夏季管理

夏季管理的时间是 5～8 月，此期的气候特点是温度处于一年中的最高时期。5～6 月雨多，而 7～8 月常高温干旱。此期的主要蜜源，南方一些地区有杜鹃、石榴、桉树、乌桕、荆条、向日葵、瓜花，而另一些地方则是处于长达 3 个月左右的缺蜜越夏期；北方则有油菜、狼牙刺、漆树、椴树、沙枣、红枣、草木樨、红豆草、地锦草、香薷、党参、荞麦等，各种山花相继开花流蜜。因此，在不同的地区，管理的重点各有不同。

（一）北方——抓强群取蜜，结合换王、分蜂，控制分蜂热

北方 5～8 月是养蜂生产的黄金季节，此时气温开始大幅回升，各种蜜源

植物先后开花流蜜，因此要在春繁的基础上，加强蜂群的管理。在前期气温尚低、蜜源不够充裕的情况下，奖励繁殖，积极加础，造脾扩巢。

一般越冬 4～5 框，早春 3～4 框蜂的蜂群，从 3 月上旬前后包装，经过 50～60 天的繁殖，蜂群在 5 月初即可达 6～7 框的群势，但此时距大流蜜期的到来还有 1 个月左右的时间，由于气候、蜜源等原因，进入 5 月后，此时已有部分蜂群开始产生分蜂热。然而，这个时期正是培育强群，迎接主要流蜜期到来的关键时期，因此要及时解决壮群繁育与分蜂热之间的矛盾，将育王、换王、分蜂及控制分蜂热有机地结合起来，在自然分蜂到来之前，尽量早养王、早换王、早分群。

当人工王台成熟后，应首先将大群中的老王带蜂 1～2 脾分出，组成双王繁殖群，然后给大群诱入成熟王台，让大群既是新王群，又是采蜜群。也可用分群不分箱、隔老培新的办法，把一箱蜂用闸板隔开，分作两区，在无王区里诱入成熟王台，并改走侧、后门，待处女王交尾产卵后，合并为一群，更替老劣王。对于所提老王小群组成的双王繁殖群，也应适时除去老王，更替为新王群。此外，应利用四区交尾箱，尽量多培育一些新产卵王，用于更换蜂王及组织更多的新双王群。同时，应以强助弱，将强群中的封盖子脾与弱群中的卵虫脾互换，使蜂群均衡发展。到 6 月进入主要流蜜期后，即能养成 8 框以上的群势投入采集。

东北地区的蜂群，4～6 月为繁殖、换王、分蜂期（大流蜜期前 30 天停止分蜂），7 月采椴树蜜。椴树花期结束后，可于 8 月转地到平原地区采一季胡枝子（苕条）。胡枝子花前期以采蜜为主，后期以贮蜜为主，为蜂群备足越冬饲料。

（二）南方——大流蜜期控制分蜂热，缺蜜期注重安全度夏

1. 夏季有大蜜源的地区 从春季一直延续到夏季的蜜源，如云南 5 月的杜鹃、石榴、桉树，广东、广西的龙眼等，仍按春季流蜜期的管理进行。

夏季中期有大蜜源的地区，如滇东北、黔东北、重庆市的乌桕，大流蜜期为 6 月中、下旬至 7 月上旬（广东、广西较早，为 5 月中、下旬至 6 月下旬）；又如广西的窿缘桉，花期 6 月上旬至 7 月下旬，广东为 5 月下旬至 7 月上旬；川西北（如阿坝州）的山花，流蜜期为 5 月中、下旬至 6 月中、下旬。由于蜂群经春季繁殖、分蜂、换王后，群势已有一定基础，故可根据群势，在大流蜜前 30～45 天恢复奖励繁殖，培育适龄采集蜂；大流蜜期及时加继箱、浅继箱，控制分蜂热，组织强群生产。蜜源后期养王，用于分群及替换春季尚未换去的老王。

2. 夏季没有大蜜源的地区　南方夏季没有大蜜源的地区，应利用夏初的辅助蜜源（如板栗、毛栗、拐枣、蔷薇科野生蜜源），平衡和恢复群势，一般以 4～5 框的群势（华南中蜂、海南中蜂以 3 框左右群势）越夏。

南方大多数地区夏季缺乏大蜜源，即使有乌桕、桉树蜜源的地区，7 月下旬后也会有相当长的缺蜜阶段，加之此期气候炎热，巢虫危害猖獗，蜂群往往因缺蜜、巢虫危害而飞逃。所以，中蜂常有"宁越三冬，不度一夏"之说。

为防止越夏期间缺蜜，在春季或夏季蜜源的后期都要留足饲料。蜜源结束后，对每脾蜂存蜜不足 1.5 千克的蜂群，要及时用 2：1（糖∶水）的浓糖浆连续喂足。越夏期间尽量做箱外观察，少开箱，避免增加饲料消耗、盗蜂发生，保证蜂群安静度夏。每隔 10 天或 15 天，利用清晨或傍晚迅速检查 1 次蜂群。如发现异常，应及时对症处理。有条件的地方，可将蜂群搬迁到高山气候凉爽的地区采乌泡、山花越夏。

巢虫危害严重的地方，要大力推广巢虫阻隔器及防治巢虫的综合措施，分别在 6 月上旬、7 月下旬、8 月上旬给巢虫阻隔器换药 1 次。

夏季气温高，蜂群要开大巢门，启用上蜂路，铁纱网上的覆布要褶角，并打开箱盖边上的通风条加强通风。对于当西晒的蜂群，要注意遮阴防晒。遮阴降温的办法很多，可以叠加空继箱，用砖、石垫高箱盖上的遮雨物（如石棉瓦），架高蜂箱底部通风；在箱盖上摆放草帘或用干柴草、秸秆等做成的柴草夹（图 8-6）；也可加盖塑料泡沫板（每箱成本 3～6 元）等，隔热防晒。据四川省阿坝中蜂保种场的王遂林等试验，在阳光直射的条件下，用塑料泡沫板遮阴与不用的相比，箱盖温度要相差 3～5℃。连排安置的蜂群，上方可搭建塑料遮阴网（图 8-7）。

干旱缺水的季节，箱内可加一块水脾，或在箱底加一块吸饱水份后的湿砖，以增加箱内湿度。有条件的，也可移入水泥、土坯、砖基蜂箱中饲养。

图 8-6　在箱盖上加盖遮阴防晒的柴草夹

图 8-7 夏季搭棚遮阴

在我国南方高海拔、昼夜温差大的山区（如四川省阿坝地区），既要考虑晴天中午隔热和箱内通风的问题，又要考虑早晚保温的问题。因此，铁纱副盖上应加盖较厚的保温物，但要褶角，晴天白天打开箱盖上的通风条通风，阴雨天及夜晚应将其关闭。

五、秋季管理

秋季管理的时间大致在 9～11 月，除我国北方及川西北秋季较短外，其余地区蜜源均较丰富，且此时所产之蜜大多为经济价值较高的特种蜜，故秋季也是我国南方中蜂生产商品蜜的又一重要时期。我国南方秋季的主要蜜源，前期有盐肤木、荞麦，后期有桉树、千里光、野菊花、野坝子、枇杷、鸭脚木、野藿香、野桂花等。主要商品蜜的生产期一般都在 10 月中旬以后。

这个时期的管理要点：①我国南方要及时恢复长期越夏后削弱的群势，培育强群和适龄的采集蜂，抓好秋季生产；②培育适龄越冬蜂，贮备足够的越冬饲料，为顺利越冬作好准备。

（一）南方——抓秋繁，育强群，采秋蜜

1. 提前奖励饲喂　南方一般自 10 月中旬开始进入秋季大流蜜期及排粉期，有的地区可一直延续到 11～12 月。蜂群经过长期越夏度秋之后，群势削弱。据徐祖荫等（1996）在贵州省观察，越夏群势削弱率为 12.5%～40%，平均为 30% 左右。也就是说，一个 5 框的蜂群，越夏后只有 3.5 框；4 框蜂群，越夏后只有 2.8 框。因此，应利用鬼针草（粘连子）、盐肤木、川续断、蒿草、竹节草（又称绒草）等秋季早期蜜粉源，结合提前奖励饲喂，进入越夏后的恢复性繁殖，以期使蜂群在大流蜜开始时达到标准的采蜜群群势（华南中蜂、海南中蜂、滇南中蜂为 4～5 框蜂量，其余地区为 7～8 框），投入生产。

秋季缺乏花粉的地区，还应补饲花粉和人工花粉。提前奖励繁殖的时间，应根据蜂群群势及大流蜜开始的时期等确定（参见本书第七章一、提前培育强群和适龄采集蜂）。

2. 重点防治巢虫、胡蜂　巢虫危害一般在夏末秋初（8 月下旬至 9 月上旬）达到高峰，而此时又正是南方中蜂长期越夏后开始利用初秋蜜源（如盐肤木、秋荞等）恢复群势的重要时期。一旦巢虫危害，子脾会产生大面积的白头蛹，反而造成秋衰。因此，要重点做好巢虫的防治工作。

3. 育秋王，生产期控制分蜂热，注意延续群势　在主要蜜源（如鸭脚木、野桂花、枇杷）较迟的地区（流蜜期 11～12 月），可在 8 月中旬至 10 月中旬，提前培育一批秋王，及时更替老、劣蜂王，以提高采蜜群的数量、质量。

当大流蜜期开始、蜂群达 7～8 框蜂时，应及时上继箱。但秋季上继箱，解除分蜂热，一般不采取关王及利用处女王群采蜜的措施，一方面秋季较易控制分蜂热，另一方面也避免影响延续群势及越冬适龄蜂的培育。

秋季流蜜期应根据气候情况，全取或轮脾抽取，边取蜜，边繁殖越冬蜂。蜜源后期留足饲料，饲料不足的应及时补足。

四川盆地内采桉树蜜的蜂群，应抓紧前、中期取蜜，后期留足饲料。桉花后期缺粉，影响繁殖，而蜂群因气温较高，仍较活跃，此时应让蜂多于脾，放宽蜂路，让蜜压子圈，必要时扣王控产，保存实力越冬。南方越冬期短，一般每框蜂留足 1～1.5 千克的饲料即可。

（二）北方——抓秋繁，补饲料，备越冬

我国北方气候寒冷，蜜源结束和蜂王停产早。东北地区 9 月上旬断蜜，9 月下旬蜂王停产。西北地区一般在 9 月中、下旬结束最后一个蜜源，蜂王于 10 月上、中旬停产，11 月上旬幼蜂基本出房。工蜂幼蜂排泄飞翔，进入越冬结团状态。为使蜂群安全越冬，应在蜂群越冬之前，培育好一批适龄越冬蜂。所谓适龄越冬蜂，是在越冬前基本未参加过采集、哺育工作，并进行过排泄飞翔活动的工蜂。这些工蜂在生理上年轻，第二年早春能负担起繁重而较长时期的哺育任务，维持蜂群的正常生活。参加过采蜜活动的工蜂，由于劳累过度，机体素质降低，寿命短，来春死亡较早，易使蜂群产生春衰，影响春繁速度。培育越冬适龄蜂，通常在越冬前 30～35 天进行。因此，北方中蜂（东北地区应在 8 月中、下旬至 9 月上旬，其他北方地区在 9 月中、下旬至 10 月上、中旬），应利用当地最后一个流蜜期，培育好一批越冬蜂。如外界进蜜不足，应进行奖励饲喂。蜂群停止繁殖后，巢内饲料仍然不足的蜂群，应用 2：1 的浓糖浆连续大喂补足。北方越冬期长，每框蜂应备足 2～2.5 千克的优质饲料。

（三）保温防盗

北方在 9 月中旬以后，南方在 10 月中、下旬后，气温即明显下降转凉，日平均气温由 20℃下降到 15℃左右，并呈连续下降的趋势。此后昼夜温差大，时有寒潮过境，故弱群内应适当添加保温物（如草框、干草把等），巢框上覆盖塑料薄膜，副盖上加草帘，使蜂王不致过早缩小产卵圈，以保证正常繁殖。经过秋繁，南方温热地区蜂群的越冬群势要求达 3～4 框足蜂，其他地区要求达到 5～6 框足蜂以上。

秋季外界断蜜、群内越冬饲料不足、气温仍然较高的情况下，最易发生盗蜂。此期要注意补足饲料，缩小巢门，防止盗蜂。一旦起盗，及时制止。

六、冬季管理

秋季流蜜结束到第二年包装春繁这段期间，称为蜂群的越冬期。我国南方地区大致为 1 个多月（12 月至次年 1 月上、中旬），有些冬季有蜜源、气候温暖的地区甚至没有明显的越冬阶段（如海南）；北方及西北高寒地区越冬期则长达 3～5 个月。

冬季是保存蜂群实力的季节，安全越冬是首要任务，保证蜂群安全越冬的准备工作，如培育适龄越冬蜂、使蜂群达到预定的越冬群势、备足越冬饲料等，均应在秋季管理中完成。蜂群越冬的管理是在做好上述工作的基础上，使蜂群安全越冬，不失王、不死王，防止因缺蜜而饿死、冻死蜂群。

（一）整顿蜂巢，撤除或添加保温物

秋季最后一个蜜源结束，冬季没有蜜源的地区，待幼蜂全部出房后，要抽出粉脾、新脾经冰箱低温冷冻后或用硫黄熏烟后保存；巢内保留保温性能较好的老脾、蜜脾。另可根据群势，将中间 1～2 张脾的下方 1/3～1/2 处削去，使蜂易于结团，同时也起到外界气温升高、控制蜂王产卵的作用。另外，要及时撤出箱内保温物，放宽蜂路至 15 毫米，使蜂安静结团。

冬季有蜜源的地区（如野桂花、野坝子、鸭脚木等），仍要保持蜂巢的完整性，边繁殖边取蜜。在冬季气温较低的南方地区，仍然要加强保温，密集群势，保证蜂群正常繁殖，这不但对采集冬蜜有好处，也对利用第二年早春的第一个大蜜源（如油菜），打下了良好的群势基础（张赞，2013）。

南方地区的蜂群，越冬期一般都不用搞外包装。但在有些地区，应对蜂箱做适当处理。例如，我国南方一些高海拔、日照好的山谷地区（如四川省阿坝

州），由于山谷的"焚风效应"，当出太阳时阳光直晒蜂箱，会提高箱内温度，越冬蜂群由于受到强光和高温的刺激，会散团出巢空飞。但太阳被云层遮没后，温度又会在瞬间陡然下降，以致外飞的蜜蜂冻僵而无法返巢，导致越冬群势下降。因此，这些地区在蜂群开始越冬时，应对蜂箱的巢门作适当改造，即用一根小树条弯曲成弓形后，置于巢门前，然后将泥巴、牛粪、柴灰（或石灰）混合揉匀，在小棍到箱壁之间，筑起一道弧形巢门，只留一个让一只工蜂出入的小孔，遮光、保温。当出太阳时，箱内温度增高，工蜂出巢，但感到外界气温较低，不宜飞行，又会折返巢内，以避免蜂群损失。

（二）北方蜂群室外和室内越冬

1. 室外包装越冬　我国北方冬季寒冷，外界气温会低于－40～－15℃，因此蜂群室外越冬时，应进行内外包装，包装的基本原则是"蜂强蜜足，背风向阳，空气流通，外厚内少，宁冷勿热，逐步进行"。蜂群断子后，要先撤掉内保温，降低巢温，控制产卵。对4框以下的蜂群，组成双王同箱群或合并。备足越冬饲料。蜂路15毫米，以利蜂群结团。

（1）简单式外包装　中蜂耐寒力强，当气温低于－4℃时开始包装。对于6框以上的强群，箱内可以不加保温物；其他群内，可适当加入干草与巢框做成的保温草框。副盖上覆盖草帘和吸湿性强的草纸数张，并根据群势大小，将有蜂的一侧草纸折角，留好通气孔道，以防蜂群"伤热"受闷。蜂群的外包装，可用麦秸、干草等疏松物垫在箱底，厚10厘米。当气温低于－10℃时，用干草或麦秸做成4～5厘米厚的草帘，盖在箱盖上和围在蜂箱的后面及两侧（图8-8）。当气温较高时，蜜蜂大量飞出，说明巢内太热，可暂时撤除蜂箱外部保温物，放大巢门，加强通风散热。从包装后到蜂群早春排泄前，蜂箱的巢门前均要用木板、厚纸板、草帘或其他物体遮掩，以免阳光照射，刺激蜜蜂飞出巢外冻死。

吉林省养蜂研究所在给蜂群备足越冬饲料的前题下，用塑料薄膜加草帘围住蜂箱的左、后、右三面保温，再用石棉瓦斜搭在巢门前，给工蜂留出进出通道，单箱越冬。雪大时铲除石棉瓦两侧的积雪，也取得了很好的越冬效果。

（2）草埋法外包装　极寒

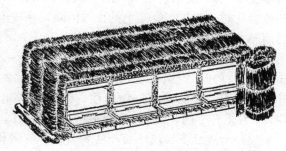

图8-8　草帘包装，室外越冬

（引自《养蜂手册》，1976）

地区（如东北），也可以用土坯、砖、木板、树条等做成高66厘米的门形的三面围墙。围墙的宽度与蜂箱的巢门踏板齐平；长度可根据蜂群数量来决定，一般以3～7群为一组较为合适。在围墙底部垫上10厘米厚的干草，抬上蜂箱，然后在箱底及围墙的两个档头及箱盖上填10～15厘米厚的干草、麦秸，箱与箱之间塞麦壳、糠壳或锯末、碎草。在蜂箱的每个巢门前放一个门形桥板，蜂箱前面再放上一块档板，档板上的缺口应正好与门形桥板大小一致，使巢门与外界相通。档板与蜂箱前壁之间（除巢门外）也要填保温物。最后在箱上面的覆盖物上加盖湿土2厘米封顶（图8-9），冻结的湿土能防老鼠侵入。包装前要把蜂箱覆布下面有蜜蜂的一角叠起。并在对着叠起覆布的地方放一个8厘米粗、15厘米长的粗草把，作通气孔，草把上端要在覆土之下。

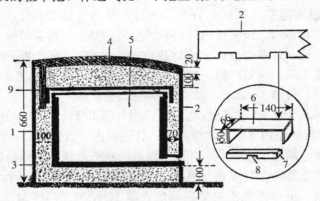

图8-9　草埋室外越冬包装（毫米）

1. 后围墙　2. 前面挡板　3. 保温物　4. 泥顶　5. 蜂箱
6. 门形桥板　7. 挡板大巢门　8. 小巢门（同时通过两只蜜蜂）　9. 通气草把

（引自《养蜂手册》，1976）

　　包装宜在11月中旬完成。冬季温度达零下30℃（12月左右）要培雪，培雪厚度17～33厘米。培雪可防老鼠进入蜂群，也能增加保温效果。春季积雪开始融化时，要先把蜂箱上的积雪清除，在排泄飞行前0.5个月左右，再清除后面及左右两侧的积雪。

　　使用此法包装的巢门要有13厘米长、1～2厘米高。从包装时到11月下旬要完全打开，12月初要挡上大门留小门；12月末全挡上。到1月初在巢门外面还要用一些旧棉絮等物挡住，但不要堵死；2月初在箱门外面撤去旧棉花，2月末开小门，3月上旬可视情况使用大门。

　　（3）十六框多功能蜂箱外包装　吉林省敦化县实验养蜂场李建修（1973）设计了一种十六框多功能式蜂箱，除了能在严寒地区以单箱室外安全越冬外，平时可组成双群同箱繁殖，大流蜜期抽去中闸板，用单王群生产，发挥强群采蜜的优越性。

冬季包装时，利用箱内的两块隔板和两块副盖组成临时的蜂箱，与整个箱体形成双壁结构。再用 10 毫米厚的薄板做一个如图 8-10 右上角所示的木框架，与副盖、隔板配合（放在巢框外侧），做成一个内箱壁，用于挡住巢箱内部的保温物。秋末包装，在箱底下垫 15 厘米厚的碎干草或锯末子，周围培土 6 厘米厚。10 月中、下旬将巢框在内箱中横放在木架上。蜂巢上面盖上覆布和报纸。到 11 月初进行第一次内包装，装 1/3 的保温物（细碎的干草或锯末）；11 月中旬装到 2/3；11 月下旬全部装完。厚度是周围及顶上各 65 毫米。要求越冬的蜂群群势至少要达 3 框以上，这样可在−40℃地区户外越冬。早春排泄后可撤除上部和前后的保温物，两侧保留，把巢脾从横放再改为顺放。

多功能式蜂箱的样式及尺寸见图 8-10、表 8-1。

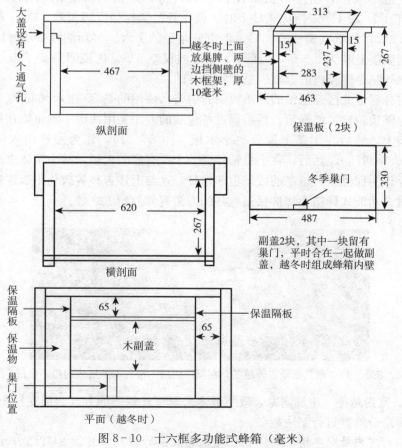

图 8-10　十六框多功能式蜂箱（毫米）

（引自李建修）

表 8-1　十六式框多功能式蜂箱尺寸

部位	蜂箱制成尺寸（毫米）			
	长	宽	高	板厚
箱身内径	467	620	267	25
大盖内径	510	663	85	25
隔板	463	267		10
副盖	487	330		10
箱底	440	660		20

（引自李建修，1973）

据李建修（1973）报道，经 10 多年观察，采取草埋法及十六框多功能蜂箱外包装，室外越冬的蜂群不下痢；温度高时可开大巢门，不伤热；箱内既不干燥，也不潮湿，出室后蜜蜂生活力强，越冬蜂群的群势削弱率为 16%。1966 年 1 月 22 日 7 时至 23 日 7 时，敦化县贤儒村昼夜间温差 21℃，最高气温－6.5℃，最低气温－27.5℃，但室外越冬的十六框多功能双壁箱蜂团下部的实测温度最高为 2.5℃，最低 2℃，温差仅 0.5℃，这说明只要采取适当措施，室外越冬蜂箱内的温度也是非常稳定的。

吉林省池北区三道镇的杨明福饲养中蜂，使用的是 36 厘米×36 厘米较小型（与郎氏箱比）的蜂箱。杨明福过冬包装的方法是用两根小木条架在巢门前的踏板上，然后在木条上面盖一小木板（图 8-11），作为蜜蜂出入的通道（连通大箱巢门）。然后，在小巢箱外套一个没有底的大箱，两个箱体之间填塞枯树叶作为保温物，越冬的效果也非常好。这与上述吉林省敦化市李建修使用十六框多功能式蜂箱为蜂群保温越冬的方法有异曲同工之妙。

图 8-11　东北就地室外越冬，在巢门前用木板和木条搭成的过冬巢门

2. 室内越冬　中蜂耐寒，故一般多采取室外越冬的方式。但在极寒地区，也有少部分蜂群进行室内越冬。

（1）室内外越冬情况的比较　在东北及秦岭以北（北纬 34°以北）的西北地区，冬季气候寒冷，1 月平均气温在－3℃以下，最低气温－40～－15℃，如将蜂群搬入室内越冬，蜂群越冬更为安全。甘肃省养蜂研究所祁文忠等2009—2012年通过3个越冬期试验，观察比较室内外越冬情况，结果表明，尽管室内外越冬后蜂群都能正常春繁，但在越冬期间，室内温度变化不大，蜂群能安静结团越冬。而室外越冬环境温度变化较大，蜂群结团不太稳定，当天气晴朗，气温较高时易散团，无效飞翔多；气温较低时，蜂群为了维持冬团温度，会增加活动量，吃蜜生热，饲料消耗大。在同等群势下，室内越冬蜂群的平均死亡率为8.30%，饲料消耗量为3.59千克/群；而室外越冬蜂群的平均死亡率为14.63%，饲料消耗量为4.77千克/群。建越冬室虽然需要一定费用，但一次投资，可以长期使用。

（2）建越冬室　越冬室应建立在远离公路、铁路，安静通风的地方。

越冬室的大小应视蜂场规模大小而定。按十框郎氏箱计，一箱蜂应占有0.6米³的空间，3厘米²的进气孔和出气孔。100群左右的蜂场，可按高3米、长15米、宽4米的内空标准建造，砖木或土木结构，地面铺砖或平整地面。前、后各开一扇窗（120厘米×150厘米），搬进蜂群时全部封闭，平时开窗通风。室顶两侧墙上开通风孔；下通风孔开在越冬室外地面下20厘米，用直径10厘米PVC管之字形引入室内中央位置，进气孔口距地面20厘米（图8-12）。在越冬室北面，要装通风调节器与防鼠网，根据室内温度情况使用调节器调节温度。室内挂干湿球温度计，测量温度、湿度。

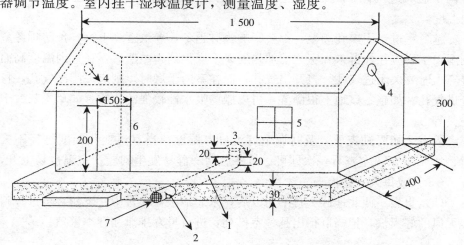

图 8-12　越冬室示意（厘米）

1. 通风PVC管道（直径10厘米）　2. 进气孔调节阀　3. 室内进气孔罩

4. 通气孔（直径15厘米）　5. 窗　6. 门　7. 防鼠网

（引自祁文忠等）

（越冬室建造材料可用土木结构，也可用砖混结构，大小可以根据蜂群数量多少而定）

（3）入室　蜂群进入越冬室的时间应视外界气温确定，一般夜间温度到 −7～−5℃时，可将蜂群搬入越冬室内（东北地区约在 11 月上旬，甘肃中北部为 11 月底至 12 月初）。

入室之前将越冬室门窗打开通风 2～3 天，安置好放蜂架。架高 40～50 厘米，可重叠放箱 3～4 层，强群在下、弱群在上。蜂箱上的报纸要撤去，覆布折起一角以利通风。室内可放蜂 2～4 排。放 2 排时巢门相对，中间相距 1 米。放 4 排时，每 2 排背靠背安放形成一列（或其中 2 排背靠背，另 2 排单列），距墙 50 厘米，2 列蜂箱之间相距 80 厘米，便于检查管理。蜂群进入后，门窗应用遮光板堵严，不能透光透亮，并保证上、下通风口畅通。如入室搬动蜂群有骚动，可在夜间打开门窗，保持室内温度在 0℃左右。蜂群安定后关好门窗，挂棉帘子，不要轻易打扰。

（4）入室后的管理　入室后主要是保持室内安静与黑暗，控制好温度，每天 8 时记录一次温度、湿度。室内越冬适宜的温度应在 −2～2℃。短时间内高温时，不应超过 4～6℃，低温不得低于 −5～−4℃，相对湿度应控制在 75％～85％。如室温达到 3℃时，就要采取降温措施，调大通风进气口，夜间打开门窗。如温度还降不下来，可在盆里盛水，夜间放在室外冻结成冰，再搬到室内起到降温的作用。如果气温低于 −15℃，室内温度下降，这时就要调小通风进气口。越冬室还应适当用电暖器供暖的方式加温生热，提高室内温度。

越冬室过于干燥和潮湿，都会影响蜂群越冬，导致蜜蜂下痢。预防越冬室潮湿，主要应在蜂群未入室之前加强通风干燥。到越冬期后，在室内温度高而湿度大时要关闭进气孔，打开出气孔；而在室内干燥时，则应关闭出气孔，打开进气孔。如越冬室地上很潮湿，可以撒些吸水性较强的物质，如草木灰、干牛粪等。

入室之初要勤查看，及时调节好温度、湿度；当室温变化幅度已经不大时，10～15 天入室查看一次即可。越冬后期蜂群易发生问题，室温也易上升，应 2～3 天或每天入室检查一次。

（5）出室　西北地区 2 月中旬以后，东北地区在 3 月中、下旬，可选择晴暖无风的好天气，把蜂群抬出越冬室排列，进行早春排泄和春季繁殖。

（三）越冬期的日常管理

1. 尽量少开箱，多作箱外观察　越冬期间，应尽量减少检查次数，让蜂安静结团越冬。检查一般以箱外观察为主，或用细胶管、听诊器插入箱内监听，判断蜂群内部情况，并采取相应措施，加以处理。

越冬期间，蜂群通过吃蜜，并在巢内不断以和缓、均匀的活动产生热量，保持蜂团温度。用手拍蜂箱，健康的蜂群会发出强烈而和谐的嗡嗡声，并很快平息下去。饥饿的蜂群反映较弱，发出像秋风吹树叶的簌簌声，箱底死蜂多；失王群，箱内声音混乱，巢门前有工蜂进出振翅，如果继续观察仍然如故，就应选晴天或搬在温暖的暗室内（使用红布包裹的灯或手电）开箱检查。失王群要及时合并或诱入储备蜂王。

2. 调节温度 包装后如听到蜂群的声音变大，发生呼呼声，飞出巢外的工蜂增多，说明箱内温度过高，要开大巢门加强通风。遇到特殊天气，可扒开箱上部的保温物，扩大通风孔，以利蜂群排热降温。当严冬到来，外界气温下降到−15℃以下，如巢内声音变大，说明蜂群受冷，则应加厚箱外保温物，并要适当缩小巢门。

另从掏蜂情况判断，如发现巢门结冻，巢外死蜂已经冻实，而箱内的蜂尸没有结冻，说明越冬温度正常。如箱底蜂尸都已冻实，说明温度低，应减弱通风，缩小或关闭巢门。

3. 防闷 越冬前期因饲料充足，一般不用作其他管理。到越冬后期，要定期用长棍掏出死蜂，以免堵塞巢门，防碍蜂群换气。

4. 防缺蜜 蜂群越冬后期，一般蜂群很少活动，如有个别蜂群的蜜蜂不分天气好坏，不断往外飞；或巢门、巢内死蜂多，吻外伸，蜜囊内无蜜，有可能是蜂群缺蜜，要赶快搬入遮光密闭、温暖的室内开箱检查。如确实缺蜜，应用优质蜜脾（或在空脾中灌以温热的2：1浓糖浆），换出空脾，待蜂群重新结团之后，再搬回原地，重新包装。

5. 防鼠害 如发现巢门前或箱内为缺头、缺胸的碎蜂尸，说明有鼠害，应设法毒死或捕杀老鼠，修补好老鼠出入的漏洞或箱门。

6. 防光 室内或室外越冬的蜂群，都要注意遮光避光，让蜂群安静越冬。室外越冬的蜂群从包装日起到排泄飞行前，要用木板条、竹片等虚掩住巢门，防止低温晴天因遮光不好，工蜂受光线刺激无效空飞，外出冻死造成损失。

7. 防下痢 如从巢门掏出的死蜂腹部膨大潮湿，即可断定蜜蜂吃了不成熟的蜜，患下痢。如病情严重，要选择白天气温10℃左右的温暖天气，揭去保温物晒箱，促蜂飞翔排泄，并换进优良的成熟蜜脾。

8. 防渴 在冬季气候干燥的地区，蜜蜂在越冬期间吃了结晶饲料，就会引起口渴。口渴的蜜蜂会散团，并在巢门口不安地爬动。此时，可用消毒药棉或草纸蘸水，放在巢门口试一下。如蜜蜂聚拢吸水，说明蜜蜂口渴，此时应用巢门饲喂器喂水。对室内越冬的蜂群，可在地面洒水增湿。

第九章　中蜂病敌害防治

防治蜜蜂病敌害是养蜂成败的关键之一。在防治上，必须贯彻"预防为主，防重于治"的方针。平时要搞好蜂群的饲养管理工作，注意水源、饲料、蜂具、场地环境的清洁卫生，选育培养抗病力强的蜂种，抓好蜂病检疫，防止病敌害侵入。养蜂员要严格遵守卫生操作规程，防止病源传播，做好预防消毒工作。一旦发生病敌害，必须采取综合防治措施，做到治早、治好、治了。

一、消毒

消毒就是通过机械、物理、化学等方法，消灭外界的传染原，包括病原和虫原。

（一）消毒的种类

根据消毒的目的，可分为预防性消毒、治疗性消毒、日常消毒等。

蜂箱、蜂具、场地，每年春季全面检查后，无论发病与否，都要全面、系统地进行一次预防性消毒。

如已发生传染病，要及时隔离病群，对放蜂场地、被污染和使用过的工具，可能被污染的饲料等，配合治疗进行消毒，以防疾病扩散和重复感染，叫做治疗性消毒。

日常消毒，就是按防控病敌害的相关要求，配合日常管理，对蜂箱、蜂具，进行常规消毒的工作。

（二）消毒的方法

1. 机械消毒　机械消毒是指用清扫、洗刷、刮除等机械的方法，清除和减少病原物。如对蜂箱、蜂场进行清扫，减少箱内和蜂场的病原物；将蜂箱、蜂具上的蜡瘤铲刮干净；将蜡屑、病脾、死蜂收集后集中深埋等。

2. 物理消毒　物理消毒是指用阳光暴晒、紫外线照射、灼烧和煮沸等物理方法消灭病原体。

（1）阳光　阳光中的紫外线有较强的杀菌作用，一般的病毒和非芽孢病原体，在强烈阳光的直射下几分钟到几小时即死亡，有的细菌芽孢在连续几天的强烈曝晒下也会死亡。此法经济实用，可用于保温物、蜂箱、隔板等蜂具的消毒。

（2）火焰　火焰消毒是简单有效的消毒方法，用酒精、汽油或煤油喷灯灼烧蜂箱、空巢框、隔王板、隔板等蜂具表面至微显焦黄时即可。消毒要彻底，不留死角。

（3）煮沸　大部分非芽孢细菌在100℃沸水中会迅速死亡，芽孢一般仅能耐受15分钟，若持续煮沸1小时，则可消灭一切病原体。常用于覆布、工作服、金属器具等耐煮沸物品的消毒，水面应高于消毒的物体。

饲料蜂蜜也可通过煮开后消毒。煮蜜时人不能离开，刚煮开时即离火，以免外溢引起火灾。

（4）蒸汽　通过蒸锅或饭甑中的蒸汽消毒，如金属和玻璃器具、盖布、饲料用花粉等，待蒸锅上大气时蒸15～30分钟即可达到消毒的目的。

（5）紫外线　使用紫外线灯（低压水银灯）进行消毒。其消毒效果与照射距离、照射时间长短有关，用30瓦的紫外线灯1～2个对2米处的物品照射，30分钟即可达到消毒效果。该法常用于巢脾等蜂具的表面及空气消毒。

3. 化学消毒　化学消毒是使用最广的消毒方法，常用于场地、蜂箱、巢脾等的消毒，液体消毒剂可用喷洒、浸泡的方式消毒，熏蒸或熏烟消毒蜂具则要在密闭空间里进行。表9-1中为几种常用消毒剂及使用方法，可参考。

表 9-1　常用消毒剂使用浓度及方法

消毒剂名称	浓度与配制	消毒对象	方法及时间
酒精	70%～75%	手及小蜂具（如移虫针、镊子等）	酒精棉球擦拭
高锰酸钾	0.1%～3.0%	可杀病毒、细菌，用于蜂具消毒	浸泡
喷雾灵（2.5%的聚维酮碘溶液）	500倍溶液（5 000倍可作饮水消毒）	可杀病毒、细菌、真菌，可用于墙壁、地面、蜂具、巢脾消毒	喷雾、冲洗、擦拭、浸泡，作用时间≥10分钟
冰醋酸（CH_2COOH）	80%～98%	可杀灭微孢子、阿米巴、蜡螟的幼虫和卵，用于箱体、巢脾消毒	每箱体用10～20毫升，以布条为载体，挂于每个继箱，密闭24小时，气温≤18℃时，熏蒸3～5天

（续）

消毒剂名称	浓度与配制	消毒对象	方法及时间
甲醛溶液（福尔马林）	40％原液	可杀灭细菌、病毒、微孢子、阿米巴，用于箱体、巢脾消毒	每箱体 8～10 张脾，用甲醛 10 毫升＋热水 10 毫升＋高锰酸钾 10 毫克置玻璃平皿中，密闭熏蒸 12～24 小时
食用碱	3％～5％	可杀细菌、病毒、真菌、阿米巴	用于蜂箱洗涤、蜂具和衣物浸泡（0.5～1 小时）、巢脾浸泡 2 小时
漂白粉	5％～10％	可杀细菌、病毒、真菌	用于蜂箱洗涤，巢脾和蜂具的浸泡（1～2 小时）；春季集中饮水的消毒，1 米³ 水＋6～10 克漂白粉
生石灰	10％～20％	可杀细菌、病毒、真菌	悬浮液须现配现用，蜂具浸泡消毒；石灰粉撒场地
石炭酸	1％	可杀微孢子、阿米巴、病毒、真菌，用于蜂具、巢脾消毒	擦拭或喷雾
硫黄或升华硫	3～5 克/箱	可杀蜡螟、细菌、真菌、病毒、微孢子、阿米巴，用于巢脾消毒	每一继箱排脾 8～10 张。再用一有后窗的空巢箱作底箱，排脾 4～6 张，分置两侧，在中间空出的位置上放一土碗，加燃红的木炭或煤 1～2 块，迅速将 2～3 个装脾的继箱叠加在底箱上，盖好箱盖。然后从后窗口向炭火上撒下硫磺或升华硫，关闭窗口，产生二氧化硫气体密闭熏蒸巢脾

注：1. 除硫黄或升华硫外，其余均为水溶液。

2. 二氧化硫、甲醛和冰醋酸气体对人体和眼、鼻、呼吸道有害，使用时应注意安全，避免吸入。

3. 浸泡和洗涤的物品，要用清水冲洗后再用；熏蒸的物品，须放置在空气中敞开 72 小时，无异味时才可使用。

二、加强蜂群的健康管理

所谓蜂群的健康管理，就是在蜂群日常的饲养管理中，采取一系列保证蜂群健康、抵抗不良环境条件、有利于防治病敌害和病后恢复的饲养管理措施，尽量做到不用药、少用药，生产绿色环保的蜂产品，达到抗病、优质、高产的目的。

蜂群的健康管理，在有些地区也被称做蜂群抗逆增产措施。实际上，蜂群的健康管理措施与蜂群的高产管理措施在很多方面是一致的。将防病措施寓于日常的饲养管理工作中，最能体现出蜜蜂疾病防治"预防为主，防重于治"的方针，这样既不增加蜂场防病治病的成本，又能大量减少病后治疗的工作量，降低蜂群损失，确保蜂群高产稳产。因此，加强蜂群的健康管理是蜜蜂病敌害防治中一项费省效宏的措施。

（一）尽量少开箱干扰蜂群，提倡取成熟蜜、封盖蜜

中蜂喜安静，怕干扰，开箱提脾易影响巢温稳定和蜂群的正常生活。经常开箱，盲目翻看，是饲养中蜂的大忌。平时如无必要，应尽量通过箱外观察来判断巢内情况。即使需要开箱，也应按群势将蜂群归类，抽群、抽脾检查，指导管理。检查时还应即时作好检查记录，以便有目的、有针对性地采取相应的管理措施。

取蜜对养蜂业来说是必要的生产活动，但对蜜蜂来说，则是重大干扰。要彻底改变过去那种"勤取蜜、取稀薄蜜"的坏习惯，适当减少取蜜次数，提倡取成熟蜜、封盖蜜。这不但是提高蜂蜜质量的重要措施，也是减少对蜂群干扰的最好做法。

（二）蜜粉充足，讲究蜜蜂营养

蜂群内饲料（包括蜜和粉）充足，才能保证蜂群正常生活繁殖，提高蜂群抗逆、抗病的能力。俗话说："有蜜就有蜂，有蜂就有蜜"，充分揭示了"蜜"和"蜂"互为因果的关系。

许多典型事例表明，许多疾病的发生，如中蜂囊状幼虫病、下痢病、微孢子病等，都与饲料的数量、质量有关。巢内饲料不足，质量不好，会影响蜂群正常繁殖，导致群势下降，降低蜂群对不良环境（如长期低温阴雨）和疾病的抵抗力，甚至因缺蜜、缺粉导致蜂群飞逃；越冬饲料不足，会使蜂群冻饿而死。

讲究蜜蜂营养，除注意缺蜜、缺粉时及时补饲，越冬越夏前为蜂群备足安全越夏过冬的饲料外，在生产上还应反对"掠夺式""一扫光"的取蜜方式，尤其在气温变化剧烈的春、秋两季，应采取抽脾取蜜的方式，给蜂群留出一部分蜜脾作为饲料储备，以防取蜜后气候骤变，出现灾害性天气（如倒春寒、秋绵雨），蜂群不能外出采集而致巢内缺蜜，蜂群抵抗力下降，防止蜂群因灾发病，因灾致病。饲料充足，还能减轻盗蜂发生，防止疾病传播。

（三）密集蜂数，饲养强群

中蜂蜂巢在自然情况下，工蜂是完整地包裹住蜂巢的，依据中蜂的这一生

物学特性，在早春蜂群保温繁殖、新老蜂交替尚未完成之前；农药施用期和蜂群发病期因老蜂死亡，新蜂出生减少，群势下降，工蜂护脾能力减弱，影响巢温调节和蜂儿哺育，均需采取紧脾缩巢、打紧蜂数、蜂多于脾的措施，增强蜂群抗逆、抗病的能力。

饲养和维持壮群、强群，不仅是取得高产的基础，也是增强抗病能力的基础。强群培育的蜜蜂体质强壮、个体多、蜂数密集，对蜂巢有较强的保护能力和清巢能力，能对外界不良因子（如病敌害、气象灾害、农药污染等）有较强的抵御和应变能力，能有效地防病抗病，减少疾病的发生和减轻、控制疾病的危害，生产能力强。许多养蜂员对此都深有体会，"强群蜂好养""强群少生病，弱群好生灾""强群抗病抗巢虫""强群出效益"。云南农业大学蜂学系罗梅花等（2014）曾对中蜂3个不同发育阶段（成虫、幼虫、蛹）中对病原体具有免疫作用的4种淋巴细胞数量进行检测，其中强群幼虫的免疫细胞数量均高于弱群（表9-2）。因此，在关键时期组织强群（如越冬期、春繁期、生产期），既是抗病措施，又是重要的增产措施。

表9-2　中蜂强、弱群幼虫4种淋巴细胞的数量差异

	白细胞数	淋巴细胞数	单核细胞数	中性粒细胞数
强群幼虫	7.03±5.20	3.96±1.87	0.60±0.62	2.46±2.70
弱群幼虫	2.96±0.96	1.80±1.05	0.23±0.05	0.93±0.15

（引自罗梅花等）

（四）及时更新巢脾

巢脾是蜂群栖息、贮蜜、贮粉、繁育蜂儿的场所。中蜂喜新脾，厌旧脾，蜂王喜在新脾中产卵。新脾房眼大，培育的幼蜂个体大，体质好。新脾带菌少，及时换脾还能有效地控制巢虫危害。因此，应尽量利用流蜜期造脾；利用分蜂群、新王群造脾力强的特点，多分蜂，勤换王，多造脾。中蜂饲养应做到1～1.5年更新一次巢脾。

（五）为蜂群提供优越的生活环境

"蜜自花中来，有蜜才有蜂"，蜂群的安置，首先要选择在蜜源条件好，水源清洁近便，冬、春两季避风向阳、夏季通风阴凉的地方。夏季垫高蜂群，以利防洪、防蚁、防蟾蜍，通风散热。位置当西晒的蜂群，夏季还要注意遮阴防晒、增湿。越冬、春繁前要修理好破损的蜂箱，以利保温。

百群以上规模的蜂场，应尽量保持3～5千米以上的距离，以免争夺蜜源，

防止盗蜂和疾病的传播。

（六）对重大流行性疾病进行重点监控

政府有关部门要协助蜂农，在中蜂主产区及重点疫病区，定点、联网监测重大危险性流行病（如中蜂囊状幼虫病）在蜂群内的潜伏状况，以提高对重大流行性病害的早期诊断、预警及防控能力。

（七）严格消毒工作，讲究操作卫生

养蜂员平时就应养成对饲料、蜂机具消毒的良好习惯。一旦疫情发生，对病群、健康群使用的蜂具（如蜂刷、启刮刀、割蜜刀等）要严格分开，对病群使用过的工具、蜂具要及时进行消毒，撤出不用的病脾要立即销毁。

对蜂群的管理，只能从健康群调子、调脾、补蜂给病群，不能从病群中调子、调脾给健康群。

（八）科学、合理、规范用药

一旦蜂群得病，应对病群仔细观察，辨别其发病症状，准确判断病种，有针对性地进行药物或相关治疗。自己没有把握的，应及时联系有关部门，采集、邮寄病样标本，请权威部门或专家鉴定。

病种清楚后，应按国家有关部门推荐使用的药物、剂量，进行科学、合理、规范地用药，尽量减少药物对蜂产品的污染（表9-3）。对重大流行性疾病（如中蜂囊状幼虫病），要及时向当地有关部门报告，以便采取措施，控制疫情，防止扩大传染范围。

千万不要因蜂群得病，不分病种，胡乱用药（特别是国家明令禁止在养蜂上使用的抗生素类药物，如氯霉素等），私自扩大用药范围、超剂量用药。

表9-3 蜜蜂（中蜂）饲养允许使用的药物及使用规定

名称	作用与用途	用法与用量	休药期
甲硝唑片	用于防治蜂微孢子病	饲喂：每升50%糖水加本品500毫克，隔3天1次，连用7次	采蜜期禁用
盐酸金刚烷胺粉（13%）	用于防治中蜂囊状幼虫病	饲喂：每升50%糖水加2克，每群250毫升，3天1次，连用7次	采蜜期停止使用
盐酸土霉素可溶性粉	用于防治细菌性疾病	饲喂：每群200毫克（按有效成分计），与50%糖水适量混匀，隔4～5天1次，连用3次	采蜜前6周停止给药

蜂群的健康管理措施其实并不复杂，简单易行，关键在于认真落实。

三、中蜂主要病害防治

（一）中蜂囊状幼虫病

中蜂囊状幼虫病（以下简称中囊病）是一种传染性很强的病毒性病害。西方蜜蜂对该病的抵抗能力强，感染后可自愈。而东方蜜蜂对此病抵抗力较弱，发病后，易使蜂群遭受巨大损失。

囊状幼虫病在西方蜜蜂中100多年前就曾发生过，但在东方蜜蜂上发生较晚。此病最早于1963年在我国广东省东莞等局部地区开始发现，1965年见诸报道（严善恩），当时因发生不重，未予以重视。1971年中囊病在广东惠阳地区率先暴发，1972年迅速蔓延至全国绝大部分地区，病势凶猛。据广东省土产公司不完全统计，1972—1973年全省因中囊病损失中蜂达18万多群，约占该省蜂群数的45%。贵州省于1974年前后暴发中囊病，蜂群损失率达70%～80%。据初略统计，这次中囊病大流行，短短二三年内，全国中蜂损失不下100万群，中蜂生产因此遭受重大打击。为此，1974年9月，国家农林部在广东惠州召开专门会议讨论对策，并成立了全国南方中蜂主产区协作组，对防治该病进行攻关。经人为干预、自然淘汰，随着时间推移，中蜂蜂群对病毒逐渐增强了抗性，流行情况得以控制。但此后中囊病在一些地区每隔3～5年仍会散发流行一阵，仍时刻威胁着中蜂生产。

广东省自上次中囊病大暴发以来，又于2004—2005年再次暴发，损失中蜂23万群，约占全省中蜂群数的50%（罗岳雄，2012）；2008年辽宁省因从南方引进带病蜂种暴发中囊病，且近几年每年都有发生（袁小波，2012）；2008年甘肃省陇东灵台、环县等中蜂重点产区暴发中囊病，2010年又在陇南地区暴发，有的地方中蜂已经几近绝迹（逯彦果等，2012）。2012年王彪报道：宁夏西古县沙岗村16户养蜂300余群，2007年发现仅2户有个别蜂群发病，后传染流行，至2010年，全村中蜂仅剩2户6群。到目前为止，国内对治疗中囊病仍无有效药物，因此该病至今仍是对中蜂生产威胁最大的病害，应注意对其加强防范。

1. 病原　本病病原为中蜂囊状幼虫病病毒（Chinese secbrood bee virus, CSBV）。用患病幼虫制成悬浮液，经高速离心机分离，取上清液，在电子显微镜下放大10万倍观察，可见到许多直径为28～30纳米的等轴病毒粒子（图9-1）。

该病毒最早由杨冠煌等于1975年从患中囊病的幼虫中提取。此后，董秉

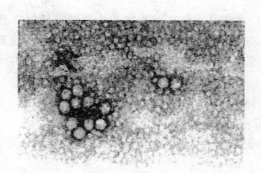

图 9-1　电镜下的中蜂囊状幼虫病病毒颗粒（×10 万）

（引自黄绛珠等）

义等对该病毒进一步研究表明，该病毒形态、大小及在宿主组织中的复制部位与意蜂所患的囊状幼虫病病毒（Saebrood bee virus，SBV）的特征基本相似，其病毒引起幼虫发病的症状也很相象，但两种病毒的血清学反应及宿主不同，并不发生交叉感染，故将感染中蜂的病毒命名为中蜂囊状幼虫病病毒。1982年，Bailey 等从泰国患囊状幼虫病的东方蜜蜂中又分离到一种病毒，该病毒形态与 SBV 基本相同，但经生物学和血清学检验，二者有差别，故被定名为泰国蜜蜂囊状幼虫病病毒（Thai sacbrood bee virus，TSBV）。杨荣鉴等（1988）对上述病毒多态 SDS-PAGE 及其分子量的测定、分析比较，SBV 3 个多肽的分子质量分别为 24 000、28 000、36 000 道尔顿，TSBV 3 个多肽的分子质量分别为 30 000、34 000、39 000 道尔顿，CSBV 3 个多肽分子质量分别为27 000、29 000、39 000 道尔顿，后两者均比 SBV 多肽略大些，表明感染东方蜜蜂的两种病毒 CSBV 与 TSBV 亲缘关系更为接近。

　　由于 CSBV 与 SBV 之间有非常密切的亲缘关系，所以有人推测 CSBV 很可能是 SBV 的一个新的变异株。之后的研究进一步证实，SBV 确有基因重组现象，在不同地区已分化为不同的基因类型（亚洲型、欧洲型、非洲型），对宿主有不同的适应性（Grahenstiner E 等，2001；Choe S. E 等，2011；Koji-may，2011；曹兰等，2012）。宋文菲等（2012）通过对中囊病病毒不同种群（辽宁、重庆、云南及尼泊尔）的 RNA 检测表明，不同地区间的 CSBV 也存在有分化现象。

　　2. 病原特性　一个患囊状幼虫病死亡幼虫尸体里所含的病毒粒子，可使3 000 个以上的幼虫患病。囊状幼虫病病毒在离开活体后的失毒温度为：在59℃时热水中 10 分钟；在蜂蜜里 70℃，10 分钟。病毒的体外保毒期为：在室温条件下，干燥的病毒可存活 3 个月；悬浮在蜂蜜里的病毒，可存活 1 个月。在腐败过程中，可保存毒力达 10 天左右。SBV 病毒可潜伏在活的幼虫体内，据国外报道（贝利，1968），在英国调查 200 群健康蜂群，其中 15％的幼虫带有囊状幼虫病病毒（血清学检验），但并未表现出病状。该病毒也能侵入成蜂体内，在成蜂头部繁殖，主要存在于头部的咽腺中。用感染病毒的蜂蜜饲喂成蜂，能达到 55％～64％的发病率，受感染的蜜蜂在 30～40℃时饲养 3 周不会出现症状。说明活体带毒是这种病毒长期潜伏的一种方式。幼虫体内一般要达到 10^5～10^6 的病毒粒子才会发病，而成蜂的致病量是 10^7～10^8 病毒粒子。这个数字在防治方面很重要，因为是否能达到这个致病量，是发病与不发病的分界线。

3. 症状 经人工感染试验查明，囊状幼虫病病毒主要使 1～2 日龄的幼虫感病，潜育期为 5～6 天。因此，感病幼虫一般都在 5～6 日龄大量死去，而很少见到化蛹后死去的现象。

工蜂常在死亡幼虫的房盖上咬孔，再将房盖启开，故封盖子脾上常见麻麻点点的穿孔。病死幼虫头尖上翘（俗称尖子、尖脑壳），体色灰白或黄白色。用镊子夹出时体软，内含乳白色液体，呈上小下大的囊袋状（囊状幼虫病即由此得名）。时间较久的虫尸，体壁与虫体之间充斥着一层淡黄色的澄清液体，尤以腹端部最多。此时虫体结块，稍硬，呈灰白或褐黄色，易与房壁剥离。尸液无臭味，挑取时不能拉成细丝。虫尸干燥后平卧于巢房壁下侧，形成一扁平的硬皮，头部略上翘，似龙船状，较易自房壁上清除掉。

病群在发病期工蜂能自行清理死亡幼虫，蜂王在空房中产卵。故病情较轻的蜂群，子脾常呈卵、幼虫、蛹或空房相间的杂色"插花子脾"。急性发作、病情严重时大片幼虫死亡，群势严重削弱，群内混乱，工蜂清理能力差，不护脾，常在箱壁、箱角结团，不再外出采蜜；暴怒，肯蜇人；绒毛脱落，体色黑，常发生飞逃。发病较轻的蜂群；或蜂群较壮，抗病力较强，气温稳定升高后，或经过较长时间的自然断子（越夏或越冬），不利于病毒增殖，有时不经治疗也会自愈。

4. 诊断方法 除从症状观察外，还可通过电子显微镜及血清学诊断（琼脂扩散、免疫电泳）。用患病幼虫制备的病毒液与抗血清之间如有一条独具的沉淀线，即表明蜂群已患病（图 9-2、图 9-3）。此外，也可用核酸分析仪、聚合酶链式反应等手段进行检测。

5. 传播途径 囊状幼虫病病毒可在工蜂体内（主要在头部的咽腺中）进行增殖，所以带毒工蜂是该病传播的主要媒介。在蜂群内传播，主要通过内勤蜂对幼虫的饲喂。病害在蜂群间传播，既可以通过蜜蜂采集污染的蜜粉源、水源传播，也可以通过盗蜂、迷巢蜂传播。此外，养蜂员不遵守卫生操作规程，通过污染的饲料（蜂蜜、花粉）、工具等，以及从疫区引进带病的蜂群，也是导致本病扩散、传播的重要原因。

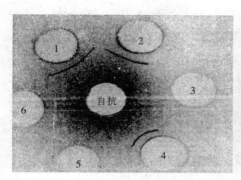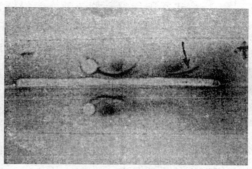

图 9-2　琼脂扩散　　　　　　　　　　　　图 9-3　免疫电泳

1.2.4. 待测病毒　3.5.6. 健康幼虫体液　　　（箭头所指处为病毒与抗血清形成的沉淀线）

（引自黄绛珠）　　　　　　　　　　　　　（引自黄绛珠）

6. 影响中囊病的发病流行因素及该病流行规律　中囊病的发生与气候、蜜源、饲料、饲养管理技术、隔离条件及蜂种本身的抗病性等都有关系。

（1）气候因素和季节发病的规律　中囊病在低温、多湿的条件下易发病。通常在一年中有两个发病高峰期。我国南方，如广东两次发病高峰分别出现在2～3月和11～12月，江西4～5月和10～11月。云南为3～4月和9～10月（江西养蜂研究所、广东昆虫研究所，1975）。北方则多流行于5～6月，到7月后患病幼虫逐渐减少，病情停止发展，但到秋后和第二年又会复发。

徐祖荫等在贵州省的观察证实了上述结论。他们在贵州省贵阳市连续两年（1985年2月至1986年12月）对6～8群病蜂进行系统观测，贵阳地区中蜂在一年中有两个发病期，一个在早春至初夏阶段（2～5月），另一个在中秋至初冬时期（10月至12月上旬）。前一个阶段的发病盛期在2～4月，此时旬平均气温6.8～15.3℃。旬平均相对湿度为73%～84%。

5月入夏以后，气温明显提升，病情即逐渐缓和。后一阶段自9月中旬开始出现零星病死幼虫，10月至12月上旬病情略有上升，但变动幅度较小。一般来说，进入12月，病情的发展常因气温降低、蜂群越冬、群内断子而暂时中断。

从全年发病情况看，春季病情明显重于秋季，这主要与气温及蜂群变化有关。贵州省（如贵阳市）早春2～3月的气温虽逐渐回升，但此时气温尚低而不稳，寒潮频繁。蜂群此时又正处新老蜂交替更新的时期，由于巢内老蜂不断死亡，新蜂一时无法接替，2月至3月上、中旬群势显著下降，这种情况尤以群势3框以下的弱群更为明显。然而，此时蚕豆、油菜花相继盛开，在外界良好蜜粉源的刺激下，蜂群内子脾面积迅速扩大。此时如一旦遭到低温寒潮袭击，蜂群势必因气温、群势骤降，蜂群缩团，保温护脾能力差，致使处于子脾边缘的幼虫挨饿受冻、抵抗力下降而率先发病。所以，蜂群在早春极易感病，且病情严重。相对而言，秋季 10～11 月气温较 2～3 月要高和稳定（贵阳地区常年 10 月的平均气温为 16.3℃，比 3 月高 4.9℃；11 月平均气温为 11℃，比 2 月高 4.3℃），而此期蜂群的平均群势一般又比早春强，所负担的子脾面积也比早春约少一半（表 9-4），巢内保温、哺育、清巢的状况显然要比早春好，故发病较轻。由此可见，蜂群早春繁殖时，注意密集群势，加强防寒保温，将 3 框以下的弱群组成双王群或合并，不但是加速繁殖的首要措施，也是预防中囊病发生的重要环节。

表 9-4 贵州省贵阳市春、秋两季蜂群群势、子圈面积的比较

年份	早春（2 月中旬至 3 月）			晚秋（10～11 月）		
	蜂群数	平均群势（框）	子圈面积占总蜂量比例（%）	统计蜂群数	平均群势	子圈面积占总蜂量比例（%）
1985	14	1.72±0.59	47.50±12.38	11	2.85±0.71	22.20±6.93
1986	7	2.30±1.14	46.50±12.76	4	4.02±1.13	27.80±12.10

　　气候因素对本病流行程度的影响，还可以从不同年度间的发病差异中看出。由于不同年度间温、湿度及降水量不同，发病情况是不同的（图 9-4）。例如，贵阳地区 1985 年夏季（7～8 月）雨水较少，气温较高（25℃），相对湿度较低（低于 75%），气温持续超过 24℃ 的时间自 7 月中旬起到 8 月下旬止，前后长达 1.5 个月，蜂群的病情因此受到控制，病死幼虫消失。1986 年

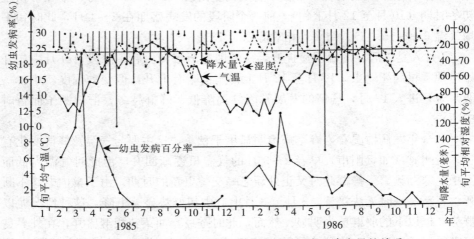

图 9-4 中囊病幼虫发病率与温度、相对湿度、降水量的关系

夏季雨水较多，7～8月降水量较1985年同期多130.8毫米，相对湿度大（高于75%），且气温高于24℃的时间仅两旬，不连续（分别为7月上旬、8月上旬），出现了低温凉夏的气候（表9-5）。低温（低于24℃）、多湿的气候条件适宜病害流行，故1986年6月下旬至9月中旬病情一直不断，个别感病群中幼虫死亡率甚至超过了10%。

表9-5 贵州省贵阳市1985年与1986年7～8月温度、相对湿度及降水量的比较

年份	7月			8月		
	月平均温度（℃）	月平均相对湿度（%）	月总降水量（毫米）	月平均温度（℃）	月平均相对湿度（%）	月总降水量（毫米）
1985	25.2	74.0	53.7	24.6	74.3	159.9
1986	23.3	-79.3	206.7	23.0	76.0	137.7
1986较1985变化	-1.9	+5.3	+153.0	-1.6	+2.3	-22.2

在中囊病好发的春、秋两季，其气候特点是气温不稳定，突高突低，变化剧烈（张建国，2006）。据江西德兴市董关榕（2013）报道，蜂群春繁时，中囊病发病常与寒潮过境、气温剧烈升降有关，凡早春气温变化剧烈、寒潮频发的年份，中囊病易发生。如当地2010年2月气温回升快，2月下旬最低温度10℃，最高温度20℃，太阳直晒的地方在30℃以上。外界油菜流蜜旺，蜂群子脾发展快。因气温高，蜂群拆除保温物。但3月5～12日寒潮来袭，最低温度跌至1℃，全场蜂群发病，蜂群损失率达70%。2013年2月1～6日天晴，最高温度21℃，但2月7～12日寒潮过境，最低气温降至-2℃，此时幸好未拆保温物，少数弱群发病。3月下旬至4月初最低气温在11℃以上，部分蜂群拆除保温物，4月7日后气候变化，持续1周低温，病情再度发生，蜂群损失达15%。与董关榕处于同一市的畈大村刘师傅，春繁时将蜂群放于室内背阴处，温差小，始终保持蜂多于脾，虽然蜂群发展慢一些，但无病情发生。同省婺源县太白乡的刘师傅，当冷空气来时立即关闭巢门，搬蜂入室，待冷空气离境后再搬回原址，蜂群也未发病。同样的道理，在昼夜温差大、气温低的深山区，蜂群发病较重。反之，在昼夜温差小、气温较高的沿海和平原地区，发病较轻。

（2）食料条件及蜂群的哺育力　广东省昆虫研究所黄志辉于1973—1974年在广泛调查中囊病重病区发病情况后认为，除气候因子外，食料因子也是关键的一个因素。他发现，中囊病暴发，一般是伴随大流蜜期的到来而出现的。在广东，该病多发生于早春紫云英花期、清明后的荔枝流蜜期、冬初的鸭脚木花期。在大流蜜期开始前，养蜂员通常利用零星蜜源或通过奖励饲喂，使蜂群加速繁殖，以培育采集蜂。进入流蜜期后，箱内子脾日益扩大，幼虫大量涌现。但早春、冬初气候变化大，或低温阴雨，或寒流侵袭，都会使蜜源植物泌蜜中断。若恰好取蜜后即变天，箱内存蜜少，外勤蜂又无法外出采集蜜粉，饲料的数量、质量就会下降，幼虫营养不足，抵抗力就会下降。若阴雨连续 3 天以上，箱内存蜜量少，工蜂维持巢温产热不足，幼虫又处于饥饿、半饥饿状态，病情就会暴发。所以许多养蜂员反映，阴雨数日后天晴，开箱后发现子脾多的蜂群往往会出现大面积烂子。

黄志辉还观察到，有时虽在流蜜盛期，天气也好，病情也会暴发。此时箱内既不缺粮，也不是气温问题，原因在于蜂群的管理措施有问题。养蜂员见外界流蜜好，一边抢收蜂蜜，一边加础催造新脾，加快蜂群繁殖。这种方法，平时有利于蜂群繁殖和蜂蜜丰收，但有病蜂场采用就会适得其反。由于外界流蜜好，养蜂员勤取蜜，致箱内无存蜜；而蜜蜂希望多贮粮，一部分内勤蜂就会提前外出采蜜，使哺育蜂数量相对减少，带病老蜂大流蜜期疲劳过度，又易衰老早死，使扩巢后子脾迅速增加、哺育力不足的矛盾更加突出，饲喂质量差，导致幼虫大量发病。如 1973 年广州市罗岗乡荔枝大流蜜，丰收在望，许多蜂场因中囊病暴发，蜂数下降，却不敢开机摇蜜。而从化流溪河养蜂员温秀文蜂群内虽有些病虫，但是可以正常取蜜。原因是他按 9∶1 的比例配置采蜜群和繁殖群。采蜜群取蜜时一般不加脾，控制繁殖，减轻育虫负担；而繁殖群尽可能少取或不取蜜，随时调子脾补充采蜜群，这样使幼虫脾上有足够的哺育蜂饲喂幼虫，不致让蜜蜂过度疲劳，保持了成蜂和幼虫的抗病力。所以在大流蜜期，考虑病群的健康水平所能负担的劳动力，采取缩脾紧脾、留足饲料等相应措施，控制、协调好虫、蜂比例，也是防控中囊病的一个重要环节。

饲料状况对病情的影响在其他地区也有报道（刘长滔、徐祖荫等，2001）。2000 年入春以后，由于长期低温阴雨，加之部份蜂场忽视管理，造成贵州省锦屏县中囊病再度暴发，蜂群感病率达 57.3％，病后死亡率、飞逃率达 61.2％，其中一条重要的原因就是饲料不足。该县多数蜂农没有补饲和奖饲的习惯，早春一旦遇上长期低温阴雨，工蜂不能出勤，蜂群就会缺蜜挨饿，抵抗力下降，易感病。这种情况在该县位于海拔 600 米以上的蜂场就更严重。4 月中旬油菜花期调查时，这些地方的蜂场因缺蜜，常有盗蜂，不但加剧了病情扩散，蜂群间作盗互殴，还直接导致蜂群死亡或飞逃。而处于海拔 300～400 米的蜂场，因为海拔低，气温较高，阴天工蜂仍能照常出勤，且天气稍好时还能进蜜，有些蜂群内甚至还有封盖蜜，无盗蜂现象，所以这些地方蜂群发病轻，飞逃少。

　　（3）与疫区有无天然隔离屏障，蜂场、蜂群密度大小　葛凤晨（2011）报道，在长白山西部中囊病疫区与东部长白山中蜂核心区之间，存在着无病的自然隔离区。柳河县 2006 年发生中囊病，不久蔓延到柳河东部，但被柳河和梅河平原阻断。原因是该处为农区，以种水稻、玉米为主，山林稀少，无中蜂生存，中蜂分蜂、飞逃，均难以逾越此上百千米的自然隔离区，故东部磐石、桦甸等地未发生自然传播的中囊病。集安、通化东部地处老岭山脉，这里高山环绕，山沟低洼，地形复杂，中蜂生存密度小，中囊病疫区蔓延到此为止，未再向东部发展。这段高山低谷与柳河、梅河平原共同形成了中囊病东进的天然屏障，对保护长白山中蜂起到了重要作用。

相反，在蜂场、蜂群密度大的地方，一旦发病，蜂群易感病，且病期长，危害重。据刘长滔等（2001）在贵州省锦屏县调查，2000 年蜂群发病前，该县钟灵乡寨镐村 5 户共养蜂 241 群，分布在方圆不到 200 米的范围内，是全县中蜂饲养最为密集的村寨。2 月下旬其中一个蜂场先发病，到 3 月上、中旬其余 4 个蜂场相继感病，虽及时采取药物治疗、断子治疗等措施，但效果不明显，蜂群损失率达 75％。即使某群蜂被治愈，但不久又会被其他病群重新感染，以致病期长，危害重。

根据昆虫流行病学原理，"寄主种群密度高时病原可引起很高的死亡率，即病原依赖种群密度发挥作用"（南开大学，《昆虫病理学》）。从中囊病的暴发流行与蜂群数量的关系看，不仅局部地区是如此，从更大范围内乃至全国流行情况看也是如此。例如，由于政策的鼓励及技术的扶持，我国 20 世纪 60 年代末至 70 年代初，中蜂饲养量迅速上升，由 50 年代末期的 100 万群迅速发展到 200 万群，其中 100 万群为活框饲养中蜂（葛凤晨，2009）。但到 1971—1972 年，广东即率先暴发中囊病并蔓延至全国大多数地区，广东省中蜂损失达 18 万群，全国损失达 100 万群。同样，广东第二次严重暴发中囊病，也是因 20 世纪 90 年代后，由于封山育林等原因，中蜂蜂群得到恢复，至 21 世纪初期，广东省蜂群达到历史最好水平，2004 年年底，广东有中蜂 43 万群。但到 2004 年和 2005 年冬季，广东省又再次暴发中囊病，全省中蜂损失约 23 万群，损失率达 50％以上（罗岳雄，2012）。贵州省同样也是在 20 世纪 60 年代末至 70 年代初期大发展后，至 1973 年蜂群迅速发展到 19 万群，1974 年全省中囊病暴发，蜂群损失率达七八成之多（徐祖荫，2008）。一些学者研究，囊状幼虫病病毒存在基因重组现象，毒株会产生变异。广东省及其他地区中囊病再次大流行，是否与毒株的变异有关尚待进一步研究，但与寄主种群密度的变化肯定存在着相当高的关联度。因此，在中蜂数量迅速发展、增多的时期，特别要注意对该病采用现代化的检测手段，早期掌握蜂群在病毒潜伏期的带毒率、带毒个体内的病毒数量变动状况，以及病毒毒株变异等情况，从而提前采取有效的

措施，防止病毒的传播和扩散。

（4）是否进行人工选种育王　贵州省锦屏县 2000 年中囊病暴发期间，发病较轻的大同乡张久胜蜂场，自 1995 年以来，连续 6 年坚持选用抗病力强、生产性能好的蜂群进行人工选种育王。2000 年全场只有 3 群蜂感病，但经断子治疗痊愈。当年蜂场从 26 群蜂发展到 37 群，平均群势 3.8 框，春季群均产蜜 6.5 千克，分别比同县的其他 42 个蜂场蜂群的平均群势多 1.1 框，平均群产蜜量多 4.1 千克。

（5）蜂种和蜂群自身的抗病性　我国自 20 世纪 70 年代首次暴发中囊病以来，经过多年的适应和淘汰，不同地区的中蜂对中囊病的抗性已有明显分化。例如，广东、福建等地的中蜂对中囊病的抗性就比贵州中蜂强。这是因为广东、福建的中蜂饲养技术水平、人工育王的普及率高。由于自然选择及人工选育综合作用的结果，这些地区不断淘汰不抗病的蜂群，地方种群的抗病性得到明显提高。而贵州中蜂大多仍处于自然分蜂繁殖的状态，与上述地区的中蜂抗病性相比，已出现明显差异。广东省昆虫研究所曾先后自贵州及其他地区引种观察，包括"抗中囊病"的蜂种，结果在广东都很难站住脚（罗岳雄，1998）。

同地区的中蜂，不同的地方品种间对中囊病的抗性也有差异。徐祖荫等于1985 年 3～5 月当地中囊病发病期，组织贵州省不同地区的中蜂，即威宁中蜂（代表黔西北地区）、湄潭中蜂（代表黔北地区）、锦屏中蜂（代表黔东南地区），在贵阳同场观察比较。其中，湄潭中蜂抗病力最强，幼虫平均发病率仅为 1.35%，其中一群表现高抗，一直未发病。锦屏和威宁中蜂则发病严重，平均发病率分别为 9.83% 和 14.2%。湄潭中蜂的发病率显著低于其他两个品系。

在未对蜂群进行抗病选育的情况下，同一种群不同的蜂群之间，其抗病性也有差异。即使是易感种群，也会存在少数抗性较强的蜂群。如贵州抗病力较弱的锦屏、威宁中蜂中，其中抗病蜂群（指多次调查平均发病率接近 2% 或2% 以下的蜂群）占 20%。而抗病力较强的湄潭中蜂，抗病蜂群则占 80%。其他研究者也有类似的报道（杨冠煌，1975；范正友，1980；黄志辉，1981）。葛凤晨 2006—2009 年在东北集安调查时，发现当地 3 家农户饲养的 700 群中蜂，绝大部分蜂群因不抗病而败亡，但仍有 6 群中蜂表现抗病。这说明中蜂本身就有抗病基因存在，这就为人们选育抗病蜂种，提高蜂群的抗病性，提供了理论依据。

（6）老疫区发病轻，新疫区发病重　老疫区的蜂群，经过几十年的人工和自然选择，提高了蜂群的整体抗病水平（罗岳雄，2012），该病的危害程度已经逐渐有所减弱。新疫区，未经人工选择、自然淘汰，有大量易感蜂群存在，其传播和危害程度就非常严重。葛凤晨（2010）报道，由于地理阻隔等原因，我国长白山区的中蜂，一直未受侵扰，原本是无中囊病的地区。但进入 21 世纪后，由于长白山中蜂蜂蜜市场看好，中蜂价格上涨，于是便有人将我国南方的中蜂贩运到长白山地区销售以图利。例如，辽宁省清原、新宾，吉林省柳河、通化等地，有人自安徽、江西等南方地区多次引进中蜂，虽经有关部门查禁、焚烧部分蜂群，但由于人为原因将感病蜂群带进非疫区，感染了当地没有抗病性的中蜂，使该病迅速在长白山西部地区蔓延，当地 90％以上的蜂群感病。许多 100～500 群的中蜂场，在不到一年的时间里，全场毁灭。仅 3～4 年的时间，该地中蜂损失近万群，致长白山西部中蜂数量锐减，所剩无几，损失惨重。

（7）中囊病流行，在一些地区呈现一定的周期性　在贵州省中蜂主要分布区锦屏、天柱一带，中囊病每隔几年、十几年就要发生流行一次（暴发流行时间分别为 1974、1979、1987、2000 年），呈现出一定的周期性。每当疾病流行，蜂群往往损失惨重。等蜂场经几年恢复发展，形成一定规模（30～60 群）后，又会再次暴发流行。

经调查分析（徐祖荫，2004），中囊病之所以在一些地区久攻不克，主要有以下几个原因：

①当地中蜂生产技术相对落后，大多数农户仍采用自然分蜂或利用自然王台进行人工分蜂的方式扩繁蜂群，因此优劣并存，不抗病的蜂群未被淘汰，易感蜂群大量增加，留下了中囊病再度发生流行的隐患。

②中蜂大多为定地饲养，就地繁殖，实际上是在相对封闭的环境中进行闭锁繁育。在中囊病大流行后，养蜂户通常由剩余的一群或几群蜂，经几年积累繁殖到几十上百群。由于长期高度近亲繁殖，使蜂群中有害的隐性基因逐步纯合（其中也包括对中囊病易感基因在内），导致个体和群体的抗病力减弱（徐祖荫，2001；张建国，2006；李志勇、王进等，2010）。当各个蜂场蜂群数量较少的时候（如经过中囊病重大流行打击后），各蜂场间相互干扰较小，这时候个别蜂场发病，也只是呈局部发生。但随着蜂场和蜂群数量逐年增多，各蜂场蜂群间的采集活动范围就会互相交集、重叠，加之盗蜂、迷巢蜂等发生，就会为中囊病的流行传播创造条件。由于囊状幼虫病病毒能在成蜂体内潜伏、繁殖，平时并无明显症状，若一旦外界气候条件适宜，中囊病病毒就会由潜伏状态转为活跃状态，迅速增殖，从而满足了昆虫（蜜蜂）疾病流行的几个重要条件，即适宜的气候条件、活跃的病原和大量的易感个体（蜂群）存在，以及较高的种群密度（南开大学，《昆虫病理学》），导致了中囊病再度暴发流行。

7. 防治方法　中囊病发病快，对中蜂危害大，目前国内又尚无有效药物。根据疾病的发病规律，要彻底控制中囊病的危害，应以抗病育种为中心，配合

加强检疫、饲养管理等综合措施，预防和控制本病的发生。

(1) 严格执行检疫制度　根据《中华人民共和国动物检疫法》及1986年我国农业部颁布的《养蜂管理暂行规定》，蜜蜂的"检疫对象为欧洲幼虫腐臭病、美洲幼虫腐臭病、中蜂囊状幼幼虫病、蜂螨等"。因此，应严格执行国家有关检疫规定，防止中囊病病群从疫区引蜂或放养到非疫区及无疫病区。一旦发现即按动物防疫法，就地焚毁，并追究相关责任人的法律和经济责任。

此外，无疫病区的养蜂户不得与区外蜂场交换、购买蜂种、巢脾、王台、蜂箱（使用过的）、蜂具、蜂蜜和花粉等，净化养殖环境，以避免中囊病病毒流入非疫区。

(2) 加强饲养管理，预防病害发生

①密集群势，加强保温　蜂群发生中囊病与气温有关，早春、晚秋气温较低时，弱群应合并或组成双群同箱繁殖，保持蜂多于脾或蜂脾相称，注意保温防寒，春季、晚秋气温变化不定时，最好晚撤（春季）、早加（晚秋）箱内保温物，以保持稳定的巢温。

②留足饲料，及时补饲　春、秋天气温变化不定，在中囊病易发季节，取蜜时最好实行抽脾取蜜，不要一扫光。如遇长期低温阴雨，巢内饲料不足，应及时喂糖补粉，保证饲料充足，防止盗蜂，增强蜂群对疾病的抵抗能力。

③在中囊病发生流行期，提前育王换王　如当地正处于中囊病的流行期，在中囊病的高发季节（如早春），应尽早组织强群育王，早育王，早换王，利用换王出现的断子期，使蜂群尽量避开发病高峰期；加上新王产卵至少有1～2代的健康子脾，因此能抵御中囊病，减轻其危害（甘筱中，2006）。

(3) 实行人工育王，选育和推广抗病蜂种　中囊病是对中蜂威胁最大的病害。目前，中囊病在老疫区虽不再广泛流行，但仍不时呈点、片发生。中囊病是一种病毒病，就目前而言，治疗中囊病国内尚无一种十分有效药物。因此，大力推广人工育王技术，有意识、有目的地选育和推广抗病力强的蜂种，提高蜂群本身的抗病力，就成了控制中囊病危害最有效的途径。

150多年前，囊状幼虫病在国外西方蜜蜂中也曾广泛传播、大肆流行过。但现在"养蜂员很少认为囊状幼虫病是个严重威胁"（T. A. Gochnauer），就是因为不断淘汰病群，选留抗病蜂种的结果。我国福建农林大学龚一飞、林水根（1984）、中国农业科学院蜜蜂研究所杨冠煌（1996）等都曾进行过抗中囊病品系的选育。其中，杨冠煌选育的"北一号"蜂种幼虫发病率从原来的5%下降到2%以下。福建农林大学龚一飞等观察，参加抗病选育的95群中蜂，1977年发病率为35%，经选育，1978年发病率降为20%，1979年降为零。1985年，徐祖荫等从福建农林大学引进了经连续8代选育的3群抗中囊病品系，在贵州省贵阳市观察，当地品种（锦屏中蜂）发病率为 9.8%，而同场摆放的福建抗病蜂种发病率仅为 0.67%，表现抗病，说明中蜂经选育后，能显著提高抗中囊病的能力。

抗病蜂种的推广运用，主要是从育种单位引进抗病种王作母本，以当地易感蜂群的雄蜂作父本，利用其杂交后代。如果其杂交一、二代能在很大程度上保持住母本的抗病性，那就可以扩大引种范围，延长种王的使用年限（2 年），提高引种效益。

为了测定抗病蜂种杂交一、二代的抗病性，1985 年春，贵州省畜牧兽医研究所徐祖荫等自福建农林大学引入抗病蜂王后，在隔离条件较好的贵阳市郊，与该省的易感蜂群锦屏中蜂杂交，其杂交一代（福♀×锦♂，简称福锦杂一代）当年秋季未发病，次年春季 1～3 月幼虫发病率为 2%，表现抗病，1986 年 3 月又分别用福建抗病品系及福锦杂一代作母本，让其自然交尾，培育一、二代蜂王各 9 头，以 9 群锦屏原种作对照。在上述蜂群中，分别按自然发病、接死幼虫 3 条、接死幼虫 30 条（每条死幼虫中含 10^5～10^6 病毒粒子）等三种处理感染蜂群，结果表明，福锦杂一、二代平均幼虫发病率分别为 1.57%、1.30%，而锦屏原种发病率为 5.17%，分别比福锦杂一、二代高 3.6%、3.8%，统计学差异显著（表 9-6）。另外，从所调查子脾的平均封盖率来看，福锦杂一、二代因幼虫发病率低，其平均封盖率分别为 55.2%、53.7%；而锦屏原种因幼虫发病率高，许多幼虫被拖，子脾平均封盖率仅为 37%，显著低于福锦杂一、二代蜂群（表 9-7）。这说明引入抗病蜂种，经杂交后其抗病性能遗传。但试验也发现，因蜂王个体差异，其杂交一、二代中仍有个别蜂群发病率偏高（3%～4%）。因此，应在第一次育王 30 天后，进行二次育王，以便及时淘汰那些表现不佳的蜂王（指发病 1 月内，其幼虫平均发病率在 2% 以上的蜂王），进一步提高蜂群群体的抗病水平。据徐祖荫等跟踪观察，1987 年春，贵阳、锦屏两地均发生中囊病，许多蜂群严重发病、死亡，由于引入抗病蜂种杂交，试验蜂场中 7 群福锦杂一、二代经受住了考验，3～4 月幼虫平均发病率仅为 0.72%，5 月均不再发病，基本上达到了控制该病的目的。

表 9-6　不同中蜂幼虫的平均发病率

处理群号	幼虫发病率（%）									累计
	福锦杂一代蜂群			福锦杂二代蜂群			锦屏中蜂（对照）			
	1	2	3	1	2	3	1	2	3	
自然发病	2.39	4.19	1.19	0.62	1.14	2.81	0.00	5.50	4.70	22.54
接死幼虫 3 条	0.03	2.03	1.00	0.35	1.47	1.25	9.80	4.24	6.24	26.41

（续）

处理群号	幼虫发病率（%）									累计
	福锦杂一代蜂群			福锦杂二代蜂群			锦屏中蜂（对照）			
	1	2	3	1	2	3	1	2	3	
接死幼虫30条	3.00	0.18	0.16	2.35	2.20	0.31	4.60	3.29	8.20	24.29
累计		14.17			12.50			46.57		73.24
$\bar{x}$		1.57			1.39			5.17		

表9-7　不同中蜂子脾的平均封盖率

处理群号	子脾封盖率（%）									累计
	福锦杂一代蜂群			福锦杂二代蜂群			锦屏中蜂（对照）			
	1	2	3	1	2	3	1	2	3	
自然发病	41.3	60.9	56.3	49.3	54.0	48.1	45.8	53.0	24.1	432.8
接死幼虫3条	65.7	54.3	31.3	63.5	46.2	53.3	26.6	45.0	37.1	415.5
接死幼虫30条	47.3	73.3	66.7	51.5	51.0	66.3	26.6	45.0	37.1	464.8
累计		497.1			483.2			332.8		1 313.1
$\bar{x}$		55.2			53.7			37.0		

　　虽然引进抗病蜂种对防控中囊病流行有较好作用，但由于当前我国中蜂的抗病育种工作滞后，工作的连续性、商品率不高，再加上中蜂不同的地方品系经济性状、群势大小、生产性能、适应性等有较大的差异，因此，作者认为抗病育种仍应以本品种（生态类型）选育为主。

　　利用自然王台无法迅速扩大抗病蜂群的利用率；自然交尾选育抗病蜂种，受病群雄蜂参与交尾，抗病性不易提高，甚至抗病性能下降。为此，应大力推广人工选种育王，有条件的地方，可以开展蜂王人工授精，选育抗病蜂种。

　　（4）利用杂交优势，防止近亲繁殖　高度近亲繁殖是导致蜂种抗病力下降、中囊病周期性发生流行的重要原因。因此，与外界很少交流、定地饲养的蜂场，应每隔2～3年，到远离本场20千米以外的地区，引进或交换不同血统的同种健康蜂群作母本，与本场雄蜂远亲交配，提高蜂群本身的抗病能力。

　　（5）时间隔离法防治中囊病　中囊病病毒离开活体不能长久生存，在中囊病大流行、蜂群全部覆灭的区域内，一年后复养中蜂，因断蜂、断子的时间超过病毒存活的时间，中蜂不会再发病。据葛凤晨（2001）报道，在辽宁省清源、宽甸、新宾；吉林省通化、柳河等县调查，当地发生中囊病、中蜂全部死亡后的第二年，使用原来的蜂具、蜂箱复养中蜂，没有发病。但若当地引入或续存有病蜂群（包括野外），又会重新感病。

（6）治疗发病群　蜂群一旦发病，除用药外，应及时采取综合措施，对病群进行治疗。

①密集群势　病群幼虫死亡后，新蜂出生率低，群势必然会下降，因此发现病群后，要马上紧脾，密集群势，做到蜂多于脾，加强蜂群护脾和清巢的能力。

②人工断子及换王　在进行药物治疗时，应配合换箱，扣王、换王，人为地造成一个断子期，以利工蜂清除死幼虫（即断子清巢），减少病毒增殖、加重病情和重复感染的机会。

断子的方法有两种，即换王断子和关王断子。关王断子是在蜂群中尚无雄蜂的情况下，将病群蜂王关在王笼中，迫使蜂王停产15天左右再放王产子。换王断子是在蜂群已有雄蜂的情况下，在病群扣王的同时，立即组织6框以上、健康无病的强群作哺育群，再挑取本场或其他蜂场抗病群的幼虫，培育王台，然后介绍给病群换王，这样一般就能达到控制病情的目的。2014年3月，贵州省正安县碧峰、杨兴、安场三乡镇中囊病暴发，当地蜂群约损失50%。后及时采取关王、换王等多种措施，病情逐步得到控制。作者于2014年6月底到现场调查，安场镇光明村龚师傅一群蜂因病重飞逃，本不打算收回，在同村丁师傅的劝说下从树上收回后，换箱弃脾，另从一健康群中调2张虫卵脾给该群，并补抖2脾蜂在内。因老王在收蜂时受伤，收回后即造台，老王失踪。随后新蜂王出房，交尾产子，子脾健康，封盖整齐，病即痊愈（图9-5）。

图9-5　中囊病病群换箱弃脾、换王，病愈后的封盖子脾（贵州省正安县）

换王后，如蜂群仍出现严重烂子，应再次换箱换脾，补子（脾）补蜂，进

行二次换王或及时与其他蜂群合并。对于采取换王、药物治疗均不见效、没有保留价值的蜂群，应就地连脾烧毁。

③封锁疫区，隔离病群 对中囊病的防治实践证明，当中囊病刚发生时，早期采取有效的管控措施，及时扑灭疫情，中囊病的发生流行还是可防可控的。例如，2014年早春由于受连续低温阴雨的影响，贵州省正安县碧峰、安场、杨兴三乡镇暴发中囊病，一些蜂群还并发欧洲幼虫腐臭病。病情发生后，正安县畜产办立即向省、市农业委员会报告疫情。当确定病种后，县主管部门、县养蜂协会召集蜂农开会，及时向全县各蜂场发放宣传资料，不允许疫区蜂群转地到非疫区放养，并深入发病乡镇指导防治。防治时轻病群以断子清巢、缩脾紧脾、密集群势为主；重病群以换箱、换脾、换王为主，结合药物治疗，到6月底检查，基本控制住疫情，并成功阻止了中囊病向其他非疫区扩散蔓延。

④防止飞逃 对于病情严重的蜂群，或不扣王、换王的蜂群，可将蜂王剪翅，以及在巢门口安装塑料防逃片，防止蜂群飞逃。

⑤药物治疗

A. 中草药治疗 多采用清热解毒的药物，其中以华千金藤（又名海南金不换）、贯众组方较好。使用剂量如下：

方一：贯众、金银花各50克，甘草10克，加适量水煮沸后，继续用文火煎煮15分钟，过滤。滤液按1∶1的比例加入白糖，制成糖浆后可喂蜂10～15框。

方二：华千金藤50克，复合维生素10片。先用适量水煎煮华千金藤，煮开后文火再熬15分钟，滤液按1∶1的比例加入白糖制成糖浆，最后加入复合维生素，混匀后可喂蜂20～40框。

以上两方均隔天喂药1次，5次为一个疗程。

B. 病毒灵 按每框蜂1片的剂量，用少量水化开后调入糖浆内喂蜂。隔天1次，5天为一疗程。

C. 13％盐酸金刚烷胺粉 每100毫升50％的糖水加本品2克，每群喂250毫升，3天1次，6次为一疗程。

D. 其他市售治疗中囊病的蜂药 按使用说明应用。

E. 英多格鲁肯（Endoglukin） 据国外报道，该制剂系一种细菌核酸内切酶制剂的第二代产品。细菌核酸内切酶是第一个用来防治蜜蜂急、慢性麻痹病毒和其他病毒病（如囊状幼虫病病毒）的生物制品，于1973—1984年由苏联研制，1984年苏联兽医主管部门批准在蜂群中推广使用。但该制剂存在着低效、溶液不稳定、核酸活力依赖于环境温度，使用起来不方便等弊病，为此其后开发出第二代产品，Endoglukin 即为其中之一。

20 世纪 90 年代俄罗斯学者在莫斯科和新西伯利亚地区对 Endoglukin 进行了有关试验，用 Endoglukin 5 000 单位/群的剂量，每隔 4～9 天处理 1 次。经 4 次用药处理，处理组比空白对照组蜜蜂数量高 34.8%，平均每群有 8.5 张蜜脾，而对照组只有 4 张蜜脾。另一组试验用 Endoglukin 饲喂 3 次，隔 10 天喂 1 次，与空白对照相比，处理组不同日龄的卵虫数增长 23%，封盖子增加 9%，蜂蜜产量提高 96%。从 1992 年开始，俄罗斯在 2.5 万群蜜蜂中推广使用 Endoglukin，结果表明，该制剂是蜜蜂急、慢性麻痹病及其他病毒病的有效抗病毒制剂，预防和治疗的效果均好于第一代产品——细菌核酸内切酶。

据俄罗斯专家观察，蜜蜂病毒病的特点是每年复发。因此，感染病毒的蜂场必须长期使用该制剂，其使用效果一年比一年好。如第一年使用 5 次，第二年只要春季使用 2～3 次，秋季使用一次就可以了。1996 年，俄罗斯兽医主管部门根据生物化学实验及蜂场生物防治试验得出的结果，批准了 Endoglukin 用作抗病毒制剂和蜂群繁育的刺激剂。

Endoglukin 有望成为治疗中蜂囊状幼虫病的有效生物制剂，但目前国内还没有生产和商品出售。

F. 防治并发症　中囊病发生流行时，往往后期部分蜂群、部分蜂场内会有欧洲幼虫腐臭病并发，因此要注意观察病死幼虫的症状，如发现有欧洲幼虫腐臭病的症状，应结合使用土霉素等抗生素治疗。

（7）加强对中囊病发生流行早期预测预报的研究　中囊病是一种对中蜂危害极大的病毒性病害，发病后不易治疗，因此对中囊病的发生进行早期风险评估和管理，具有重要的现实意义。

关于蜜蜂病虫害的风险评估，发达国家也才刚刚起步，我国学者也正在尝试蜜蜂病虫害风险评估的研究工作，目前有关研究报道的经验还不多。安徽农业大学、中国农业科学院农业质量标准与检测技术研究所的余林生、李耘等（2013）曾通过云计算、AHP 等方法对中囊病进行发生风险评估。他们利用层次分析法（AHP）筛选出了中囊病发生的 13 个关键指标，并根据其重要性进行了排序测定（表 9-8），研究结果认为蜂种（蜂种抗病性、蜂王质量）是中囊病发生的最重要因素。

表 9-8　利用 AHP 法得出的中囊病风险排序结果

序号	风险指标	风险指标排序的权重值
1	蜂种（蜂种抗病性，蜂王质量）	0.154 7
2	疫区（新疫区、老疫区、引种、暴发间隔年数）	0.108 8

（续）

序号	风险指标	风险指标排序的权重值
3	春繁初期成年蜂体内病毒数量	0.092 2
4	蜂群中蜂、子比例（哺育负担）	0.087 4
5	蜜粉源条件（尤其是春繁初期的蜜粉源）	0.076 9
6	蜂群群势（尤其是越冬后的蜂群群势）	0.076 7
7	春繁初期幼虫体内病毒数量	0.075 6
8	蜂场卫生清毒措施	0.071 0
9	蜂巢状况（巢脾年限、换脾次数）	0.064 4
10	气候（蜂场朝向、温度、越冬保温状况、湿度、通风透气、光线）	0.057 2
11	饲料（食物）	0.054 0
12	蜂脾关系（松紧程度）	0.048 9
13	春繁时间	0.032 2

（引自余林生等，2013）

　　按上述 13 项指标，中囊病发病因素大致可以分为两类，一类为不可控因素，如气候、成蜂及幼虫体内病原数量、病毒基因变异情况，易感蜂群的数量（种群密度）等；另一类为可控因素，例如蜂群中的蜂、子比例（衡量哺育负担和幼虫的营养状况）、饲料、蜂脾关系（即松紧程度，影响到蜂群的保温和幼虫的哺育）、春繁时间、蜂群群势、蜂场卫生消毒措施等，这些可控因素同时也正是防治的主要措施。因此，发病早期预测研究的重点（也是难点）是在不可控因素方面。

　　在实际应用中，中囊病发生流行早期预测预报，应主要解决以下几个主要问题：

　　①当中囊病在某一地区或某些地区发生流行时，会否导致其他地区后续发生流行。

　　②根据中囊病发生流行的气候条件及中长期气象预报，综合其他发病因素（如蜂体带毒量，易感蜂群的种群密度等），提前预报可能发生流行的地区。

　　③当某个地区蜂群发展较快、蜂群密度增大到一定程度时，会否导致中囊病的发生流行。

　　④中蜂重点产区、重点蜂场、大型蜂场发病的预测预报。

　　⑤中囊病病毒在蜂群中潜伏、发生情况及病毒变异情况的动态监测。

　　其中第 5 点在中囊病的早期预报中占有非常重要的地位。根据有关研究，中囊病病毒可在蜂体内长期潜伏，带毒蜂群平时并不表现症状，一旦气候条件适宜，工蜂体内病毒粒子数量迅速增加，即会导致发病，甚至流行。据浙江大学李志国等（2012）报道，87%的蜂场、24%表面健康的工蜂被检测到有多种病毒感染，其中囊状幼虫病病毒（SBV）在意蜂中的检出率为5%。芦美君等2011—2012年于台湾地区在当地西方蜜蜂中用多转录聚合酶连锁反应检测，带有蜜蜂多种病毒的蜂群为15.8%～38.2%。中囊病也存在类似情况，云南省农业科学院蚕桑蜜蜂研究所的宋文菲、罗卫庭、张学文等（2012）对该所试验蜂场57群中蜂进行检测，其中有26群蜂带毒，感染率为45.6%，其中有6群表现出症状。

目前，对蜜蜂病毒快速检测的方法已有很大改进，据国外报道（韩国京畿大学 Hee-Young Lim 和 Byoung-Su Yoon，2014），以微流体为基础的聚合酶链式反应（PCR）检测方法（超高快速 PCR 检测法）检测，能在8分35秒内进行35个 PCR 循环，有效地检测出病毒。韩国安阳市动植物检疫局 Mi-Sun Yoo 等对比研究反转录环介导等温扩增法（RT‐LAMP）和超高实时聚合酶链式反应（VRRT‐PCR）检测 KSBV（韩国囊状幼虫病）的结果，RT‐LAMP 比 RT‐PCR 灵敏10倍，而 VRRT‐PCR 则能检测到更低的底物拷贝数，且能在10分12秒的短时间检测到 KSBV 病毒，并有效地区别其他相似的 SBV 毒株。

因此，如何利用先进的检测技术，对生产蜂群抽样检测带毒率及潜伏在活体内病毒粒子的数量变化，以及对病毒种群基因变异、致病力的变化进行动态监测，并开发、引进适合蜂场进行田间检测的试剂及便携式小型检测仪器（如台湾地区制造的 POCKIT 核酸分析仪，图9‐6），以用于发病早期预测，加强蜂群的健康管理，抗病品系的选育等，应是今后国内中囊病防治中需要重点加强研究的方向。

图9‐6　POCKIT 核酸分析仪

（二）中蜂的其他病毒感染

除中囊病外，在中蜂蜂群中，目前发现还存在其他病毒，这些病毒与中囊病病毒（CSBV）一样，均为 RNA 病毒。如蜜蜂黑王台病毒（Black queen ceu virus，BQCV）、蜜蜂畸翅病毒（Deformed wing virus，DWV）、克什米尔蜜蜂病毒（Kashmir bee virus，KBV）、蜜蜂急性麻痹病病毒（Acute bee pa-

ralysis virus，ABPV）和蜜蜂慢性麻痹病病毒（Chronic bee paralysis virus，CBPV）。

蜜蜂病毒可在巢内、蜜蜂的各种食料（蜂蜜、花粉、王浆）中检出，也可在蜂群中三型蜂不同发育阶段（卵、幼虫、蛹和成虫）个体中检出。通常情况下，这些病毒多以潜伏感染的方式与寄主共生。有的病毒感染后会表现出明显的发病症状，如中囊病病毒、蜜蜂黑王台病毒、蜜蜂畸翅病毒、急性和慢性麻痹病病毒等。

蜜蜂畸翅病毒常通过体外寄生螨传播。克什米尔病毒与蜜蜂黑王台病毒常在与蜜蜂微孢子合并感染时发病。其中黑王台病毒会导致蜜蜂蜂王幼虫致病，使蜂王幼虫死亡。蜂王幼虫死亡发生于前蛹期，虫尸暗黄色，有一层坚韧的囊状外表皮，类似蜜蜂囊状幼虫病，王台同时变成黑色。在育王群中，由于王台数量多而集中，因此发病率较高，大多发生在西方蜜蜂中。根据作者近期观察，中蜂也有少量发生。

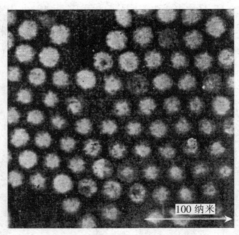

100 纳米

图 9-7　蜜蜂急性麻痹病病毒
（引自 Bailey，1976）

蜜蜂急性或慢性麻痹病病毒虽然都造成蜜蜂麻痹症状，但在形态及血清学反应上都不一样。急性麻痹病病毒为 30 纳米的等轴颗粒（图 9-7），而慢性麻痹病病毒为长短不同的不等轴颗粒，多数为椭圆形，长度分别为 30、40、50、65 纳米，宽度约为 23 纳米（图 9-8）。急性麻痹病病毒在感染蜜蜂时，在蜜蜂体内复制很快，造成麻痹症状后 2~3 天即很快死亡，来势凶猛，死亡量大。而蜜蜂慢性麻痹病病程较长，成年蜂发病后产生异常震颤，部分麻痹，不能飞翔和腹胀，严重时可见许多蜜蜂在箱外爬行，这些病蜂常会被其他健康蜜蜂驱赶。有些感病蜜蜂腹部不大，但绒毛脱落，头部和腹部末端油光发亮，失去飞翔能力，寿命缩短，最终导致死亡。受慢性麻痹病病毒感染的蜜蜂会出现麻痹、爬蜂、大肚等多种症状，且与蜜蜂微孢子病并发是造成蜂群崩溃症（CCD）的重要原因之一。

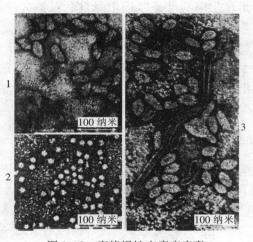

图 9-8　蜜蜂慢性麻痹病病毒
1. 蜜蜂慢性麻痹病病毒　2. 蜜蜂慢性麻痹病病毒及与之相关联的卫星病毒
3. 从患慢性麻痹病的蜜蜂体内分离出的异常粒子
（引自 Bailey，1976）

　　这些病毒在我国西方蜜蜂上已早有发现，但在中蜂上的报道还不多见。但随着我国近年来中蜂饲养规模的恢复和发展，除中囊病以外，蜜蜂的其他病毒病在中蜂蜂群中的发生、感染情况也受到了相关部门的重视。

　　云南农业大学东方蜜蜂研究所和绍禹（2014）、吴孟洁、周丹银（2014）等先后对采自四川、贵州的中蜂个体样本用 RT-PCR 进行快速病毒学检查。对采自四川省 9 个地区 270 份样本检测的结果，有 7 个地区有病毒感染，其中黑王台病毒总阳性率为 17.8%，克什米尔病毒总阳性率为 3.0%，中囊病病毒总阳性 1.1%；急性麻痹病病毒总阳性 1.9%；慢性麻痹病病毒总阳性率为 2.2%；但未检出畸翅病毒。在贵州省 3 个地区（正安、锦屏、盘县）的抽样中，黑王台病毒感染率最高，为 20%，畸翅病毒和中囊病病毒总感染率分别为 8.9%、6.7%。克什米尔病毒、急性和慢性麻痹病病毒在贵州省上述 3 个地区则未检出。云南省的蜂样中，畸翅病毒检出率较高。由此可见，在不同的地区，病毒的分布、感染情况不一样。个别地区感染严重，如四川万源，急性麻痹病病毒感染率达 16.7%，慢性麻痹病病毒感染率为 20%。在感染蜂群中，常有两重、三重多种病毒混和感染的情况发生。其中黑王台病毒的感染率最高，如四川省青川、蓬溪和西昌市，感染率达40％；贵州省锦屏县黑王台病毒感染率为30％，且易与其他病毒混和感染。

值得关注的是，四川省阿坝藏族自治州马尔康县及宜宾南溪区未检出病毒，阿坝藏族自治州马尔康县已是阿坝中蜂自然保护区，不允许外来蜂群进入，环境相对封闭，提示上述病毒是否与外来蜂种引入、流动传染有关。

尽管目前除中囊病在中蜂中曾引起大面积流行危害外，对其他病毒的危害情况目前还知之甚少，但从四川、贵州两省病毒的检出情况看，病毒感染情况普遍，个别地区检出率甚高。因此，病毒对中蜂的潜在危害，非常值得重视和关注。

（三）欧洲幼虫腐臭病

欧洲幼虫腐臭病（以下简称欧腐病）也是中蜂常见的传染病，该病有时会伴随中囊病同时发生。据浙江大学动物科学院李志国等（2012）对浙江、江苏、云南等地蜂群健康状况调查，在39个中蜂场中，有18％的蜂群存在烂子病。欧腐病传染力强、危害大，是重要的蜜蜂检疫对象之一，但单独发生时比较容易控制。

1. 病原　欧腐病的主要致病菌是蜂房链球菌（Streptococcus pluton），此外，在死亡幼虫的尸体中，也发现了其他细菌，如蜂房芽孢杆菌（Bacillus alvei）、蜜蜂链球菌（Sterptococcus apis）、蜂房杆菌（Bacterium eurydice）。故一些学者认为，欧洲幼虫腐臭病是由多种微生物综合作用的结果。

蜂房链球菌为革兰氏阳性细菌。菌体呈披针形，长0.7～1.5微米，不活动，也不形成芽孢。涂片检查时，菌体常单个或呈对，有的形成链状，并具有梅花络状排列的特点。在马铃薯琼脂培养基上，形成边缘整齐、表面光滑的淡黄色菌落。菌落中等大小，直径1～1.5毫米，为厌氧菌。对不良环境抵抗力较强，在干燥的幼虫尸体里可保存其毒力达3年，在室温条件下，干燥状态时可存活17个月，在巢脾或蜂蜜里可存活1年左右。在40℃温度下，每立方米空间含50毫升福尔马林蒸汽，经3小时才能将它杀死。

蜂房芽孢杆菌革兰氏染色为可变性（通常为阳性）。菌体呈杆状，长3～6微米，宽1～1.5微米，具周身鞭毛，能运动，它能在不过分湿润的培养基上形成迁移性菌落。能形成芽孢，芽孢呈椭圆形，位于细胞的一端。在酵母琼脂培养基上，形成边缘整齐、表面低平、具有光泽的中等菌落，菌落直径1～3毫米。

蜜蜂链球菌为细长形，两端略圆，长1～2微米，宽0.5～0.8微米，常呈对或聚在一起。

2. 症状 该病通常使 1～2 日龄的小幼虫感病，潜伏期为 2～3 天，所以感病幼虫大多在 3～4 日龄时死亡。幼虫日龄增大后则不易受感染，成蜂也不感病。

死亡幼虫体表失去正常的珍珠般光泽，大虫的虫尸肿胀、瘫软、苍白，继而变成黄色。蜂群染病初期由于死幼虫被工蜂清理掉，症状常不明显。随着病情发展，工蜂清尸和蜂王在这些空巢房内陆续产卵，幼虫不断孵化，就会形成卵、大小幼虫、蛹、空房混合相间的"插花子脾"。病情严重时，子脾上长期见不到健康的大幼虫和封盖子，或仅有稀疏、少量的封盖子，甚至会出现封盖大幼虫死亡的情况。病死幼虫尸体呈溶解性腐败，因而幼虫背线常清晰可见。盘曲幼虫尸体背线呈放射状，直立幼虫背线呈横贯的窄条状。尸液无粘性，用牙签挑不起能拉长的细丝。病情严重的蜂群由于幼虫大量死亡，子脾封盖率、新蜂出生率低，长期"见子不见蜂"，群势下降，工蜂体色发黑，出勤率显著降低，蜜蜂骚动不安，散团、离脾，发生飞逃或全群灭亡。

不同蜂种对本病的抗病能力不同，故在症状上表现有一定差异。中蜂抗欧洲幼虫腐臭病的能力很差，一旦感病，发病很快，容易出现长期见不到封盖子和大幼虫的现象，重病群多飞逃。来不及清理的幼虫尸体在巢内干燥后，常呈黄白色 C 形鳞片，紧贴于巢房底部。但中蜂幼虫尸体及巢脾一般无明显的酸臭味。而西方蜜蜂的重病群，虫尸较多，清理不及时虫尸会有明显的酸臭味（图 9-9）。

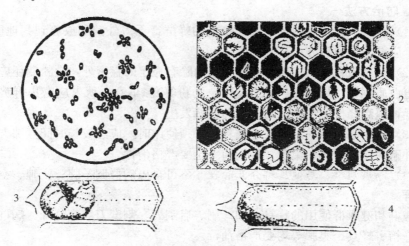

图 9-9 欧洲幼虫腐臭病
1. 蜂房链球菌 2. 插花子脾 3. 最初死亡的幼虫 4. 腐败的幼虫尸体

3. 诊断方法　除临床观察子脾进行诊断外，还可进行实验室诊断。

（1）直接检查法　挑取幼虫尸体少许于载玻片上，滴加一滴无菌水，进行涂片、风干、固定。并用结晶紫或番红花染色后镜检。若发现有较多单个或呈链状的球菌，并具有梅花络状排列的特点；同时也有较多的杆菌时，即可初步确定为欧洲幼虫腐臭病。

（2）微生物学检查法　为了进一步确定病原，可进行细菌分离纯化。分离纯化可在一般酵母琼脂或马铃薯琼脂培养基上进行。具体作法可参照一般微生物学的方法。

不过由于欧腐病的病原较复杂，在分离时，要着重对主要致病菌——蜂房链球菌进行分离纯化。

（3）血清学诊断　用预先制备好的欧腐病标准抗血清（兔血清）与未知抗原（病幼虫提取物）进行反应。

4. 传播途径　被污染的蜜、花粉（病菌在花粉里活力较长）和水是最主要的传染源。工蜂食入染有病菌的蜜、粉喂幼虫，或采集了污染的水源，清理虫尸、带菌的巢房后口器沾染病菌，再哺育幼虫，盗蜂、雄蜂、迷巢蜂带病菌进巢；误从患病群中调子脾、蜜脾给健康群；使用带菌蜂具等，均可使健康群患病。

中意蜂混养，也易引发该病。1982 年秋季，贵州省开阳县黄木乡金万村后坡一带，乌桕花期结束后，意蜂大量盗袭当地群众饲养的中蜂，造成数十群中蜂感染此病。

5. 防治方法

（1）严格执行检疫制度　未经检疫的蜂群，不得外销和放养到其他区域。患病群应就地治愈后方可离境。

（2）保持巢内清洁，饲料充足　巢内除有充足的存蜜外，缺粉期还应及时补充蛋白质饲料（如花粉、人工花粉、奶粉等）。早春、秋末应密集群势，加强保温，提高蜂群的抗病能力。严防盗蜂发生。

（3）不用来历不明的蜂蜜作饲料　必须使用时，应经较长时间煮沸方能使用。外购蜂箱、蜂具、巢脾，使用前一定要严格消毒。

（4）隔离病群，与健康群分开管理　不可自患病群调子脾、蜜脾、空脾给健康群。

病群和健康群使用的蜂具，如蜂刷、启刮刀、割蜜刀等应分开。病群使用过的蜂箱、蜂具、巢脾等均要严格消毒。

（5）治疗发病群　对病群应缩脾紧脾，密集群势，每群用盐酸土霉素可溶性粉 200 毫克（按有效成分计）与 1∶1 的糖浆适量混匀后喂蜂，每隔 4～5 天喂1次，连续3次。气温较高时，也可用上述剂量的土霉素兑水，置手持喷雾器中，斜对子脾（特别是小幼虫脾）喷雾，3天1次，连喷3～4次。

对于病情严重的蜂群，应结合药物治疗，采取"弃脾断子，关王造脾"的措施，即将病群移开，在原址放上一只消毒过的空蜂箱，接着将病群中的蜜蜂全部抖入此箱中，不留一张巢脾。再根据群势，匹配适当数量的巢础框，打紧蜂数，同时在巢门口安装好塑料防逃片，防止蜂群逃亡。然后，给病群喂糖，重新造脾，喂糖时应结合喂药治疗。对病群中撤出的巢脾，应立即全部毁弃深埋。通过换箱、淘汰病脾，清除病原；让蜂群重新造脾产子，造成一段断子期，中止病原增殖，再配合药物控制，蜂群就可完全康复（图9-10）。

图9-10　重病群经采取"弃脾断子，关王造脾"后康复的
子脾（2014年9月摄于贵州省纳雍县）

凡因病削弱至2框以下的蜂群，要及时相互合并，再进行治疗。

（6）中草药预防　早春繁殖时，结合奖励饲喂，在糖浆中掺入中草药预防。

（四）微孢子病

蜜蜂的微孢子病又称微粒子病，是蜜蜂常见的一种传染病，国内外分布极为广泛。被微孢子感染后，会导致成年蜂早亡，蜂群群势减弱，产蜜量降低。浙江省杭州牛奶公司1974年对比，在蜂群数量相同、蜜源和放蜂路线一致、饲养技术类同的情况下，由于该病的影响，意蜂产蜜量降低14%～39%，王浆产量降低17%～28%，泌蜡造脾能力降低25%。另据台湾学者（安奎、何铠光，1980）试验观察，患病蜂群工蜂寿命缩短21.3%～41.95%，平均每一

王台的产浆量减少 0.013 克。

在中蜂上，20 世纪七八十年代，就曾报道过有微孢子病的发生（冯峰等，1974；梁正之，1980），当时曾怀疑此病系由西方蜜蜂传染所引起。

1. 病原 使蜜蜂患病的微孢子在分类上曾归类于原生动物门孢子虫纲。但现今许多学者利用多种基因检测手段 [如 LSVrDNA；alpha—及 beta—tubulin；the latgest Subunit of RNA polymerase Ⅱ（RBPl）；Mitochondrial Hsp70；TATA—box binding protein 及 pyruvate dehydrogenase Subunies Elα 及 β] 进行亲缘关系分析（Phylogenetic analysis），认为微孢子应属于真菌类群。此外，也有学者合并多种基因序列进行亲缘关系分析，也证实了这个论点，所以目前许多学者皆认为微孢子为真菌中的一群，因此蜜蜂微孢子病也为真菌病的一种（乃育昕等，2012）。

在蜂群中存在两种微孢子，西方蜜蜂微孢子（Nosema apis）最早于 1970 年为德国科学家 Enoch Zander 所报道。而东方蜜蜂微孢子（N. ceranae）最早由瑞典学者 Fries 等人于 1996 年在北京近郊的中蜂群中发现。东方蜜蜂微孢子与西方蜜蜂微孢子，具有相同的生活史及感染部位，但不同的是孢子型不同，东方蜜蜂微孢子极丝缠绕较少（18～21 圈），而西方蜜蜂微孢子超过 30 圈。这两种微孢子在生物学特性、致病性方面也有不同，东方蜜蜂微孢子致病力强，耐高温而不耐低温，西方蜜蜂微孢子则相反。感染西方蜜蜂微孢子的工蜂会在巢内或近巢排便，回巢能力略降；而感染东方蜜蜂微孢子的工蜂一般不在巢内及附近排便，外勤蜂感染严重，感染工蜂免疫力下降，严重时甚至无力返航，死于野外，致蜂群群势迅速下降。这种现象与国外西方蜜蜂的蜂群崩溃症（指蜂群突然消失，Colony collapse disorder，CCD）相似。

过去曾认为东方蜜蜂微孢子只感染东方蜜蜂，西方蜜蜂微孢子只感染西方蜜蜂。但自 2004 年在台湾西方蜜蜂中发现东方蜜蜂微孢子后（Huang 等，2005），由于东方蜜蜂微孢子能引起与 CCD 类似的现象，因而引发世界各国重视，并陆续发现东方蜜蜂微孢子普遍存在于世界各地，也普遍存在于 CCD 蜂群中，检出率极高。2004—2005 年，在西班牙检出率高达 90%～97%。在美国、法国、德国、澳大利亚也有类似结论（Higes 等，2006；Klee 等，2007，Huang 等，2008；Fries，2010）。在有些地区（如美国），东方蜜蜂微孢子对蜂群的感染率甚至远远高于西方蜜蜂微孢子，成为当地优势种群。虽然东方蜜蜂微孢子最早被发现于东方蜜蜂（中蜂），但是否为跨种感染西方蜜蜂，还是早就存在于西方蜜蜂中尚有待进一步研究。

在蜜蜂微孢子的生活周期中，有两个明显的时期，一个是无性时期（裂殖期），一个是有性时期（孢子期）。当微孢子的孢子被蜜蜂吞食后，经过 10 小时可出现第一个裂殖期，经 32 小时就可出现新的孢子（即可完成一个生活周期）。

蜜蜂微孢子的孢子呈椭圆形（图 9-11），具有无结构的外壳，在显微镜下观察，具有强蓝色的折光，孢子长 4.4～6.4 微米、宽 2.1～3.4 微米。

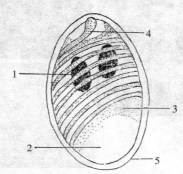

图 9-11　蜜蜂微孢子的基本构造
1. 核　2. 液胞　3. 细胞质　4. 极丝　5. 外壳

孢子对外界不良环境的抵抗能力很强。它在蜜蜂尸体里可存活 5 年，在蜂蜜里可存活 10～11 个月，在水中可存活 113 天；在巢脾上可存活 3 个月至 2 年。孢子的致死温度：在蜂蜜中 60℃，15 分钟；水中 58℃，10 分钟；在高温水蒸气中 1 分钟。孢子对化学药剂的抵抗力也较强，在 4% 的福尔马林溶液（或每立方米蒸汽含福尔马林 50 毫升）中，在 25℃ 时，需要 1 小时才能将其杀死。在 10% 的漂白粉溶液里，需要 10～12 小时才能将它杀它。而在 1% 的石炭酸溶液中，只需 10 分钟即可将其杀死。

2. 症状　蜜蜂微孢子主要感染成年蜂，蜜蜂受感染后，最初无明显症状，活动似如正常。

后期由于蜜蜂微孢子破坏了蜜蜂中肠的黏膜，影响消化功能，蜂体得不到必要的营养，病蜂萎靡不振，头尾发黑，翅膀发抖，无力飞翔。病蜂腹部多不膨大，有个别蜂体甚至比健康蜂瘦小。但当有其他病同时发生时，也会有腹部膨大的病蜂出现。病情严重时有下痢现象，会在巢箱内外排深黄色、褐色有臭味的粪便（图 9-12）。患病工蜂多集中在巢脾框梁上面或下部边缘及箱底处，由于受到健康蜂的驱逐和拖咬，翅膀后缘常出现小的裂缺，不久即死亡。这种现象尤其在长期低温阴雨之后，天气又重新转晴时特别明显。

健康蜜蜂在人工感染的条件下，10 天后开始死亡，15 天左右死亡的病蜂数量增多（郑国安等，1980）。

3. 诊断方法

（1）临床检查　对疑似微孢子病的病蜂，用手指甲夹住腹部末端和螯针，

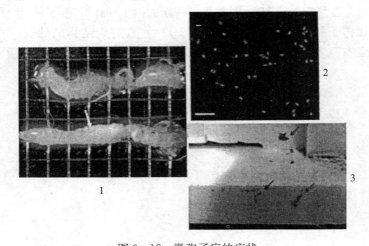

图 9-12　微孢子病的症状

1. 患病工蜂中肠呈白色，不透明（箭头所指处）　2. 肠内检出的孢子

3. 病群蜂箱外有病蜂下痢的排泄物（箭头所指处）

（引自乃育昕等）

依次拉出工蜂的直肠、小肠，最后拉出中肠。病蜂中肠呈乳白色或灰白色，不透明，环纹不明显，失去弹性，松弛而无一定形状；而健康蜜蜂的中肠呈淡褐色，环纹清楚，有光泽，弹性良好（图 9-12）。

（2）实验室诊断　取病蜂中肠后端部分置载玻片上，滴一滴蒸馏水，用解剖针将肠道组织捣碎后，盖上盖玻片，放在 400～600 倍显微镜下观察（若系干标本，可将整个蜂尸研碎后，再加蒸馏水制成悬浮液，涂片检查），若发现有较多的呈椭圆形、并有蓝色折光的孢子时，即可判定患微孢子病。

此外，在取样检查时应注意取老蜂、采集蜂（从框梁上或蜜粉脾上提取）。在冬季取样应取蜂团上部的蜜蜂进行检查。

至于鉴定属于哪种微孢子致病（东方蜜蜂微孢子或西方蜜蜂微孢子），则需在显微镜下观察微孢子的超微结构或使用 PCR 扩增进行 DNA 检测，才能判定。台湾宜兰大学陈裕文等采用绝缘等温 PCR 方法，能有效检测蜜蜂携带的东方蜜蜂微孢子，最低检出下限可低至一个微孢子。如此高的灵敏度保证了能在蜂群感染东方微孢子的早期进行检测，从而能更有效地防治微孢子病害。

4. 传播途径　在病蜂体内外及排泄物中都存在大量的孢子。在蜜蜂体外附着的孢子可达数百个。感病蜜蜂中肠内含量可达 4 300 万～6 300 万个，后肠内可达 2.5 亿个。

蜜蜂到有微孢子污染的水源采水；取食有微孢子的饲料；清除病蜂排泄

物，均能感染本病。染病群的工蜂作盗、迷巢，在蜂群间调脾、合并蜂群等也会加强本病在蜂群间的传播。

5. 发病流行因素　蜜蜂微孢子病分布极广，经常都有接触孢子的机会，但是否引起发病还与当时的外界环境条件有关。

（1）气温和季节　经实验查明，当温度在31℃时，微孢子发育最快；37℃时，微孢子数量减少；当温度下降到14℃时，微孢子的数量也下降到最低程度。另据台湾学者研究，虽然蜜蜂微孢子30℃时较34℃时产孢子量高，但平均温度为15℃时孢子数达最高量。因此，蜜蜂微孢子病发病有明显的季节性。

根据冯峰等（1974）在江西省南昌市对蜜蜂微孢子病发病规律的系统观察，微孢子病受温度影响大，而受湿度影响小，病情随季节呈现有规律的变化，春季3～4月是一年中的发病高峰期，蜜蜂发病率及病情指数均较高，此后随气温升高，病情减轻；至7月因气温过高（29.4℃），病情完全处于隐蔽状态。9～10月气温降低后，病情又逐渐回升，形成第2个小高峰。冬季1月后因气温低，病情则急剧下降，直到完全消失（图9-13）。另对其他地区调查，江浙地区3～4月，华北、东北、西北地区5～6月为一年中的发病高峰期。南方夏季高温、北方晚秋低温情况下病情急剧下降。而台湾地区因为地处南亚热带，则在气温比较凉爽的冬季发病率最高，夏季炎热时最少（张和陈，2010；Chen 等，2012）。适宜发病的月平均气温在16.8～28.5℃。气温过高或过低，均不利于微孢子病发生。很明显，在不同地区的发病季节不同，与不同地区的气温变化有关。

另据有的研究者观察，蜜蜂微孢子病似乎还有每4年流行一次的趋势。

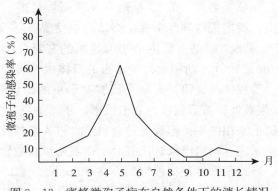

图9-13　蜜蜂微孢子病在自然条件下的消长情况
（引自范正友）

（2）饲料　微孢子病是蜜蜂的消化道病症，凡蜂群越冬饲料品质不良，特

别是含有甘露蜜的情况下，很易引起蜜蜂消化不良，也会促发微孢子病。

（3）蜜蜂性别　虽然蜂群中三型蜂均能感染此病，但工蜂感染率高，尤其是蜂王最易感病。据报道，在病蜂中，常有10%～41%的蜂王患病，有时可达61%。

（4）蜜蜂日龄　在自然条件下，最小和最老的蜜蜂多不表现症状。幼虫和蛹也不感病。

6. 防治方法

（1）加强蜂群的越冬管理　越冬前换出含有甘露蜜的蜜脾，提供充足、优良的越冬饲料。严防盗蜂，保持箱内卫生。

（2）对病群进行换箱、换脾，严格消毒　巢脾可采用福尔马林蒸汽或4%的溶液进行消毒，蜂箱用火焰喷灯消毒。

（3）及时更换病王　选用健康蜂群培育新王，更换病群蜂王。

（4）药物防治

①酸饲料　每千克50%（1∶1）的糖浆中，加入柠檬酸0.5～1克或食用醋酸3～4毫升，每2～4天喂1次，连续治疗4～5次。

②甲硝唑　每千克50%的糖浆中加入甲硝唑片（metronidazole tablets）500毫克喂蜂，隔3天喂1次，连用7次。

（五）变形虫病

蜜蜂变形虫病，又称阿米巴病（Amoeba disease），是成年蜂的一种传染性病害，常与微孢子病并发。患病蜂群发展缓慢，采集力降低。

该病广泛分布于欧美各地，1916年最早在欧洲被发现。福建农林大学王建鼎（1986）报道，我国福建地区中蜂工蜂体内也发现有马氏管变形虫。

1. 病原　蜜蜂变形虫病是由原生动物肉足纲的蜜蜂马氏管变形虫（Malpighamoeba mellificae Prell）所引起。变形虫的身体没有表膜，可使用伪足运动。但有时候可以隐藏在孢囊里，蜜蜂马氏管变形虫的孢囊椭圆或呈圆球形，直径6～7微米。孢囊外覆盖双层膜，光滑致密，不易染色，其内充满原生质，可以与酵母和真菌孢子相区别。孢囊通过食料或水进入蜜蜂体内，到达马氏管后，形成营养体阿米巴。阿米巴从马氏管的上皮细胞里获取营养物质，繁殖迅速，充满马氏管，导致蜜蜂排泄机能障碍。在30℃下经过22～24天，阿米巴形成新的孢囊。孢囊可忍受低温、干燥等不良环境条件，能在蜂体外长久生存（图9-14）。

2. 症状　患病蜂群的主要特征是，工蜂采集力降低，蜂群发展缓慢，群势逐渐削弱，但很少见到死蜂。这是因为患病蜜蜂的消化系统受损，变得软弱无力，常常由于不能抵御低温的侵袭而死于野外的缘故。

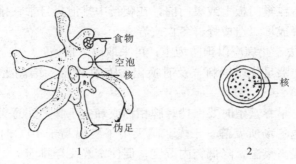

图 9-14　蜜蜂马氏管变形虫
1. 变形虫营养体（也称游走体）　2. 孢囊
（引自《中国农业百科全书　养蜂卷》）

3. 诊断方法　首先按一般解剖方法，先取出病蜂的消化道，置载玻片上，小心去掉蜜囊和后肠，留下中肠和小肠部分，滴一滴蒸馏水将其浸没，放在低倍显微镜下观察，若发现马氏管膨大，近于透明状，管内充满如珍珠似的孢壳；将马氏管弄破时，则可见到孢壳像珍珠般地散落在水中，即可确定为变形虫病。

4. 传播途径　病蜂是传染源，阿米巴孢囊从马氏管排入肠腔，然后同粪便一起被排出体外，通过污染饲料，饮水、巢脾、蜂箱和土壤传播给健康蜜蜂。带病蜂作盗、迷巢，也会使本病扩散。

5. 发病与环境条件的关系　秋季、早春，该病感染率低，3～4 月为感染快速增长期，5 月达到感染高峰期，6 月以后突然下降。此病常与微孢子病并发，也常单独发生。阿米巴的发育周期比微孢子长，病蜂体内孢囊数比微孢子少，不及微孢子传播容易，感染率也较低。蜂群群势较弱，劣质饲料及在潮湿的地窖内长时间越冬，会促进该病发展。

6. 防治方法　加强饲养管理，保证蜂群有充足、优质的越冬饲料。消毒和治疗方法与微孢子病相同。

（六）大肚病

大肚病又称下痢病，多发生在晚秋、冬季和早春。饲喂含有甘露蜜或发酵变质的蜂蜜，或长期低温阴雨，蜜蜂没有出巢飞翔排泄的机会，粪便在肠道内大量积存，易得此病。

杨冠煌报道，由于头年冬天饲喂了掺假的白糖水，曾导致北京中蜂选育场早春因下痢，损失 1/3 的蜂群。

1. 症状　病蜂多为青年蜂，腹部膨大，拉开病蜂腹部观察，后肠充盈大

量黄色粪便，有恶臭。病轻者遇上晴暖天气，飞翔排泄后可自愈。重者飞翔困难，严重时，常在巢门板上或巢门前，在爬行中排泄，且常在排泄后死亡。箱底和巢门口死蜂成堆，造成蜂群冬亡或春衰。

2. 防治方法 此病应以预防为主，可采取以下措施：

（1）越冬前喂足优质饲料，及时换出含有甘露蜜、结晶蜜、变质发酵的蜜脾。

（2）秋繁、早春繁殖时要保持蜂脾相称或蜂多于脾，注意巢内保温。越冬期间，要保持越冬场所安静、干燥。晴天中午气温高于 10℃时，可取出箱内保温物摊晒，提高巢温，降低箱内湿度，促使蜜蜂飞翔排泄。

（3）发病后，针对病群情况，调入优良蜜脾或喂大黄姜糖水。配方是 100克大黄，25 克生姜，加水煮开后取汁，调入 1 千克 50％的糖浆中，另加入粉碎后的 4 片食母生或酵母片，喂蜂 20 框，每天 1 次，连喂 3～4 次。另可喂酸饲料（1 千克 50％的糖浆中加 0.7 克柠檬酸），连喂 3 次。

四、中蜂主要敌害防治

（一）大蜡螟

大蜡螟（*Calleria mellonglla* Linne），其幼虫俗称巢虫、大巢虫、绵虫、绵丝虫，是广布性蜜蜂害虫，欧洲、美国及日本均有资料报道，在我国中蜂产区都有发生，是中蜂的重要敌害。蜂群受害后，轻则影响群势和产蜜量，重则导致蜂群逃亡。据作者等 1979—1980 年在贵州省锦屏县调查，受大蜡螟危害的蜂群数占全县总蜂群数的 75％以上，受其危害致逃的蜂群数约占逃亡总蜂群数的 90％。广东省昆虫研究所 1987—1988 年分别在粤东（揭西）、粤西（高州）、广州（清远）抽样调查，大蜡螟幼虫在巢脾中全年都有寄生，蜂群受害率达 84.7％～98.6％，年平均每张巢脾上有大蜡螟幼虫 8.4～54.6头。另据浙江大学李志国等 2009—2011 年在浙江、江苏、云南等省 39 个中蜂场调查，90％的蜂场都有大蜡螟，可见其危害之广。我国饲养中蜂的历史悠久，古代对该虫的危害也早有认识，根据其幼虫蛀食巢脾、吐丝结网的习性，古时将其称为"蛄蟖"，如元代刘基在《郁离子·灵邱丈人》一文中提到："蛄蟖同其房而不知"，就很生动地描述了大蜡螟幼虫潜伏寄生在巢房中危害的症状。

1. 大蜡螟、小蜡螟的区别 蜡螟有大、小两种，即大蜡螟和小蜡螟（*Achroia grisella* Fabricius）。这两种蜡螟虽同属螟蛾科昆虫，但它是两个独立的物种。其中危害中蜂造成白头蛹、大批食毁库存巢脾的是大蜡螟。国内养蜂界曾长期误认为两种蜡螟都危害中蜂，其中小蜡螟危害尤甚。徐祖荫等1979—1980年在中蜂群中提脾剖检，共查脾70张，获虫2 346头，检查后均为大蜡螟，无一小蜡螟。此观点为后来的研究者所证实（周永富、罗岳雄等，1989）。国外资料对蜜蜂敌害的报道，也仅限于大蜡螟。

中蜂抗巢虫能力弱，大蜡螟是中蜂的重要敌害。而意蜂等西方蜜蜂清巢能力强，故蜂群中很少见其危害，对西方蜜蜂的危害，主要是蛀食保管不善的巢脾，造成严重的经济损失。

大蜡螟、小蜡螟不仅在形态上不同，而且其生活习性也炯然不同。大蜡螟幼虫会侵入巢脾内危害，而小蜡螟幼虫并无上脾危害的习性，仅仅依靠掉落在箱底的蜡屑为生，在箱底营底栖生活，也危害在箱外保管不善的巢脾，以及蛀食巢蜜，但对蜂群并不直接造成伤害。

大蜡螟、小蜡螟均为全变态昆虫，一生中需经卵、幼虫、蛹、成虫四个阶段。

大蜡螟单粒卵呈椭圆形，粉红色，卵块产。老熟幼虫体色灰白，体粗壮，虫体中部较粗大，呈棒槌状，长22～25毫米，形似家蚕幼虫。老熟后吐丝结茧化蛹，茧衣灰白色，有集中化蛹的习性。成虫为灰褐色的蛾子。雌成虫体长13～14毫米，翅长27～28毫米。前翅略呈长方形，外缘较平，翅色不均匀，翅中部前缘处有一紫褐色半圆形深色暗斑（图9-15）。

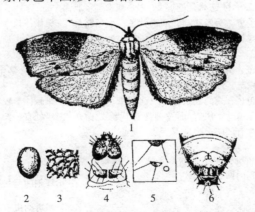

图9-15 大蜡螟各虫期的形态特征（徐祖荫绘）

1. 雌成虫　2. 卵　3. 卵粒表面的雕刻纹　4. 幼虫头及前胸
5. 幼虫前胸气门附近皮肤的放大　6. 蛹的腹端

小蜡螟成虫较大蜡螟成虫小，头部橙黄色，全身灰紫色，前翅扁椭圆形，翅顶部较圆，翅色均匀（图9-16）。老熟幼虫体较细，呈圆筒状，体色黄白，长12～16毫米。性活泼，用手触其头部，受惊吓后会迅速向后倒退。喜单独

化蛹，茧衣呈纺锤形，外常黏有虫粪和蜡屑。

大蜡螟、小蜡螟各虫期的详细特征见表 9-9。

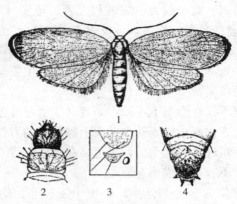

图 9-16　小蜡螟各虫期的形态特征（徐祖荫绘）

1. 雌成虫　2. 幼虫及头前胸　3. 幼虫前胸气门　4. 蛹的腹端

表 9-9　两种蜡螟各虫期主要形态特征比较

	大蜡螟	小蜡螟
成虫	雌蛾体长 13～14 毫米，翅展 27～28 毫米。下唇须突出于头前方。头及胸部背面褐黄色。前翅略呈长方形，外缘较平直；自肩角到臀角有 1 列锯齿状凸纹；翅色不均匀，翅中部近前缘处有一紫褐色、半圆形深色斑，由此向外颜色稍浅，近顶角外缘处有一剑状灰白斑；凸纹至内缘间为褐黄色，靠内缘有两个紫褐色斑；翅的其余部分色浅而带灰白。雄蛾体形较小。头、胸部背面及前翅近内缘处白灰色。前翅外缘有凹陷，略呈 V 字形	雌蛾体长 9～10 毫米，翅展 21～25 毫米。除头顶部橙黄色外，全身紫灰色，下唇须不突出于前方。前翅扁椭圆形，顶部较圆；翅色均匀，紫灰色。雄蛾体形较小，其前翅近肩角紧靠前缘处有一长约 3 毫米的棱形翅痣
卵	粉红色，短椭圆形，长约 0.3 毫米。壳较硬厚，表面有不规则的网状雕刻纹	卵粒乳白或白黄色，短椭圆形，长约 0.25 毫米。卵壳薄、软，表面有不规则的网状雕刻纹
幼虫	初孵幼虫形似衣鱼，头大尾小，与 2 龄后各龄幼虫在形态上有所区别。幼虫体灰白色。4 龄前幼虫前胸背板棕褐色，颜色均匀，中间有 1 条较为明显的白黄色分界线；4 龄后颜色渐褪淡，不均匀，后部颜色较深，呈 1 对新月形斑。前胸背板两侧端部与前胸气门之间的距离较大；前胸气门呈圆形，周缘色淡，为黄褐色。幼虫老熟时体长 22～25 毫米	初孵幼虫与 2 龄后各龄幼虫形态上无差别。幼虫体乳白色至白黄色。整个前胸背板的颜色始终是均匀的，呈黄褐色，较头部色淡。中部有 1 条不很明显的白黄色分界线。前胸背板两侧端部与前胸气门距离较小；前胸气门呈椭圆形，周缘呈黑褐色。幼虫老熟时体长 12～16 毫米

322

	大蜡螟	小蜡螟
蛹	长 12~14 毫米，黄褐色，腹部末端靠腹面这方有 1 对相向排列的小钩刺，靠背方有两个排成 1 排、扁平而大的齿状突起	长 8~10 毫米，黄褐色。腹部末端有 8 根棘刺，均呈椎形，排列成环状，其中近腹面的 4 根很小，靠背方的 4 根较粗壮

2. 大蜡螟的生活史及生活习性

（1）生活史和发育起点温度 据徐祖荫等（1982）在贵州省锦屏县（年平均温度 16.4℃）观察，大蜡螟在当地一年可发生 3 代，主要以幼虫在蜂群的巢脾中越冬。当地 2 月下旬至 3 月上旬，当平均气温稳定超过 9℃时，蜂群中脾内幼虫开始活动，3 月中、下旬开始陆续化蛹。成虫最早可于 4 月上旬羽化产卵。4~6 月发生第一代，6 月下旬至 8 月为第二代，8 月以后发生第三代。大蜡螟蛹羽化不整齐，各代发蛾期都拉得很长，从 4~10 月（日平均气温在 18℃以上）都有成虫陆续羽化产卵，世代重叠明显，所以其幼虫危害期前后长达近 9.5 个月。

在继箱式观察箱（下面是中蜂群，上面架空继箱作观察箱）中饲养观察的结果，大蜡螟卵历期一般为 9.2~13.4 天（平均数，下同）；第一、二代幼虫期为 36.7~38.8 天；蛹期为 13.1~17.3 天，雌成虫产卵前期为 1.46~2.13 天。第一、二代全代历期为 61.8~63.9 天。徐祖荫等还依据观察的结果，根据昆虫发育速率与温度之间成直线回归的相互关系（$T=C+KV$，式中，T 为观察温度，V 为温度 T 的发育速率，即发育历期 N 的倒数），用回归直线法分别计算出了大蜡螟各虫期的发育起点 C 和有效积温 K。经计算：大蜡螟卵的发育起点为（13.66±1.1）℃，有效积温为（145.4±13.09）日度，幼虫发育起点为（12.55±2.06）℃，有效积温为（617.84±25.66）日度；蛹的发育起点为（11.16±1.39）℃，有效积温为（234.97±19.71）日度。全世代发育起点为（11.36±1.42）℃，有效积温为（1 032.82±91.13）日度（表 9-10）。

发育起点温度是指大蜡螟开始生长发育和活动的温度，各地可根据大蜡螟全世代发育起点温度、有效积温及当地的气象资料，计算出当地大蜡螟的发生世代及成虫羽化、活动、产卵的时期，为防治工作提供参考依据。国外正是根据大蜡螟的这一生物学特性，利用能自动调温的冷库，将温度控制在 14℃以下，大批安全贮存蜜脾和空脾的。

表 9-10　大蜡螟各虫态历期、发育起点和有效积温

虫态	越冬代（4月中旬至5月下旬）			第一代（5月下旬至8月中旬）			第二代（7月上旬至10月中旬）			第三代（8月下旬至11月上旬）			发育起点温度（℃）	有效积温（日度）
	历期（天）													
	最短	最长	平均	最短	最长	平均	最短	最长	平均	最短	最长	平均		
卵	13.0	23.0	17.3	9.0	15.3	11.7	8.0	11.8	9.2	8.8	23.0	13.4	13.66±1.10	145.40±13.09
幼虫				31.2	48.6	38.8	27.7	48.0	36.7				12.55±2.06	617.84±25.66
蛹				10.0	19.0	13.1	9.0	22.0	14.2				11.16±1.39	234.97±19.71
成虫（♀）	4.0	17.0	11.8	4.0	14.0	9.9	4.0	27.0	14.1				10.57±1.35	105.36±10.99
（♂）				9.0	27.0	19.5	12.0	44.0	25.1					
全世代	55.0			55.0	81.0	63.9	52.0	72.8	61.8				11.36±1.42	1 032.82±91.13

（2）成虫产卵习性　大蜡螟成虫多在黄昏及上半夜羽化，羽化当天及次日交尾。雌蛾交尾后，即在原群或夜间潜至附近的蜂群内产卵。雌蛾产卵隐蔽，故不易被人发现。它有极细长的管状伪产卵器，产卵时插入蜂箱的各种缝隙中，将卵产下。成虫产卵量很大，卵块产，呈鱼鳞状排列。单个雌蛾最少产卵377粒，最多1 852粒，每只雌蛾平均产卵942.4～946.8粒。温度较低时（20℃左右），平均单个雌蛾仅产卵367～404粒，产卵较少。

大蜡螟成虫雌雄性比1∶1.12，但平常在蜂箱内查到的大部分为雌蛾，雄蛾常在交尾后不久死亡，故箱内不易见到雄蛾。

（3）初孵幼虫的上脾习性　由于大蜡螟成虫喜将卵产于蜂箱缝隙处，而不是直接产卵于巢脾上，故幼虫要侵入巢脾内取食，就非得经过"上脾"这一过程。大蜡螟幼虫初孵后，是幼虫上脾的关键时期。这时初孵幼虫的体型（头大尾小）及爬行的方式，都有些类似于缨尾目（Fhysanura）的昆虫——衣鱼，活动性强、爬行迅速。据测定，幼虫每秒钟可爬行7～8毫米。幼虫孵化后即不停地爬行，伺机上脾。它上脾的途径，通常是经由箱壁→与箱壁搭接的巢框框耳→巢脾上框梁→进入巢脾。因其体小敏捷，一般不为护脾的工蜂所注意，故上脾侵入率极高。2日龄后，因虫体变大，爬行方式改变，行动迟缓，易受中蜂攻击，则不易上脾。

初孵幼虫上脾的习性极强，即使在箱底有丰富的蜡屑供其取食，也要上脾。徐祖荫等曾将蜡屑铺在事先用纸将箱底和内壁糊严的蜂箱底部，再将大量初孵幼虫接在蜡屑上。4天后检查，箱底蜡屑中无一幼虫，全部上脾。蜂巢中子脾的温度基本上维持在34～36℃，大蜡螟初孵幼虫上脾的原因，除食料条件外，还因为对34～36℃这一区间的温度具有正趋性（徐祖荫，1983），这是大蜡螟在长期进化的过程中，对其寄生环境具有高度适应性的表现。

（4）幼虫危害习性　上脾后，大蜡螟幼虫蛀入巢房底部的夹层中钻隧道取食。2日龄后幼虫开始吐丝织成灰白色、圆筒状的隧道腔。隧道腔可保护巢虫，免受巢内工蜂的伤害。隧道略有弯曲，有时分叉。随着幼虫龄期和食量增大，隧道也不断加长和扩大。一般情况下，因巢内有蜂护脾，大蜡螟幼虫仅被限制在巢房底部取食。如无蜂护脾，或子脾封盖后，工蜂由于房盖阻隔，对幼虫失去监督、控制，幼虫便乘机扩大取食范围，窜入巢房内活动，使巢房受到破坏。大蜡螟幼虫虽不以蜂蛹为食，但因其蛀损封盖巢房而导致中蜂蛹期生活条件受到破坏，不能正常羽化。工蜂为清除死蛹打开房盖，此即为"白头蛹"。造成中蜂白头蛹的主要是3～5龄幼虫。工蜂在清除死蛹（白头蛹）的同时，常会咬脾清巢，将大蜡螟幼虫连同蜡屑一起，清落至箱底。掉落箱底的蜡螟幼虫即仰赖掉落在箱底的蜡屑为生，老熟后即在箱底或爬出箱外适宜处结茧化

蛹，不再上脾。此时巢脾常呈凹凸不平状，工蜂不喜在此类巢脾上补造巢房，以致影响蜂群产子、育虫。

如脾中幼虫密度大，危害严重，尤其是多次重复感染时，工蜂不能对其控制，蜂群便会弃巢逃亡。此种逃亡群的巢脾中，往往一脾之内有虫几十乃至上百头。蜂群逃亡后，脾内幼虫蛀食巢脾更加肆无忌惮，食量猛增，加速发育。几天之内，便将巢脾蛀食一空，并常聚集在一起吐丝结网，连成一片。所结之网非常柔韧结实，犹如丝棉一般，故民间将其形象地称之为绵虫、绵丝虫。

（5）化蛹习性　大蜡螟幼虫老熟后即作茧化蛹，茧衣非常厚实。化蛹场所常在箱底、箱内缝隙或巢框上梁的腹面，或废弃的旧巢脾中，蜂群飞逃后的老式蜂桶中。幼虫如在木质器物上化蛹，常啃食身下的木质器具成半凹状，然后结茧其上。如虫数多，幼虫还有集中化蛹的习性，茧衣一个挨一个，黏结成团块状，外面又有丝网保护，因此很难受到工蜂或其他天敌的伤害。

3. 大蜡螟的危害症状及对蜂群群势、产蜜量的影响

（1）危害症状　正常蜂群箱底清洁，蜡屑很少或基本无蜡屑，巢脾表面平整。如箱底有蜡屑及蜡螟幼虫，巢脾凹凸不平，甚至有空洞，说明有巢虫危害。

"白头蛹"是大蜡螟危害造成的典型症状之一。也有极少量中蜂幼虫在预蛹期被害，呈直立状（俗称"尖子"），其症状颇类似于患中囊病的幼虫。不同点在于，这种情况在巢虫危害的蜂群中发生很少，其分布呈线状走向，幼虫体色新鲜，不呈中囊病幼虫的囊袋状。

在缺蜜季节，如受害群子脾中正常蜂蛹羽化殆尽，虽有卵却无幼虫；巢脾损毁严重、缺蜜；外勤蜂与正常群比较大量减少，回巢的带粉蜂稀少甚至不带粉，这是蜂群即将逃亡的征兆。

（2）大蜡螟危害对蜂群群势、产蜜量的影响　徐祖荫等于 1980 年 9～11 月在贵州省锦屏县的秋季流蜜期，对大蜡螟危害后对中蜂群势、产蜜量的影响进行观察，一共观察了 4 个中等群，分为两组，其中一组为正常群（对照）。

通常认为蜂蛹白头死亡是造成群势下降的重要原因，但实际调查中发现，白头蛹在整个封盖子中所占比例并不大。在此次观察中，被害群平均白头蛹数（10～12 次调查的平均数）为 96.5～110.3 个，仅占本群封盖子数的 2.0%～2.9%。但同期平均封盖子却比对照少 1 731.2～3 548.5 个，仅为对照封盖子数的 52.4%～73.2%。在前后长达 50 多天的大流蜜期间，被害群只能基本维持原来群势，而正常的蜂群在流蜜结束后，蜂量增长为原来的 1.46～1.58 倍。由此可见，被害群群势发展受阻，除与白头蛹有关外，更主要还在于受封盖子数量减少的影响。

巢脾受蜡螟幼虫食害，进而导致工蜂咬脾，使其受到严重损坏，是造成封盖子数量减少的直接原因。据调查，上述被害群中受损害的巢脾占巢脾总面积的 62.5%～82.6%，部分巢脾因损毁严重而过早被淘汰。被害群造脾速度慢，新脾分别比正常群（对照）少 0.8～1.9 张。流蜜期结束后，其巢脾净增率为 −15.4%～3.1%，巢脾增加极少甚至减少（同期正常群的巢脾净增率为 70.0%～87.1%）。巢脾是蜂群赖以繁殖、哺育和贮蜜贮粉的场所，巢脾受损，凹凸不平，空洞很多，有效面积减少，势必影响蜂群贮蜜贮粉和育子的能力。由于封盖子数量少，蜂群发展受阻，受害群产蜜量分别为 2.5 千克和 4.45 千克，仅为正常群产蜜量 6.8 千克和 8.1 千克的 50% 左右。

4. 大蜡螟发生危害与环境条件的关系

（1）温度、湿度　根据对大蜡螟生物学特性的研究，当气温稳定通过其发育起点温度时［全世代为（11.16±1.39）℃］即适宜发生危害，且气温越高，对其发生越有利。

徐祖荫等（1980）在贵州省锦屏县进行系统观察，大蜡螟幼虫的危害期长达 9 个月左右。当 2 月下旬及 3 月上旬平均气温超过 13℃（即超过幼虫发育起点温度）时，越冬幼虫开始活动，蜂群中始见白头蛹。12 月中旬气温下降至 8℃时，幼虫越冬，结束当年危害。在其适宜的发生期内（指锦屏），旬气温达 21.5℃以上时最为有利，此时成虫产卵量多，卵历期短（8～15 天），所以 5 月下旬至 10 月上旬大蜡螟发生危害严重（图 9 - 17）。

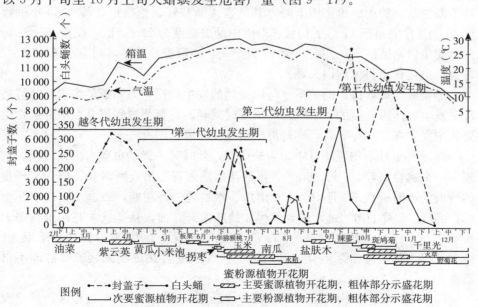

图 9 - 17　白头蛹消长与温度、蜜源条件的关系

夏、秋季西晒的蜂群，箱内温度高，湿度小，工蜂因离脾散热，疏于对巢虫的监督，加之因气温高，巢虫生长发育加快，危害严重。

(2) 蜜源

①蜜源与白头蛹发生的关系　大蜡螟对蜂群的危害，如白头蛹的发生与蜂群的逃亡，都和蜜源条件有关。从白头蛹在一年中蜂群内数量消长的情况看，白头蛹的发生数量与封盖子的多少有关，而封盖子的多少又与蜜源条件好坏关系密切。凡蜜源条件好、蜂群繁殖快、封盖子多时，又遇大蜡螟幼虫盛发期，白头蛹就严重。

在贵州省锦屏县，受害蜂群的数量随大蜡螟一年中发生代数的增加，有呈逐代增加的趋势。但白头蛹发生的数量，并不完全遵照上述规律，从全年来看，以第三代幼虫在秋季流蜜期危害最重，第一代幼虫危害次之。当第二代幼虫发生时，蜂群正处于严重缺蜜越夏阶段，封盖子少，故白头蛹发生较轻。早春油菜及紫云英花期蜂群造脾迅速，越冬幼虫大部分随着旧脾的淘汰而淘汰，危害也不显著。

在锦屏秋季大流蜜期，白头蛹的发生，又以9月至10月上旬最严重，此时蜂群被害率上升至75％～90.7％，平均每群有白头蛹190.9～410.6个；受害严重的蜂群，其中白头蛹可达1 713～2 288个，约占总封盖子数的30％，蜂群群势因此迅速受到削弱。10月中旬大蜡螟活动进入尾期，加之流蜜期巢脾不断更新，脾中幼虫密度下降，其危害逐渐减轻。据徐祖荫等1980年抽脾调查，10月中旬至11月上旬被害群脾中幼虫密度为22头/框，仅为9月至10月上旬虫口密度的1/4左右。至11月下旬，蜂群濒临越冬，封盖子急剧减少，蜂群中也就很难再见到白头蛹。

②蜜源与蜂群逃亡的关系　与白头蛹的发生相反，大蜡螟危害引起蜂群逃亡常发生在严重缺蜜的季节，外界流蜜时减轻。在贵州省锦屏县，蜂群逃亡主要集中发生在6、7、8月，即蜂群缺蜜越夏阶段（图9-18）。

锦屏县4月下旬至6月中旬为缺蜜期，此时第一代幼虫危害进入盛期，出现第一个逃亡高峰。7月南瓜、玉米开花，缺蜜程度虽有所缓和，但受害严重的蜂群仍不时逃亡。8月中、下旬南瓜、水稻处于终花期，蜂群又出现第2个逃亡高峰。9月上旬，逃亡主要发生在盐肤木开花前，从盐肤木花谢到秋季大流蜜之间，还有一短暂的缺蜜期，逃亡也时有发生。10月中旬后，千里光、野菊花等主要蜜源相继盛开泌蜜，第三代幼虫危害又逐渐减轻，蜂群即不再逃亡。

(3) 不同地区　南方危害重于北方，低海拔地区重于高海拔地区。夏季没有蜜源、越夏期长的地区，危害重于夏季有蜜源的地区。

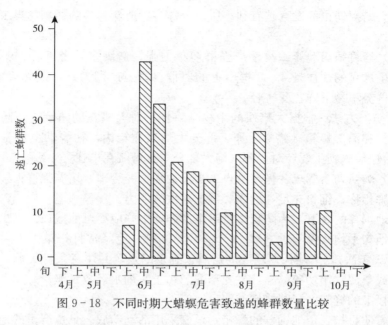

图 9-18　不同时期大蜡螟危害致逃的蜂群数量比较

（4）饲养管理　经常打扫箱底、桶底，保持巢内卫生，巢内饲料充足，及时更换和处理淘汰的旧脾、虫害脾，大蜡螟危害轻，反之则较重。

我们的祖先在长期饲养中蜂的过程中积累了一定的防治经验，并流传至今。一是勤于打扫，"治污秽"（元代刘基），即清扫蜡屑、虫吊。二是每次割蜜时将蜂巢割一半，留一半。割去的一半因榨蜜、熬蜡，潜藏于蜂巢中的巢虫被杀死。到下一次割蜜时再割去上次留下来的另一半老巢脾，将新造的巢脾留下。有时即使脾中蜜不太多，也要割去一半老脾，人们称之为洗窝。这既有防治巢虫的作用，又可促进巢脾更新。此法十分符合现代换脾灭虫、防治巢虫的科学道理。

（5）蜂桶、蜂箱　水泥、土坯、砖基蜂箱，缝隙少，不利于蜡蛾产卵，高温期较凉爽，湿度适宜，巢虫危害常轻于木箱。

老式蜂桶中，易于开箱观察、打扫的板箱式蜂桶和易于打扫桶底部蜡屑的竖立式蜂桶，一般较横卧式蜂桶受害轻。

（6）巢脾新旧　巢脾的子圈部分，常因积存蜂儿的茧衣而发黑，且时间越长，育儿代数越多，茧衣越多，脾越黑。由于茧衣内含有大蜡螟幼虫发育不可缺少的营养物质，幼虫主要集中于巢脾黑旧的部分取食。徐祖荫等（1980）调查发现，脾中黑旧部分幼虫密度约为黄色部分的 12.9 倍。若以黄、黑两部分单独饲育幼虫，黑色组发育正常，黄色组发育迟缓，并最终死亡。巢脾越黑旧，对大蜡螟幼虫的发育越有利。所以分蜂多，造新脾多的蜂场，巢虫危害就比较轻。

（7）蜂群强弱和蜂王质量　强群清巢力强，造脾多，受害轻。弱群易受害，发生逃亡的往往是 4～5 框以下的弱群。蜂王产卵力强，造脾、繁殖快，受害后群势不易下降，受害轻。

5. 防治方法　根据大蜡螟的生物学特性，对大蜡螟的防治，预防措施主要是清扫和消毒蜂箱（蜡蛾、卵、部分大幼虫在箱内，初孵幼虫也是先在箱内）；治疗措施则主要针对巢脾（绝大部分巢虫潜藏在巢脾之中）。

（1）加强饲养管理、保持巢内卫生　加强饲养管理，培养强群；经常保持巢内蜂脾相称，饲料充足，增强蜂群抗巢虫的能力。

定地饲养的蜂群，为防止蜡蛾窜巢产卵，中蜂应尽可能散放。巢虫活动季节［当地旬平均气温超过（11.36±1.42）℃时］，应经常打扫巢内卫生（每隔10～15 天 1 次），清除掉落箱底的蜡屑、蛹及幼虫，并注意杀蛾灭卵。另用新鲜牛粪或草泥（用切碎的稻杆、麦秸混匀黏土，加水经数月沤烂）糊严内外箱缝和隔板上的缝隙，限制蜡蛾产卵。

为方便打扫，定地饲养的蜂箱，最好采用活动箱底。巢虫严重的地区，也可推广便于清扫的斜底式蜂箱。

（2）春秋换脾，消灭大蜡螟越冬虫源　根据大蜡螟发生危害规律，冬、春之际，当旬平均气温低于大蜡螟全世代发育起点温度（11.36±1.42）℃时（如贵州，大约从头年 11 月至次年 4 月），因气温较低，大蜡螟幼虫集中在蜂群的巢脾内越冬，暂时还不能羽化为成虫产卵，因此是消灭其越冬虫源最有利的时机。所以应在晚秋流蜜期和早春第一个大流蜜期及时抢造新脾，淘汰旧脾和虫害脾，力争在春季第一个大流蜜尾期之前（大蜡螟成虫开始羽化前），逐步将蜂群内大部分旧脾换下熔蜡，消灭其中过冬幼虫。如果新脾不够用，可利用经冰箱冷冻过或经其他消毒处理后的空巢脾代替。

除春、秋两季外，其他流蜜期也要尽可能多分蜂、多造新脾，及时淘汰老、旧巢脾。

（3）妥善保管和处理好多余的巢脾　不论哪个时期换下的旧脾，都不能长期弃置不管（其中有大蜡螟幼虫），而应在换下后的 2～3 天熔脾化蜡，杀死其中巢虫。一些较好的巢脾如需保存，可在冰柜中于－18℃冷冻 24～48 小时；或燃烧升华硫熏脾，杀死其中幼虫，然后置干燥密闭处（如蜂箱中）保存备用。

（4）夏季遮阴保湿，蜂群秋繁期烫箱灭卵　入夏后蜂群宜置于室外泥地上，或将其移入土坯、砖基、水泥蜂箱中饲养。高温期注意对蜂群遮阴防晒，增加巢内湿度，可以减轻巢虫为害。

蜡蛾喜在蜂箱缝隙中产卵。8月至9月中旬是蜂群越夏后恢复群势，培育秋冬蜜采集蜂的关键时期，同时也是巢虫的高发期。定地饲养的蜂群，在外界蜜源有所改善、蜂群恢复繁殖的情况下，应每隔10～15天换箱，用火焰喷灯灼烤蜂箱内壁及箱缝一次（包括有缝的隔板），连续进行3～4次（应事先烫好一个空蜂箱，然后再给蜂群轮流换箱、烫箱），消灭箱缝中的虫卵，防止初孵幼虫上脾危害。如果蜂场上没有火焰喷灯，也可点燃柴堆或秸秆，将换出的空箱内面反复罩在火焰上灼烤几次，也可达到相同的效果。

（5）及时治疗被害群，预防飞逃　如蜂群已被巢虫危害，应对被害严重的蜂群进行治疗：

①整体换脾　如蜂场健康群多，可将被害群中的子脾分别疏散到几群健康群中，与健康群中的子脾对调。被害脾应放在健康群边脾的位置，待脾中正常蜂蛹羽化出房，再将巢脾经冷冻用或用升华硫熏烟处理，杀死脾内巢虫后再交蜂群清理利用。

②分批换脾　在气候炎热、蜂群越夏有自然断子现象的地区，巢虫危害严重的蜂场，也可乘断子期，先自蜂群中抽出半数巢脾，脱蜂后在冰柜中冷冻1～2天，杀死脾中巢虫，然后再将其换出另一半巢脾冷冻。由于此时蜂群内无子，采用此法时应在巢门前加装塑料防逃片，直至蜂群中出现新的封盖子脾时为止。

③分区换脾　被害群可通过加继箱或平箱加框式隔王板分隔成两区，将被害群中的封盖子脾提到继箱或平箱的无王区中，待封盖子出尽后提出经冷冻或熏烟处理，然后再换出另一部分巢脾作相同处理。

在实施上述处理时，应同时对蜂群烫箱灭卵，以后每隔10～15天进行一次，以防再次感染。同时，应对被害群加以奖饲，加础造脾，逐步淘汰旧脾和损毁严重的虫害脾。

④防飞逃　一旦发现被害群有逃亡征兆，应及时调入健康子脾、蜜脾，稳定蜂群，并在巢门前安装塑料防逃片，或剪去蜂王一侧前翅的1/2，防止蜂群逃亡。

（6）安装巢虫阻隔器

①阻隔器的设计原理及防治效果　为防止大蜡螟初孵幼虫上脾，广东省昆虫研究所（周永富、罗岳雄等，1989）根据大蜡螟以初孵幼虫上脾，上脾途径系由箱壁→与箱壁搭接的巢脾上框梁→巢脾的原理，并测量了大蜡螟初孵幼虫体长为（0.95±0.13）毫米，设计出了第一代巢虫阻隔器。

阻隔器分为下盖和上盖两部分，圆形，中间可穿铁钉。阻隔器下盖药槽内

中蜂饲养实战宝典

装入混有杀虫剂的药膏，将两套阻隔器及一根小木条用铁钉分别固定在蜂箱前后壁的框槽上，然后将巢脾搁在小木条上，不与箱壁接触。大蜡螟初孵幼虫若想上脾，必须首先爬经阻隔器下盖中的药槽，但由于药槽中药膏的作用而被杀死，从而切断了大蜡螟初孵幼虫上脾的途径，起到了防治作用。

第一代巢虫阻隔器曾先后在广东、贵州两省推广过。在广东省，防治组比对照组脾中幼虫下降85.7%～97%（周永富等，1989）。在贵州省，安装阻隔器后，蜂群被害率较未安阻隔器的蜂场低13.9%～33.5%；逃群率低11.6%～38.5%；脾均白头蛹少22.7～48头；越夏度秋期间，试验蜂场较对照蜂场平均群势多1～1.1框（刘长滔等，1998）。但因第一代巢虫阻隔器器形较小，中轴较矮，大流蜜期工蜂常在阻隔器上、下盖之间、搁条与框槽之间泌蜡，形成搭桥现象，导致阻隔器功能降低或失效，影响了防治效果。

为了解决泌蜡粘连的问题，徐祖荫、和绍禹等于2010年在第一代巢虫阻隔器的基础上进行改进，分别加大了上、下盖的直径（上盖直径18毫米，下盖直径13毫米）及下盖药槽的宽度，并加长了中轴（高15毫米，上、下盖组装后总高为17毫米），重新设计、生产了改良式巢虫阻隔器（专利号2012220494080·7）。2011—2013年连续3年在贵州省贵阳市、正安县试用，分别在安有阻隔器的蜂箱底部接巢虫卵1 600～2 700粒，在接虫量如此之大的情况下，蜂群基本未受害，防治效果非常理想。

②阻隔器的安装方法

A. 对安装巢虫阻隔器配套蜂箱的要求　蜂箱的样式及尺寸与其他中蜂箱一致，但不同之处是安装阻隔器时要将蜂箱的前、后壁（即有框槽的两个箱壁），向下锯矮5厘米，且不用再挖框槽。

为了遮住蜂箱因前、后壁锯矮后露出的缺口，蜂箱的大盖盖下后，要在箱体四周与大盖接触的边缘处，钉一圈防护木条。木条宽度为3厘米，厚度与箱盖的边缘齐平，使箱盖与箱体之间密切接触，不露缝隙。

4月上旬以后，11月以前，蜂箱内不用盖副盖。大盖内侧中间若有木条（加固大盖用的），也要取掉，目的是加大巢脾与箱体之间的距离，避免蜂群造赘脾将巢脾与副盖、箱盖连接起来。

另外，每个蜂箱应准备2根长36.4厘米（指郎氏标准箱，其他蜂箱根据其前、后壁的长度另定）、宽1.2厘米、厚1.4厘米的木条（厚的一面作水平面），4根长4.5厘米的铁钉。

B. 药膏的配置　在下盖药槽中装注的药膏配比是：用50毫升注射器（兽用6号注射器），不用针头，抽取25毫升凡士林，23毫升液体石蜡，于一次性塑料杯中，加入2毫升一支的溴氰菊酯1支，充分混匀。再用50毫升注射器（加针头）抽适量混匀后的药液注入下盖药槽中。使用时应注意不得将药液滴洒在蜂箱内，如有滴洒，须用卫生纸擦干净。经试验观察，该药液对蜂群正常活动无任何影响，很安全。

C. 阻隔器的安装　将两套注好药液的阻隔器下盖与上盖合拢在一起，分置于改造过的箱口两侧边，然后用铁钉穿过木条（木条穿铁钉的位置要事先用木钻打眼）及上、下盖之间的孔洞（木条在上），钉牢在箱口上，阻隔器安装时应尽量靠近箱内一侧，不要靠近箱壁和外侧（图9-19）。

安装阻隔器时，一定要注意使阻隔器、小木条、木隔板两端、巢脾两端与箱壁的任何一面都要留出一定距离（至少3毫米），不接触。

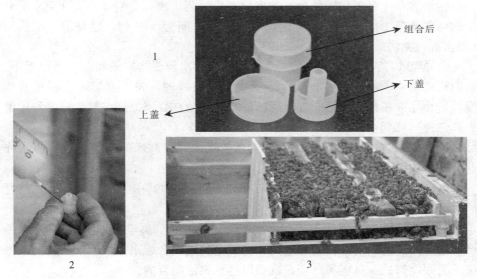

组合后

下盖

上盖

1

2

3

图9-19　安装改良式巢虫阻隔器
1. 改良式巢虫阻隔器　2. 在下盖药槽中注入药膏　3. 已安装巢虫阻隔器的蜂群

D. 排列巢脾　在蜂箱前、后壁上将阻隔器及木条安装好后，即可将蜂群的巢脾搁置在木条上，按序排好。蜂巢两边要各用一块木隔板与蜂箱两侧隔开。其中一块木隔板是为了保温，另一块则是为了将阻隔器隔在蜂群之外，主要是为了避免工蜂在阻隔器上泌蜡搭桥，降低防治效果。

隔板最好用整块木板做成（如薄的胶合板）。如果用木板拼成，一定要用石蜡或新鲜牛粪、草泥将缝抹平，防止蜡蛾在隔板的缝隙处产卵。

安装使用阻隔器的蜂群在巢虫活动期不使用覆布。

③巢虫阻隔器使用时应注意的事项

A. 及时清除赘脾　在外界流蜜丰富时，蜂群易造赘脾。造赘脾后，会使

巢脾与箱体相连，初孵巢虫会沿着这些相连的赘脾上脾，因而使阻隔器发挥不了阻断巢虫上脾的效果。

为了彻底阻断巢虫通过其他上脾的途径（除通过阻隔器外），养蜂员在外界流蜜、易造赘脾的时期应注意加础扩巢，防止赘脾的产生。一旦检查发现巢脾、隔板与箱体之间（包括箱壁，箱盖）、箱体与阻隔器、搁架之间造有赘脾，应及时用启刮刀清除干净。不让蜂群造赘脾连接巢脾与箱体，这是阻隔器成功的关键。

B. 定期加药　任何农药都有一定的残效期，过了药效期就会失去防治效果，因此应定期换药。

一般春季 4 月下旬（蜡蛾开始羽化期）加药 1 次，此后于 6 月上旬、7 月下旬再各换药 1 次。广东学者建议当地加药时间为 4 月初，越夏前，出伏后（周永富、罗岳雄等，1989）。

C. 换药时应轮流换箱加药　由于加药时每次都要将搁条和上、下盖拆下，将旧药膏清除干净，再装新药，要花一定时间处理，为了不影响蜂群正常生活，应预先准备好一个已安好阻隔器的空箱，放在蜂群原址，然后将蜂群中的巢脾迅速转移到空箱中即可。

腾空的蜂箱再换新药，然后再接着去替换另一群蜂的蜂箱。这样流水作业，就不致引起蜂群不安或起盗。

D. 注意综合防治　使用阻隔器只是防治巢虫的其中一个重要环节，与此同时，还应配合其他综合防治措施。

另外，蜡蛾有一定的飞翔能力。羽化后，可飞到离羽化地点 30～40 米的蜂群内产卵。所以同一村寨邻近的养蜂户之间应联合起来，采取统一的防治措施。否则，蜡蛾一旦窜巢产卵，就难以达到根治的目的。

（二）斯氏蜜蜂茧蜂

斯氏蜜蜂茧蜂（*Syntretomorpha szaboi* Pap）是中蜂成蜂的寄生性害虫。茧蜂危害中蜂的最早正式报道应为 1980 年（陈绍鹄、范毓政），当初将其定名为中蜂绒茧蜂。后经湖南农业大学寄生蜂专家游兰韶鉴定拉丁学名，并正式定名为斯氏蜜蜂茧蜂。

该蜂报道的分布地区主要在我国长江以南，如江西、贵州（陈绍鹄，1982），湖北（谭维君，1985）、四川、广东、重庆（龙小飞，2013）等地。中国农业科学院蜜蜂所杨冠煌 1963 年夏季在宜宾市工作时，曾发现当地蜂场茧蜂危害严重。据罗岳雄（2006）在广东从化的良口、大岭、吕田等地调查，发病蜂场蜂群感染率为 100％，病群中工蜂发病率达 14％ 以上。2012 年徐祖荫在贵州省正安县，发现邻县务川过来放蜂的中蜂场，被该蜂寄生的现象也很严重。由于其幼虫似蝇蛆状，故有人曾误将其作肉蝇报道。

1. 斯氏蜜蜂茧蜂的形态特征　雌成虫体长（4.33±0.47）毫米，头宽（0.93±0.01）毫米，胸最宽处为（1.03±0.06）毫米。触角丝状，32节，长（3.72±0.26）毫米。除第1、2节及第3节基部黄色外，其余暗褐色。头部复眼及小眼区暗褐色，其余黄色。胸背部黑褐色，胸侧及腹部黄色。前胸背有两个上下重叠、近似倒三角形的隆起，上小下大，表面光滑，其两长边均有一列圆孔形凹陷。大三角形隆起的端部色稍淡，为黄褐色，最前端隆起，其后为分为4格的凹陷。中、后胸背部布满不规则的多边形网纹，上布稀疏毛。前腹部缩成柄状，后腹部侧扁，除侧扁部的前端及腹柄黑褐色外，其余黄色；腹部末端有一向下前方勾曲伸出的黑褐色产卵管鞘。足部除后足胫节及跗节第一节暗褐色外，其余黄色。

雄成虫与雌成虫相似，体长（3.52±0.38）毫米。体色较雌成虫暗。除腹部后端黄褐色外，胸腹部均为黑褐色。后足除转节、腿节的前半部及第2、3、4跗节暗黄色外，其余黄褐色（徐祖荫等，1990）。

斯氏蜜蜂茧蜂雌成虫形态如图9-20所示。

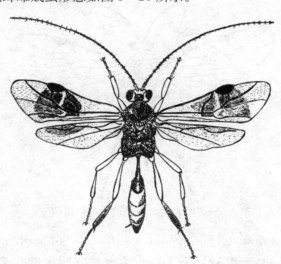

图9-20　斯氏蜜蜂茧蜂雌成虫（徐祖荫绘）

在中蜂箱内，还有其他两种常见的寄生蜂，即蜡螟绒茧蜂（徐祖荫，1986）；蜡螟洼头小蜂，此蜂曾命名为蜡螟大腿小蜂（陈绍鹄，1983）。这两种寄生蜂的幼虫都寄生于大、小蜡螟幼虫的体内，是蜡螟的天敌，因此是益虫。其中，最易与斯氏蜜蜂茧蜂混淆的是蜡螟绒茧蜂。为区分益、害，便于保护和

中蜂饲养实战宝典

防治，现将另两种蜡螟寄生蜂的形态特征描述如下。

（1）蜡螟绒茧蜂（*Apanteles galleriae* Wilkinson）　雌成虫体长（3.15±0.18）毫米，头宽（0.79±0.03）毫米，胸最宽处（1.07±0.01）毫米。触角丝状，18节，长（3.91±0.04）毫米。头、胸、腹黑褐色，触角色稍淡。中胸背板具细密的网状皱纹；小盾片光滑，仅两侧边缘有短横皱褶，整个腹部呈端部钝的三棱锥形。腹部末端有针状产卵管，黄色，平直，常为两枚薄片状的黑色产卵管鞘夹合包被。产卵管鞘较长，末端超过后足腿节，但未超过胫节。

前足基节黑褐色，余黄色；中足基节全部、转节及腿节外侧的基半部黑褐色，腿节端部及胫、跗节黄色；后足基节、转节、腿节黑褐色，其胫节、跗节除端部色较暗外，其余呈黄褐色。

前、后翅皆透明，前翅前缘有一黑褐色翅痣。径脉自翅痣中央伸出，其第1段与肘间脉连接处折成角度。径脉第1段长于肘间脉和第1回脉，第1回脉长于肘间脉。

雄成虫与雌成虫相似，体略短，长度为2.9毫米左右，腹部呈卵圆形。

蜡螟绒茧蜂雌成虫形态如图9-21所示。

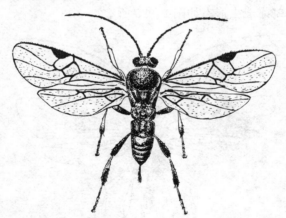

图9-21　蜡螟绒茧蜂雌成虫（徐祖荫绘）

（2）蜡螟洼头小蜂（*Aptyoccphalus galleriae* Subba Rao）　雌成虫（图9-22）体长（6.34±0.32）毫米，头宽（1.43±0.23）毫米，胸最宽处（1.65±0.09）毫米。触角膝状，11节，长约2.2毫米，除端部一节色较淡，为黄褐色外，其余皆褐色。头、胸、腹黑褐色。因颜面及后头部两侧向中部凹陷，整个头部呈哑铃状；头顶部隆起呈脊状，后两小眼分别着生在脊上靠近复眼处，另一小眼则着生于紧靠脊下方的颜面上。颜面较光滑，而后头部则布满圆形点刻。前胸、中胸及后胸盾有粗大的圆形点刻，上布稀疏短鬃；后胸背有不规则的棱状突起，并布有稀疏鬃毛。腹部呈卵圆锥形，除1～5节背面较光滑外，6～7节有细的点刻。腹部侧面及腹部末端布有鬃毛。产卵管平直，平时平贴于腹面，不外露。

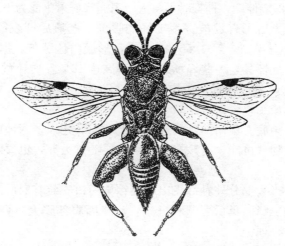

图9-22　蜡螟洼头小蜂雌成虫（徐祖荫绘）

足部除前、中、后足的胫节前端及跗节赤褐色外，其余棕褐色。后足基节、腿节均膨大，尤以腿节最明显；基节内侧有1块平面光滑的凹陷；腿节外侧隆起，内侧较扁平，下侧边缘略呈锯齿状。

前翅无明显翅痣，翅脉多退化，仅亚缘脉与肘脉较粗壮且色较深，肘脉附近有一小的暗斑。前翅色不甚均匀，后翅色淡、透明。

雄成虫与雌成虫相似，体长4.5毫米左右。

以上两种寄生蜂均以幼虫寄生在蜡螟幼虫体内。徐祖荫（1986）曾观察过蜡螟绒茧蜂的生活习性。该蜂成虫常活动于蜂箱周围或底部蜡屑较多处，伺机寻找隐藏在其中的蜡螟幼虫产卵，雌虫产卵时，用针状产卵器刺入寄主体内将卵产下。成蜂飞行时作来回摆动状。

此蜂幼虫在寄主体内老熟后，即钻出寄主体表，在箱底或蜡屑中结茧化蛹。茧圆筒形，白色，外表光滑。长约5毫米，中径宽约2毫米，顶端略尖而圆，下端平截。茧衣外常包被一层薄丝网，上面黏满了蜡屑及蜡螟粪便。成虫羽化后，即咬开茧壳平截的一端成一圆盖，顶开圆盖爬出，然后雌、雄成虫交尾，再寻找新的寄主产卵。

这两种寄生蜂均为益虫，在蜂箱内或蜂箱附近常有发生，对其成虫和茧均应予以保护。

2. 斯氏蜜蜂茧蜂的危害症状 斯氏蜜蜂茧蜂的雌成虫将卵产于中蜂成蜂腹内，孵化为幼虫后靠吸食寄主的体液为生。被寄生的工蜂初期仍能正常活动，后期腹部膨大，行动迟缓，丧失飞翔能力，常伏于箱底和内壁，或在巢门周围缓慢爬动。螫针不能伸缩，捕捉时不蜇人。患病蜂群采集能力下降，常缺蜜粉。

该蜂幼虫长大后可直贯被寄生工蜂的腹部，老熟后即咬破工蜂的肛门爬出。10分钟后吐丝结茧，经1.5小时结束，形成白色绒茧。据陈绍鹄（1983）报道，在贵州省仁怀县，一些蜂场的寄生率高达10%左右，危害非常严重。

3. 防治方法 患病蜂场，应按以下方法防治：

（1）收集病蜂死蜂，及时烧埋

①注意收集箱底、巢门前及放蜂场地上的病蜂死蜂，深埋或焚毁。从箱底收集的蜡屑等杂物（可能含有该蜂的茧）不要随意丢弃，也要随之及时进行相同的处理。

②在晴天，当大部分外勤蜂飞出后，在巢门口安装有双层结构的塑料多用防盗栅，正常的工蜂回巢后可顺利进巢，病蜂因腹部膨大，会被隔在巢门外，然后收集起来烧、埋。

③用按压（腹部）法检查回巢蜂的寄生率，如寄生率很高，应在晴天将病群蜂箱挪开1米左右，原址另放一空蜂箱，单独接纳回巢病蜂，将其集中烧、埋。

（2）加强饲养管理 在进行上述处理、淘汰病蜂的同时，应大力加强对蜂群的饲喂，促其繁殖，提高健康工蜂的比例，恢复群势，逐渐减轻并控制其危害。

（3）中蜂过箱 该蜂对旧法饲养的蜂群危害严重，应改为活框饲养。

（三）胡蜂（马蜂）

胡蜂主要捕食其他昆虫，但也会袭击和捕食蜜蜂。捕食危害蜜蜂的胡蜂主要有金环胡蜂（*Vespa mandarina* Smith，又称牛角蜂、大马蜂、大胡蜂）、墨胸胡蜂（*Vespa velutina nigrithorax* Buysson，又称抱蜂、小胡蜂、花脚蜂）、黑盾胡蜂（*vespa bicolor* Fabr）、基胡蜂（*vespa basais* Smith）等。其中以金环胡蜂危害最大。

1. 形态特征 金环胡蜂体大，长30～40毫米。头橘黄色，有由左右两片粗壮骨化上颚组成强大的咀嚼式口器。胸部黑褐色，腹部背面除最后一节全呈黄色外，其第2～5节黑褐色，并兼有黄色环纹。

墨胸胡蜂体较小，体长18～23毫米。头呈棕黑色，胸部黑色。腹部1～3节背板几乎全为黑色，仅端部有一棕黄色窄边，第4节背板沿端部边缘为一中央有凹陷的棕黄色宽带，基部黑色，第5、6节背板棕黄色。

2. 生活及危害习性

（1）危害习性　胡蜂常筑巢于高树、灌丛、屋檐下、墙洞、岩洞及土洞中。蜂巢为纸质，单层或多层圆盘状结构，顶部有一牢固的柄（俗称胡老包），由中央向四周扩展增大（图9-23）。

图9-23　胡蜂及蜂巢

1. 大胡蜂（金环胡蜂）　2. 土洞中的大胡蜂的蜂巢　3. 大胡蜂的单面巢房

4. 小胡蜂　5. 小胡蜂的蜂巢

对蜂群的危害，墨胸胡蜂、黑盾胡蜂等多至巢门附近凌空猎捕单个采集蜂和归巢蜂。体躯较大的金环胡蜂主要在巢门前捕掠蜜蜂，甚至结伙攻入巢门，将蜜蜂悉数咬死或赶跑，劫掠巢内幼虫和蜂蛹。意蜂喜涌出巢门外迎击，但金环胡蜂体躯坚硬，力大凶猛，迎战的工蜂被其足蹬颚剪，不多时便尸集成堆，如疏于防范，三两天之内便会损失大半，甚至倾巢覆亡。中蜂常会避其锋芒，缩进巢内御敌，将攻入巢内的胡蜂团团围住困死。

中蜂受胡蜂骚扰，影响出勤采集；工蜂性情因此变得暴烈，易蜇人，不便管理，有时甚至会弃巢飞逃。

（2）发生活动规律

①分布地区　小型胡蜂在我国绝大多数地区广有分布。而金环胡蜂喜温怕寒，多分布在海拔较低、气温较高的地区，例如云南省，海拔低于1 700米的地区，危害较重，海拔1 700～2 000米的地区数量较少，海拔在2 000米以上的地区则未发现。贵州省正安县，海拔在1 200米以上地区，数量稀少，时有时无。而在海拔较低（600～700米）的平坝、河谷地带，数量多，危害严重。

②发生活动规律　从发生季节看，春暖花开之后，到蜂群临近越冬前均有发生，南方危害的时间长于北方。如广东发生期为3～11月，贵州稍晚，4月下旬至11月上旬。但均以6～10月的夏秋季节危害最重。

胡蜂都在白天活动，晚间回巢护子。气温13℃以上胡蜂即开始出巢。徐祖荫等（1986）曾对一巢金环胡蜂进行过观察，早上7时30分开始出巢觅食，至20时前后活动逐渐停止。分别呈现两个活动高峰，7时30分至12时为全天活动的第一个高峰期，中午12～14时活动减弱。14时30分至19时为全天

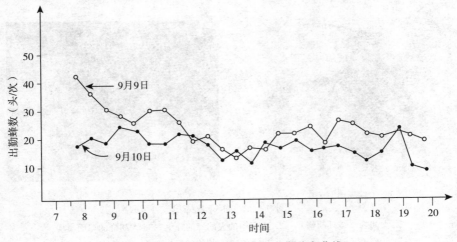

图9-24　金环胡蜂一天中的出巢动态曲线

第二个活动高峰期。上午活动的水平稍稍高于下午的活动水平，但就全天来看，两者之间相差并不明显（图9-24）。由此可见，一天中金环胡蜂出巢采食的活动时间长，均匀而频繁。

胡蜂活动也受天气影响，阴雨天活动少些，久雨初晴后，胡蜂活动量会骤增，如徐祖荫等观察，1986年9月14～16日连续3天阴雨，17日转晴，当天蜂场出现的金环胡蜂数量是下雨前一天的2.2倍。因此，久雨初晴，要特别注意防范胡蜂。

3. 防治方法　由于大、小胡蜂危害性的大小不同，故应区别对待。小胡蜂因多为捕捉单个蜜蜂，损失不大，无需专人整天守候，只要抽空拍杀来犯胡蜂即可。而大胡蜂凶残力大，对中蜂威胁很大，在有大胡蜂出现的地区，不可掉以轻心。

（1）人工扑打　当蜂场上发现胡蜂危害时，可在巢门前用薄木板条、扎成把的细竹条或荆条、细竹竿编成的竹篦（图9-25），拍杀胡蜂。将拍杀的胡蜂尸体放在蜂箱上，可以对胡蜂起到一定的阻吓作用。

扑打胡蜂还须趁早（单俊武，2014）。上半年虽然胡蜂数量不多，但此时蜂群不壮，且有可能出巢捕食的是母蜂（蜂王），打一个就等于少一窝。如果等到下半年胡蜂发展多时再扑打，就会大大增加扑打胡蜂的工作量。

图9-25　竹篦

（2）胡蜂危害期间，中蜂可换用圆孔巢门，或设置金属网罩　在有大胡蜂危害的地区，可用过塑的或不过塑的方格铁丝网（网眼大小，以1厘米³为好），做成斜坡式网罩，罩在蜂箱的前壁上（包括巢门），扩大蜂群的防御区域，减少胡蜂对蜂群的影响（图9-26）。罩上网罩的好处是不需用人全天守候在蜂场上，以免耗费人工。

1米²的过塑方格铁丝网可做斜坡式巢门罩6～7个，每个成本仅2元左右。

（3）敷药放蜂毒杀法　用尼龙网和竹竿做成捕虫网，网捕胡蜂。然后用手按住胡蜂胸部，另一只手用棉签先蘸蜂蜜涂在其腹部，然后再将农药杀虫丹等粉剂黏在蜂蜜上，放其归巢，如此连放十几只，带毒胡蜂归巢后，会令其同类

图9-26　巢门金属网防护罩

中毒，效果不错。

（4）探穴毁巢　用捕虫网网捕胡蜂，然后用马尾或棕丝，一端栓一小团白色的细鹅绒或鸭绒（绒羽），另一头捆在胡蜂的胸腹之间，放其归巢，注意观察其飞行方向，直到看不见时为止，然后在其消失处再放一只。如此连续放飞，直到查清巢穴为止。树上的胡蜂，可于夜间用口袋罩住蜂巢，从蜂巢根部将蜂巢取下，带回烧毁。对于土洞中的蜂巢，可于夜间从洞口塞入去掉雷管的导火索一根，然后迅速用土盖住洞口，点燃导火索。导火索燃烧耗氧，并产生瞬间高温，闷死胡蜂。也可从洞口向内倒入敌敌畏，用土堵塞洞口，毒死胡蜂。

（四）蚂蚁

1. 危害　蚂蚁常在多雨潮湿季节迁入蜂箱或在副盖上、箱底下营巢。一般情况下，蚂蚁虽不能进入巢脾，但蚂蚁的入侵增加了工蜂驱逐蚂蚁的工作，干扰了蜂群正常生活。当蜂群患病、群势削弱、蜂少于脾时，大黑蚂蚁也会乘机在巢脾上拖尸盗蜜，甚至攻击蜂群，使蜂群加速衰败甚至逃亡。

2. 防治方法

（1）加强蜂群的饲养管理　常年饲养强群，及时治疗患病蜂群，经常保持蜂多于脾、蜂脾相称及箱内卫生，及时清除蜂箱内及场地上的蜂尸、蜡屑、糖汁，以减少引诱蚂蚁的物质。

（2）火烧　雨季到来时，蜂箱覆布上常会发现有蚂蚁在上面筑巢。这时可点燃干草或废报纸，将覆布上、副盖上的蚂蚁抖入火中烧死。箱边剩余的蚂蚁，再用点燃的干草把或报纸卷将其烫死。对进入蜂箱内的蚁群，可先将箱内的蜂群转入其他箱内，再用火消灭。

（3）药物诱杀　用焙干粉碎的鸡蛋壳、鸡骨头、小鱼干作诱饵，与市售的灭蚁药（主要成分为赛灭灵）混匀，置小石片或瓦片上，放在蜂箱附近的蚂蚁洞或蚂蚁经常出没的地方。药饵上应放些短树枝及塑料纸遮雨，让蚂蚁取食。接触毒饵的蚂蚁除自身中毒外，将毒饵搬回蚁穴后，还会使其他蚂蚁中毒。

（4）捣毁蚁穴　探明蚁穴后，用尖头木棍或竹竿对准蚁穴部位打洞，看见蚁穴后，用开水烫或用火焰喷灯对准蚁穴喷火。也可将灭蚁药物直接撒入蚁穴内。

（5）架高蜂箱　用 4 根木桩、竹片、竹筒，或用水泥做成水泥桩将蜂箱架高 40～50 厘米，在每根桩柱的桩顶处倒扣上一个透明的一次性塑料茶杯（图 9-27），可防止蚂蚁上箱。如果在杯的内壁涂上一层混有灭蚁药物的凡士林，还可防止白蚁上箱筑巢。

图 9-27　倒扣塑料杯的水泥桩

（五）蟾蜍

蟾蜍又称癞蛤蟆，白天隐藏在草丛或石缝、烂砖堆中，夏天夜间爬到巢门前捕食蜜蜂。一只蟾蜍一夜可捕食几十到上百只蜜蜂。

防治方法：

（1）除草清场，不让蟾蜍有藏身之地。

（2）钉木桩支高蜂箱，离地 30～50 厘米，使蟾蜍捉不到蜜蜂。

（3）人工捕捉。可在晚上巡视蜂箱。因为蟾蜍也帮人们捕捉作物上的害虫，因此对捕捉到的蟾蜍要送到离蜂场 1 千米以外的地方放生。连捉几晚可基本控制危害。

（六）蜘蛛类

蜘蛛也捕食蜜蜂。蜘蛛种类较多，进入蜂巢内的，大多数不结网，开箱管

理蜂群时，要注意杀灭蜘蛛。对于在蜂箱附近和蜂场附近的蛛网、蜘蛛，要用树枝或竹竿搅集、清除蛛网，踩死蜘蛛。

（七）鼠类

鼠平时咬坏蜂具和保管不善的巢脾，冬天潜入蜂箱（或在大盖与副盖间）筑巢，破坏保温物，啃食巢脾，搔扰越冬蜂群，使之不安，增加饲料消耗，甚至蜂群散团冻死。

防治方法：

（1）备用巢脾、巢础应装在完整无缝、整齐一致的蜂箱和继箱中保存。巢门要用钉子钉好。

（2）毒饵诱杀。

（3）冬季在蜂群的巢门前钉一排小钉，阻止鼠类进箱。

（八）啄木鸟

啄木鸟在林区冬天，外界不易觅食时也会啄破蜂桶和蜂箱，叨食蜜蜂。通常北方重于南方。吉林养蜂所中蜂保种场有一年冬天曾被啄木鸟损毁100多群蜂。尤其是离人较远、不能随时看管的蜂场，应注意啄木鸟危害。

预防啄木鸟危害的办法是结合越冬包装，给蜂箱、蜂桶穿"外套"。老桶外可用塑料蛇皮口袋包裹住箱身，留出巢门。活框蜂箱除蜂箱前壁外，左、后、右三面用塑料薄膜和草帘围住，箱前用石棉瓦或其他板材斜搭在箱门口，这样既可保温遮光，又可防止啄木鸟伤害蜂群。

（九）熊

深山区、生态条件好的地区常有熊出没，毁箱食蜜。对付熊的办法，一是养犬报警，当发现有熊来犯，可放鞭炮驱熊。有电的地方，可在蜂场四周拉电线，安装电灯及录音机（图9-28），一旦夜晚犬吠示警，立即打开电灯，播放音响，吓阻熊。

图9-28 设在蜂场内防熊用的录音机

（十）蛞蝓

蛞蝓（又称鼻涕虫）是蜂箱中常见的卫生性害虫，通常生活在蜂箱的箱壁及副盖上。放在地面和潮湿的蜂箱，蛞蝓尤喜入住。蛞蝓及蛞蝓排出的粪便会污染蜂箱。

对蛞蝓的防治：

（1）撒少量食盐在箱底（无蜂一侧）。

（2）熬煮浓的辣椒水，掺入少量食用碱化开，擦拭无蜂处的箱壁、箱底和副盖，以驱避蛞蝓。

（十一）其他敌害

除上述敌害外，还有蜻蜓、茄天蛾（又称扑糖蛾、鬼脸天蛾）（图9-29）、壁虎（图9-30）、蜥蜴、山雀、黄蜂虎（鸟类）、黄喉貂、青鼠鼬（蜜獾）等，主要是加强防止和驱除。蟑螂（俗称偷油婆）是箱内卫生性害虫，在检查蜂群时可一并清除。

图9-29　鬼脸天蛾

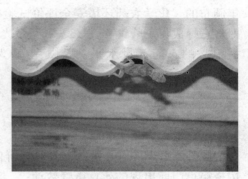

图9-30　壁虎

五、农药中毒的预防和急救

现代农业生产的病虫害离不开药物防治，化学农药具有高效、快速、使用方便、经济效益高等优点，因此化学防治成为植物保护工作中最常用的方法，也是作物病虫害综合防治中的一项重要措施。2006—2007年，全世界施用了大约235.9万吨农药，其中除草剂占40％，其次是杀虫剂，占17％，杀菌剂占10％，其他农药占33％。随着世界人口不断增长，对粮食等农产品需求量不断增强，化学农药的施用量也必然会逐年增加。

使用化学药剂灭虫、除草、杀菌，都会使蜜蜂中毒，由于各种农药的大量使用，蜜蜂农药中毒也一直是困扰我国养蜂业的一大问题。

蜜蜂农药中毒，主要是在采集喷施农药后作物、果蔬等花蜜、花粉时发

生的，也有的是采集施用农药后污染的水源（如稻田）、作物上的露水而引起的。

要预防和农药危害，养蜂员首先要对各种农药的种类、对蜜蜂的毒性要有所了解。

（一）常用农药的种类及对蜜蜂的毒性

1. 农药对蜜蜂的毒性　常用农药分为杀虫剂、杀菌剂、除草剂、生物农药等几大类，其中对蜜蜂危害最大的是有机杀虫剂及除草剂，杀菌剂、生物农药危害较小。

农药对蜜蜂毒杀主要有触杀（如西维因）、胃毒（如敌百虫）和熏蒸（如敌敌畏）三种方式。

根据农药对蜜蜂毒力大小，又可分为高、中、低毒三个等级。我国 1989 年颁布的《化学农药环境安全评价试验准则》规定以半数致死量 LD_{50} 来表示，即将意蜂成年工蜂饲养在 23～27℃微光条件下使其接触农药 24 小时后中毒死亡 50％ 的农药剂量水平，以微克/蜂为单位，按 LD_{50} 的大小，划分为三个等级：

——高毒为 0.01～1.99 微克/蜂，

——中毒为 2.0～10.99 微克/蜂，

——低毒大于 11.0 微克/蜂。

国外学者 Radunz 和 Smith 对蜂群内蜜蜂的死亡率提出了如下评价标准，按蜂箱巢门前出现的死亡蜜蜂数计：

正常死亡率：<100 只蜂/天，

低死亡率：200～400 只蜂/天，

中等死亡率：500～900 只蜂/天，

高死亡率：>1 000 只蜂/天。

2. 常用农药的种类　按用途可分为：杀虫剂、除草剂、杀菌剂。

其中杀虫剂按成分又可分为人工合成的有机化学杀虫剂、天然植物杀虫剂（如鱼藤精）、生物制剂（如苏云金杆菌、阿维菌素）。前者对蜜蜂的毒性大，后两者一般毒性较小（但阿维菌素对蜜蜂的危害较大）。

有机杀虫剂按化合物类型又可分为：

（1）有机氯杀虫剂（如七氯、林丹）　对蜜蜂有高毒性。

（2）氨基甲酸酯类杀虫剂　如西维因、涕灭威、克百威（残留期 7～14 天）、灭多威、灭虫威、自克威、残杀威（长效）、抗蚜威等。除抗蚜威相对无毒外，其余均为高毒性。其中西维因为使用最多的广谱性杀虫

346

剂，一些作物在花期施用该粉剂农药，残留期3～7天，会对田间蜜蜂造成灾害。

（3）有机磷杀虫剂 如敌敌畏、乐果（残留期3天）、氧化乐果、倍硫磷、杀螟硫磷、马拉硫磷（残留期5.5天）、甲胺磷、甲基对 硫磷（残留期5～8天）、速灭磷、久效磷、磷胺、杀虫威、亚胺硫磷、甲泮磷、砜吸磷、二溴磷、杀扑磷、地虫磷、丰索磷、百治磷、二嗪农、毒死蜱、谷硫磷（残留期2.5天）、高灭磷（残留期3天），以上均为高毒性。其中，甲基对硫磷施用后，当蜜蜂飞临，药液中的微胶囊就黏附在带有静电的蜜蜂体毛上，被搜集进入花粉团内，缓释效应使得它具有几个月的危害潜力。该药被联合国环境规划署列为持久性有机污染物，被世界卫生组织列为"剧毒，非常危险"，因此专家建议只能在没有蜜蜂的场合使用。有机磷农药中的高灭磷（残留期3天）、甲基内吸磷为中等毒性。蝇毒磷、敌百虫相对无毒，蝇毒磷可治螨，但过量也会使蜜蜂中毒。

（4）拟除虫菊酯类杀虫剂 如百灭灵（残留期1～2天）、赛灭灵、青戊菊酯（残留期1天）、灭虫菊、高效氯氟氰菊酯、高效氯氰菊酯等，对蜜蜂均为高毒性。

（5）新烟碱类（又称尼古丁类）杀虫剂 如可尼丁、噻虫嗪、噻虫胺、益达胺、氟虫腈、吡虫啉等。这些农药残效期长，国外研究机构证实，对蜜蜂具高毒性，2007—2013年该类农药先后被德国、法国和欧盟禁止使用。

除草剂中，高毒的有百草枯（灭生性）、草甘磷（内吸性，残效期长）等。此外还有乙草胺、丁草胺、二四滴等。二四滴（合成生长素除草剂）具有生长调节激素的作用，通过过度刺激杀除阔叶植物，对蜜蜂相对无毒。

在防治效果相同或接近的情况下，应尽量建议农药使用者选用对蜜蜂毒性较低、残效期短的药物。

（二）蜜蜂农药中毒的症状

在采集时接触到杀虫剂的蜜蜂，有些在回巢途中就会死亡，在田间、果园、道路和蜂箱附近，都可发现死蜂。

有些蜜蜂则在回巢后产生中毒症状。蜂群中毒后，变得兴奋、暴怒、爱蜇人。大批成年蜂出现肢体麻痹、失去平衡，无法飞翔，在箱门前或地上打转；或颤抖爬行。中毒死蜂多呈伸吻、张翅、钩腹状，有时回巢的死蜂还带有花粉团。严重时，短时间内在蜂箱前或蜂箱内可见大量死蜂（图9-31），且全场蜂群都有类似症状，群势越强，死蜂越多。开箱后可见脾上蜜蜂疲弱无力，堕落。此后外勤蜂明显减少。

图 9-31　因农药中毒死亡的蜜蜂（李举怀摄）

当外勤蜂中毒较轻而将受农药污染的花蜜、花粉带回蜂巢时，巢内幼虫也会中毒，有的幼虫中毒后会发生剧烈抽搐滚出巢房（俗称跳子）；有的会在发育的不同时期死亡。即使部分能羽化成蜂，出房后也会成为残翅蜂，体重减轻，寿命缩短。蜂群因成蜂、幼虫大量死亡，群势下降，甚至全群覆亡。

蜜蜂农药中毒，除出现以上急性中毒的症状外，还会导致出现农药慢性中毒和亚致死效应的影响，削弱蜜蜂的免疫系统，影响幼虫的正常生长发育，影响成蜂的劳动分工、学习和记忆能力以及采集行为等。2013 年 3 月，在欧洲开展的一项研究发现，在蜜蜂饲料里加入亚致死剂量的噻虫嗪（新烟碱类）杀虫剂，导致 1/3 以上的蜜蜂迷失方向，无法返回蜂巢。因此，农药亚致死剂量导致的蜜蜂中毒，是造成欧洲、美国等地区蜂群消失症（即 CCD）的重要原因。

（三）防控措施

一旦蜜蜂发生农药中毒，造成的损失很难挽回，关键在于早作预防，尽量避免发生农药中毒现象。

1. 协调用药　养蜂员应仔细了解、摸清放蜂当地农田、果蔬用药的时间、种类和习惯，积极与当地植保部门和种植户取得联系，协调好双方关系，尽量做到花期不喷药。若必须在花期喷药的，应尽量在清晨或傍晚喷施，以减少对蜜蜂直接毒杀，并尽量选用对蜜蜂低毒和残效期短的农药。

2. 隔离蜂群　在习惯施药的蜜源场地放蜂，蜂场应安置在距蜜源场地 300 米以外的地方，不宜靠得太近。

养蜂户应争取种植户在用药前 3 天提前发出通知。若大面积喷施对蜜蜂高毒的农药，应及时搬走蜂群，到 3～5 千米以外的地方回避 3～5 天。如蜂群一时无法搬走，应关闭蜂群巢门，遮盖蜂箱。幽闭期间，应注意对蜂群通风、遮光、喂水，一般可关闭 1～3 天。

3. 密集群势   定地饲养的蜂群，无法回避用药期，因此难免会受到农药的干扰，群势衰弱下降，并影响到后期蜂群的正常繁殖。例如，广西来宾地区是我国最大的甘蔗种植基地，每年春、夏季都要施用两次除草剂，导致大批蜂群中毒。据黄善明对当地多名养蜂员调查，自施用除草剂后，当地蜂群数量下降了60%～70%。为此，他本人采用缩脾紧脾的办法，如7框蜂量紧脾到5～6框，以保证蜂群在中毒后，仍能正常繁殖，安全度过农药施用期。采取紧脾措施后，黄善明的蜂群不但没有损失，而且每群蜂到夏、秋季节，还能正常取到蜂蜜。

4. 政府及农业主管部门引导农民科学、合理用药，降低农药的使用量
根据2013年美国《科学》杂志报道，不同国家使用杀虫剂的方式有很大差异。比如在全球杀虫剂数量激增的背景下，北美地区农药销量并未大幅增加——美国的使用量事实上还有所减少。据2007年统计资料显示，美国农民使用杀虫剂相对"节省"，每公顷耕地仅使用2.2千克。而在农民受到较少培训的我国，每公顷的用药量约为10.3千克。

由于滥用农药不但对蜜蜂有害，而且还会引发农产品农药残留量超标、污染环境、破坏生物多样性，导致出现耐药性病虫草害等多种问题，甚至直接威胁到人类自身安全（有些农药会影响幼童脑部发育）。因此，政府及农业主管部门要采取有效措施，加强培训，指导农户科学用药，尽量选择那些对环境影响小、低毒低残留的农药品种，降低用药量和使用频度，并组织农户实行统防统治，缩短用药时期。

（四）急救措施

1. 置换饲料   若只是外勤蜂中毒，及时撤离施药区即可；若有幼虫中毒现象，则需摇出受污染的蜂蜜，淘汰受污染的花粉脾，另喂清洁饲料。

2. 喂糖浆稀释和药物解毒   给中毒的蜂群饲喂1∶1的糖浆或甘草水糖浆。对于确知有机磷农药中毒，应配置0.1%～0.2%的解磷定溶液或用0.05%～0.1%的硫酸阿托品喷脾解毒。对有机磷或有机氯农药中毒，也可在20%的糖水中加入0.1%食用碱喂蜂解毒。新型农药一般无有效的解毒剂，大面积喷施时以迁场为宜。

（五）合理维权

如果蜂群一旦发生恶性农药中毒事件（如被人投毒或恶意喷洒），造成严重经济损失，养蜂户应积极向政府有关部门报告，合理维权，要求肇事者予以相应赔偿。

第十章 蜜粉源植物和中蜂
的授粉价值

一、蜜粉源植物

凡是能从花中或叶中分泌蜜露（花露）的植物，统称为蜜源植物。有些植物不流蜜，只有花粉，这些植物又称为粉源植物。

我国的显花植物除风媒花外，多数虫媒花的授粉都与中华蜜蜂有关。也就是说，中华蜜蜂是主要的授粉者。因此，广义上在我国本土上几乎所有能分泌蜜汁的显花植物都是中华蜜蜂的蜜粉源植物。

蜜粉源植物不仅是中蜂本身的食物来源，而且也是人们利用蜂群生产蜂蜜、蜂蜡等蜂产品的物质基础。中蜂大多为定地饲养，当地蜜源条件的好坏，对蜂群的繁殖、产蜜量和养蜂收益的大小有着非常密切的关系。因此，养蜂员必须认识、掌握蜜源植物的种类、数量分布、开花泌蜜时间及特点、丰歉规律及各个花期之间的衔接情况，才能制定出相应的饲养管理措施，充分合理地利用蜜源，创造较高的经济效益。

（一）主要蜜源植物

我国能被中蜂利用并能形成重要商品蜜的蜜源植物如下。

1. 油菜 油菜在我国绝大多数地区皆有栽培。前一年种植，第二年春季开花的称春油菜，开花期：岭南 11 月底或 12 月上、中旬，长江中下游 2 月至 3 月下旬，长江上游 3 月上、中旬，黄河中下游 4～5 月。当年春季播种，夏季开花的称夏油菜，主要分布在青藏高原和西北、东北地区，6～7 月开花。油菜种类有甘兰型、白菜型、芥菜型 3 种，芥菜型、白菜型开花较早，甘兰型开花较迟。油菜花期 30～40 天，主要流蜜期 20～25 天。同一地区、不同海拔开花期不同，低海拔开花早，高海拔开花迟。

油菜号称铁杆蜜源，蜜、粉充足，早期油菜可供蜂群繁殖，晚期油菜可供采集商品蜜。每群可产蜜 8～15 千克。蜜呈浅琥珀色，结晶洁白而细腻。

2. 柃 柃（又称野桂花、山桂花）为山茶科柃属植物，长绿灌木或小乔木，因花形类似于桂花并簇生于叶腋，故又名野桂花。野桂花种类很多，我国定名的就有80多种，主要分布在长江以南海拔600米以下的丘陵地区，其中在湖南、江西、湖北、贵州东部及福建、广东、广西北部山区，柃是当地杂木林中的优势种群。

野桂花因种类多，从10月至翌年3月都有柃属植物开花，一般气温在12℃以上才能泌蜜，15℃时泌蜜最佳。通常在低热地区、冬春气温较高的年份，能收蜜。丰年每群可收蜜10～15千克。蜜香味淡雅，结晶白而细腻；也有的因杂有其他秋蜜，蜜色偏黄，但香味则更加浓郁，野桂花蜜因气味芳香，质量上乘，号称"蜜中之王"。

3. 鸭脚木 鸭脚木又称八叶五加、鹅掌柴，属五加科鹅掌柴属植物，常绿灌木或乔木，掌状复叶，大形园锥花序。同属的穗状鹅掌柴、球状鹅掌柴、海南鹅掌柴和星毛鹅掌柴都是优良的木本蜜源植物。主要分布在亚热带北回归线附近的福建南部、广东中北部及广西中部山区。

开花期于10月中旬至翌年1月，花期一般为25～30天。泌蜜量大，气温11℃开始泌蜜，18℃以上是泌蜜的最适温度。蜜浅琥珀色，结晶白色，颗粒细，味微苦，因生产季节在冬季，又称为冬蜜，是南方上等蜂蜜，深受东南亚各国欢迎。

4. 野坝子 野坝子又称皱叶香薷，属唇形科，多年生草本至灌木。叶对生，叶面多皱纹，假穗状花序。主要分布于云南北回归线以北，四川与贵州的西南部。

一般在10～12月开花，花期30～40天，气温8℃以上开始泌蜜，17℃时泌蜜最多，为西南山区主要的秋冬季蜜源。每群蜂常年可取蜜10～15千克。蜜呈浅黄绿色，易结晶，结晶乳白，细腻如脂，质地较硬，故称油蜜，又称硬蜜，味清香，甜而不腻。

5. 野藿香 又名野草香、野苏麻、一柱香、野木姜花。唇形科植物，一年生草本，穗状花穗，顶生，花淡紫色。分布于西南及陕西、河南、湖北、湖南、安徽等地区。

花期在云南、贵州为9月下旬至11月，为云贵山区秋冬季的主要蜜源植物。分布集中地每群可取蜜10～15千克。蜜易结晶，结晶浅黄色，细腻，有特殊香味，蜜质好。

同科的植物东柴苏、香薷（又名半边香、山苏子、蜜蜂草）、鸡骨柴（酒药花）等，都是同期开花的重要蜜源植物，与野藿香一起，构成中蜂秋、冬蜜的产量。

6. 荔枝 荔枝属无患子科荔枝属，栽培果树。乔木，园椎花序。主要分布于无霜期短的南亚热带地区。分布于北纬 18°～30° 的范围内，以广东、福建、广西种植最多，其次为海南、台湾、四川，云南和贵州（册亨）有少量栽培。

开花期因品种和气候差异也不尽相同。广东早、中熟品种 2～3 月，晚熟品种 3～4 月。福建早中熟品种 3 月至 4 月初，晚熟种 4 月至 5 月中旬。广西 3～4 月。一个品种花期 30 天左右。

荔枝是春季和夏初的主要蜜源。气温 18～25℃ 时最适开花流蜜，粉少蜜多，正常年景每群可取蜜 8～15 千克。蜜浅琥珀色，结晶白，味甜美，香气浓郁，为上等蜜。

7. 龙眼 龙眼（又名桂圆）为亚热带常绿乔木果树。主产福建、台湾、海南、广东和广西，四川、云南、贵州也有少量分布。

花期 3 月中旬至 5 月上旬，为春末夏初主要蜜源。龙眼蜜多粉少。泌蜜适温 24～26℃。蜜琥珀色，味香，结晶颗粒稍粗，为上等蜜。

8. 枇杷 枇杷为蔷薇科枇杷属常绿小乔木，栽培果树。主要分布在长江以南各省；其中福建、浙江、江苏、四川栽培较多。湖北、台湾、贵州、云南也有栽培。

10～12 月开花，群体花期 30 天左右，不同品种、不同地区花期稍有不同。因冬季开花，易受寒潮影响，不能稳产。枇杷开花结果有大、小年之分，但有经验的果农在初果期疏果，可以缩短大、小年之间的差距。枇杷花蜜、粉均有。蜜呈浅琥珀色，芳香可口，结晶较白，为上等蜜。

9. 紫椴 紫椴（小叶椴）为椴树科落叶乔木，主要分布于东北小兴安岭和长白山林区。椴树科植物很多都是优良的蜜源植物，如糠椴（又称大叶椴，分布与紫椴一致）、华椴（中国椴）、蒙椴、少脉椴、糯米椴等。其中，华椴主要分布于西北秦岭南北坡、关山、乔山、子午岭及六盘山地区。

紫椴花期 6 月下旬至 7 月中旬，糠椴 7 月上旬至 7 月下旬。华椴 6～7 月开花。椴树流蜜有大、小年之分，常年每群蜂可采蜜 20～40 千克。蜜特浅琥珀色，结晶乳白细腻，浓郁芳香，为上等蜜。

10. 荆条 马鞭草科落叶小灌木，多生长于林缘、山沟及河谷地带。全国各地均有分布，主要分布于辽宁西部、河北北部、北京郊区、山西南部及河南、山东、陕西、甘肃、安徽、四川、湖北等省。同属植物黄荆在云南、湖南、贵州也有分布。

开花期长，6～8 月开花。气候晴热、潮湿泌蜜好，久雨不晴，影响泌蜜。荆条蜜粉丰富。因种类不同，蜜呈水白色至琥珀色，有香味，蜜质好。

11. 山乌桕 山乌桕也称野乌桕，还有人工栽培的家乌桕（桊子、桕子、木油子）。

山乌桕主要分布在亚热带地区，长江以南各省及台湾、海南均有分布。人工栽培的家乌桕在重庆涪陵地区及贵州黔东北一带仍保留较多，其他省份已逐渐减少。

开花期，海南为4～5月，广东、广西、江西为5月下旬至6月下旬，重庆、贵州为6月中旬至7月中旬，花期30天左右，泌蜜温度28～30℃，蜜呈琥珀色，蜜质一般。乌桕花期每群中蜂可产蜜10～20千克。

12. 盐肤木 盐肤木又称五倍子，漆树科落叶小乔木。圆锥花序顶生。适应性强，常生长于山坡、疏林、路边。除新疆、青海等少数地区外，大部分省、自治区均有分布。

花期8月下旬至9月上、中旬，花期长达20多天，蜜粉丰富，为秋季最重要的蜜源植物，一般每群蜂可采蜜8～15千克。蜜呈黄色，味微苦。

另有同属植物青麸杨，主要分布于河南、河北、陕西、山西、湖北等省；红麸杨又称铁五倍，主要分布于我国西南和华中山区，开花期6月中旬至7月上旬，花期15～20天，也是很好的蜜源植物。

（二）春季主要的辅助蜜源植物

每年2～5月，尤其是我国长江以南地区，会有很多栽培或野生的蜜源植物相继开花流蜜，蜜源植物种类繁多，一般以十字花科（如白菜、萝卜）、豆科（蚕豆、紫云英、苕子、白刺花、洋槐、白三叶、合欢等）、芸香科（柑橘类、黄皮等）、蔷薇科（小果蔷薇及各种泡类，桃、李、梨、杏、苹果、樱桃、山楂、刺玫、火棘等）、壳斗科（板栗、茅栗、椎栗及其他栲属植物等）、杜鹃花科为主。此外，春季开花流蜜的还有柳（3～4月开花）、榆、三角枫、油桐、泡桐（4～5月开花）、山鸡椒（凌子、山苍子）、黄牛木、蒲公英、侧金盏、五味子、山荆子、槭、连翘、丁香、山芝麻、忍冬、贝母、银莲花、驴蹄草、延胡索、桉等。在这些植物数量大、分布集中的地区，中蜂也可以收获单花种蜜。其中比较重要的有以下几种：

1. 紫云英 紫云英又名红花草，一年生草本，多作稻田中绿肥，主要分布于长江中下游地区。

广东肇庆、广西玉林1月下旬开花，2月中旬结束。花期四川成都为3月下旬至4月下旬，江西、湖南为4月上旬至4月下旬，河南信阳为4月中下旬至5月中、下旬。贵州黔东南3月下旬至4月中下旬开花，花期35～40天，盛花期15～20天。但紫云英常在盛花期大部分被翻犁作为绿肥，留种田对养

蜂利用价值较大。蜜琥珀色，有香味，属上等蜜。

2. 杜鹃属 杜鹃花科杜鹃属植物为常绿或落叶灌木，种类很多，花艳丽。我国除新疆外，各地均有分布，以云南、四川、贵州、西藏等地种类最多，群落集中。

花期2～5月，为西南各省春季主要的山花蜜源。蜜浅琥珀色，结晶后黄白色，具清香味。

3. 柑橘类 柑橘属芸香科柑橘属植物，是我国南方重要果树。与柑橘同属的还有柚、甜橙等，流蜜都较好。

3～5月开花，花期10～15天。天气晴好时能收蜜。柑橘蜜呈浅琥珀色，具柑橘芳香味，味略酸。

4. 米槠 米槠（小红栲）属壳斗科常绿乔木，常生于山谷、山坡杂木林中。分布于长江以南各省（自治区），如广东、广西、江西、福建、浙江、台湾、湖南、云南、贵州等。

4月开花，花期10～15天，蜜、粉丰富，午后泌蜜，其他同类栲属植物我国有60多种，多数为良好蜜源，如罗浮栲、甜槠、小叶槠、华栲、刺栲、海南栲、鬻蒴等。槠蜜色泽很深，浓度高。

5. 板栗 板栗为壳斗科，落叶乔木，栽培经济林。分布在我国长江中下游和黄河中游各省。

长江流域4～5月开花，同期开花的还有野生的茅栗和椎栗，蜜色很深，气味重，稍带苦味。

6. 红皮水锦树 红皮水锦树为茜草科灌木或小乔木，主产于云南南部，多生于海拔1 000～1 600米山谷、河边或路旁。

2～4月开花，花期长达40多天，是云南南部的重要蜜源。同属植物水锦树分布于广东、广西、云南、四川、贵州等省、自治区，4～7月开花。蜜质优良。

（三）夏季的主要辅助蜜粉源植物

夏季的主要辅助蜜源植物有各种栽培的瓜类（冬瓜、南瓜、西瓜、香瓜）、豆类、芝麻、枸杞、党参、辣椒、芸芥、荞麦、向日葵、柿、橡胶、槟榔、香蕉，以及多种鼠李科植物（如枣、酸枣、冻绿、拐枣）、菊科植物（蒲公英、地柏枝、大蓟、刺儿菜）、唇形花科植物（密花香薷、百里香、荆芥、益母草、鼠尾草等）、豆科植物（苦豆子、紫穗槐、铁扫帚、胡枝子、草木樨、苜蓿、黄花棘豆、白三叶、黄芪等）、蔷薇科植物（萎陵菜、乌泡、蚊子草、珍珠梅、刺梨等）、沙棘、漆树（花期6～7月）、香椿（花期5～6月）、野葡萄、乌蔹梅、黄柏、女贞、冬青属（如三花冬青、铁冬青、广东冬青、华南冬青、榕叶冬青、毛冬青、梅叶冬青等）、橄榄、猕猴桃、老鹳草、马蔺、槭树、楸树、梓树、山矾、柳兰、唐松草、空心柳、小叶桉、窿缘桉、苦楝子以及粉源植物玉米、水稻、金丝桃等。其中比较重要的有：

1. 岗松　岗松俗称铁扫把，桃金娘科灌木。主要分布于广西、广东、福建、江西。

花期5～7月，对蜜蜂越夏很有帮助，分布集中地有可能取到蜜。

2. 树参　树参又名木荷、偏荷枫、半荷枫，五加科常绿乔木或灌木。分布于长江以南各省，其中江西、湖南、福建、广东等省较多。

花期6～8月，蜜粉丰富，分布数量多的地区可采到商品蜜，蜜质很好。

3. 胡枝子　胡枝子又名苕条，豆科落叶灌木，黑龙江、吉林、辽宁、河北、山西、陕西和河南等省均有分布。

7月中旬开花，8月下旬结束。为东北地区夏秋季主要蜜源。可取蜜，蜜浅琥珀色，结晶洁白细腻；甘甜芳香。

4. 草木樨状黄芪　此外还有多枝黄芪，两者均为豆科黄芪属植物，多年生草本。主要分布在我国华北、西北一带，后者在云南、四川等地也有分布。

7～8月开花，花期长，前者30～40天，后者40～50天，是当地夏秋季良好的辅助蜜粉源。分布集中地每群蜂可取蜜10～15千克。

5. 百里香　百里香又名地椒，唇形花科半灌木，多生长于荒坡路旁。主要分布于陕西、甘肃、宁夏、内蒙西部及山西北部的黄土高原地带。

花期6月上旬至7月下旬，是西北地区重要辅助蜜源，可产蜜，蜜呈琥珀色，有刺激性异味，为西北夏秋季重要蜜源。

6. 金花小檗　金花小檗又称小叶鸡脚黄连，属小檗科落叶或半落叶常绿灌木。主要分布于湖北、四川、贵州、云南、西藏等省、自治区。

3～7月开花，一地花期20多天。蜜粉丰富，蜜呈浅黄色，味带苦味，是很好的药用蜜。该属植物我国有200多种，以西部省区最多，均为重要的蜜粉源植物。

7. 橡胶　橡胶在雷州半岛、海南岛、云南西双版纳等地都有种植。在广东每年开花2次，偶有3次。主花期为3月下旬至4月下旬，长达20多天。第二次开花为5～7月，第三次开花8～9月。橡胶不但花期长，开花时有蜜有粉，而且其叶柄蜜腺也能够分泌甜汁，落叶后的叶柄着生处，台风过后叶子受伤处也会有蜜露产生。因此，橡胶是很有价值的辅助蜜源，尤其在比较缺蜜的夏、秋季节。

橡胶流蜜期也能取蜜，蜜汁颜色较深，质量中等。

8. 窿缘桉 窿缘桉（小叶桉）属桃金粮科植物，多作为行道、荒山的绿化植物以及橡胶的防护林。

广东开花期 5 月下旬至 7 月上旬，长达 30 多天，泌蜜期长达 22～25 天，泌蜜适温为 20～32℃。

窿缘桉花期蜜粉丰富，蜂喜采，产蜜量较稳。蜜色深，有桉醇味。

（四）秋、冬季主要辅助蜜源植物

秋、冬季有大量的菊科〔如苦蒿（只有粉）、鬼针草、飞机草、千里光、野菊花、瑞苓草、秋鼠麴草（大叶火草）、蓟等〕、唇形花科〔如鸡骨柴、东紫苏（半边苏）、野藿香（野草香）、野坝子、香薷、毛水苏、紫苏、紫荆芥、蓝萼香茶菜〕、山茶科（柃属、茶、油茶）、桃金娘科（柠檬桉、大叶桉、蓝桉等）、蓼科（荞麦、辣蓼、头花蓼、水蓼）、玄参科（玄参、轮叶婆婆纳）植物以及地榆、川续断、爵床、楤木（刺老包）、九龙藤、飞龙掌雪、海南栲、含羞草、葎草、竹节草（又名鸭嘴草、茸草、绒草）和芒（只有粉）等开花流蜜、排粉。其中比较重要的辅助蜜源植物有：

1. 千里光 千里光又称千里明、九里光。多年生草本，藤状，多生长于路边、土坎、田坎，主要分布于我国南方。

开花期长，贵州 10 月上中旬至翌年 3 月开花。它与 10 月中旬至 12 月上旬开花的同科植物秋鼠麴草（大叶火草）、野菊花等共同构成我国南方的秋、冬季的主要辅助蜜源。

秋冬季气温高，天气晴好，可取蜜，每群蜂可取蜜 8～20 千克。蜜呈金黄色，味芳香，为上等蜜。如野菊花泌蜜好，有时会稍带药味和苦味。

2. 荞麦 荞麦为小杂粮，我国南北方均有种植，开花期南北不同，长城沿线 8～9 月开花，淮河流域 9 月开花，湖南、江西、贵州 9～10 月，广东、广西 10 月下旬至 11 月中旬。

荞麦蜜粉丰富，不仅该花期可取蜜，而且可与菊科的鬼针草（8～10 月开花）一道，为蜂群越夏后恢复发展群势，夺取冬蜜（如千里光、野桂花、野藿香、鸭脚木等）丰收，打下基础。在种植面积大的地区，通常一群蜂可产蜜 10～30 千克，蜜色较深（深琥珀色），有特殊气味，但营养价值较好。

3. 柠檬桉 柠檬桉为桃金娘科常绿植物，广东、广西、海南栽培较多，福建、四川、云南也有少量栽培。花期 11～12 月。同科植物大叶桉分布于四川、云南、贵州、广西、福建、浙江，花期 9～11 月；蓝桉，主要分于云南，四川西部也有少量栽培，花期 10 月。均为上述地区秋冬季主要辅助蜜源。

桉树花期可取蜜，泌蜜温度 20℃以上，但蜜色较深，有桉醇味。

4. 川续断 川续断又称山萝卜，系川续断科多年生草本植物。茎粗壮，头状花序圆球形，花白色。主要分布于四川、云南、贵州、湖北、西藏等省、自治区。

8～10月开花，一地花期30～40天。蜜粉较好。

5. 玄参 玄参为著名的传统中药材，具有凉血滋阴、泻火解毒的功效。在我国山东、四川、重庆、陕西、贵州、河北、辽宁等地均有栽培。

据戴荣国（2012）等报道，玄参在重庆地区8～9月开花，花期长，泌蜜量大，日照对其没有影响，只要温度在20℃以上即可流蜜。每群蜂可取蜜8～10千克。蜜呈深琥珀色，味甜微酸，是一种很有特色的中药材蜂蜜。

（五）有毒蜜源植物

有毒蜜源植物分为两类：一类是该植物的花蜜及花粉被工蜂采集回巢后对蜂群无害，而它的蜂蜜、花粉被人畜食用后，会引起恶心呕吐、头昏等症状，严重者引起心力衰竭而死亡；另一类是花蜜对蜜蜂幼虫有害，引起工蜂幼虫死亡，而酿造的蜂蜜对人、畜无害。这两类有毒蜜源植物多数分布在长江流域各省，以华南、西南为多。

1. 有毒的蜜源植物

（1）有毒蜜源植物的种类、特征

①雷公藤 雷公藤（图10-1）为卫矛科藤状灌木，主要分布在长江以南各省，华北、东北山区也有分布，生长于山地林内阴湿处。

花

果实

1　　　　　　　　　　2

图10-1　雷公藤

1. 雷公藤照片（任再金摄）　2. 雷公藤线描图

357

雷公藤高达 3 米，小枝褐红色，有 4～6 棱，密生瘤状皮孔及锈色短毛。单叶互生，宽卵形，长 4～7 厘米、宽 3～4 厘米。聚伞圆锥花序，顶生及腋生，被锈毛，花杂色，白绿色；蒴果具 3 片膜质翅，长圆形，蒴果未成熟时紫红色，成熟后茶红色。花期 6～7 月，蜜腺袒露在花盘上，蜜呈深琥珀色，味苦且带涩。

雷公藤蜜食用后有苦涩味，中毒症状为：剧烈腹痛、上吐下泻、胸闷气短、血压下降，中毒严重者会导致休克，甚至心脏衰竭而死。引起中毒的物质是雷公藤酮和雷公藤碱。

②昆明山海棠 又名紫金藤、九团花。与雷公藤同属卫矛科植物（图 10-2）。

1   2

图 10-2 昆明山海棠（张学文摄）
1. 昆明山海棠的茎、叶   2. 丛生的昆明山海棠

藤本灌木，高达 3 米，小枝棕红色，有 4～6 棱，密生瘤状皮孔及锈色短毛。叶椭圆形至宽卵形，叶背面有毛，多为白绿色，常较宽大，长多为 6～10 厘米。聚伞圆锥花序宽大，顶生及腋生，长 5～7 厘米，被锈毛。花杂性，白黄色，直径达 5 毫米；花盘 5 浅裂，雄蕊生浅裂内凹处，花粉白色；子房三角形，不完全 3 室，每室 2 胚珠，通常仅一个胚珠发育，柱头 6 浅裂。蒴果具 3 片膜质翅，矩圆形，长 1.5 厘米、宽 1.2 厘米。种子通常 1 粒，有时则为 3 粒，黑色、细柱状。

昆明山海棠与同属雷公藤非常相似，二者常混生，区别仅在于雷公藤叶两面绿色，常较小，长 4～7 厘米。聚伞圆椎花序也常较昆明山海棠窄小。

昆明山海棠主要分布于长江以南以及西南各省。根据张学文、李建军等（2007）在云南观察，昆明山海棠花期，海拔 1 700 米左右的地区为 5 月下旬至 6 月下旬，海拔 2 200 米左右的地区为 5 月底至 7 月初，海拔 2 500 米左右的地区为 6 月下旬至 8 月初，由低海拔向高海拔渐次开放，一地花期 1 个月左右。广西龙胜、湖南城步6～7月开花。

昆明山海棠蜂蜜呈浅黄色或浅琥珀色，略带乌色，味腥（有植物的茎、叶味），稍麻，误食后会令人中毒、死亡。

③断肠草　断肠草（图10-3）为马钱科葫蔓藤属植物，又称钩吻、大茶药。分布在长江以南山区，以广东、广西、福建为主，生长于丘陵、疏林或灌木丛中。

图10-3　断肠草（钩吻）

断肠草为常绿缠绕藤本，枝光滑，叶对生，卵形至卵状披针形，顶端渐尖，基部近圆形，全缘。聚伞花序顶生或腋生，花黄色，花冠漏斗状，内有淡黄色斑点。蒴果卵形，种子有膜质翅。开花期8～11月。

断肠草全株有毒，人误食茎叶1～3克后会出现睁不开眼、视物模糊、全身乏力、沉睡等症状。花粉有剧毒，人食用含有花粉的蜂蜜会发生严重中毒，甚至死亡。

（2）有毒蜂蜜的中毒预防　由于有毒蜜源分布有一定的地域性；有毒蜜源流蜜与气候、温度有关，又有一定的季节性，所以，人们对毒蜜中毒的现象既要给予重视，但又不要因此引起惊恐，毕竟毒蜜只在少部分地区、有些年份、有些季节发生，只要人们掌握毒蜜的发生规律，了解相关的知识，防止毒蜜中毒的事件是完全可以做到的。

为避免毒蜜中毒事件发生，应注意以下三点：

①查明本地区是否有有毒蜜源、数量多少　有毒蜜源分布有一定的区域性。根据云南省农业科学院蚕桑蜜蜂研究所、中国科学院西双版纳植物园等单位在云南省调查，昆明山海棠主要分布于以哀牢山为中心的周边区域，即红河、澜沧江流域及横断山系等区域，如景东、姚安、楚雄、云县、墨江、南华、双柏、镇沅、怒江兰坪等县、市，主要生长在中山湿润常绿阔叶原始森林被人类砍伐破坏后的次生林内。在海拔2 300米以上的地区，因原始森林茂

密，仅呈单株状零星分布，密度小，这些地区，中蜂很少或不能贮存有毒蜂蜜。而在海拔1 700～2 300米的次生林中，昆明山海棠呈带状、片状、群丛状分布，密度大，这些地方，蜂群有可能采到毒蜜。

②在有毒蜜源分布较多的地区，不要在夏季取蜜 有毒蜜源的开花流蜜期主要在夏季。据张学文等（2007）在云南观察，昆明山海棠流蜜量大，主要在海拔2 100米以下（特别是1 600～1 900米）、年平均气温在13.5℃以上的地区。

昆明山海棠的泌蜜温度在18～32℃，最适温度23～28℃；湿度60％～80％，属于高温泌蜜类型。尤其在夏季气候干旱的年份，其他蜜源流蜜不好，有毒蜜源反而泌蜜较好，蜂群常会采到有毒的蜂蜜。

由于有毒蜜源开花在夏季，所以产生毒蜜中毒事件，往往就发生在夏季，且与当年气候有关。据报道（张学文等，2007），在云南景东县，曾于1958年8月、1968年7月、1978年7月先后发生过3次误食毒蜜中毒的事件。1977年6～7月，云南姚安、楚雄、云县、墨江也同时陆续发生过10多起毒蜜中毒事件。因此，凡是在有毒蜜源分布的地区，以及历史上曾经发生过毒蜜事件的地方，在夏季5月中旬至8月中旬不要取蜜，要到秋后再取。或在10月秋季大流蜜期到来时，及时将群内夏季所有存蜜摇出，不作食用，另当蜂群的饲料处理。

据测定，雷公藤蜜久放后毒性减弱，苦涩味也减轻（杨冠煌）。另据民间流传下来的经验，霜降后再取蜜就会很安全。这可能是因蜂蜜经在蜂巢中长时间贮存、转化，即不会再有毒性；更主要的是，夏季缺蜜，一般毒蜜会在蜂群越夏期间被其自身消耗掉，秋季蜜源开花流蜜后，即为正常无毒的蜂蜜。此外，应用摇蜜机摇出分离蜜，以免混入有毒花粉，也可避免中毒。

③对有毒蜂蜜进行鉴别 对特定地区（有毒蜜源分布区）、特定时间（夏季）采收到的蜂蜜，可以进行鉴定。由于蜜蜂在采集某种植物的花蜜时，一定会混入少量该种植物的花粉，所以目前比较有效的方法是花粉鉴别法。将可疑蜂蜜25毫升加热水50毫升混和溶解后，置离心机3 000转/分离心，去上清液取底部沉淀的花粉，置载玻片上，在400倍显微镜下观察花粉表面的纹理特征。如用已知花粉（如雷公藤）鉴定，可将该种植物的花粉少许加水，放载玻片上封片，作为对照。如无现成花粉，则利用图谱识别。用图谱识别时，须将蜂蜜中离心出的花粉放在冰醋酸中浸泡24小时，经2 000转/分离心，取沉淀，再倒入醋酸与硫酸混合液（醋酸酐：硫酸为9：1）浸泡加温后，然后离心取沉淀，放载玻片置显微镜下观察，与标准图谱对照。

据王宪曾（1995）观测，雷公藤花粉为扁球形，极面观为三裂圆形，直径25～32微米，具三孔沟，孔横长，表面具网状纹饰。钩吻的花粉呈球形，直径31～35微米，具三孔沟，孔横长，表面具网状纹饰。二者花粉的外观见图10-4。

纵剖面　横切面　　　　纵剖面　横切面

1　　　　　　　　2

图 10 - 4　有毒蜜源植物花粉外壳观

1. 雷公藤　2. 断肠草（钩吻）

（引自王宪曾）

　　2. 对人无害而对蜜蜂有害的蜜源植物　　花蜜对人无害而对蜜蜂有害的植物是油茶和茶（即茶叶）。这两种植物均属山茶科茶属植物。我国南方通常在 9 月底至 12 月初开花，蜜粉丰富。经中国农业科学院蜜蜂研究所范正友（1984）研究，认为油茶和茶树花蜜中半乳糖导致蜜蜂幼虫消化不良而致死。据测定，油茶花花蜜中半乳糖含量为 17.14%，茶叶树花蜜中半乳糖含量达 4%。人能够消化油茶和茶花蜜中的半乳糖，不会有副作用。意蜂采集油茶、茶花蜜后，往往会引起严重烂子。而中蜂因为是本土蜂种，已经形成了很强的适应性，在油茶和茶叶花期，主要采集花粉，在有其他蜜源同时流蜜的情况下，很少去采集上述两种植物的花蜜（龚绍安，2013），因而对中蜂幼虫几乎没有危害，不会影响蜂群的正常发展和采集活动。即使出现少量幼虫中毒的症状，只需用糖水进行适当的奖励饲喂，冲淡脾中蜂蜜半乳糖的含量，即可减轻其危害。

　　除茶和油菜外，引起蜂群幼虫死亡的有毒蜜源植物还有藜芦（主要分布于东北）、博洛廻、苦皮藤等（图 10 - 5），基于同样的原因，主要对西方蜜蜂产生危害。蜂场附近如有此类植物，应予割除。

1　　　　　　　　　2　　　　　　　　　3

图 10 - 5　有毒蜜源植物

1. 藜芦　2. 博洛廻　3. 苦皮藤

二、城市蜜源及城市养蜂

（一）城市养蜂的蜜源条件

随着我国国民经济的发展，人民生活水平的提高，城市绿化在我国城镇建设中有了极大的改善，城市周边荒山、公园绿化，行道树栽培以及地面草坪覆盖，花卉培植，墙体绿化等，为城市养蜂提供了优越的条件，翻开了城市养蜂的新篇章。据罗岳雄等（2012）在广东调查，以深圳为例，深圳市目前业余养蜂人（户）数为150～200人，养蜂3 000群，专业养蜂户60～70个，养蜂6 000～7 000群。虽然业余养蜂蜂群数量不及专业蜂场多，但其养蜂人数比专业养蜂多2～3倍。甚至还有一部分香港市民到深圳来购买蜂群，寄养在深圳，定期来深圳动手养蜂、观赏。上海宝钢集团职工吴小根，在上海宝山区养蜂，每群蜂曾收蜜40千克。

城市养蜂在国外也很受欢迎。如法国巴黎，养蜂爱好者只要向有关兽医部门申请，就可在自己住地养蜂。法国参议院在卢森堡宫后院专门设有展示蜂场。莫斯科前市长卢日科夫在市郊别墅建有专业蜂场。美国总统奥巴马夫人米歇尔，在白宫南草坪上养蜂，生产自家食用的蜂蜜，都是典型的例子。

我国城市绿化中种植的许多植物及多种杂树野花，例如柳、榆、桃、碧桃、杏、李、梨、苹果、山楂、火棘、海棠、樱桃、樱花（花瓣为绿色者）、石榴、柑橘、黄皮、荔枝、龙眼、枇杷、枣、柿、椰子、芭蕉、棕榈、槟榔、梧桐、乌桕、洋槐、国槐、椿、女贞、冬青、合欢、连翘、朱砂根（紫金牛科）、香樟、泡桐、紫荆、桉树、楸、梓、栾树、椴树、桑、松、木麻黄、玉兰、广玉兰、漆树、悬铃木、小檗、柃、茶花、山荆子、牛迭肚、葡伏枸子、木棉、黄牛木、山帆、红瑞木、槭、鼠李、野花椒、绣线菊、金丝梅、板栗、毛栗、栲类、黄杨、海桐、海通、石楠、含羞草、朱缨花、枸骨、一品红、铜锤草、虞美人、月季、悬钩子、刺玫、乌泡、锦葵、牡丹、芍药、忍冬、杜鹃、锦鸡儿、白三叶、红三叶、草木樨、胡枝子、荆条、楤木（刺老包）、鸭脚木、酸枣、黄栌、盐肤木、菊花及多种菊科野花（千里光、野菊花、一枝黄花）、爬山虎、老鹳草、萎陵菜、薄荷、荆芥、香茶菜、香薷、百里香、爵床、扁蓄、野葡萄、乌蔹梅、葎草、蓼、竹节草、芒、雀稗等，城市近郊还有莲、玉米、水稻、白菜、油菜、辣椒及各种瓜花、豆类等，都是良好的蜜粉源植物。

各个城市因受气候条件和人为因素的影响，城市蜜粉源植物有如下特点：

（1）种类多，人工栽培的多，木本蜜源和粉源植物多，并多集中在道路旁、公园、庭园、河边和各风景点。

（2）城市绿化时，由于考虑到四季有花，因此蜜粉源季节轮供相对比较均衡。

（3）由于城市发展历史和城市规划不一样，所处的气候条件、自然环境不一样，每个城市和处在同一城市不同区位的蜜源情况有差别。

（4）城市绿化由于受到各级政府的重视，因此城市蜜源一旦形成，相对比较稳定，不会受到明显破坏。

（5）城市绿化由于受到园林部门的管护、浇水，不会受到严重干旱的影响，蜜源植物流蜜比较稳定。

（6）城市蜜源植物种类多，因此生产的蜂蜜多为混和蜜，很难生产单花种蜂蜜。

城市养蜂情况如图 10 - 6 所示。

图 10 - 6　城市养蜂

1. 对投居到市区（屋顶花园）墙洞中的蜂群过箱（贵州省贵阳市）　2. 城市屋顶花园饲养的中蜂（贵州省贵阳市）　3. 贮满了蜂蜜的蜂群（贵州省贵阳市）　4、5. 城市养蜂也能上继箱

（二）城市养蜂的意义

养蜂投入不多，不污染环境，管理花费的时间不多，劳动强度也不大，又

有一定收获，是一项非常适合人们业余饲养和城市中、老年人、离退休人员从事的休闲养殖活动。

通过养蜂，适当的劳作，对蜜蜂活动进行观察，既锻炼了身体，又能放松心情，休闲娱乐，陶情怡性，寓乐于蜂，有益于人们的身心健康。收获蜂蜜等蜂产品，除自食外，还可以馈赠亲友。多余的甚至还可出售，获得一定的经济收入。据作者近几年在多个城市调研（贵阳、天水、洛阳、上海），只要蜜源不错，饲养得法，一群蜂每年可收获 10～15 千克蜂蜜，高产的甚至可以达到每群 30～40 千克蜂蜜。

（三）城市养蜂应注意的问题

（1）相对于广大农村地区而言，城市的蜜粉源植物仍有一定的局限。因此，城市养蜂的蜂种以选择比较节约饲料、操作管理技术也不复杂的中蜂为宜。

（2）蜂群宜放在离城市中心稍远的地带或生活小区，饲养在小庭院中，或平房、小高层（最好不超过 11 层）的楼顶平台上。城市养蜂一般不宜饲养在阳台上（除非阳台足够宽大），因为常有工蜂飞入邻居家；或在邻居家晾晒的衣物上排泄，特别是工蜂蜇人后，容易惹起邻里纠纷。

城市养蜂大多放置在水泥地坪上，夏季易受地面辐射热的影响，因此蜂群应尽量放在背风向阳处，并垫高 30～40 厘米，以利通风散热，夏季炎热时要注意遮阴防晒。

（3）城市养蜂多以定地饲养为主，由于城市蜜源、放蜂地点有限，养蜂群数不宜过多，一般以 3～5 群为宜。

如蜜源条件好、摆蜂地点宽裕、管理能力强，也可适当多养。

（4）俗话说："工欲善其事，必先利其器"，虽然城市养蜂规模不大，但养蜂工具（如面网、蜂箱、巢框、摇蜜机、饲喂器、移虫针、塑料蜡碗等）一样要配备齐全。

（5）城市养蜂的初学者首先要敢于突破"怕蜇"的心理防线，敢于亲自动手操作，并通过学习（看书和向同行请教）和实际操作，逐步积累经验，养蜂其实是不难的。许多事例表明，仅凭一时爱好、冲动，或叶公好龙，自己不敢下手，事事依赖他人，养蜂难获成功。

（6）城市养蜂一般饲养规模小，纯属业余养蜂，个人爱好，其实并不需要复杂、高深的技术，因此建议城市养蜂者只要懂得一般的养蜂知识，按照活框、活梁的半改良式养蜂方法进行管理即可。这样符合中蜂怕干扰的生活习性，操作起来简单省事，又有成效。但有一点需要提醒的是，由于蜂群数量少，一定要注意过好换王关，每年至少应换一次蜂王，随时保持新王，这样的蜂群好养活，产蜜量高。最好每隔 3 年左右，到距离自己场地较远（20 千米以外）的地方去引种或换种，防止因蜂群近亲繁殖而生活力降低，生产性能退化。许多城市养蜂爱好者往往就因为过不好换王关，越养越弱，难以为继，最后不了了之。

三、蜜源植物的保护与种植

（一）蜜源植物数量与生态环境和社会经济发展的关系

蜜源植物是蜜蜂赖以生存和蜂产品生产的物质基础，中蜂种群密度、数量与栖息地的生态环境、蜜源植物种类、数量高度相关。据李位三 1986 年在安徽省调查，皖北大别山区和皖南山区森林覆盖率达 40% 左右，每平方千米有中蜂 1.93~1.97 群，蜂群数量约占全省中蜂总量的 95%；而淮北、沿江平原和江淮丘陵，森林覆盖率为 3%~5%，每平方千米仅有中蜂 0.03~0.05 群，蜂群数量仅占全省 5%。贵州省锦屏、正安县的森林覆盖率为 47%~72%，每平方千米的中蜂密度达到了 3.75~12 群。

当生态环境、蜜源植物的种类、数量发生改变时，中蜂种群密度、数量也会随之发生改变。而蜜源、生态环境的改变，又与人们的生产活动、经济形态的改变息息相关。这种改变有时会朝有利于中蜂生存、发展的方向改变，但有时候又会朝不利的方向改变，而且这两种变化是错综复杂、相互交织在一起的。

例如，我国 20 世纪 50 年代末（1958 年）至 70 年代，农村乱砍滥伐、毁林开荒现象严重，导致生态环境恶化，中蜂发展受到相当大的影响。据有关专家估计，20 世纪 60 年代我国有中蜂 500 万群，而到 1981 年，全国饲养中蜂不足 200 万群［其中重要的因素还有西方蜜蜂的发展（杨冠煌，1982）］。

20 世纪 80 年代改革开放以后，由于工业的发展，大量农村劳力向城市转移，使得一部分传统的农作物，如油菜、紫云英等冬季作物大面积减少，这在广东等经济发达省区尤为突出。这就使得早春蜜源大量减少，而意蜂又不善于采集山区零星蜜源及冬季蜜源（如鸭脚木等），意蜂的生产条件恶化，当地意蜂数量萎缩，给中蜂发展造成了机会，因此形成了广东现在以中蜂生产为主的局面（中蜂 65 万群，占全省蜂群总数的 93%）（罗岳雄，2012）。

另外，农村劳力大量向城市转移，减少了人口对当地土地的压力。例如，减少对薪材的砍伐和荒地的开垦，加之 20 世纪 90 年代后国家出台了退耕还林，保护天然林、限伐人工林的措施，使得许多地区的生态条件得到大幅改善，森林覆盖率提高，因此也相应改善了中蜂的生存环境，中蜂数量又逐渐恢

复增多，这在我国南方地区尤为突出。但是，也正是农村劳力向城市大量转移，带来了农村劳力不足的问题。在经济条件改善和农村劳力不足的情况下，人们减少了小春作物的种植（其中多半是重要的蜜源植物，如油菜、紫云英等），同时在生产中大量使用除草剂，不再实行人工锄草，使得许多既是农田杂草，又是重要的蜜源植物消失，使得中蜂继续发展、进一步提高生产能力受到严重制约。例如，野藿香是贵州西部玉米地中的伴生植物，在原来使用人工除草的情况下，生长繁茂。而一旦使用除草剂，就会受到严重破坏。据贵州省农业科学院何成文（2013）在紫云县调研，一些乡镇未用除草剂前，这里的野藿香蜜源曾吸引外地意蜂前来采集，并能收取商品蜜。而在使用除草剂后，不但意蜂无法生存，当地的中蜂也很难发展。

再如贵州黔北一带，过去因收乌桕籽作工业原料（榨油制皂），这里盛产乌桕，曾经是国内名噪一时的越夏放蜂场地。而现在因为有其他廉价的替代原料，不再收购乌桕籽，因此乌桕树不再受到人们的保护与重视，砍伐严重，与20世纪六七十年代相比，植株数量已减少了50%。类似情况，在广东等沿海发达地区也有发生。如广东省20世纪80年代实行山区开发，砍伐了大量的杂木林，其中也包括多种优良的蜜源植物，如山乌桕、鸭脚木、柃、檫木等，烧荒过火后成片种植尾巨桉（速生桉），用于制作胶合板的材料（图10-7）。速生桉本来也是蜜源植物，但等到4~5年后进入成年开花期，同时也进入了尾巨桉的砍伐期，这样既无法利用尾巨桉，又失去了原先的优质蜜源，限制了养蜂业的进一步发展。由此可见，蜜源植物的保护、种植与利用，不是一个简单的技术问题，而是一个社会经济发展和生态平衡的大问题，是无法仅靠个人行为和某一个部门的力量去改变的，需要协调、平衡各方利益，放到当地整个经济发展的大格局中去考虑。

1   2

图10-7 尾巨桉（速生桉，2013年摄于广东）

1. 尾巨桉人工林 2. 尾巨桉和用尾巨桉加工成的胶合板原料

（二）保护、种植蜜源植物的主要措施和效果

我国有关部门历来对蜜源植物的种植和保护都很重视。农业部制定的《养蜂管理条例》中第5条就指出："各级养蜂主管部门应积极配合有关部门，保护野生蜜源植物，结合种草植树，积极发展蜜源植物。"大力发展蜜源植物，是我国养蜂生产中的一项重要基本建设，也是实现养蜂现代化的重要保证。

要保护和种植蜜源植物，促使生态环境朝着有利于中蜂生产的方向改变，应做好以下工作：

（1）中蜂重点产区的养蜂主管部门、养蜂员要对当地群众及政府部门作好宣传工作，大力宣传养蜂为农作物、果树、多种植物授粉，增加生物多样性，保护生态环境，防止水土流失，实现作物增产和农民养蜂脱贫致富的多重作用，引起政府部门对养蜂业的重视与支持。

（2）在蜜源条件较好的地方，要依靠政府及有关部门，发动群众养蜂，形成规模，让当地群众成为保护和种植蜜源的受益者。在共同受益的基础上，达成共识，自觉行动，不砍伐蜜源植物（如已成林的柃木、鸭脚木、乌桕等），少用、不用除草剂，提高他们保护与种植蜜源的积极性。

（3）要与政府部门积极沟通，根据当地气候、土质，制定或调整当地的经济发展规划，在发展养蜂生产的同时，优先安排发展能与养蜂结合的种植业（如恢复发展种植油菜、绿肥、荞麦，玉米地套种向日葵，种植玄参、党参等药材）、经果林［如枇杷、蓝莓、猕猴桃、苹果、板栗、枣、柿、柑橘、梨、樱桃、黄柏、漆树、冬青（苦丁茶）、盐肤木（可采收五倍子）等］、用材林（泡桐、香椿、半荷枫）、水土保持林及行道树（洋槐、女贞、苦楝、桑树）、蜜源林（拐枣、鸭脚木）等；在林下播撒白三叶、绿肥，荫蔽地面，改良土壤，养鸡喂畜。在发展其他经济林木的同时，适当保留部分杂木林，防止林相单一化，维护生物多样性，以逐步改善养蜂生产的条件。

国内外种植蜜源植物发展养蜂成功的例子不少。例如，我国北京长期绿化，种了大量洋槐、柿、枣、泡桐等，每年有几万群蜂到京郊采蜜，产蜜量达1 500余吨。韩国1960年后号召栽培防洪林、薪炭林，大量种植洋槐，使每群蜂年平均产蜜60～80千克，全国年产蜜6 000～10 000吨。20世纪末江西养蜂所在遂川县两个村扶贫，帮助发展蜜源林，每户在自己承包的山地上划出3～10公顷，保护、种植蜜源，平均养蜂25.7群，产蜜600～1 150千克，收入7 000～16 000元（按当时的市场价计算），效益非常显著。这样既改善了生态环境，又发展了养蜂生产，一举两得。

四、中蜂的生态地位及授粉价值

（一）中蜂的授粉习性

中蜂是起源于我国土生土长的蜂种，在亿万年的进化史中，我国大部分植物群落的发育，都留下了中蜂的印迹，如许多被子植物花管的长度与中蜂的吻总长相接近。山茶科、五加科、唇形花科、菊科等许多植物都在秋冬季开花，或在早春开花。这时气温较低，影响西蜂出巢，而中蜂却仍能外出采集，正常授粉。我国大部分地区属季风型气候带，温度变化大，早晚温差也大，中蜂非常适应这种气候环境。我国蜜源植物种类繁多，但不集中，这种状况培育出了中蜂能够利用零星蜜源的独特习性。西蜂善于利用大宗成片蜜源，常需追花夺蜜，大蜜源过后往往要转地放养。而中蜂则多为定地饲养，尤其在深山区、交通不便的地区，中蜂更是担任了日常授粉工作的主角。因此，中蜂在我国生态系统中，具有外来蜂种不可取代的作用。

由于中蜂能采集和利用零星蜜源，故过去曾被人误认为授粉的专一性差，这种观点实际上是有偏差的。威尔玛（L. R. Verma，1986）曾对东方蜜蜂（印度亚种）授粉行为及专一性进行了研究。在喜马拉雅山区海拔 1 300 米处的苹果花期，对东方蜜蜂及西方蜜蜂在同一地区的授粉行为作比较（表 10-1）。结果显示，东方蜜蜂每只工蜂每天授粉的时间比西方蜜蜂长 1 小时，每次出巢飞翔时间比西方蜜蜂短 6 分钟，而在每朵花上传粉的时间也比西方蜜蜂短 1 秒钟，即每只东方蜜蜂每天为苹果授粉的效率比西方蜜蜂高 1/3 左右，而且带回的花粉团比西方蜜蜂少，能使花粉充分地落在不同的花朵上。

表 10-1　东方蜜蜂和西方蜜蜂在苹果花期授粉行为的比较

项目	东方蜜蜂	西方蜜蜂
开始采粉时间（小时）	06：03±0.01	06：27±0.02
停止采粉时间（小时）	19：13±0.01	18：55±0.01
采集高峰时间（小时）	09：00～11：30	11：00～13：20
每次采粉活动飞翔时间（分）	11.85±0.36	17.90±0.36
工蜂在每朵花上采粉时间（秒）	5.90±0.22	6.63±0.23
不同时段每个工蜂携带花粉团重量（毫克）$\bar{x}±S$	09：00　9.06±0.02 12：00　9.26±0.02 15：00　8.64±0.06	9.20±0.04 12.22±0.04 11.12±0.03

杰兹（Jizi）测出东方蜜蜂印度亚种 Apis cerena indica L. 中的山地型蜂，其工蜂采回的花粉混杂率只有 0.2%～0.3%，与意大利蜜蜂一致。工蜂采集同一植物的重复率第 2 天为 36%，第 5 天 13%；而意大利工蜂的重复率第 2 天为 33%，第 5 天为 13%，两者相似。中华蜜蜂是东方蜜蜂的主要亚种，采集行为与印度亚种的山地型相似。以上观察结果同样可以表明：中蜂采集的专一性与意大利蜂相似，不存在采集专一性差的问题。

（二）中蜂大田授粉的研究与应用

1. 荔枝、龙眼授粉　黄昌贤、江杜规等（1984）曾使用中蜂为糯米糍荔枝品种进行授粉效果试验，结果表明，对照组（自然状态）平均单穗坐果数为 1.35 个，无网蜜蜂自由授粉组平均单穗坐果数为 5.27 个，网内强化蜜蜂授粉组为 4.7 个，网内人工授粉组为 1.48 个，4 个组中无网蜜蜂授粉组坐果数最多，是人工授粉组及对照组的 3.5 倍以上。

方文富等 2006 年曾在福建农林大学校园内，用意蜂和中蜂（两个蜂种各 20 群）作对比，观察它们对荔枝、龙眼的授粉效果。结果认为：中蜂对荔枝、龙眼授粉的专一性差于意蜂。意蜂采集荔枝、龙眼蜂体的载粉量［蜂体上携带某种花粉的数量（粒）/蜂体上携带花粉的总量（粒）］平均比率为 0.772 7 和 0.764 6，极显著高于中蜂（分别为 0.238 2 和 0.246 6）。意蜂在荔枝、龙眼树上授粉昆虫中所占的比率分别为 0.657 6 和 0.569 7，也分别高于中蜂采荔枝（0.175 6）和龙眼（0.274 3）的蜂数。从常识上讲，中蜂和意蜂对荔枝、龙眼蜜源的利用都很好，这个试验虽然在一定程度上反映了两个蜂种在荔枝、龙眼树上授粉行为上的差异，但由于试验地点是在福建农林大学校园内，植物种类多，存在竞争性蜜粉源；据田悦等（2013）观察报道，即使在具丰富蜜粉的其他植物大量开花期间，园林植物仍然是蜜蜂的采集对象。另外该报告也未说明两个蜂种参试蜂群的群势。一般来讲，华南中蜂的群势大多在 5 框及 5 框以下，意蜂群势通常要大得多，两个蜂种的的蜂数基础不一样。所以，要进一步弄清两个蜂种对荔枝、龙眼的授粉效果，应在两个蜂种群势相对一致的情况下，在成片的荔枝、龙眼场地采集、授粉，结果可能会更为客观。

2. 油茶授粉　赵尚武等（1981）用中华蜜蜂为油茶授粉，并与意大利蜂相比较（表 10 - 2）。

结果显示，中蜂对油茶授粉的坐果率比自然授粉高 2～4 倍，比意蜂高 81% 以上。云南农业大学苏睿等（2012）也用中蜂为云南腾冲红花油茶作过授粉试验，结果表明，用中蜂授粉的坐果率为 30.3%，结实率（果中有籽）为

表 10 - 2　中蜂对油茶授粉的效果

授粉方式	1980 年		1981 年	
	坐果率（%）	与自然授粉比（%）	坐果率（%）	与自然授粉比（%）
中华蜜蜂	34.20	342	10.49	546
意大利蜜蜂	27.90	279	6.25	325
隔离	/	/	0.87	45
自然授粉	10	100	1.92	100

24.6%，分别比用人工授粉的高 3.2% 和 10.6%，中蜂授粉处理平均每株产鲜果 4.16 千克，鲜籽重 1 087.7 克，分别比人工授粉的多 2.78 千克和 773.8 克，差异非常显著。油茶是我国南方各省主要的经济油料林木，茶籽油中不饱和脂肪酸含量高，是我国优良的食用油源。但油茶自然结果率很低，有"千花一果"之说，利用中蜂授粉可提高好几倍的产量。虽然油茶花蜜对中蜂幼虫有一定危害，但危害程度远低于意蜂，而且易于解决，所以中蜂是保证油茶高产的主要蜂种。

3. 水稻授粉　赖友胜等（1979）曾利用中蜂为水稻授粉，发现中蜂能很好地采集水稻花粉，虽然水稻为自花授粉作物，但经中蜂授粉之后，水稻产量仍比无蜂区提高 5%～6%。

4. 草果授粉　云南省腾冲县畜牧工作站李文强（2013）报道，饲养中蜂为草果授粉，增产效果显著。草果是一种经济价值很高的香料作物，腾冲是主产区。由于草果雌蕊长于雄蕊，如果没有昆虫为其授粉，草果开花后基本不坐果，产量很低，每公顷仅为 107 千克。该站在草果种植区动员种植户饲养中蜂，使农户了解中蜂授粉对提高草果坐果率的重要性，极大地提高了种植户饲养中蜂的积极性，普遍饲养中蜂，2012 年全县饲养中蜂蜂群达 2.3 万群。随着养蜂群数增加，草果产量也显著增加。2008—2012 年全县草果单产分别为每公顷 278.51、778.89、737.39、753.6、746.25 千克。2009 年—2012 年单产分别比大量饲养中蜂前的 2008 年提高了 1.64～1.80 倍。此外，每群蜂还能在草果花期收蜜 2～6 千克，如转地采油菜蜜，为油菜授粉，每群蜂还能产油菜蜜 20～40 千克。这样既能提高草果和油菜籽的产量，又能提高养蜂经济效益，做到草果、菜籽、蜂蜜三丰收。

5. 冬瓜授粉　黑皮冬瓜是海南冬季种植的主要瓜菜品种，年均种植面积 1 万公顷以上，产量 150 万吨。黑皮冬瓜需由昆虫授粉才能结实，随着黑皮冬瓜种植面积不断扩大，种植区域内授粉昆虫相应不足，常导致产量降低、果实畸形，因此需靠人工辅助授粉。但随着大批农民工进城，农村劳动力不足，劳动力成本不断攀升，且黑皮冬瓜开花授粉期在 2～3 月，正值春节前后，此时雇工更难。人工难找、费用高已成为制约海南发展黑皮冬瓜的瓶颈。

2013 年，应海南省儋州市瓜农之邀，中国热带农业科学院高景林等组织 240 箱蜂为冬瓜授粉，效果不错，颇受瓜农欢迎（图 10-8）。2014 年 3～4 月，他们在海南省儋州市洋浦开发区三都镇，用中蜂进一步做了授粉试验。在黑皮冬瓜开花前 3 天，按 4 亩（1 亩≈667 米²）一箱配置蜂群，群势为 3 框蜂（其中包括 1 框幼虫、1 框封盖子），让蜜蜂自由授粉。人工授粉的处理是，在冬瓜花开放前一天，用纸袋包裹雌花，阻止昆虫授粉，并于雌花开花当日人工授粉，随后继续用纸袋包裹，第 2 天再撤除纸袋。结果表明，蜜蜂授粉商品瓜率 78.00%；人工授粉为 79.33%，两者差异不显著。但经蜜蜂授粉的平均单瓜重 19.12 千克/个，人工授粉为 17.55 千克/个，增产显著。蜜蜂授粉后还改善了冬瓜的品质，经测定，蜜蜂授粉后，瓜形整齐、大小一致，果肉的硬度提高了 13.85%，果肉厚度提高 4.58%，果肉可滴定酸含量提高 9.68%，果肉蛋白质含量提高 7.58%，果肉维生素 C 含量提高了 5.02%（表 10-3）。用蜜蜂授粉还大大降低了黑皮冬瓜的授粉费用，蜜蜂授粉的投入成本仅为 75 元/亩；而人工授粉的平均费用为 214 元/亩，每亩多用 139 元。用蜜蜂授粉较人工授粉的费用可降低 64.95%。

表 10-3　蜜蜂授粉对黑皮冬瓜品质的影响

	人工授粉	蜜蜂授粉	提高百分率（%）
果肉厚度（厘米）	5.46±0.42 Aa	5.71±0.37 Aa	4.58
果肉硬度（千米/米²）	5.63±036 Bb	6.41±0.61 Aa	13.85
可溶性固形物（百利度）	2.22±0.17 Aa	2.25±0.21 Aa	1.35
可滴定酸（毫摩尔/100 克鲜重）	0.62±0.04 Bb	0.68±0.03 Aa	9.68
维生素 C（毫克/100 克鲜重）	20.50±2.01 Aa	21.53±1.85 Aa	5.02
蛋白质（毫克/100 克鲜重）	14.96±0.55 Ab	16.10±0.69 Aa	7.58

（引自高景林）

注：横列中的不同大写字母表示差异极显著，不同小写字母表示差异显著。

另外，通过蜜蜂授粉，限制了花期使用农药，促进了病虫害统防统治技术的实施，规范了农药的科学合理使用，推进了黑皮冬瓜绿色防控技术的应用。

用蜜蜂为黑皮冬瓜授粉也可以提高蜂农的收入，每群蜂租金为 300 元，授

1   2   3

图 10-8   中蜂为黑皮冬瓜授粉

1. 中蜂采集冬瓜花粉   2. 科技人员指导瓜农用蜜蜂授粉   3. 用中蜂授粉的冬瓜大田

（引自高景林）

粉后还可以赶打 2 次荔枝蜜（不授粉可打 3 次）。用中蜂为黑皮冬瓜授粉，无论是对瓜农还是对蜂农，都有好处。

6. 蓝莓授粉   蓝莓花期通常采用蜜蜂授粉。蓝莓花多，流蜜量大，也是很好的蜜源植物。2012—2015 年，贵州省麻江县农业局等单位引入中蜂为蓝莓授粉。经初步观察，引入蜜蜂授粉后，与网罩无蜂授粉的对照相比，坐果率增加 37.00%～45.75%（樊莹等，2015；韦小平、林黎等，2015），蓝莓果实大，果味浓。且蓝莓蜜也是高档蜂蜜，价格高，为蓝莓授粉，也利于蜂农增收。

由于蓝莓属早期蜜源（3 月下旬至 4 月中旬），要采蓝莓蜜需在前一年秋季换王，培育好越冬蜂，以强群越冬，强群春繁，或组织双王群繁殖，蓝莓花期以强群生产，才能夺取蓝莓蜜高产。

（三）中蜂为设施农作物授粉

1. 北方温室和南方大棚草莓授粉   近些年因经济效益好，北方温室和南方大棚反季节种植草莓的种植面积不断扩大。由于反季节草莓开花期正值冬季及早春，气温低，缺少传粉昆虫，为提高草莓的坐果率和果实的品质，利用蜜蜂和熊蜂授粉，在生产中已有较为广泛的运用。

罗建能等（2002）、杨甫、王凤鹤等（2010）曾先后对中蜂为大棚、温室草莓授粉进行了观察（图版 42）。其中，杨甫等于 2007 年在北京市顺义温室草莓基地对明亮熊蜂、中蜂和意蜂授粉的效果进行了观察比较，3 种蜂活动的高峰阶段均为温度较高的阶段（11：00～14：00），中蜂活动最高峰时出入巢的数量为 73.33 头/箱，比意蜂（60.17 头/箱）和明亮熊蜂（39.17 头/箱）都高。早上 8：00 一开棚，中蜂和意蜂很少从事采集活动，可能与此时温度较低（<7℃），两种蜂较少活动有关。傍晚关棚时，中蜂、明亮熊蜂均能从事采集活动，而意蜂在温度低于 15℃ 时停止活动。从 3 种蜂的日平均工作时间看，

熊蜂在室内温度达 6℃时出巢，9℃时在花上采集，日平均工作时间 7.9 小时；中蜂出巢温度 8℃，活动起点温度为 12℃，日平均工作时间 6.85 小时；而意蜂出巢温度为 13.4℃，活动起点温度为 18℃，日平均工作时间为 5.76 小时。三者中明亮熊蜂工作时间最长，中蜂次之，意蜂最短。

单花停留时间，中蜂为（1.52±2.32）秒，明亮熊蜂为（2.50±1.71）秒，意蜂为（1.94±2.25）秒，表明在同样的时间内，中蜂比明亮熊蜂、意蜂访问的花朵多。

从花粉移出率和柱头花粉沉降数看，明亮熊蜂平均单次花粉移出率比中蜂、意蜂高，而平均单次花粉的沉降能力与中蜂、意蜂差别不大。但是，花粉移出率高并不一定导致花粉沉降率高，当传粉蜂移出率不同时，其传粉的优势不仅取决于花粉沉降数的多少，还取决于访花频率等因素。

在整个草莓花期，明亮熊蜂和中蜂耐低温，受天气影响较小；意蜂因受阴雪天影响，有 7 天不活跃。明亮熊蜂在温室内不撞棚，而中蜂、意蜂因趋光性强，在放蜂的前几天（中蜂在前 3 天，意蜂在前 5 天），均有撞棚现象，但中蜂适应性较快，3 天后逐渐减少，转为正常采集。

从传粉效果及成本比较，明亮熊蜂与中蜂授粉后草莓的平均单产、平均畸果率差异不显著，而与意蜂差异极显著。相同群势（3 框足蜂）的中蜂、意蜂价格基本相同，但明显低于明亮熊蜂的价格。

从综合因素看（表 10－4），中蜂出巢温度比意蜂低，日工作时间比意蜂长，单花停留的时间短，柱头花粉沉降数无显著差别，但访花频率高，意味着更多的花朵会被中蜂采访，更多的花能结实；且中蜂比意蜂消耗饲料少，价格又比明亮熊蜂低，因此中蜂应是北方秋冬季温室草莓最有效的传粉昆虫。

表 10－4　3 种蜜蜂为温室草莓授粉效果及成本比较

蜂种	平均单次花粉移出率（%）	柱头花粉沉降数（粒）	平均单产（千克/株）	平均畸果率（%）	每箱授粉蜂的成本（元/箱）
明亮熊蜂	35.9±15.53	31.2±15.8	4.15	12.9	260
中蜂	27.5±2.82	29.5±14.1	4.25	13.6	160
意蜂	22.5±2.73	29.6±13.2	3.81	15.4	160

我国长江流域冬季气温在－4～10℃，故也采用塑料大棚种植草莓。但这种大棚封闭性差，没有人工加热设备，棚内温度常低于 10℃以下，因此用中蜂为大棚草莓授粉也明显优于意蜂。

为了减轻中蜂进入温室和大棚后的撞棚现象，建议对蜂群作如下处理：

（1）清除蜂群的外勤蜂。把入室前已经外勤的工蜂清除到其他蜂群中，只将巢内工蜂及蜂王移入温室。

（2）将温室内作物的花朵浸泡糖水，喂饲移入温室（大棚）的蜂群，利用蜜蜂对采食原有食物气味、颜色具有联想记忆的能力（王钰冲等，2013），引导工蜂熟悉温室内的开花植物。

（3）尽量使用蜂王质量好的小群（3 框左右）。

（4）在温室（大棚）中立一支架，将蜂群放置其上，再打开巢门。

在使用中蜂为温室和大棚授粉的过程中，要注意群内饲料状况，缺饲料（蜜或粉）时应及时进行人工补饲。蜂群发展时应及时加框造脾。

2. 大棚甜瓜授粉　2015 年 2～3 月，中国热带农业科学院高景林、刘俊峰等在海南省乐东县佛罗镇大棚内做中蜂为甜瓜（品种金香玉）授粉的试验，通过中蜂和用激素氯吡脲为甜瓜授粉，测定这两种方法对甜瓜单果重、果实大小、颜色、品质、瓜籽数量与瓜籽千粒重的影响，以便为甜瓜用蜜蜂授粉的可行性提供依据，试验结果见表 10‑5。

表 10‑5　用中蜂和激素（氯吡脲）为大棚甜瓜授粉效果比较

处理 检测项目	中蜂	氯吡脲	中蜂较激素授粉	
			差值	相差百分比（%）
单果重（克）	1470.65	1475.12	−4.47	−0.30
纵径（厘米）	17.75	18.20	−0.45	−2.47
横径（厘米）	12.92	12.94	−0.02	−2.00
果肉厚度（厘米）	3.88	4.02	−0.14	−3.48
种腔直径（厘米）	5.51	5.41	−0.10	−1.85
果肉硬度*（厘米）	4.45	5.06	−0.61	−12.10
边糖**（百利度，千克/厘米^2）	8.32	7.02	+1.30	+18.50
心糖（百利度）	13.34	13.08	+0.26	+3.70
可滴定酸**（毫摩尔/100 克鲜重）	1.93	2.23	−0.30	+13.50
固酸比**	5.61	4.50	+1.11	+24.67
维生素 C 含量**（毫克/100 克鲜重）	1.15	0.79	+0.36	+45.57
瓜籽数（粒）	656.33	636.58	+19.75	+3.10
瓜籽千粒重**（克）	32.75	12.91	+19.84	+153.68

（引自高景林等）

注：* 为差异显著，** 为差异极显著。

通过试验观察，用中蜂与用激素（氯吡脲）授粉比较。在单果重、纵径、

横径、果肉厚度、种腔直径、果皮颜色（L、A 和 B 值）等方面差异不显著，

但甜瓜经中蜂授粉后，其果肉硬度较激素授粉的显著降低 12.10%，虽然两者心糖含量差异不显著，但边糖含量较激素授粉的提高了 18.50%，差异极显著。可滴定酸极显著降低 13.50%，固酸比与维生素 C 含量极显著提高，分别提高了 24.67%、45.57%，从而改善了甜瓜的品质。两种授粉方式在瓜籽数量上无显著差异，但通过中蜂授粉，瓜籽饱满，其千粒重极显著大于激素授粉的瓜籽千粒重（+153.68%）。由于蜜蜂授粉显著提高了大棚甜瓜的品质，每千克甜瓜的交售价也较激素授粉的提高了 1 元，从而显著提高了种植户的经济收益。

附　　录

t 分布表

自由度	p 值（概率）				
	0.10	0.02	0.25	0.01	0.001
1	6.314	12.708	25.452	63.657	
2	2.920	4.303	6.205	9.925	31.598
3	2.353	3.182	4.176	5.841	12.941
4	2.132	2.776	3.495	4.604	8.610
5	2.015	2.571	3.163	4.032	6.859
6	1.943	2.447	2.969	3.707	5.959
7	1.895	2.365	2.841	3.499	5.405
8	1.860	2.306	2.752	3.355	5.041
9	1.833	2.262	2.685	3.250	4.781
10	1.812	2.228	2.634	3.169	4.587
11	1.796	2.201	2.593	3.106	4.437
12	1.782	2.179	2.560	3.055	4.318
13	1.771	2.160	2.533	3.012	4.221
14	1.761	2.145	2.510	2.977	4.140
15	1.753	2.131	2.490	2.947	4.073
16	1.746	2.120	2.473	2.921	4.015
17	1.740	2.110	2..458	2.898	3.965
18	1.734	2.101	2.445	2.878	3.922
19	1.729	2.093	2.433	2.861	3.883
20	1.725	2.086	2.423	2.845	3.850
21	1.721	2.080	2.414	2.831	3.819
22	1.717	2.074	2.406	2.819	3.792
23	1.714	2.069	2.389	2.807	3.767
24	1.711	2.064	2.391	2.797	3.745
25	1.708	2.060	2.385	2.787	3.725

自由度	p 值（概率）				
	0.10	0.02	0.25	0.01	0.001
26	1.706	2.056	2.379	2.779	3.707
27	1.703	2.052	2.373	2.771	3.690
28	1.701	2.048	2.368	2.763	3.674
29	1.699	2.045	2.364	2.756	3.659
30	1.697	2.042	2.360	2.750	3.646
35	1.690	2.300	2.342	2.724	6.591
40	1.684	2.021	2.329	2.704	3.551
45	1.680	2.014	2.319	2.690	3.520
50	1.676	2.008	2.310	2.678	3.496
55	1.673	2.004	2.304	2.669	3.476
60	1.671	2.000	2.299	2.660	3.460
70	1.667	1.994	2.290	2.648	3.435
80	1.665	1.989	2.284	2.683	3.416
90	1.662	1.986	2.279	2.631	3.402
100	1.661	1.982	2.276	2.625	3.390
120	1.658	1.980	2.270	2.617	3.373
∞	1.644 8	1.960 0	2.241 4	2.575 8	3.290 5

参 考 文 献

鲍敬恒.2013.也谈制止盗蜂.蜜蜂杂志（6）.

北京林学院主编.1979.数理统计.北京：中国林业出版社.

陈长铃.2006.冷热兼施治巢虫.蜜蜂杂志（9）.

陈晶，吉挺，殷玲，等.2008.利用微卫星标记分析南昌地区中华蜜蜂遗传多样性.安徽农
 业科学（18）.

陈盛禄，苏松坤，钟伯雄，等.2004.中华蜜蜂头部 cDNA 文库的构建.海峡两岸第四届蜜
 蜂生物学研讨会论文集.武昌.

陈伟文，王钰冲，董诗浩，等.2013.广东、广西与云南东方蜜蜂形态特征比较研究.蜜蜂
 杂志（4）.

陈学刚，严志浩.2014.谈使用水泥蜂箱.蜜蜂杂志（6）.

陈学刚.2014.2 种特殊巢脾在活框饲养中蜂群中的应用.蜜蜂杂志（7）.

陈意柯.2006.九万只中蜂"扎寨"民宅的启迪.蜜蜂杂志（10）.

褚忠桥.2013.宁夏活框蜂室外安全越冬关键措施探讨.蜜蜂杂志（10）.

邓省三.2013.喂糖防起盗此法最好.中国蜂业（12）.

董关榕.2013.中蜂活框饲养温度与中囊病的关系.蜜蜂杂志（12）.

段晋宁.1980.中华蜜蜂饲养法.长沙：湖南科技出版社.

樊莹，杨爽，龚志文.2013.中华蜜蜂人工育王幼虫日龄的选择.蜜蜂杂志（5）.

范正友.1980.蜜蜂病敌害的诊断及防治.南昌：江西人民出版社.

方文富，曾建伟，江波.2011.意蜂与中蜂对荔枝和龙眼授粉作用的比较.中国蜂业（3）.

方耀斗.2014.仍在逐步完善中的中蜂活框组合箱.蜜蜂杂志（1）.

费起充.2013.论双王多箱体养蜂.蜜蜂杂志（12）.

封银.2012.定地饲养蜂群，蜂箱上盖石棉瓦好处多.蜜蜂杂志（3）.

福建农溪地区养蜂学会.1983.闽南养蜂.龙溪.

甘肃省养蜂研究所编.1984.中蜂的科学饲养.兰州：甘肃人民出版社.

甘筱中.2006.对中蜂养殖的几点浅见.蜜蜂杂志（12）.

高景林，刘俊峰，胡美娇，等.2014.中华蜜蜂授粉对设施甜瓜果实的影响.中国蜂业
 （3）.

高景林，刘俊峰，钟义海，等.2014.中华蜜蜂为黑皮冬瓜授粉效果研究.中国蜂业（19-
 21 合刊）.

高云，邱凯，邱汝民，等.2012.浙北中蜂饲养与管理.蜜蜂杂志（12）.

葛凤晨.2012.养蜂探索.长春：吉林出版集团有限责任公司.

龚凫羌，宁守荣.1997.中蜂饲养管理与方法.成都：四川科技出版社.

龚绍安.2013.蜂王剪翅有决窍.蜜蜂杂志（4）.

龚绍安.2013.谈油茶花蜜不高产.蜜蜂杂志（11）.

龚文广，彭沛然，李光珠.2012.赣南山区冬季野桂花蜜源探秘.中国蜂业（6月上）.

龚一飞，张其康.2000.蜜蜂分类与进化.福州：福建科技出版社.

广东省养蜂学会，中国养蜂学会蜜蜂博物馆合编.2003.广东蜂业.广州.

国家畜禽遗传资源委员会主编.2011.中国畜禽遗传资源志——蜜蜂志.北京：中国农业出版社.

何邦春.2012.南方中蜂夏蜜高产"三字经"，蜜蜂杂志（5）.

何邦春.2012.谈中蜂饲养误区和增加其经济效益.蜜蜂杂志（3）.

胡福良，李英华，译.2000.抗蜜蜂病毒病药剂.《美国蜜蜂杂志》2002，中国蜂业（1）.

胡箭卫，席景平，李旭涛.甘肃中蜂囊状幼虫病的调查.

胡箭卫.2005.西北现代蜂业发展之路商榷.全国蜂产品保护、授粉工作会议和学术研讨会论文集.

胡宗文，顾忠堂，黄永权，等.2014.补充花粉对罗平中蜂春繁期间群势的影响.蜜蜂杂志（8）.

黄春伟.2013.蜜水浸泡诱入蜂王法.中国蜂业（12月上）.

黄金源，王桂南.2013.介绍一个奇异突变的中蜂群.蜜蜂杂志（8）.

黄世俊，黄革，廖建平.2008.山区农民饲养中蜂也能增收致富.蜜蜂杂志（10）.

吉挺，殷玲，刘敏，等，2009.华东地区中华蜜蜂六种地理种群的遗传多样性及遗传分化，昆虫学报（4）.

江西省养蜂研究所主编.1976.养蜂手册.北京：农业出版社.

姜玉锁，赵慧婷，姜俊兵，等，2007.中国境内不同地理型东方蜜蜂线粒体 NAtRNA^{lou}-CO Ⅱ 基因多态性研究.中国农业科学（7）.

晋华贵.2006.谈中蜂的活框饲养与传统继承.蜜蜂杂志（9）.

康龙江.2009.我的中蜂改良箱.中国蜂业（1）.

孔蕾，邱泽群，欧海珠，等.2013.充分利用中蜂生物学特性，有效提高蜂蜜产量.蜜蜂杂志（12）.

匡邦郁，匡海鸥.2003.蜜蜂生物学.昆明：云南科技出版社.

李家勤.2013.安置飞逃中蜂群的方法.蜜蜂杂志（4）.

李家勤.2014.蜂群养不大，壁虎在作怪.蜜蜂杂志（10）.

李建修.1973.实用养蜂.通辽：吉林人民出版社.

李位三.2007.忆中蜂沧桑岁月，谈需待研究的问题.蜜蜂杂志（12）.

李位三.2012.传承我国生产成熟蜜的优良传统.蜜蜂杂志（3）.

李位三.2013.对"一些国家蜜蜂少生病"问题的探讨.蜜蜂杂志（6）.

李位三.2013.再论以仿生思维优化中蜂巢箱结构.蜜蜂杂志（3）.

李文强.2013.巧用中蜂小转地授粉，蜂蜜、草果、油菜籽皆丰收.蜜蜂杂志（10）.

李育贤.2012.介绍一种高效产蜜型中蜂蜂箱.蜜蜂杂志（6）.

李志勇，王进，蒋云飞，等.2010.近亲交配与抗病力.海峡两岸第八届蜜蜂与蜂产品研讨会，甘肃天水.

李志勇，王志.2013.长白山区蜂业发展的资源潜力及对策.蜜蜂杂志（8）.

李志勇，薛运波，赵惠燕，等.2009.长白山中华蜜蜂与西方蜜蜂寄生螨比较分析.蜜蜂杂志（5）.

梁诗魁，任再金.1993.蜜源植物要览.北京：农业出版社.

刘长滔.2013.水泥蜂箱的使用.蜜蜂杂志（8）.

刘芳，苏松坤.2011.中华蜜蜂蜂王浆蛋白MRP5的结构分析与功能预测.2011年全国蜂产品市场信息交流会论文集.贵州贵阳.

刘华兴.2013.谈谈育王.蜜蜂杂志（7）.

刘继宗.1993.贵州养蜂技术.贵阳：贵州科技出版社.

刘守礼，谬正瀛，张世文.2013.谈中蜂脾蜜的生产要素.蜜蜂杂志（4）.

刘守礼，谬正瀛.2013.谈徽县榆树乡苟店村中蜂养殖状况.蜜蜂杂志（12）.

刘新宇.2012.中华蜜蜂授粉产业的开发.中国蜂业（6）.

刘正忠.2007.自然中蜂巢虫危害少的启示.中国蜂业（9）.

刘之光，石巍.2008.中国甘肃东北部地区东方蜜蜂（Apis Cearna）形态学研究.环境昆虫学报（2）.

龙小飞.2013.重庆市武隆县发现中蜂体内寄生蜂.蜜蜂杂志（8）.

吕鸿声.1982.昆虫病毒与昆虫病毒病.北京：科学出版社.

罗凌娟，谭垦.2008.四川省东方蜜蜂形态学研究.蜜蜂杂志（9）.

罗岳雄，仇志强，颜志立.2013.都市养蜂趋势探讨.蜜蜂杂志（3）.

罗岳雄，赖友胜.1999.中蜂饲养技术.广州：广东经济出版社.

罗岳雄.2004.活框饲养技术对中蜂生物学特性的影响初探：海峡两岸第四届蜜蜂生物学研讨会论文集.湖北武昌.

罗岳雄.2006.首次发现广东中蜂体内寄生虫.蜜蜂杂志（9）.

马德风等.1993.中国农业百科全书——养蜂卷.北京：农业出版社.

马兰婷，胥保华.2013.α-亚麻酸对蜜蜂秋繁期采食量、群势及脂质代谢的影响.

缪正瀛，程瑛，刘守礼，等.2013.继箱与平箱中蜂夏季生产比较试验.蜜蜂杂志（11）.

乃育昕，黄伟峰，王重雄，等.2012.台湾蜜蜂病毒和微粒子病及核酸现场快速检测之开发.海峡两岸2012年蜜蜂与蜂产品研讨会论文集.台湾宜兰.

南开大学生物系昆虫教研室编.1979.昆虫病理学.北京：人民教育出版社.

潘显忠，柴福海，刘洁，等.2013.江西半枫荷蜜理化指标和香味成分分析.蜜蜂杂志（8）.

祁文忠，田自珍，师鹏珍，等.2013.天水地区蜂群室内与室外越冬效果对比.

祁文忠.2009.身残志坚，酿造甜蜜——记清水县蜜蜂产业协会会长李全健.中国蜂业

（4）．

乔廷昆．1993．中国蜂业简史．北京：中国医药科技出版社．

秦裕本．2013．中蜂养殖难的问题及解决办法．中国蜂业（8）．

单俊武．2014．扑打胡蜂还须早．蜜蜂杂志（5）．

邵瑞宜．1993．蜜蜂育种学．北京：中国农业出版社．

绍裘．2006．谈南方中蜂细叶桉花期的工作目标．蜜蜂杂志（5）．

绍裘．2006．我对中蜂饲喂的体会．蜜蜂杂志（10）．

石巍，张秀琳，吕丽萍．2004．中华蜜蜂线粒体 DNA 多态性的研究．海峡两岸第四届蜜蜂
    生物学研讨会论文集．武昌．

帅利宽．2013．有关一次性换王的二个问题．蜜蜂杂志（7）．

苏荣茂，周莉，孙瑜，等．2014．福州中华蜜蜂春季巢温分布规律的研究．中国蜂业（9）．

苏松坤，陈盛禄，钟伯雄，等．2004．中华蜜蜂 mrp3 基因 cDNA 的克隆及序列分析．海峡
    两岸第四届蜜蜂生物学研讨会论文集．武昌．

孙晓丽，高崇东．2014．浅谈蜜蜂奖励饲喂．蜜蜂杂志（7）．

塔兰诺夫．1975．蜂群生物学．江西省养蜂研究所《蜂群生物学》编译组．南昌．

谭垦，张炫，和绍禹．2005．中国东方蜜蜂的形态学及生物地理学研究．云南农业大学学报
    （3）．

滕跃中，郑永惠，吴政，等．2013．蜜蜂保护工作中值得关注的几个热点问题．

田慧宇．2013．中华蜜蜂巢蜜的生产浅谈．蜜蜂杂志（9）．

田悦，崔玉，王安蕊，等．2013．城市园林植物的蜜粉资源及蜜蜂的访花行为．蜜蜂杂志
    （12）．

王彪，苏萍．2013．宁夏中蜂蜂箱和蜂巢调查与思考．

王彪，吴宏，苏萍，等．2013．谈宁夏中华蜜蜂资源保护与利用．蜜蜂杂志（6）．

王彪，吴宏，苏萍．宁夏中华蜜蜂饲养瓶颈与发展对策．

王春华．2012．中华蜜蜂人工分蜂经验谈．中国蜂业（6 月上）．

王春华．2013．蜜蜂良种选育技术．蜜蜂杂志（3）．

王德朝．2006．谈中西蜂同场饲养的利弊．中国蜂业（2）．

王桂芝，张秀琳，吕丽萍，等．2008．山东东方蜜蜂形态特征及分类研究．中国蜂业（4）．

王欢，秦秋红，张飞，等．2012．工蜂寿命研究进展．蜜蜂杂志（3）．

王欢，张少吾，黄智勇，等．2013．营养对工蜂寿命和相关基因表达的影响．

王林绪，宋艳华，卞列鹏．2013．"陶蜂窝"——中华民族高度蜜蜂文明的标志．蜜蜂杂志
    （12）．

王顺海．2014．东非蜜蜂饲养．中国蜂业（11）．

王雪峰．2007．慎用自然王台．中国蜂业（3）．

王钰冲，陈伟文，胡宗文，等．2013．东方蜜蜂（Apis Cerana）对气味和颜色选择的联想记
    忆．蜜蜂杂志（11）．

王钰冲，陈伟文，谭垦．2013．- 9 - ODA 对工蜂卵巢的抑制．蜜蜂杂志（3）．

王志，李志勇，刘楠楠，等 . 2013. 吉林地区春季蜜粉源植物资源调查 . 蜜蜂杂志（3）.

王治荣 . 2013. 蜂王集中贮存法 . 蜜蜂杂志（7）.

吴杰主编 . 2012. 蜜蜂学 . 北京：中国农业出版社 .

吴梅花，张远大，赖东笋，等 . 2014. 东方蜜蜂不同发育阶段的 4 种淋巴细胞数量检测 . 蜜
　　蜂杂志（8）.

吴小波，王子龙，张飞，等 . 2013. 婚飞行为影响中华蜜蜂性成熟处女王的基因表达 .

谢光同 . 2014. 如何收落在高处及洞内的中蜂 . 蜜蜂杂志（7）.

徐传球 . 2013. 中蜂安全转运应注意些什么？蜜蜂杂志（4）.

徐祖荫，和绍禹，杨志银，等 . 2013. 改良式巢虫阻隔器的安装使用方法及防治效果 . 蜜蜂
　　杂志（4）.

徐祖荫，王培堃 . 2001. 养蜂技术图说 . 贵阳：贵州科技出版社 .

徐祖荫，韦小平，林黎，等 . 2015. 2015 年中蜂为蓝莓授粉采蜜初探 . 蜜蜂杂志（9）.

徐祖荫，吴小根 . 2014. 谈中蜂半改良式饲养 . 蜜蜂杂志（7）.

徐祖荫，吴小根 . 2014. 有朋自远方来——吴小根谈城市养中蜂 . 蜜蜂杂志（6）.

徐祖荫，杨志银，吴小根 . 2014. 中蜂简报两则 . 蜜蜂杂志（10）.

徐祖荫，杨志银 . 2013. 纳雍、长顺两县人员赴贵州正安县学习——中蜂养殖技术散记 . 蜜
　　蜂杂志（11）.

徐祖荫，杨志银 . 2015. 用大孔径塑料铁纱网做巢门防胡蜂效果好 . 蜜蜂杂志（2）.

徐祖荫，张学文 . 2013. 推介云南省使用的几种中蜂蜂箱 . 蜜蜂杂志（9）.

徐祖荫 . 2010. 蜂海求索——徐祖荫养蜂论文集 . 贵阳：贵州科技出版社 .

徐祖荫 . 2013. 两岸蜜蜂搭起的彩虹——记 2012 年第九届海峡两岸蜜蜂与蜂产品学术交流
　　及参访活动 . 蜜蜂杂志（1）.

徐祖荫 . 2013. 四千公里采集中蜂标本的几点体会 . 蜜蜂杂志（8）.

徐祖荫 . 2013. 天水中蜂之旅 . 蜜蜂杂志（12）.

徐祖荫 . 2014. 从梵净山自然保护区办养蜂培训所想到的 . 蜜蜂杂志（4）.

徐祖荫 . 2014. 待到满山红叶时——湖北神农架中蜂探访散记 . 蜜蜂杂志（1）.

徐祖荫 . 2014. 闽、粤、桂三省中蜂饲养见闻录 . 蜜蜂杂志（2）.

徐祖荫 . 2014. 椰风海韵活中蜂 . 蜜蜂杂志（5）.

徐祖荫 . 2014. 中蜂养殖技术三两招 . 蜜蜂杂志（12）.

徐祖荫 . 2014. 中蜂缘，阿坝情 . 蜜蜂杂志（8）.

徐祖荫 . 2014. 中原逐蜂记——河南中蜂印象 . 蜜蜂杂志（9）.

徐祖荫 . 2015. 天池若隐若现，长白山中蜂长存 . 蜜蜂杂志（1）.

徐祖荫，何成文，林黎，等 . 2015. 贵州中蜂向西看 . 蜜蜂杂志（8）.

徐祖荫 . 2015. 乌蒙花海大，纳雍蜂光好贵州省纳雍县中蜂活框饲养推广经验介绍 . 蜜蜂杂
　　志（10）.

薛超雄 . 2009. 被盗中蜂群近距离移动止盗 . 中国蜂业（1）.

薛超雄 . 2012. 怎样较好地组织中蜂采荔枝、龙眼蜜 . 蜜蜂杂志（3）.

薛运波，李志勇．2013．从无王群蜂螨寄生率较高谈中华蜜蜂的抗螨机制．

颜平萍，张永云，王涛，等．2014．五种蜂蜜抗氧化性的测定．蜜蜂杂志（1）．

颜志立，罗岳雄，张学锋，等．2004．湖北神农架中华蜜蜂考察笔记：海峡两岸第四届蜜蜂
　　生物学研讨会论文集．湖北武昌．

杨多福．1991．数控养蜂法．

杨甫，王凤鹤，徐希莲．2010．明亮熊蜂、中华蜜蜂和意大利蜜蜂为温室草莓授粉的行为观
　　察．安徽农业科学（38）．

杨冠煌．1983．中蜂科学饲养．北京：农业出版社．

杨冠煌．2001．中华蜜蜂．北京：中国农业科技出版社．

杨盛科．2013．巧换新蜂王．中国蜂业（12月上）．

杨水生．1980．养中蜂．韶关：广东科技出版社．

余林生，李耘，张友华，等．2013．蜜蜂病虫害风险评估研究现状与发展趋势．

余玉生，王艳辉，卢焕仙，等．2013．中蜂饲喂营养饲料效果的初步研究．蜜蜂杂志（8）．

袁小波．2007．养好中蜂应注意的一些问题．中国养蜂（3）．

曾志将，张含，曾云峰．2010．幼虫信息素对中华蜜蜂工蜂哺育和采集行为的影响．海峡两
　　岸第八届蜜蜂与蜂产品讨论会论文集，甘肃天水．

张大利．2014．中蜂保种场保种模式初探．蜜蜂杂志（7）．

张建国．2006．中蜂易患囊状幼虫病的内外因分析及防治对策．蜜蜂杂志（9）．

张江临，胡福良．2014．第12届亚洲养蜂大会蜜蜂生物学与蜂病防治论文介绍．蜜蜂杂志
　　（7）．

张丽亨，闫长红．2013．蜜蜂越冬期，谨防啄木鸟．蜜蜂杂志（11）．

张学锋，赵红霞，黄文忠，等．2014．花粉及花粉代用品对越夏阶段中蜂的影响．蜜蜂杂志
　　（7）．

张赞．2013．谈我地中蜂的冬繁．蜜蜂杂志（11）．

张中印，陈崇羔．2003．中国实用养蜂学．郑州：河南科技出版社．

张中印，吴黎明，赵学昭，等．2013．中蜂饲养手册．郑州：河南科学技术出版社．

郑大红．2006．中蜂组织处女王采蜜应注意的几个问题．蜜蜂杂志（5）．

中国农科院蜜蜂所蜜蜂保护研究室．1990．蜜蜂病虫害论文选编．成都．

中国农业部．畜禽遗传资源保种场保护区和基因库管理办法．

中国养蜂学会．2010．海峡两岸第八届蜜蜂与蜂产品研讨会论文集．甘肃天水．

中国养蜂学会．2013．国家蜂产业体系2013年学术研讨会论文光盘．新疆那拉提．

中国养蜂学会编．1982．养蜂论文选集．北京：农业出版社．

中国养蜂学会编．2012．首届中华蜜蜂产业发展论坛（中国西部）论文集．重庆南川．

中国养蜂学会等．2008．第九届亚洲养蜂大会论文摘要集．杭州．

钟财明．2013．对中蜂继箱饲养的探讨．蜜蜂杂志（6）．

钟耕田．2014．不可忽略的城市蜜粉源．蜜蜂杂志（10）．

周冰峰，朱翔杰．2009．论中华蜜蜂种质资源的保护．王勇编《蜂业与生态》．北京：中国

农业科学技术出版社.

周冰峰.2002.蜜蜂饲养管理学.厦门：厦门大学出版社.

周丹银.2008.云南中蜂科学饲养技术手册.昆明：云南科技出版社.

周道义.2013.谈油菜蜜源强群高产开繁日的确立.蜜蜂杂志（3）.

周光旭.2013.身残志坚，养蜂致富.蜜蜂杂志（4）.

周姝婧，徐新建，朱翔杰，等.2012.海南中华蜜蜂线粒体DNA的遗传多样性.福建农林大学学报（2）.

朱翔杰，周冰峰，王媛，等.2011.中华蜜蜂形态遗传分析方法的研究.应用昆虫学报（1）.

朱翔杰，周冰峰，吴显达，等.2009.大门岛中华蜜蜂种群分化形态遗传分析.中国蜂业（1）.

朱翔杰，周冰峰，吴显达，等.2012.福建中华蜜蜂微卫星标记的遗传多样性分析.福建农林大学学报（2）.

朱翔杰，周冰峰，徐新建，等.2011.福建中华蜜蜂种群形态数值分析.昆虫学报（5）.

祝匡益.2013.交尾群失王的预防和延续.蜜蜂杂志（7）.

图书在版编目（CIP）数据

中蜂饲养实战宝典/徐祖荫著 . —北京：中国农
业出版社，2015.3（2018.9 重印）
ISBN 978-7-109-20212-2

Ⅰ.①中… Ⅱ.①徐… Ⅲ.①中华蜜蜂-蜜蜂饲养
Ⅳ.①S894.1

中国版本图书馆 CIP 数据核字（2015）第 038276 号

中国农业出版社出版
（北京市朝阳区麦子店街 18 号楼）
（邮政编码 100125）
责任编辑　王森鹤

北京通州皇家印刷厂印刷　　新华书店北京发行所发行
2015 年 6 月第 1 版　　2018 年 9 月北京第 6 次印刷

开本：720mm×960mm 1/16　　印张：25　　插页：26
字数：445 千字
定价：62.00 元
（凡本版图书出现印刷、装订错误，请向出版社发行部调换）